Peter Grobstich, Gerhard Strey

Mathematik für Bauingenieure

T0186159

Peter Grobstich, Gerhard Strey

Mathematik
für Bauingenieure

Grundlagen, Verfahren und
Anwendungen mit Mathcad

Teubner

Springer Fachmedien Wiesbaden GmbH

Bibliografische Information der Deutschen Bibliothek
Die Deutsche Bibliothek verzeichnet diese Publikation in der Deutschen Nationalbibliographie;
detaillierte bibliografische Daten sind im Internet über <http://dnb.ddb.de> abrufbar.

Nach dem Studium der Mathematik und Physik und seiner Aspirantur am Mathematischen Institut der
Universität Rostock promovierte **Prof. Dr. rer. nat. Peter Grobstich** auf dem Gebiet der Eigenwertprobleme. Es folgte seine Tätigkeit als Mathematikdozent an der Ingenieurschule in Neustrelitz Seit
1991 Professur für Mathematik und Informatik im Fachbereich Bauingenieur- und Vermessungswesen
an der Fachhochschule Neubrandenburg.
Internet: http://www.fh-nb.de/
Email: peter.grobstich@fh-nb.de

Fachschuldozent **Gerhard Strey** trat nach seinem Studium an der Pädagogischen Hochschule
Potsdam in den Schuldienst als Oberstufenlehrer für Mathematik, Physik und Astronomie.
Anschließend war er als Problemanalytiker beschäftigt und leitete die Abteilung Forschung des Re-
chenzentrums Neubrandenburg. Nach seiner weiteren Lehrtätigkeit für Mathematik, Physik, Kyberne-
tik und Rechentechnik an den Ingenieurschulen in Neustrelitz arbeitete er bis 2002 als Mitarbeiter für
Ingenieurmathematik und -informatik im Fachbereich Bauingenieur- und Vermessungswesen an der
Fachhochschule Neubrandenburg.
Internet: http://www.fh-nb.de/

1. Auflage März 2004

Umschlaggestaltung: Ulrike Weigel, www.CorporateDesignGroup.de

Gedruckt auf säurefreiem und chlorfrei gebleichtem Papier.

Additional material to this book can be downloaded from http://extra.springer.com.

ISBN 978-3-519-00430-1   ISBN 978-3-322-80051-0 (eBook)
DOI 10.1007/978-3-322-80051-0

Vorwort

Der Inhalt dieses Buches ist so konzipiert, dass die mathematischen Grundlagen, numerischen Verfahren und Algorithmen eng mit ingenieurtechnischen Anwendungen verknüpft sind. Dieser übergreifende Charakter bietet sowohl Studenten als auch Praktikern des Bauingenieurwesens und verwandter Fachrichtungen vielfältige Möglichkeiten der Aneignung, Wiederholung und Vertiefung fachrelevanter Mathematik, ohne sofort auf spezielle Monographien zurückgreifen zu müssen.

Eine wesentliche Komponente des Buches ist die Demonstration der Möglichkeiten moderner Computeralgebrasysteme für die Lösung mathematischer und ingenieurtechnischer Probleme. Das hier verwendete System Mathcad ist insbesondere für Ingenieure zugeschnitten. Obwohl der Leser dieses System nicht beherrschen muss, um den Inhalt des Buches zu verstehen, wird er nach eigenen Versuchen dessen Vorteile schnell erkennen.

Die beigefügte CD enthält eine Sammlung von Mathcad-Arbeitsblättern mit ausführlichen Beispielen zu den einzelnen Kapiteln.

Das vorliegende Buch ist aus einem dreisemestrigen Mathematikkurs der klassischen Gebiete Algebra, Analysis, Differentialgleichungen und Elemente der Statistik sowie einem Praktikum mit Mathcad hervorgegangen, die von den Autoren für die Studenten des Studienganges Bauingenieurwesen an der Fachhochschule Neubrandenburg gehalten wurden. Hinzugefügt wurden Themen, die dem Leser weitere Gebiete erschließen.

Wir danken dem Lektorat Bauwesen, insbesondere Frau Koch und Herrn Harms, für die angenehme und konstruktive Zusammenarbeit sowie dem Teubner Verlag für die Aufnahme dieses Buches in das Verlagsangebot.

Neubrandenburg, im Januar 2004   Peter Grobstich

                                                             Gerhard Strey

Inhaltsverzeichnis

0 Einführung

0.1 Zielstellung

Die Mathematik ist ein unentbehrliches Hilfsmittel des Ingenieurs. Ohne die Anwendung von mathematischen Theorien und Verfahren sind grundlegende ingenieurtechnische Probleme nicht lösbar. Anderseits sind technische Probleme häufig der Ausgangspunkt neuer mathematischer Methoden und Disziplinen. Seit den Zeiten NEWTONS und EULERS haben sich Mathematik und Natur- und Technikwissenschaften gegenseitig befruchtet. Differential- und Integralrechnung, Differentialgleichungen, Vektor- und Matrizenrechnung, Fehler- und Ausgleichsrechnung gehören heute zum klassischen Bestand der Mathematikausbildung des Ingenieurs. Mit der schnellen Entwicklung der Computertechnik treten diesen Standardgebieten verstärkt numerische und computergraphische Verfahren zur Seite. Diese fußen häufig auf altbekannten Algorithmen, die dank der neuen Rechenmöglichkeiten weiterentwickelt und erst jetzt effektiv nutzbar werden.

Das erste Ziel dieses Buches ist die Einführung in diese klassischen mathematischen Disziplinen unter enger Verbindung mit grundlegenden numerischen Verfahren. Die Themen sind nach unseren Lehrerfahrungen und dem Charakter einer Einführung entsprechend ausgewählt. Dabei werden Herleitungen und Beweise mathematischer Sätze auf ein notwendiges Maß beschränkt. Wir verweisen hier auf Darstellungen der Mathematik für Ingenieure z. B. in dem ausführlichen Lehrwerk von PAPULA [21] oder in der komprimierten Form von RIEDRICH/VETTERS [23].

In den Fachdisziplinen der Ingenieurausbildung werden häufig spezielle Verfahren und Algorithmen benutzt, deren Kern mathematischer Natur ist. So findet man z. B. in der Baustatik die Berechnung eines Durchlaufträgers nach CLAPEYRON; das ist mathematisch die Lösung eines linearen Gleichungssystems. Die Ermittlung der Biegelinie eines Trägers aus dem Lastfall ist mathematische die Lösung einer Differentialgleichung 4. Ordnung mit Randbedingungen. Die Beispiele sind beliebig fortsetzbar. Da bei der fachbezogenen Einführung dieser Anwendungen der mathematische Sachverhalt häufig nicht konform mit der Mathematikausbildung erfolgt, entstehen Lücken im mathematischen Verständnis.

Das zweite Ziel dieses Buches ist die Bewusstmachung mathematischer Sachverhalte in technischen Anwendungen speziell des Bauwesens. Eine Vielzahl derartiger Beispiele ist wesentlicher Bestandteil fast aller Kapitel des Buches. Die Autoren hoffen, damit den Ingenieurstudenten, aber auch den in der Praxis tätigen Ingenieuren Anregungen für die Beschäftigung mit den mathematischen Grundlagen ihres Faches zu geben.

Viele komplexe technische Probleme fordern auch auf Grund der neuen rechentechnischen Möglichkeiten die Mathematiker heraus. Der Einsatz der Mathematik im Ingenieurwesen wird immer umfassender und setzt Spezialkenntnisse der Mathematik voraus, die über das Niveau der Ingenieurausbildung hinausgehen und vielfach den einzelnen Diplomingenieur überfordern. In Zusammenarbeit von Ingenieuren, Mathematikern und Informatikern werden für die Praxis umfassende Programmsysteme entwickelt, die der Praktiker ohne notwendige Kenntnis der zu Grunde liegenden Mathematik und Informatik auf seine praktischen Probleme anwendet. Zu diesen Systemen gehören CAD-Programme, Statikprogramme, Berechnungen mittels finiter Elemente (FEM) u.s.w. Der Anwender zieht dabei häufig den Trugschluss, dass die Mathematik im Ingenieurwesen keine bedeutende Rolle mehr spielt. Vor einer Computergläubigkeit ist aber deutlich zu warnen. Abschätzungen mit klassischen Mitteln decken leicht gravierende Fehler in den Ergebnissen auf, die entweder durch fehlerhafte Eingaben oder Grenzen der Anwendbarkeit des verborgenen Algorithmus entstehen. Berechnungen mittels Taschenrechner werden in der Regel aufwendig oder undurchführbar sein. Für den Ingenieur steht aber u. a. das praktikable Computeralgebrasystem Mathcad zur Verfügung, das die Vorzüge der schnellen Rechentechnik mit der übersichtlichen Darstellung einer Berechnung mit „Papier und Bleistift" verbindet. Die mathematischen und technischen Formeln und Daten sind einfach zu editieren; der Rechenablauf ist auf dem Bildschirm nachvollziehbar und die Ergebnisse sofort mit veränderbaren Eingaben verknüpft. Das auf dem Bildschirm vorliegende Arbeitsblatt ist als Dokument druckfertig.

Das dritte Ziel dieses Buches ist die Vertrautmachung mit dem System Mathcad als Mittel der Gestaltung mathematischer und technischer Sachverhalte gewissermaßen in der Form von unabhängig vom Programm lesbaren Textseiten, analog wie die Einfügungen mit einem Formel- oder Grafikeditor. Einhergehend damit, werden die mathematischen Möglichkeiten von Mathcad dargestellt, soweit sie in Bezug zum dargelegten Stoff stehen. Viele Beispiele anwendungsbezogener Arbeitsblätter bieten dem Leser schließlich Anregungen für die praktische Nutzung des Systems. Auszüge oder ganze Seiten der mit Mathcad hergestellten Arbeitsblätter sind also Bestandteile des Buches; sie werden vom laufenden Text durch Umrahmung hervorgehoben.

Das Buch enthält keine Übungsaufgaben. Interessenten verweisen wir deshalb auf die Aufgabensammlung GROBSTICH/STREY [13] mit ausführlichen Lösungen.

0.2 Erste Schritte in Mathcad

0.2.1 Voraussetzungen

Das Buch ist so angelegt, dass schrittweise und parallel mit den mathematischen Grundlagen und Anwendungen jene Elemente von Mathcad vorgestellt werden, die der Nutzer von Mathcad zur effektiven Lösung am Computer einsetzen kann. Die (als integrierter Bestandteil der Themen) in den Text eingefügten Arbeitsblätter sind dafür geeignete Muster.

Die Arbeitsblätter sind mit der Version Mathcad 2000 Professional erstellt. Fast alle Dateien sind aber auch lesbar mit den Studenten- bzw. Standardversionen 2000. Mit etwas Aufwand können für viele Lösungen analoge Arbeitsblätter auch für ältere Mathcadversionen vom Leser selbst erzeugt werden. Unerlässlich sind dann die Übungen am Computer unter Nutzung des Handbuchs [0] und der Online-Ressourcen, wobei praktische Erfahrungen mit Mathcad natürlich von Vorteil sind. Der Aufwand lohnt sich auf jeden Fall, wie die weltweit fortlaufend wachsende Zahl der Anwender vor allem im ingenieurtechnischen Bereich zeigt.

Der wesentliche Vorzug eines Mathcadarbeitsblattes ist die Tatsache, dass dessen Gestaltung mit der bekannten mathematischen Symbolik direkt auf dem Blatt erfolgt. Das ausgedruckte Blatt gleicht der Bildschirmdarstellung. Die in dieses Buch umfangreich eingefügten Arbeitsblätter sind also (unter Beachtung einiger weniger Notationen) ohne Kenntnis von Mathcad lesbar!

Wir empfehlen aber insbesondere bezüglich der Notationen die folgenden Abschnitte **0.2.2/3** nicht zu überschlagen.

Dem Buch ist eine **CD** mit den im Text benutzten und weiteren Arbeitsblättern beigefügt. Das Kapitel **11** enthält Hinweise zu ihrer Nutzung sowie ergänzende Ausführungen zum effektiven Einsatz von Mathcad.

0.2.2 Das Arbeitsblatt

Die Lösung eines Problems erfolgt auf einem Arbeitsblatt mit Hilfe von Werkzeugen, die an das manuelle Arbeiten mit Papier, Bleistift, Formelsammlung und Taschenrechner erinnern. Diese Werkzeuge sind auf den Symbolleisten und in Rechen-Paletten angeordnet. Die Arbeitsblätter werden als Mathcadateien NAME.MCD gespeichert. Einige Grundelemente stellt die Datei ERSTES_SCHRITTE.MCD vor.

Das Mathcadfenster, in dem das Arbeitsblatt erscheint, ist analog zu anderen Windows-Anwendungen aufgebaut. Das Arbeitsblatt kann im Wesentlichen mit den Menübefehlen erzeugt und bearbeitet werden. Zusätzlich stehen Symbolleisten und die Rechenpalette zur Verfügung, welche eine schnelle schaltflächengesteuerte Arbeit ermöglichen. Die Schaltflächen werden bei Mauszeigerberührung durch Tooltips kurz beschrieben. Für häufig benutzte Operationen und Symbole kann die Verwendung der zugeordneten Tastenkombinationen das Editieren wesentlich beschleunigen.

Im Arbeitsblatt ERSTE_SCHRITTE.MCD wurden aus der Rechenpalette die Schaltflächen "Taschenrechner" und "Diagramm" benutzt. Die Ausdrücke werden in der gewohnten mathematischen Notation geschrieben, wobei in unvollendeten Termen Platzhalter für fehlende Eintragungen erscheinen. Die Reihenfolge der Eintragungen wird durch Bearbeitungslinien gesteuert. Im Handbuch [0] sind ausführlich die Manipulationen zur Erzeugung und Bearbeitung von mathematischen Ausdrücken und Diagrammen beschrieben. Hierbei achte man auf den Unterschied zwischen Zuweisungszeichen (:=), Rechenzeichen (=) und fettem Gleichheitszeichen (**=**).

Mit den wenigen ausgewählten Elementen können schon wirkungsvoll Arbeitsblätter erzeugt werden. Einfache Experimente am Blatt ERSTE_SCHRITTE.MCD , zum Beispiel die Änderung der Eingabewerte, der Formeln, der Variablenbezeichnungen oder der Grafikformatierung, zeigen die Anpassungsfähigkeit eines Mathcadarbeitsblattes. Bewährte Musterlösungen sind also als „Schablonen" für Standardaufgaben nuztbar. Der Anwender kann sich eine eigene Arbeitsblattbibliothek anlegen.

Erste Schritte mit Mathcad

Text- und Rechenbereiche können an jeder Stelle des Arbeitsblattes angelegt werden. Die Eingabe beginnt an der Cursorposition (Fadenkreuz). Bereiche sind auf dem Blatt beliebig verschiebbar.

Textbereiche in Mathcad

Textbereiche werden mit dem Menüpunkt Einfügen/Textbereich angelegt. Hinweise zur Formatierung und den Textwerkzeugen sind dem Handbuch zu entnehmen.
Texte dienen vorzugsweise für Überschriften und Erläuterungen.

Rechenbereiche

Ein Lösungsweg ist eine Abfolge von Zuweisungen, Rechnungen und Ergebnisausgaben.
Die Rechnung erfolgt von links nach rechts und von oben nach unten!

Wertzuweisung: $a := 5.5$ $c := 7.1$ Fläche = ▮ *nicht definiert*

Formel: $\text{Fläche} := \dfrac{1}{4} \cdot c \sqrt{4 \cdot a^2 - c^2}$

Ergebnis: $\text{Fläche} = 14.91$

Gleicher Weg mit Einheiten: $a := 5.5 \cdot \text{cm}$ $c := 7.1 \, \text{cm}$ $\text{Fläche} := \dfrac{1}{4} \cdot c \sqrt{4 \cdot a^2 - c^2}$

$\text{Fläche} = 1.49 \times 10^{-3} \text{m}^2$

cm^2 *in den Platzhalter einfügen* $\text{Fläche} = 14.91 \, \text{cm}^2$

Funktionen: $A(a,c) := \dfrac{1}{4} \cdot c \sqrt{4 \cdot a^2 - c^2}$ $A(5.5, 7.1) = 14.91$

$f(x) := \dfrac{1}{2} \cdot x^2 + x - 1$

Bereichsvariable: $x := 1 .. 4$ $x =$ $f(x) =$

Wertetabellen:

x	$f(x)$
1	0.5
2	3
3	6.5
4	11

Grafik (Diagramm): $x := -2, -1.95 .. 2$

Schrittweite 0.05

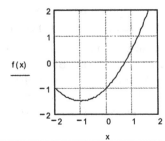

0.2.3. Numerische und symbolische Berechnungen

Die in dem Arbeitsblatt ERSTE_SCHRITTE.MCD durchgeführten Operationen sind im Grundsatz numerische Auswertungen. Ihre Ergebnisse sind (eventuell mit Einheiten versehene) Zahlen in Form von Einzelwerten, Tabellen oder Grafiken. Der in Mathcad integrierte Symbolprozessor ermöglicht aber darüber hinaus die symbolische Auswertung von Ausdrücken, in denen Variable, Funktionen und Operatoren enthalten sind. Er erleichtert die Umformung und Vereinfachung von komplizierten Termen und besitzt umfangreiche Möglichkeiten zur formalen Auflösung von Gleichungen, zur Integration und Differentiation. Der Prozessor enthält spezielle Funktionen und Transformationen der höheren Mathematik und eine leistungsfähige Numerik mit hoher Genauigkeit. Diese Möglichkeiten einschließlich des Einsatzes von Programmierelementen zur Definition eigener Funktionen, Operatoren und Algorithmen machen Mathcad zu einem Computeralgebrasystem.

Für die in den Text des Buches wie Abbildungen eingefügten Arbeitsblätter werden die numerischen und symbolischen Fähigkeiten von Mathcad parallel eingesetzt. Dabei erweitern sich schrittweise und nach Bedarf die Kenntnisse über die Möglichkeiten und Grenzen dieser beiden Komponenten des Systems. Schon jetzt sei aber der Nutzer von Mathcad darauf hingewiesen, dass nicht immer die Kompatibilität zwischen numerischem Rechnen und symbolischem Auswerten vorhanden ist.

Im Arbeitsblatt SYMBOLIK.MCD werden einfache Manipulationen mit dem Symbolprozessor vorgestellt. Die symbolischen Operationen können vom Menüpunkt Symbolik oder mit Hilfe der beiden Schaltflächen "Auswertung" und "Symbolische Operationen" aus der Rechenpalette aufgerufen werden. Wir verwenden das symbolische Gleichheitszeichen (Auswertepfeil) → und die Erweiterung ý→ mit geeigneten Schlüsselwörtern. Damit wird der Rechenfluss auf dem Arbeitsblatt bedeutend weniger unterbrochen als bei dem Einsatz des Symbolikmenüs. Weitergehende Informationen speziell zu den Schlüsselwörtern und zum Menüpunkt Symbolik sind dem Kapitel Symbolische Berechnungen des Handbuchs [0] zu entnehmen.

Aus den Beispielen des Arbeitsblattes ist zu erkennen, dass der Symbolprozessor versucht, die numerische Ergebnisse auch "exakt" und nicht genähert anzugeben. Häufig ist die Struktur der Lösungsformel noch im Ergebnis zu erkennen. Erst wenn keine exakten Lösungsformeln existieren oder ein Gleitkommaergebnis verlangt wird (z. B. durch Eingabe einer Gleitkommazahl $\sqrt{3.0}$ statt $\sqrt{3}$), setzt der Prozessor die eigenen Numerikalgorithmen ein. Die Rechengenauigkeit kann im Menüpunkt Symbolik/Auswerten/Gleitkomma... oder durch das Schlüsselwort "gleit" festgelegt werden.

Eine wichtige Verbindung zwischen dem Symbolprozessor und der numerischen Komponente in Mathcad erzielt man durch Definition einer Größe oder Funktion nach folgendem Muster:

$$\textit{Größe} := \textit{Algebraischer Ausdruck} \ \to \ \textit{Ergebnis} \ .$$

Diese symbolisch erzeugte Größe kann im Arbeitsblatt weiter benutzt werden und reagiert auch richtig auf Änderungen von vorgelagerten Werten, die in den algebraischen Ausdruck eingehen. Leider können keine indizierten Größen vom Symbolprozessor verarbeitet werden. Das erfordert bei der Anwendung des Symbolprozessors auf Vektor- oder Matrixelemente große Aufmerksamkeit.

Symbolisches Auswerten (Erste Schritte)

Schaltflächen "Auswertung" und "Symbolische Operatoren" öffnen !

Formelmanipulation

$$(a + b)^4 \text{ vereinfachen} \rightarrow (a + b)^4 \qquad \textit{Ziel nicht erreicht !}$$

$$(a + b)^4 \text{ sammeln }, a \rightarrow a^4 + 4 \cdot b \cdot a^3 + 6 \cdot b^2 \cdot a^2 + 4 \cdot b^3 \cdot a + b^4$$

$$a^4 + 4 \cdot b \cdot a^3 + 6 \cdot b^2 \cdot a^2 + 4 \cdot b^3 \cdot a + b^4 \text{ faktor} \rightarrow (a + b)^4$$

$$\sqrt{a^2 + 2 \cdot a \cdot b + b^2} \rightarrow \left[(a + b)^2\right]^{\left(\frac{1}{2}\right)} \qquad \textit{Radikand komplex, negativ ?}$$

$$\sqrt{a^2 + 2 \cdot a \cdot b + b^2} \begin{array}{l} \text{vereinfachen} \\ \text{annehmen }, a > 0 \rightarrow a + b \\ \text{annehmen }, b > 0 \end{array}$$

$$\int x \cdot \sin(x)\, dx \rightarrow \sin(x) - x \cdot \cos(x) \qquad \frac{d}{dx} x \cdot \sin(x) \rightarrow \sin(x) + x \cdot \cos(x)$$

Symbolisches Auflösen   (Hier wird das fette logische Gleichheitszeichen   **=** aus der Schaltfläche "Boolesch" verwendet)

Gleichung $x^2 - x + 1 = 0$ auflösen $, x \rightarrow \begin{pmatrix} \frac{1}{2} - \frac{1}{2} \cdot i\sqrt{3} \\ \frac{1}{2} + \frac{1}{2} \cdot i\sqrt{3} \end{pmatrix} = \begin{pmatrix} 0.5 - 0.87i \\ 0.5 + 0.87i \end{pmatrix}$

Logisches Gleich   *Symbolisches Gleich*   *Numerisches Gleich*

Gleichungssystem $\begin{pmatrix} x^2 + 2 \cdot y = 3 \\ 2 \cdot x - 3 \cdot y = -1 \end{pmatrix}$ auflösen $, \begin{pmatrix} x \\ y \end{pmatrix} \rightarrow \begin{pmatrix} \frac{-7}{3} & \frac{-11}{9} \\ 1 & 1 \end{pmatrix}$ 1. Lösungspaar

                                                          2. Lösungspaar

Matrix einfügen aus Schaltfläche "Matrix"

Funktionen definieren und Ausdruck vereinfachen

$$a := 2 \cdot x + 1 \qquad b := x^3 - 1 \qquad\qquad \textit{x ist nicht numerisch festgelegt}$$

$$f(x) := a^2 + 2 \cdot b \qquad\qquad\qquad\qquad \textit{b ist nicht definiert}$$

$$f(x) := a^2 + 2 \cdot b \text{ vereinfachen} \rightarrow 4 \cdot x^2 + 4 \cdot x - 1 + 2 \cdot x^3 \qquad f(1) = 9$$

f(x) ist symbolisch festgelegt und im Arbeitsblatt weiter verwendbar

Numerik

$$\sqrt{3} \rightarrow \sqrt{3} \qquad \sqrt{3.0} \rightarrow 1.7320508075688772935 \qquad \textit{20 Stellen}$$
$$\textit{voreingestellt}$$

$$\sqrt{3} \text{ gleit }, 4 \rightarrow 1.732 \qquad \sqrt{3} \text{ gleit }, 25 \rightarrow 1.7320508075688772935527446$$

1.Arithmetik

1.1 Arithmetik langer Zahlen

1.1.1 Grundlagen

In der Einführung wurden die Fähigkeiten des Programms Mathcad für Rechnungen ausführlich dargestellt. Das Programm ist in der Lage, selbst komplizierte Berechnungen schnell und sehr genau durchzuführen. Dabei werden die Rechnungen für Dezimalzahlen mit vorgegebener Genauigkeit, d. h. mit einer gewissen Anzahl von Dezimalstellen, ausgeführt.

Aber es gibt Situationen, in denen mit ganzen oder sehr großen Zahlen gerechnet werden muss. Hier kommt es z. B. darauf an, dass eine Größe x exakt gleich 5 ist und nicht etwa 4,9999... oder eine Größe $z = 1235557778899442211333$ und nicht etwa $1.2356 \cdot 10^{21}$.

Für diese Aufgaben stellt Mathcad besondere Möglichkeiten zur Verfügung. Im Menüpunkt „Symbolik / Auswerten ..." können die gewünschten Stellen bis maximal 4000 angegeben werden. So erhält man für 123^{50} alle Ziffern im Gegensatz zu $123^{50} = 3.128 \cdot 10^{104}$ bei gewöhnlicher Berechnung.

Eine besondere Bedeutung bei der Arbeit mit natürlichen Zahlen n hat die Division. Mathcad stellt dafür die Funktion „modulo" in der Form mod (x,d) zur Verfügung, sie gibt den *Rest* an, der bei Division von x durch d entsteht. Für den ganzzahligen Anteil kann die Funktion „ floor" verwendet werden. Einige Beispiele veranschaulichen den Einsatz:

$$
\begin{array}{llll}
\text{einfache Berechnungen}: & \dfrac{50}{6} = 8.33 & \dfrac{50}{6} = 8 + \dfrac{2}{6} & \text{mod}(50,6) = 2 \\[3mm]
\text{mod}\left(2^{10},7\right) = 2 & \text{floor}\left(\dfrac{2^{10}}{7}\right) \to 146 & 2^{10} - 146 \cdot 7 = 2 \\[3mm]
\text{große Zahlen}: & \text{mod}\left(10^{23},37\right) = 31 \quad (\text{???}) & \text{mod}\left(10^{23},37\right) \to 26 \quad (!!!) \\[3mm]
g := \text{floor}\left(\dfrac{10^{23}}{37}\right) \to 2702702702702702702702 & 10^{23} - g \cdot 37 \to 26
\end{array}
$$

Für die besondere Form der Berechnung des Restes einer *Potenz* kann man eine eigene Funktion definieren:

Neue Modulo-Funktion konstruieren für Potenzen a^m modulo N, rekursive Berechnung	$\text{ModPot}(a, m, N) := \begin{array}{l} r \leftarrow 1 \\ \text{for } i \in 1..m \\ \quad r \leftarrow \text{mod}(a \cdot r, N) \\ r \end{array}$
Beispiel 10^{23} mod 37 :	$\text{ModPot}(10, 23, 37) = 26$

Eine Anwendung der modulo-Funktion ist die Kalender-Rechnung.

Als Beispiel bringen wir den berühmten Algorithmus von CARL FRIEDRICH GAUSS zur Ermittlung des Datums des Ostersonntags aus dem Jahre 1800.

Vorgabe der Jahreszahl:		$J := 2004$	
Hilfsgrößen:	$a := \text{mod}(J, 19)$	$b := \text{mod}(J, 4)$	$c := \text{mod}(J, 7)$
	$a = 9$	$b = 0$	$c = 2$
Zwischenwerte:	$k := 19 \cdot a + 24$	$d := \text{mod}(k, 30)$	$d = 15$
	$n := 2 \cdot b + 4 \cdot c + 6 \cdot d + 5$	$e := \text{mod}(n, 7)$	$e = 5$
Ergebnis:	$x := d + e$	$x = 20$	

Ostersonntag ist x Tage nach dem 22.März; falls x > 9 ist, dann ist es der (x - 9)-te April

Ostersonntag im Jahre 2004 ist damit der 11. April

1.1.2 Große Primzahlen

Ein Paradegebiet für die Arbeit mit großen Zahlen und der modulo-Rechnung ist die Untersuchung, ob diese Zahlen Faktoren besitzen oder Primzahlen sind. Dabei konzentrieren sich die Untersuchungen auf Zahlen dieser Bauart:

FERMAT-Zahlen $F_n = 2^{2^n} + 1$, MERSENNE-Zahlen $M_n = 2^n - 1$, PROTH-Zahlen $P = k \cdot 2^n \pm 1$. Der aktuelle Stand (Oktober 2003) ist:

Bei den FERMAT – Zahlen sind nur 5 Primzahlen bekannt, nämlich $F_0, ... F_4$, deshalb sucht man Faktoren, es sind 248 bekannt. Interessant ist, dass die Konstruktion regelmäßiger Vielecke mit Zirkel und Lineal eng mit diesen Zahlen verbunden ist.

Unter den MERSENNE – Zahlen sucht man die Primzahlen, es sind 39 bekannt; darunter die größte bekannte Primzahl mit über 4 Millionen Stellen.

Bei den PROTH – Zahlen sucht man extrem große Primzahlen, es sind mehrere tausend bekannt; die größte mit über 700 000 Ziffern.

Nachfolgend einige Beispiele zu diesem Thema, mit Mathcad aufbereitet:

Beispiel für Darstellung: FERMAT - Zahlen

$$F_5 := 2^{2^5} + 1 \qquad\qquad 2^{2^5} + 1 = 4294967297$$

hat den Faktor 641 (EULER, 1732) $\mod(F_5, 641) = 0$

$$F_7 := 2^{2^7} + 1 \qquad 2^{2^7} + 1 \rightarrow 340282366920938463463374607431768211457$$

hat die Faktoren $p1 := 116503103764643 \cdot 2^9 + 1$

und $p2 := 11141971095088142685 \cdot 2^9 + 1$ (Morrison / Brillhart , 1970)

Die Faktoren findet man heute durch die Anweisung "faktor-->"
mit einem P4-Computer in 5 min.

Die MERSENNEsche Primzahl $M_{22} = 2^{9941} - 1$

```
34608828249085121524296039576741331672628668900238547790489283445006220809834114
4643-
643755441537075336644867476350501864147070933237397060837669040422926578964799370
9760-
358469552319045484910050304149809818540283507159683562232941968059762281334544739
7208-
492609048551927706260549117935903890607959811638387214329942787636330953774381948
4486-
647112496768579888817221203300082146968446495614699719412692128433620646331385953
7577-
200462442029064681326087558257488470489384243989270236884978643063093004442293963
3700-
105465953863020090730439444822025590974067005973305707995078329631309387398850801
9841-
625863519452291304256293667985958749572103117374779641889506070194717175060019371
52430-
032363631934265798516236047451209089864707430780362298307038193445486493756647991
8042-
587755749738339033157350828910293923593527586171850199425548346718610745487724398
8072-
960624911940066680112823824095816458261761861746604034802056466823143718255492784
779-
380991749580255263323326536457743894150848953969902818530057870876229329803338285
7354-
192282590221696026655322108347896020516865460114667379813060562474800550717182503
3373-
750226730734417851295073859433068434080269822896398656273259717537208729564907283
0289-
749771358330867951508710859216743218522918811670637448496498549094430541277444079
4079-
895398574694527721321665808857543604770884291332729294869689749614161491973984543
283-
589432447360138760964375051469921503268374452707171868409183217094836939628006118
4593-
746143589068811190253101873595319156107319196071150598488070027088705842749605203
0631-
941911669221061761576093672419481606259890321279847480810753243826320939137964446
6570-
060139127836032300226743429519432560728066126011937871940515149755518754925213426
4394-
645963853964913309697776533329401822158003182889278072368860212898271030661811511
89641-
318936578454002968600124203913769646701839835949541124845655973124607377987770920
7170-
671082450370457220155015899591766244957768006802482976673920392995410164224776445
671-
222149803657927708412925555542817045572430846389988129960519227313987291200902060
8820-
607337620758922994736664058974270358117868798756943150786544200556034696253093996
5395-
593231046643003914646580545296501404001942389752675534768248624631951431493188170
905-
972588780111850281190559073677771187432814088678674286302108275149258477101296451
8336-
519797173751709005067364596469635533136981929600026738958328929912673834572698032
599-
895599750117666420104288854608569944644428341952329487874884105957501974387863531
19204-
210855804692460582533832967771946911459901921324984968810021189968284941331573164
0563-
047254808689218234425381995903838524127868408334796114199701017929783556536507553
2913-
829865424622534682720750360674074595695812738374871782591852747316497058209518131
2905-
519242710280572023145554793628499010509296055849712377978984921839997037415897674
1548-
307086291454847245367245726224501314799926816843104644449390222505048592508347618
9478-
888955252789840098819620001486857564023313650914562812719135485827508390789146997
9019-
426224883789463551
```

Mit Mathcad kann man M22 berechnen. Das Ergebnis wird in die Zwischenablage kopiert und als CLP-Datei gespeichert. In dieser Form lässt sich die Zahl im
obigen Format drucken.

1.1.3 Das RSA - Verfahren

Das Wissen über Primzahlen hat durchaus praktische Bedeutung. Die Übermittlung geheimer Daten auf elektronischem Wege erfordert eine Verschlüsselung. Das geschieht über den Einsatz von Primzahlen mit z. B. 100 Stellen und der modulo-Rechnung.

In einfacher Form wird das RSA-Verfahren beschrieben, das von RIVEST, SHAMIR und ADLEMAN begründet wurde.

Das RSA - Verfahren für die Verschlüsselung von Nachrichten

Wahl von zwei Primzahlen: $\quad p := 97 \qquad q := 101$

Modul N: $\qquad N := p \cdot q \quad N := 9797 \quad \phi_N := (p-1) \cdot (q-1) \quad \phi_N = 9600$

Exponenten: $\quad e := 17 \quad d := 3953 \qquad$ Bedingung: $\quad \mathrm{mod}(e \cdot d, \phi_N) = 1$

Verschlüsselung: $\quad x := 1234 \qquad y := \mathrm{ModPot}(x, e, N) \qquad y = 8897 \quad (x, y < N)$

Entschlüsselung: $\quad y = 8897 \qquad x := \mathrm{ModPot}(y, d, N) \qquad x = 1234$

Texte umwandeln in Zahl über ASCII-Code mit Math-CAD-Funktionen:

Beispiel: $\qquad S := \text{"CAD"} \qquad u := \mathrm{zfinvek}(S) - 65 \qquad u^T = (2 \ \ 0 \ \ 3)$

xS konstruieren: $\quad n := \mathrm{zflänge}(S) \qquad n = 3 \qquad xS := \sum_{i=1}^{n} u_{n-i+1} \cdot 10^{i-1}$

verschlüsseln $\qquad xS = 203 \qquad yS := \mathrm{ModPot}(xS, e, N) \qquad yS = 3031$

entschlüsseln $\qquad yS = 3031 \qquad xT := \mathrm{ModPot}(yS, d, N) \qquad xT = 203$

Text T rekonstruieren: $v := (2 \ \ 0 \ \ 3)^T + 65 \qquad T := \mathrm{vekinzf}(v) \qquad T = \text{"CAD"}$

Die Sicherheit dieses Verfahrens beruht auf der Schwierigkeit, N in seine Faktoren zu zerlegen und damit über p und q den Schlüssel d anzugeben. Daher verwendet man sehr große „zufällige" Primzahlen p und q.

Das folgende Beispiel arbeitet mit solchen Zahlen, ist aber nicht mit Mathcad zu bewältigen.

Es wird das Programm ARIBAS[1] verwendet, ein Zahlentheorie-Programm, das über sehr effektive Funktionen für die notwendigen Rechnungen verfügt. Eine ausführliche Darstellung über das RSA-Kryptographie-Verfahren findet man bei FORSTER[2].

---

[1] © by OTTO FORSTER, Uni München, Mathematik
[2] [11] OTTO FORSTER: „ Algorithmische Zahlentheorie"; Vieweg-Verlag, 1996

Mit geeigneten Primzahlen p und q bilden wir: $N := p \cdot q =$
-: 3_29653_32750_91650_69129_99864_00426_53894_73091_65682_01891_25345_33258_
20924_20721_74124_98960_65667.

Eine Primzahl e wird als *öffentlicher* Schlüssel gewählt, hier $e := 13 \cdot 2^{82} + 1 =$
-: 6_28641_42619_96071_70847_21153.

Ein (kurzer) Text wird in ASCII-Format[1] dargestellt und in eine natürliche Zahl x verwandelt.
Dieses x wird nun nach der Formel $y := x^e \bmod N$ verschlüsselt und als geheimer ASCII-Text
übermittelt.

Der Empfänger erhält in unserem Beispiel die Nachricht: geheim :=
-: \$A710_18EF_D5C1_6452_AC4D_543B_76C4_55D1_8495_6287_916D_68B9_31AE_41FF_
BCB7_213C_2A55_8603.

1. Schritt: Er wandelt sie in eine natürliche Zahl um: $\rightarrow$ yg := cardinal (geheim) =
-: 68473_96951_27948_92240_77176_08359_01595_18867_66419_14023_37982_76087_
17223_04518_39969_32878_54247.

2. Schritt: Der Empfänger benötigt nun den *privaten* Schlüssel d mit der Eigenschaft:
$$(e \cdot d) \bmod phi = 1$$
Aus der *unbekannten* Primfaktor-Zerlegung $N = p \cdot q$ ergibt sich $\rightarrow$ phi = (p-1) $\cdot$ (q-1).

Daraus erhält man mit der speziellen ARIBAS – Funktion „mod_inverse" den Schlüssel d durch
$$d := \text{mod\_inverse } (e, phi) =$$
-: 1_39844_44873_89727_08536_66703_74532_17204_07211_24006_45770_35526_71668_
98437_47301_39841_77765_56817.

3. Schritt: Nun gelingt die Entschlüsselung durch $\rightarrow$ $z := (yg)^d \bmod N =$
-: 8760_76161_30614_79075_76138_93379_25536_69324_13221_32783_14475_62596_
07006_50725_34408_74275_39277.

4. Schritt: Die Zahl z wird in die hexadezimale Darstellung umgewandelt:
$$\text{text\_ASCII} := \text{byte\_string } (z) =$$
-: \$4D61_7468_656D_6174_696B_202D_2053_7072_6163_6865_2064_6573_2049_6E67_
656E_6965_7572_73.

Die ASCII-Zeichen ergeben nun die Botschaft des geheimen Textes:
"Mathematik - Sprache des Ingenieurs"

---

[1] eine Tabelle der ASCII-Zeichen findet sich Tabellenwerken, z. B. in [F2]

Für das RSA-Verfahren gibt es zwei grundlegende Probleme. Zur Verschlüsselung benötigt man zwei große Primzahlen p und q für $p \cdot q \rightarrow N$.

Zur Entschlüsselung braucht man die Zerlegung („Faktorisierung") $N \rightarrow p \cdot q$.

Im vorigen Beispiel wurden benutzt:

$p := 14 \cdot 3^{94} + 1 = 9\_89751\_06862\_11465\_89096\_08447\_41726\_60880\_36070\_03167$

$q := 12 \cdot 5^{55} + 1 = 33306\_69073\_87546\_96212\_70895\_00427\_24609\_37501$

Der Nachweis, dass p und q Primzahlen sind, erfolgt mit dem Primzahl-Testprogramm PROTH. Es benutzt Sätze aus der Zahlentheorie, die Folgerungen sind aus dem

„Kleinen Satz von FERMAT":

Sei p eine Primzahl und a eine ganze Zahl, die nicht durch p teilbar ist, dann

gilt: $\boxed{a^{p-1} \equiv 1 \; mod \; p}$

Beispiele: $5^{(p-1)} \bmod p = 1$; $7^{(q-1)} \bmod q = 1$ (mit ARIBAS leicht zu prüfen).

Die Faktorisierung von N ist für *lange* Zahlen (200 und mehr Ziffern) selbst mit starken Computern äußerst schwierig, darauf beruht letzten Endes die Sicherheit dieses Verfahrens. Die Computeralgebra - Programme bieten diverse Funktionen zur Faktorisierung an.

Eine einfache Methode beruht auf der bekannten Identität: $a^2 - b^2 = (a+b) \cdot (a-b)$

Soll $N = p \cdot q$ sein, dann setzt man: $N = (a+b) \cdot (a-b) = a^2 - b^2$.

Man addiert zu N eine Quadratzahl b^2 und prüft, ob die Summe $N + b^2$ wiederum ein Quadrat ist. Ein systematisches Vorgehen liefert häufig Ergebnisse. Hier ein Programm mit Beispiel.

ARIBAS - Programm
zur Faktorisierung langer Zahlen:

```
procedure Factor
      (N, Anfang, Ende: integer) : integer;
          var k, t: integer;
begin
    set_floatprec (1024);
    for k := Anfang to Ende do
      t := N + k**2;
    if sqrt(t) = isqrt(t) then
      return ( isqrt(t) - k, isqrt(t) + k);
    end;
    end;
end.
```

Factor (10^12-177, 1, 500000) ;
Faktoren sind: 810581 und 1233683

Factor (810581, 1, 500000) ;
Faktoren sind: 1   und   810581

Factor (1233683, 1, 500000) ;
Faktoren sind: 11   und   112153

Factor (112153, 1, 500000) ;
Faktoren sind: 1   und   112153

Faktorisierung:
999999999823 = 11 · 112153 · 810581

1.2 Die komplexen Zahlen

Für spezielle Anwendungen benötigt der Ingenieur die komplexen Zahlen $z = a + b \cdot i$.
Sie bestehen in der arithmetischen Form aus dem Realteil a und dem Imaginärteil $b \cdot i$.
Dabei ist „i" die *imaginäre Einheit* mit der Eigenschaft $i^2 = -1$.
Damit stellen die komplexen Zahlen eine Erweiterung des bisherigen Zahlbegriffs der „Reellen Zahlen" dar. Sie wurden von GAUSS[1] systematisch eingeführt.
Für die Darstellung schlug er die „Komplexe Zahlenebene" vor. Sie wird gebildet durch die reelle Achse Re(z) und die imaginäre Achse Im(z). Die Zahl z erscheint in dieser Ebene als Punkt oder Pfeil, der zu diesem Punkt weist.

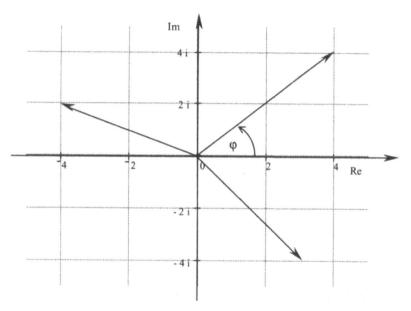

Der Betrag einer komplexen Zahl ergibt sich zu $|z| = r = \sqrt{a^2 + b^2}$.

Mit dem Winkel φ erhält man $a = r \cdot cos(\varphi); \ b = r \cdot sin(\varphi)$ also $z = r \cdot (cos\ \varphi + i \cdot sin\varphi)$.

Diese Darstellung von z heißt die „goniometrische" Form.
Im folgenden Abschnitt werden die Rechenoperationen mit komplexen Zahlen beschrieben. Die Operationen 1. Stufe (Addition / Subtraktion) und 2. Stufe (Multiplikation / Division) werden mit der arithmetischen Form ausgeführt, die Operationen 3. Stufe (Potenzieren / Radizieren) mit der goniometrischen Form.

---

[1] CARL FRIEDRICH GAUSS (1777 – 1855) – bedeutender Mathematiker und Geodät;
   grundlegende Sätze und Verfahren der Mathematik tragen seinen Namen.

1.2.1 Operationen in arithmetischer Form

Die Rechenoperationen der 1. Stufe (*Addition / Subtraktion*):
Gegeben sind zwei komplexe Zahlen in arithmetischer Form: $z1 = a + b \cdot i$ und $z2 = c + d \cdot i$.
Gesucht ist die Summe bzw. die Differenz der beiden Zahlen.
Nach den Regeln der Klammerrechnung ergeben sich:

$$z1 + z2 = (a+b) + (c+d) \cdot i \qquad \text{und} \qquad z1 - z2 = (a-b) + (c-d) \cdot i$$

Ein Beispiel: $z1 = 3 + 2 \cdot i$ und $z2 = 2 - 5 \cdot i$ sind gegeben,
Summe und Differenz berechnet man zu: $\quad z1 + z2 = 5 - 3 \cdot i$ und $z1 - z2 = 1 + 7 \cdot i$.

Die Rechenoperationen der 2. Stufe (*Multiplikation / Division*):
Gegeben sind zwei komplexe Zahlen in arithmetischer Form: $z1 = a + b \cdot i$ und $z2 = c + d \cdot i$.
Gesucht ist das Produkt bzw. der Quotient der beiden Zahlen.
Nach den Regeln der Klammerrechnung ergibt sich für das *Produkt*:

$$z1 \circ z2 = (a + b \cdot i) \circ (c + d \cdot i) = a \cdot c + a \cdot d \cdot i + b \cdot c \cdot i + b \cdot d \cdot i^2 \; ; \; i^2 = -1!$$

$$z1 \circ z2 = (a \cdot c - b \cdot d) + (a \cdot d + b \cdot c) \cdot i$$

Ein Beispiel: $z1 = 3 + 2 \cdot i$ und $z2 = 2 - 5 \cdot i$ sind gegeben, das Produkt berechnet sich zu:

$$z1 \circ z2 = (3 + 2 \cdot i) \circ (2 - 5 \cdot i) = 6 - 15 \cdot i + 4 \cdot i - 10 \cdot i^2 = 16 - 11 \cdot i$$

Der *Quotient* ergibt sich als Bruch, der erweitert wurde mit der *konjugierten* Zahl zu z2:

$$\frac{z1}{z2} = \frac{a+b \cdot i}{c+d \cdot i} \circ \frac{c-d \cdot i}{c-d \cdot i} = \frac{(ac+bd) + (bc-ad) \cdot i}{c^2 + d^2}$$

Ein Beispiel: $z1 = 3 + 2 \cdot i$ und $z2 = 2 - 5 \cdot i$ sind gegeben, der Quotient berechnet sich zu:

$$\frac{z1}{z2} = \frac{3+2 \cdot i}{2-5 \cdot i} \circ \frac{2+5 \cdot i}{2+5 \cdot i} = \frac{(6-10) + (4+15) \cdot i}{4 + 25} = -\frac{4}{29} + \frac{19}{29} \cdot i$$

1.2.2 Operationen in goniometrischer Form

Die komplexen Zahlen sind gegeben als :

$$z1 = r_1 \cdot (\cos \varphi_1 + i \cdot \sin \varphi_1) \qquad z2 = r_2 \cdot (\cos \varphi_2 + i \cdot \sin \varphi_2)$$

Bei der *Multiplikation* erhält man durch Beachtung der Regeln der Klammerrechnung und der Additionstheoreme der trigonometrischen Funktionen:

$$z1 \circ z2 = r_1 \cdot r_2 \circ [\cos(\varphi_1 + \varphi_2) + i \cdot \sin(\varphi_1 + \varphi_2)]$$

Die *Division* ist die Umkehroperation zur Multiplikation, daraus folgt:

$$z1 : z2 = r_1 : r_2 \circ [\cos(\varphi_1 - \varphi_2) + i \cdot \sin(\varphi_1 - \varphi_2)]$$

Die Rechenoperation der 3. Stufe (*Potenzieren / Radizieren*):
Gegeben ist eine komplexe Zahl in goniometrischer Form: $z = r \cdot (\cos \varphi + i \cdot \sin \varphi)$.

Gesucht sind die *n-te Potenz* bzw. die *n-te Wurzel* von z.

Ansatz: Aus der Formel für die Multiplikation

ergibt sich für die Potenz: $z^n = r^n \circ [\cos (n \cdot \varphi) + i \cdot \sin(n \cdot \varphi)]$

und als Umkehrung für die Wurzel $\sqrt[n]{z} = \sqrt[n]{r} \circ [\cos\left(\dfrac{\varphi}{n}\right) + i \cdot \sin\left(\dfrac{\varphi}{n}\right)]$

Beispiele mit Mathcad:

Potenz einer komplexen Zahl $° := 1 \cdot \text{Grad}$

$z := 3 + 2i$ $|z| = 3.606$ $r := |z|$ $\arg(z) = 33.69°$ $\phi := \arg(z)$

$p5 := r^5 \cdot (\cos(5 \cdot \phi) + i \cdot \sin(5 \cdot \phi))$ $p5 = -597 + 122i$ $z^5 = -597 + 122i$

Wurzeln einer komplexen Zahl, Hauptwert und Nebenwerte:

$w5 := \sqrt[5]{r} \cdot \left(\cos\left(\dfrac{\phi}{5}\right) + i \cdot \sin\left(\dfrac{\phi}{5}\right) \right)$ $w5 = 1.283 + 0.152i$ $\sqrt[5]{z} = 1.283 + 0.152i$

$k := 0..5$ $w_k := \sqrt[5]{r} \cdot \left(\cos\left(\dfrac{\phi + k \cdot 360°}{5}\right) + i \cdot \sin\left(\dfrac{\phi + k \cdot 360°}{5}\right) \right)$

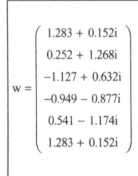

$$w = \begin{pmatrix} 1.283 + 0.152i \\ 0.252 + 1.268i \\ -1.127 + 0.632i \\ -0.949 - 0.877i \\ 0.541 - 1.174i \\ 1.283 + 0.152i \end{pmatrix}$$

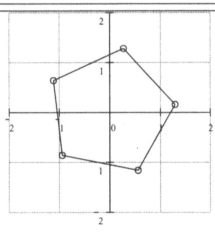

1.3 Grundgesetze der Arithmetik

Die Arithmetik hat mehrere Aufgaben. Zuerst definiert sie die verschiedenen Arten von Zahlen. Die natürlichen und ganzen Zahlen sind die ursprünglichen Arten. Durch neue Zahlentypen wird der Zahlbereich mehrfach erweitert. Über die rationalen Zahlen gelangt man zu den reellen Zahlen. In diesem Zahlbereich sind die vier Grundrechenoperationen Addition, Subtraktion, Multiplikation und Division (außer durch 0) unbeschränkt durchführbar. Für die Lösung von Gleichungen benötigt man den Bereich der komplexen Zahlen.

Die zweite Aufgabe der Arithmetik ist die Beschreibung der verschiedenen Verfahren für die Rechenoperationen. Im vorigen Abschnitt wurden die Verfahren für die komplexen Rechnungen vorgestellt.

Die dritte Aufgabe der Arithmetik ist die Formulierung allgemeiner Gesetze für die Rechenoperationen. Die 3 wichtigsten Grundgesetze für Zahlen werden nun formuliert. Sie betreffen die *Addition* (mit dem Zeichen „ + ") und die *Multiplikation* (mit dem Zeichen „ ∘ ").

1. Das „Kommutativgesetz"

    für die Addition gilt: $a + b = b + a$

    für die Multiplikation gilt: $a \circ b = b \circ a$

2. Das „Assoziativgesetz"

    für die Addition gilt: $(a + b) + c = a + (b + c)$

    für die Multiplikation gilt $(a \circ b) \circ c = a \circ (b \circ c)$

3. Das „Distributivgesetz"

    für die Addition und Multiplikation gilt: $a \circ (b + c) = a \circ b + a \circ c$

Man ergänzt diese Gesetze durch Aussagen über „Null"=> $a + 0 = a$, „Eins" => $1 \cdot a = a$ und "Kehrwerte" $a \cdot a^{-1} = 1$.

Diese Gesetze sind Vorbilder für den Ablauf ähnlicher Operationen u. a. bei Vektoren, Matrizen. Dabei wird sich erweisen, dass einige dieser Gesetze nicht mehr gelten. Ein berühmter Fall ist die Multiplikation von Matrizen, bei der das Kommutativgesetz nicht gilt. Daher sollte man die vertrauten Gesetze nicht unkritisch auf neue Situationen übertragen.

2 Funktionen und Kurven

In der Mathematik steht eine Vielfalt unterschiedlicher Funktionen zur Verfügung.

Für die Funktionen interessieren zuerst Funktionswerte, sie können mit einem Taschenrechner, aber auch mit Mathcad leicht berechnet werden. Wichtiger sind grundlegende Eigenschaften dieser Funktionen, die im Verlauf der zugehörigen Kurven auftreten. Hier bietet Mathcad gute 2-D-Darstellungen für Kurven an. Eine Reihe von Gestaltungsmöglichkeiten stehen zur Verfügung.

Die elementaren Funktionen umfassen u. a.:

die ganzen Funktionen n-ten Grades, - die rationalen Funktionen,

die trigonometrischen Funktionen, - die Exponentialfunktionen.[1]

2.1 Elementare Funktionen

Die ganzen Funktionen n-ten Grades, z. B.: $f(x) = x^3 - 10 \cdot x^2 + 22 \cdot x - 40$ weisen neben den Schnittpunkten mit den Achsen vor allem Extrem- und Wendepunkte auf. Diese ermittelt man in der Regel mit Methoden der Differentialrechnung, aber im Kurvenverlauf sind sie leicht zu erkennen. Das nebenstehende Bild zeigt das deutlich. Diese Funktionen spielen eine große Rolle als Gleichungen von Biegelinien, hier der Fall für einen Träger, der beidseitig eingespannt ist und durch eine Dreieckslast belastet wird:

$$w(x) = \frac{q_b \cdot \ell^4}{120 \cdot E \cdot I} \cdot \left(\frac{x^5}{\ell^5} - 3 \cdot \frac{x^3}{\ell^3} + 2 \cdot \frac{x^2}{\ell^2} \right)$$

Der Verlauf der Biegelinie mit typischen Eigenschaften ist gut zu erkennen.

Die maximale Durchbiegung liegt bei $x_{max} = 0.52\,\ell$ und ihre Berechnung erfolgt nach

$$f = w_{max} = 1.31 \cdot 10^{-3} \cdot \frac{q \cdot \ell^4}{E \cdot I}.$$

Diese Formeln werden in einem späteren Abschnitt hergeleitet.

---

[1] eine Übersicht elementarer Funktionen findet man im Formelanhang

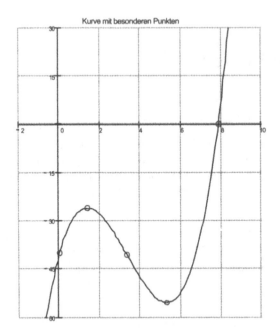

Kurve mit besonderen Punkten

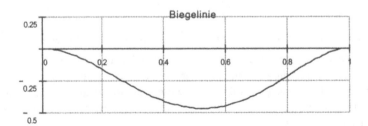

Biegelinie

Gelegentlich besteht die Aufgabe, zu einem gegebenen Kurvenbogen eine Funktionsgleichung aufzustellen, um etwa Berechnungen zu ermöglichen oder Eigenschaften zu beschreiben. Für die Anwendung der ganzen Funktionen wird dieser Weg beschrieben.

Im ersten Fall ist ein Brückenbogen, der die Form einer Parabel haben soll, gegeben. Gesucht ist die quadratische Funktion, die im gewählten Koordinatensystem den Bogen beschreibt.

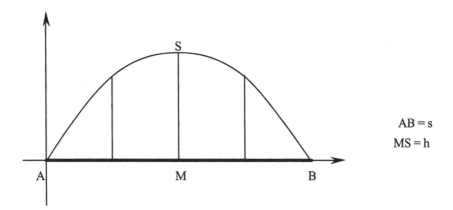

Ansatz: $\qquad y = f(x) = a \cdot x^2 + b \cdot x + c$

Aus $A(0,0)$ und $B(s,0)$ folgen $c = 0$ und $b = - a \cdot s$, also $y = a \cdot \left(x^2 - s \cdot x \right)$.

Der Punkt M $(s/2, h)$ ergibt nach Einsetzen $a = \dfrac{-4 \cdot h}{s^2}$. Damit lautet die gesuchte Gleichung:

$$y = f(x) = \frac{4 \cdot h}{s^2} \cdot \left(s \cdot x - x^2 \right)$$

Mit dieser Gleichung ist es möglich, bei gegebener Feldteilung die Längen der Zwischenstäbe zu berechnen.

Formal lautet also die Aufgabe, eine quadratische Funktion

$$y = f(x) = a_2 \cdot x^2 + a_1 \cdot x + a_0$$

durch die Vorgabe von 3 speziellen Punkten auf ihrer Kurve zu bestimmen.

Man kennt diese Situation von den Geraden, wo durch Vorgabe von 2 Punkten eine lineare Funktion festgelegt werden kann. Als Ansatz wird dort die „2-Punkte-Gleichung" verwendet:

$$y = y_1 + m \cdot \left(x - x_1 \right) \quad mit \quad m = \frac{y_2 - y_1}{x_2 - x_1}$$

Im nächsten Problem wird dieses Verfahren auf den allgemeinen Fall übertragen. Der Vorgang heißt „Interpolation".

Es wird ein Polynom n-ten Grades ermittelt:

$$y = f(x) = a_n \cdot x^n + a_{n-1} \cdot x^{n-1} + \ldots + a_1 \cdot x + a_0$$

Dafür werden n+1 Punkte vorgegeben, durch die die Kurve laufen soll. Aus dieser Forderung entsteht ein Gleichungssystem für die unbekannten Koeffizienten des Polynoms.

Die Interpolation erfolgt mit dem Ansatz nach NEWTON :

$$P_n(x) = y_1 + a \cdot (x - x_1) + b \cdot (x - x_1) \cdot (x - x_2) + c \cdot (x - x_1) \cdot (x - x_2) \cdot (x - x_3) + \ldots$$

Durch Einsetzen der (x,y)-Koordinaten der Punkte P_2, P_3,..., P_{n+1} können nun schrittweise die Koeffizienten a, b, c,... berechnet werden. In einem weiteren Schritt müssen die Klammern ausmultipliziert und die x-Potenzen gesammelt werden. Beide Schritte kann man mit einem Computeralgebra-System leicht ausführen.

Ein Beispiel demonstriert den Ablauf für ein Polynom 3. Grades.

$$P_n(x) = y_1 + a \cdot (x - x_1) + b \cdot (x - x_1) \cdot (x - x_2) + c \cdot (x - x_1) \cdot (x - x_2) \cdot (x - x_3)$$

Vorgabe von 4 Punkten: $X := (-1 \ 1 \ 2 \ 3)^T$ $Y := (2 \ -1 \ -2 \ 0)^T$

$Y_2 = Y_1 + a \cdot (X_2 - X_1)$ auflösen ,a $\rightarrow \dfrac{-3}{2}$ $a := \dfrac{-3}{2}$

$Y_3 = Y_1 + a \cdot (X_3 - X_1) + b \cdot (X_3 - X_1) \cdot (X_3 - X_2)$ auflösen, b $\rightarrow \dfrac{1}{6}$ $b := \dfrac{1}{6}$

$Y_4 = Y_1 + a \cdot (X_4 - X_1) + b \cdot (X_4 - X_1) \cdot (X_4 - X_2) + c \cdot (X_4 - X_1) \cdot (X_4 - X_2) \cdot (X_4 - X_3)$ auflösen ,c $\rightarrow \dfrac{1}{3}$ $c := \dfrac{1}{3}$

Funktion darstellen:

$P3(x) := Y_1 + a \cdot (x - X_1) + b \cdot (x - X_1) \cdot (x - X_2) + c \cdot (x - X_1) \cdot (x - X_2) \cdot (x - X_3)$

$P3(x)$ sammeln , x $\rightarrow \dfrac{1}{3} x^3 - \dfrac{1}{2} x^2 - \dfrac{11}{6} \cdot x + 1$ $f(x) := \dfrac{1}{3} x^3 - \dfrac{1}{2} x^2 - \dfrac{11}{6} \cdot x + 1$

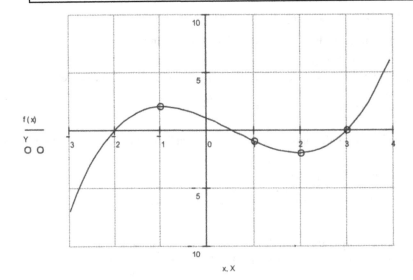

f(x)

Y
∘ ∘

x, X

Die rationalen Funktionen besitzen neben den besonderen Punkten auch Polstellen, wenn N(x) = 0 und Z(x) ungleich 0 ist, sowie Asymptoten s(x). Für die gegebene Funktion $r(x) = \dfrac{x^3 - 6 \cdot x}{2 \cdot x^2 + 1}$ gibt es keine Polstellen und die Gleichung der Asymptote lautet: $s(x) = \dfrac{1}{2} x$.

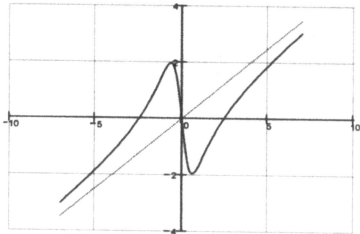

Die trigonometrischen Funktionen und die Exponentialfunktionen sind in ihrer Kombination interessant, denn in dieser Form beschreiben sie Schwingungsvorgänge.

Als Beispiel sei hier gewählt: $h(t) = e^{-0.1 \cdot t} \cdot \sin(t)$

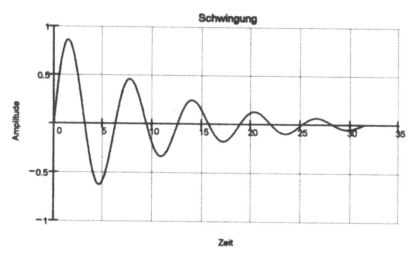

Die Amplitude klingt nach der Exponentialfunktion ab, die Frequenz wird durch die Sinus-Funktion gegeben.

2.2 Kegelschnitte

Die Kegelschnitte bilden eine besondere Gruppe von ebenen Kurven. Ihre Bezeichnung deutet auf die Entstehung hin. Sie werden nach ihrer Art eingeteilt:

    - die Kreise, - die Ellipsen, - die Parabeln, - die Hyperbeln.

Besondere Punkte zu diesen Kurven sind: Mittelpunkte, Brennpunkte und Scheitelpunkte.

In kartesischen Koordinaten (x, y) ergeben sich Gleichungen zweiter Ordnung, z. B. für einen Kreis die bekannte Gleichung $x^2 + y^2 = r^2$, analog die Gleichungen für eine

Ellipse $\dfrac{x^2}{a^2} + \dfrac{y^2}{b^2} = 1$, eine Parabel $y^2 = 2 \cdot p \cdot x$ und eine Hyperbel $\dfrac{x^2}{a^2} - \dfrac{y^2}{b^2} = 1$.

Für die Kegelschnitte sind die Tangenten im Punkt P_0 (x_0, y_0) interessant. Für einen Kreis ergibt sich formal aus $x^2 + y^2 = r^2$ $\rightarrow$ $x \cdot x_0 + y \cdot y_0 = r^2$ als Tangentengleichung. Sie stellt eine Gleichung für eine Gerade in impliziter Form dar. Ein Beispiel für eine Kreistangente:

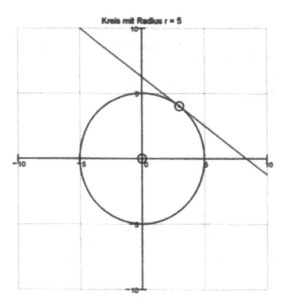

Für die Kegelschnitte sind häufig Gleichungen in Polarkoordinaten (r, ϕ) besser geeignet. Die allgemeine Form einer Gleichung in Polarkoordinaten lautet:

$$r = \frac{p}{1 - \varepsilon \cdot cos\varphi} \qquad 0 \le \varphi \le 2\pi \ .$$

Dabei entscheidet der Wert von ε über die Art des Kegelschnitts:

a) Parabel in Polarkoordinaten: $\qquad$ $p := 5 \qquad \varepsilon := 1 \qquad r(\phi) := \dfrac{p}{1 - \varepsilon \cdot \cos(\phi)}$

$\phi := 0.1 \cdot \pi, 0.11 \cdot \pi .. 1.9 \cdot \pi \qquad x(\phi) := r(\phi) \cdot \cos(\phi) \qquad y(\phi) := r(\phi) \cdot \sin(\phi)$

Brennpunktstrahl: $\quad \phi_s := \dfrac{\pi}{8} \qquad i := 1..2 \qquad s := \begin{pmatrix} 0 & 0 \\ x(\phi_s) & y(\phi_s) \end{pmatrix}$

Parabel

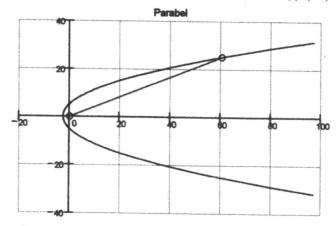

b) Ellipse in Polarkoordinaten: $\qquad p := 5 \qquad \varepsilon := 0.9 \qquad r(\phi) := \dfrac{p}{1 - \varepsilon \cdot \cos(\phi)}$

$\phi := 0, 0.01 .. 2 \cdot \pi \qquad x(\phi) := r(\phi) \cdot \cos(\phi) \qquad y(\phi) := r(\phi) \cdot \sin(\phi)$

Brennpunktstrahl: $\quad \phi_s := \dfrac{\pi}{10} \qquad i := 1..2 \qquad s := \begin{pmatrix} 0 & 0 \\ x(\phi_s) & y(\phi_s) \end{pmatrix}$

Ellipse

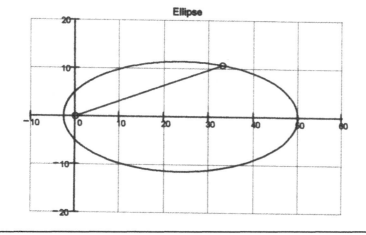

2.3 Zykloiden und elliptische Kurven

Die Zykloiden und elliptischen Kurven stellen eine Verallgemeinerung der im vorigen Abschnitt besprochenen Kegelschnitte dar. Man verwendet Darstellungen in Polarkoordinaten bzw. in kartesischen Koordinaten. Die Funktionsgleichungen werden nach ähnlichen Formen wie bei den Kegelschnitten aufgebaut. Die zugehörigen Kurven können mit den Möglichkeiten von Mathcad dargestellt werden. Diese Kurven haben interessante Eigenschaften und auch überraschende Anwendungen.

2.3.1 Die Zykloiden

Die Zykloiden sind sogenannte „Rollkurven", sie entstehen, wenn ein kleiner Kreis mit dem Radius r auf einem großen Kreis mit dem Radius R abrollt. Dabei ist das Verhältnis von r zu R wichtig, es entscheidet über die konkrete Form der Zykloide. Die Darstellung der Gleichung erfolgt über (R, r, φ) getrennt für x (φ) und y (φ):

$$x(\varphi) = (R+r) \cdot cos(\varphi) - a \cdot cos\left(\frac{R+r}{r} \cdot \varphi\right) \quad \text{und} \quad y(\varphi) = (R+r) \cdot sin(\varphi) - a \cdot sin\left(\frac{R+r}{r} \cdot \varphi\right)$$

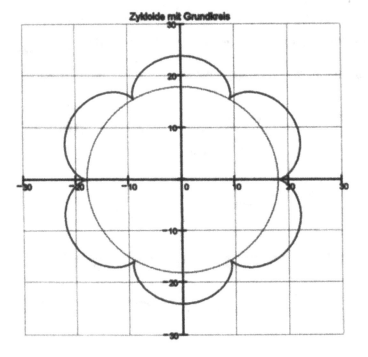

Zykloide mit Grundkreis

2.3.2 Die elliptischen Kurven

Die Kegelschnitte werden in kartesischen Koordinaten durch Funktionsgleichungen in impliziter Form dargestellt. Für einen Kreis war es $x^2 + y^2 = r^2$, um eine Zeichnung zu erstellen, werden zwei explizite Gleichungen $y(x) = \pm \sqrt[2]{r^2 - x^2}$ verwendet.

Die Gleichungen für die sogenannten elliptischen Kurven sind ebenfalls in impliziter Form gegeben: $y^2 = x^3 + a \cdot x + b$, wobei a und b die Parameter sind.

Für die Zeichnung benutzt man wieder explizite Gleichungen:

$$y(x) = \pm \sqrt[2]{x^3 + a \cdot x + b} \ .$$

Bei gewisser Wahl von a und b zerfällt die Darstellung in zwei getrennte Kurven, weil der Radikand dann auch negative Werte annimmt.

Es werden nun zwei typische Fälle vorgestellt:

Zeichnung 1: a = - 3 und b = 2;   Zeichnung 2: a = - 10 und b = 8

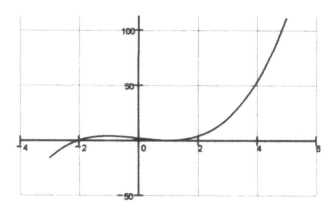

Diese Funktion nimmt für x $\geq$ -2 keine negativen Werte an, damit ist für diesen Bereich eine elliptische Funktion erklärt.

Zeichnung 1b für $g(x) = \sqrt{y(x)}$

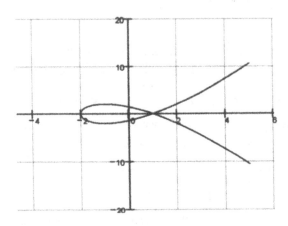

Zeichnung 2

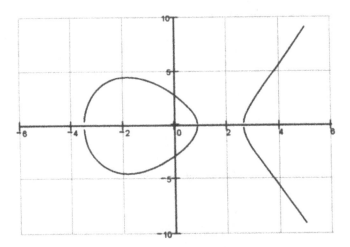

Für Anwendungen der elliptischen Kurven sind die Punkte auf diesen Kurven mit ihren Eigenschaften interessant. So kann man 3 Punkte auswählen, die als Schnittpunkte einer Geraden mit dieser Kurve auftreten. Man definiert eine Addition der Punkte „P + Q" als Konstruktion der Sekante durch P und Q. Diese Sekante schneidet die Kurve in R. Die Spiegelung dieses Punktes ist die Summe von P und Q. Die Multiplikation eines Punktes P lässt sich über eine analoge Tangenten-Konstruktion definieren.

Die folgende Zeichnung zeigt das Prinzip:

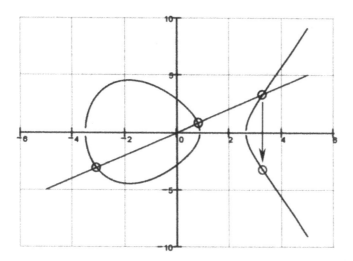

Für diese algebraische Konstruktionen gelten ähnliche Gesetze wie für die Addition und Multiplikation von Zahlen. Die Kombination von Algebra und Geometrie auf den elliptischen Kurven erweist sich als ein leistungsfähiges Hilfsmittel in der Zahlentheorie. Auf dieser Basis entwickelte H. W. LENSTRA 1987 das berühmte Verfahren „ECM" zur Faktorisierung von natürlichen Zahlen mit elliptischen Kurven. Dieses Verfahren wird als Programm auf leistungsfähigen Computern installiert und kann große Zahlen in ihre Faktoren zerlegen. Im Jahre 1995 wurden mit dieser Methode neue Faktoren der FERMAT-Zahlen F_{13}, F_{15} und F_{16} mit großem Rechenaufwand ermittelt.

Die Kenntnis von Faktoren großer Zahlen ist für die Verschlüsselung von Nachrichten sehr wichtig. Auf dieser Basis arbeitet das RSA – Verfahren, dessen Ablauf im ersten Kapitel „Arithmetik" beschrieben wurde.

2.4 Funktionen mit mehreren Bereichen

Die elementaren Funktionen y = f (x) werden durch *eine* Gleichung f(x) in *einem* Bereich definiert. Es gibt auch die Möglichkeit, dass man verschiedene Vorschriften in einzelnen Bereichen verwendet. Mathcad stellt die Möglichkeit zur Verfügung, diese unterschiedlichen Gleichungen mit dem „Programm-Balken" in eine Funktion zu fassen. Hier ein kleines Beispiel:

$$f(x) := \begin{array}{|l} 1 \ \text{if} \ 0 \leq x \leq 1 \\[2mm] \dfrac{1}{2} \cdot x^2 - 2 \cdot x + 2.5 \ \text{if} \ 1 < x \leq 3 \\[2mm] 1 \cdot x - 1 \ \text{if} \ 3 < x \leq 5 \\[2mm] 4 \ \text{if} \ 5 < x \leq 6 \end{array}$$

Jede Gleichung wird mit „if" an einen zugehörigen Bereich gebunden.

Durch diese Form der Beschreibung einer Funktion lassen sich Unstetigkeiten erfassen. Es wird die zutreffende Gleichung für Berechnungen und Zeichnungen ausgewählt, wie die folgende Grafik zeigt.

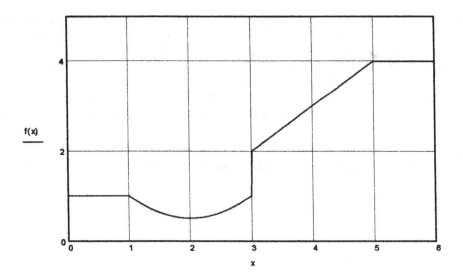

Für technische Anwendungen ist diese Art der Vorgabe einer Funktion wichtig. So hat man für einen Träger die Möglichkeit, verschiedene Strecken- und Einzellasten anzugeben. Die Darstellung kann man dann durch *eine* Funktion q (x) beschreiben.

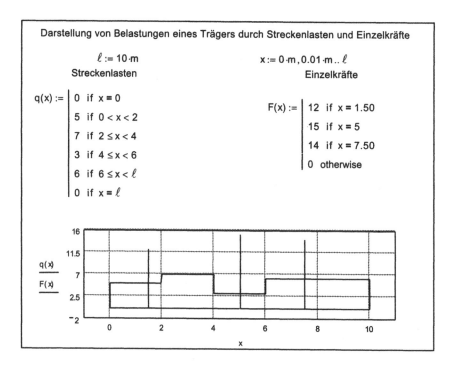

Darstellung von Belastungen eines Trägers durch Streckenlasten und Einzelkräfte

$\ell := 10 \cdot m$ $x := 0 \cdot m, 0.01 \cdot m .. \ell$
Streckenlasten   Einzelkräfte

$q(x) :=$
| 0 if x = 0
| 5 if 0 < x < 2
| 7 if 2 ≤ x < 4
| 3 if 4 ≤ x < 6
| 6 if 6 ≤ x < ℓ
| 0 if x = ℓ

$F(x) :=$
| 12 if x = 1.50
| 15 if x = 5
| 14 if x = 7.50
| 0 otherwise

Diese Möglichkeit kann man auch verwenden bei Trägern mit mehreren Feldern, um die jeweiligen Gleichungen der Biegelinie w(x) in den Feldern zu einer Funktion zusammen zu fassen.

Für einen Träger auf zwei Stützen mit Einzellast F in der Mitte ergibt sich diese Darstellung bei Vorgabe der Länge ℓ, der Last F, des Flächenträgheitsmomentes I und des E-Moduls E.

Die konkrete Biegelinie für das linke Feld wird in einem späteren Abschnitt im Kapitel „Integralrechnung" hergeleitet.

In den Gleichungen und der Darstellung ist die Symmetrie der Belastung und Lagerung sehr deutlich zu erkennen. Der grundsätzliche Aufbau einer Biegefunktion w(x) ist auch hier wieder vorhanden.

Die maximale Duchbiegung w_{max} ergibt sich in der Mitte zu
$$w_{max} = \frac{F \cdot \ell^3}{48 \cdot E \cdot I}.$$

Mit den Vorgaben des Beispiels erhält man $w_{max} = 1{,}88$ cm.

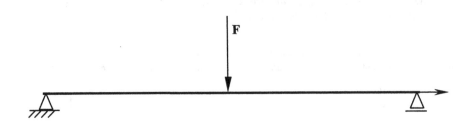

Biegelinie w(x) für einen Träger mit 2 Feldern:

$$w1(x) := \frac{F \cdot \ell^3}{16 \cdot E \cdot I} \bullet \left[\frac{4}{3} \cdot \left(\frac{x}{\ell} \right)^3 - \frac{x}{\ell} \right]$$ $$w2(x) := \frac{F \cdot \ell^3}{16 \cdot E \cdot I} \bullet \left[\frac{4}{3} \cdot \frac{(\ell - x)^3}{\ell^3} - \frac{(\ell - x)}{\ell} \right]$$

$$w(x) := \begin{cases} w1(x) & \text{if } 0 \leq x < \frac{1}{2} \cdot \ell \\ \\ w2(x) & \text{if } \frac{1}{2} \cdot \ell \leq x \leq \ell \end{cases}$$

$\ell \equiv 8 \cdot m$ $kN \equiv 10^3 \cdot N$ $F \equiv 20 \cdot kN$

$E \equiv 21000 \cdot kN \cdot cm^{-2}$ $I \equiv 5410 \cdot cm^4$

$x := 0, 0.1 \cdot m \, .. \, \ell$

$w(1.70 \cdot m) = -1.13 \, cm$ $w(4 \cdot m) = -1.88 \, cm$ $w(6.30 \cdot m) = -1.13 \, cm$

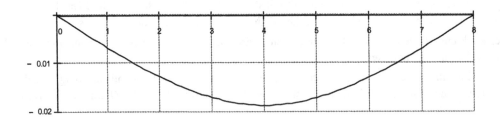

2.5 Funktionen mit zwei Variablen

Viele Anwendungen benutzen kompliziertere Funktionen, die *zwei* unabhängige Variable, x und y , und eine abhängige Variable z bereit stellen. Die zugehörige Funktionsgleichung wird mit z = f (x, y) bezeichnet und kann alle mathematischen Operationen enthalten.

Der Definitionsbereich ist im einfachen Fall ein Rechteckbereich : $a \le x \le b$; $c \le y \le d$.

Zu diesen Funktionen kann man mit einem Taschenrechner leicht eine Reihe von Werten berechnen. Für eine systematische Berechnung vieler Funktionswerte, wie man sie für eine grafische Darstellung benötigt, muss man aber einen Computer benutzen. Alle Computer-Algebra-Systeme bieten hierfür gute Möglichkeiten an.

Die grafische Darstellung ist eine Fläche im Raum unter Benutzung eines räumlichen (x,y,z)-Koordinatensystems .

Der einfache Fall ist eine Ebene im Raum, sie wird durch eine lineare Gleichung in x und y dargestellt, dazu ein Beispiel:

$$z = f(x, y) = 2 \cdot x - 3 \cdot y \quad \text{(mit Zeichnung)}$$

Es folgen zwei weitere Beispiele:

$$z = f(x, y) = x^3 - 7 \cdot x^2 \cdot y + 8 \cdot y^4$$

im Rechteckbereich $-1.5 \le x \le 1.5$; $-1.5 \le y \le 1.5$ (mit Zeichnung)

$$z = w(x, y) = e^{-0.1 \cdot (x^2 + y^2)} \cdot sin(x^2 + y^2)$$

im Rechteckbereich $-3.0 \le x \le 3.0$; $-3.0 \le y \le 3.0$ (ohne Zeichnung)

Es wurden jeweils 21 Teilpunkte in x- und y-Richtung gewählt. Die Flächen im Raum werden durch ein Netz mit mehr als 400 Punkten aufgespannt. Hier muss ein Kompromiß gefunden werden zwischen Auflösung und Rechenaufwand, das wird besonders deutlich im 3. Beispiel. Die x-/y-Achsen tragen die echten Werte.

Die Ansichten zeigen die typischen Eigenschaften der Flächen. Man kann Extrempunkte erkennen, die in einem späteren Abschnitt auch mit den Mitteln der partiellen Ableitungen numerisch untersucht werden.

Dabei kann man aus unterschiedlichen Richtungen auf die Flächen schauen, außerdem gibt es eine Vielzahl von Gestaltungsmöglichkeiten, von denen die Darstellungen nur einen kleinen Teil zeigen. Der interessierte Leser möge es erkunden.

Interessant sind Anwendungen im Baubereich, hier werden zwei Beispiele angegeben. Es ist eine Dachform für eine Halle und die Form einer Platte unter Flächenlast.

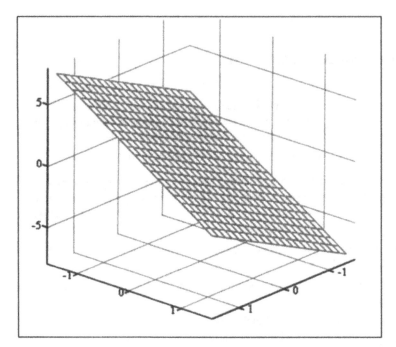

Beispiel 1

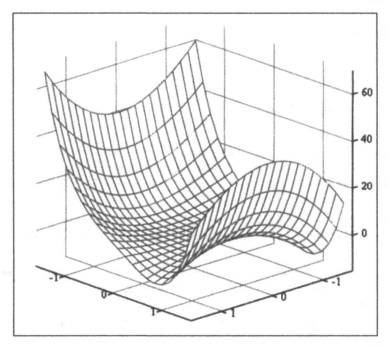

Beispiel 2

Darstellung einer Dachfläche

mit der Spannweite s = 40 m, der Bogenhöhe h = 5 m und der Wandhöhe H = 20 m.

Der Querschnitt ist ein Parabelbogen mit der Gleichung:

$$d(x) = \frac{4 \cdot h}{s^2} \cdot (s \cdot x - x^2) + H \;\rightarrow\; d(x) = \frac{-1}{80} \cdot x^2 + \frac{1}{2} \cdot x + 20; \quad 0 \le x \le 40$$

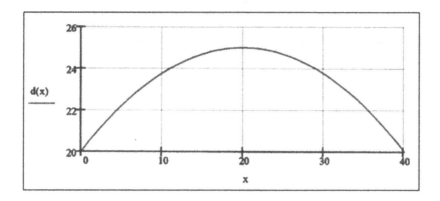

Die Dachfläche wird mit einer Länge von 80 m dargestellt, der Querschnitt verändert sich nicht.

Die Gleichung der Dachfläche ist: Dach (x, y) = d (x) für 0 ≤ y ≤ 80.

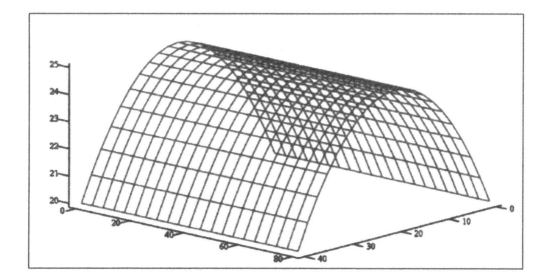

Eine rechteckige Platte auf vier Stützen wird durch eine konstante Flächenlast $p(x,y) = p$ belastet. Gesucht ist die Gleichung $w(x,y)$ für die Durchbiegung.

Die Durchbiegung genügt der partiellen Differentialgleichung $\Delta\Delta w = \dfrac{p}{N}$. Für $w(x,y)$ wird der Näherungsansatz gemacht: $w(x,y) = C_1 + C_2 \cdot x^2 + C_3 \cdot y^2 + C_4 \cdot x^4 + C_5 \cdot x^2 \cdot y^2 + C_6 \cdot y$.

Im Kapitel „Differentialgleichungen" wird dieses Vorgehen kurz dargestellt und auf die Originalarbeit MATHIAK [Z5] verwiesen. Umfangreiche Rechnungen legen die Konstanten $C_1,...,C_6$ fest.

Für eine quadratische Platte stellt die folgende Zeichnung die Durchbiegung dar.

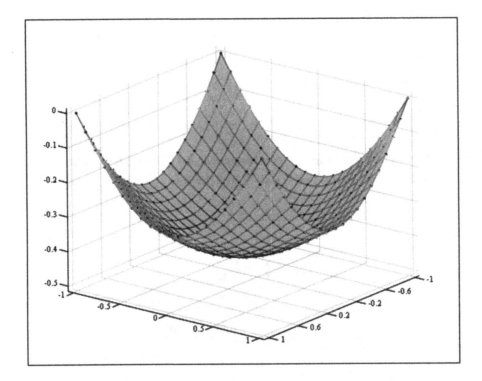

3 Gleichungen

3.1 Übersicht

Gleichungen, genauer "Bestimmungsgleichungen", treten bei vielen Anwendungsaufgaben auf, die Lösungen geben die Antworten auf Fragen. Damit ist die Beherrschung von Verfahren, die zur Lösung von Gleichungen führen, ein wichtiges Ziel für die Computer-Algebra.

Man unterscheidet algebraische und transzendente Gleichungen. Bekannte Algorithmen wie das CARDANO -Verfahren, das NEWTON-Verfahren oder einfach die Lösungsformel für quadratische Gleichungen sind vorhanden. Diese Verfahren werden bei der Berechnung von Hand oder Taschenrechner verwendet. Sie können auch mit Mathcad formuliert werden. Durch ein sehr kompliziertes Verfahren können sogar Gleichungen 5. Grades gelöst werden. Ein Ablauf dieses Algorithmus, der mehrere neue Möglichkeiten von Mathcad einsetzt, findet der interessierte Leser ebenfalls in diesem Kapitel.

In dem Mathcad-Dokument "Gleichungen_Vorlage.mcd" werden anhand typischer Gleichungen drei Routinen vorgestellt, die in unterschiedlicher Form aus den Koeffizienten der Gleichung die Lösungen ermitteln.

Einige Beispiele verschiedener Gleichungstypen geben dem Leser eine Übersicht:

    a)   einfache algebraische Gleichungen

$$x^2 - 7 \cdot x + 12 = 0 \;\; ; \;\; x^3 + 5 \cdot x^2 - 119 \cdot x - 295 = 0$$

    b)   algebraische Gleichungen höheren Grades

$$x^4 - 5 \cdot x^3 - 2 \cdot x^2 + 20 \cdot x - 8 = 0 \;\; ;$$

$$7 \cdot x^5 - 5 \cdot x^4 - 1 \cdot x^3 - 4 \cdot x^2 + 2 \cdot x - 2 = 0$$

    c)   transzendente Gleichungen

$$tan\,(x) = x$$

Im folgenden Abschnitt werden einige bekannte Verfahren zur Lösung algebraischer Gleichungen vorgestellt. Wir beginnen mit der Lösungsformel für quadratische Gleichungen, danach wird das Verfahren von CARDANO für Gleichungen dritten Grades dargestellt. Ein Verfahren für Gleichungen vom Grad 4 beendet dann diesen Abschnitt.

Der „Fundamentalsatz der Algebra" sagt aus, dass eine algebraische Gleichung n-ten Grades stets n Lösungen im Bereich der komplexen Zahlen hat.

Dieser Satz wurde von C. F. GAUSS im Jahre 1799 bewiesen.

3.2 Klassische Verfahren

Quadratische Gleichung, Lösung über Formeln

$x^2 + p \cdot x + q = 0$ $x^2 - 7 \cdot x + 12 = 0$ $p := -7$ $q := 12$

$$x_1 := \frac{-p}{2} + \sqrt{\left(\frac{p}{2}\right)^2 - q}$$ $$x_2 := \frac{-p}{2} - \sqrt{\left(\frac{p}{2}\right)^2 - q}$$

$x_1 = 4$ $x_2 = 3$

Kubische Gleichung, Lösung über CARDANO-Formeln

$x^3 + a \cdot x^2 + b \cdot x + c = 0$ $x^3 + 5 \cdot x^2 - 119 \cdot x - 295 = 0$

$a := 5$ $b := -119$ $c := -295$

Reduzierte Gleichung $y^3 + p \cdot y + q = 0$ $x = y - \frac{1}{3} \cdot a$

$$p := \frac{-1}{3} \cdot a^2 + b \qquad q := \frac{2}{27} \cdot a^3 - \frac{1}{3} \cdot a \cdot b + c \qquad D := \left(\frac{p}{3}\right)^3 + \left(\frac{q}{2}\right)^2$$

$p = -127.33$ $q = -87.41$ $D = -74554.96$

$$z_1 := \frac{-q}{2} + \sqrt{D} \qquad\qquad u := \sqrt[3]{z_1} \qquad\qquad u = 5.81 + 2.95i$$

$$z_2 := \frac{-q}{2} - \sqrt{D} \qquad\qquad v := \sqrt[3]{z_2} \qquad\qquad v = 5.81 - 2.95i$$

Lösungen

$y_1 := u + v$ $x_1 := y_1 - \frac{1}{3} \cdot a$ $x_1 = 9.95$

$$y_2 := \frac{-(u+v)}{2} + \frac{(u-v)}{2}\sqrt{3} \cdot i \qquad x_2 := y_2 - \frac{1}{3} \cdot a \qquad x_2 = -12.59$$

$$y_3 := \frac{-(u+v)}{2} - \frac{(u-v)}{2}\sqrt{3} \cdot i \qquad x_3 := y_3 - \frac{1}{3} \cdot a \qquad x_3 = -2.36$$

Da die Diskriminante $D < 0$ ist, sind die drei Lösungen dieser Gleichung reell. Die Berechnung erfolgt über komplexe Werte, daher ist es nicht notwendig, zwischen verschiedenen Lösungsfällen zu unterscheiden.

Für die Gleichung 4. Grades

$$x^4 + a \cdot x^3 + b \cdot x^2 + c \cdot x + d = 0$$

beschreitet man folgenden Weg, der von FERRARI (1522-1569) entwickelt wurde.

Durch die Transformation $x = y - \dfrac{a}{4}$ erfolgt eine Reduktion der Gleichung auf

$$y^4 + p \cdot y^2 + q \cdot y + r = 0 \,.$$

Zu dieser Gleichung gehört die sogenannte „Kubische Resolvente"

$$z^3 - \frac{1}{2} p \cdot z^2 - r \cdot z + \left(\frac{1}{2} p \cdot r - \frac{q^2}{8} \right) = 0$$

Die Gleichung kann nun nach den CARDANO - Formeln gelöst werden. Sie hat stets eine reelle Lösung z_1. Mit diesem Wert von z werden zwei quadratische Gleichungen aufgebaut

$$y^2 \mp \sqrt{2z - p} \cdot y \mp \sqrt{z^2 - r} + z = 0 \,.$$

Ihre Lösungen sind:

$$y_{1..4} = \pm \frac{1}{2} \cdot \sqrt{2z - p} \pm \sqrt{\frac{1}{2} z - \frac{1}{4} p \pm \sqrt{z^2 - r} - z}$$

Die Formel $x = y - \dfrac{a}{4}$ liefert schließlich die 4 Lösungen der gegebenen Gleichung.

Dieser Ablauf ist kompliziert und erfordert rechentechnische Hilfe. Ein Beispiel soll den Weg verdeutlichen.

Gleichung 4. Grades $\quad x^4 - 5 \cdot x^3 - 2 \cdot x^2 + 20 \cdot x - 8 = 0$

$$a := -5 \qquad b := -2 \qquad c := 20 \qquad d := -8$$

$$x^4 - 5 \cdot x^3 - 2 \cdot x^2 + 20 \cdot x - 8 = 0 \quad \begin{array}{l} \text{ersetzen}, x = y - \dfrac{a}{4} \\[2mm] \text{sammeln}, y \end{array} \to y^4 - \frac{91}{8} \cdot y^2 - \frac{5}{8} \cdot y + \frac{1677}{256} = 0$$

Resolvente $\qquad p := \dfrac{-91}{8} \qquad q := \dfrac{-5}{8} \qquad r := \dfrac{1677}{256}$

$$z^3 - \frac{1}{2} \cdot p \cdot z^2 - r \cdot z + \left(\frac{1}{2} \cdot p \cdot r - \frac{q^2}{8} \right) = 0 \text{ gleit}, 3 \to z^3 + 5.69 \cdot z^2 - 6.55 \cdot z - 37.3 \equiv 0$$

eine reelle Lösung ist: $\qquad z := 2.560$

Im 2. Teil werden nun die Lösungen der gegebenen Gleichung ermittelt.

Die Lösungen der quadratischen Gleichungen:

$$y_1 := \frac{1}{2} \cdot \sqrt{2 \cdot z - p} + \sqrt{\frac{1}{2} \cdot z - \frac{1}{4} \cdot p + \sqrt{z^2 - r} - z} \qquad y_1 = 3.3 \qquad x_1 := y_1 - \frac{a}{4} \qquad x_1 = 4.55$$

$$y_2 := \frac{1}{2} \cdot \sqrt{2 \cdot z - p} - \sqrt{\frac{1}{2} \cdot z - \frac{1}{4} \cdot p + \sqrt{z^2 - r} - z} \qquad y_2 = 0.76 \qquad x_2 := y_2 - \frac{a}{4} \qquad x_2 = 2.01$$

$$y_3 := -\frac{1}{2} \cdot \sqrt{2 \cdot z - p} + \sqrt{\frac{1}{2} \cdot z - \frac{1}{4} \cdot p - \sqrt{z^2 - r} - z} \qquad y_3 = -0.8 \qquad x_3 := y_3 - \frac{a}{4} \qquad x_3 = 0.45$$

$$y_4 := -\frac{1}{2} \cdot \sqrt{2 \cdot z - p} - \sqrt{\frac{1}{2} \cdot z - \frac{1}{4} \cdot p - \sqrt{z^2 - r} - z} \qquad y_4 = -3.26 \qquad x_4 := y_4 - \frac{a}{4} \qquad x_4 = -2.01$$

Mit einem Computer-Algebra-System lassen sich solche Algorithmen relativ gut bearbeiten.

Allerdings ist der Aufwand trotzdem sehr hoch und es sind umfangreiche Kenntnisse aus der Theorie der Gleichungen notwendig. Ein Ingenieur, der die Gleichungen für die bautechnischen Anwendungen benötigt, möchte diesen Aufwand komplett in den „Hintergrund" des Programms schieben.

Die Entwickler der CAS-Programme haben die Algorithmen in spezielle Routinen eingebaut, die bequem aufgerufen werden können. Es ist natürlich hilfreich, wenn der Anwender Kenntnisse über die Wirkungsweise hat.

In dem Mathcad-Dokument "Gleichungen_Vorlage.mcd" werden anhand typischer Gleichungen drei Routinen vorgestellt, die in unterschiedlicher Form aus den Koeffizienten der Gleichung die Lösungen ermitteln.

Es sind dieses die Routinen:

    - „nullstellen...", - „auflösen nach...", und „wurzel..."

Jede Routine erfordert die Vorgabe der Gleichung in ganz spezieller Form. Sie unterscheiden sich darin, ob sie die vollständige Lösungsmenge oder gezielt nur eine Lösung ermitteln. Komplexe Lösungen werden ebenfalls berechnet.

Der Fundamentalsatz der Algebra gab eine Aussage über die Anzahl der Lösungen. Komplexe Lösungen treten stets paarweise auf. Gleichungen mit ungerader Ordnung n haben immer mindestens eine reelle Lösung.

Es werden Beispiele verwendet, die schon nach den klassischen Verfahren gelöst wurden. Damit ist ein Vergleich möglich.

3.3 Routinen

3.3.1 Die Routine "nullstellen"

Diese Routine ist für algebraische Gleichungen verwendbar. Die Koeffizienten der Gleichung werden in einen Vektor v geschrieben, danach wird auf v die Anweisung "nullstellen" angewendet. Das Ergebnis kann einer Variablen L zugeordnet werden. L ist dann ein Vektor, dessen Komponenten die Lösungen der Gleichung sind. Nach dem Fundamentalsatz der Algebra hat jede algebraische Gleichung n-ten Grades im Körper der komplexen Zahlen genau n Lösungen. Mathcad gibt sowohl die reellen als auch die komplexen Lösungen aus.

---

1. Mathcad- Routine: "nullstellen"

$$x^3 + a \cdot x^2 + b \cdot x + c = 0 \qquad\qquad x^3 + 5 \cdot x^2 - 119 \cdot x - 295 = 0$$

$$a := 5 \qquad\qquad b := -119 \qquad\qquad c := -295$$

Vektor aus den Koeffizienten:

$$v := (c \quad b \quad a \quad 1)^T \qquad\qquad L := \text{nullstellen}(v)$$

Lösungen der Gleichung :

$$L_1 = -12.59 \qquad\qquad L_2 = -2.36 \qquad\qquad L_3 = 9.95$$

$$-7 \cdot x^5 + 5 \cdot x^4 + 1 \cdot x^3 + 4 \cdot x^2 - 2 \cdot x + 2 = 0 \qquad\qquad w := (2 \quad -2 \quad 4 \quad 1 \quad 5 \quad -7)^T$$

$$L2 := \text{nullstellen}(w) \qquad\qquad L2 = \begin{pmatrix} -0.5271 + 0.6505i \\ -0.5271 - 0.6505i \\ 0.2835 - 0.5088i \\ 0.2835 + 0.5088i \\ 1.2014 \end{pmatrix}$$

Das zweite Beispiel zeigt das angekündigte Verhalten, die komplexen Lösungen treten paarweise auf und es gibt wenigstens eine reelle Lösung. Die Genauigkeit ist auf 4 Dezimalstellen festgelegt. Dieses Beispiel wird im Abschnitt 3.8 verwendet, um ein Verfahren für Gleichungen 5. Grades zu erklären.

3.3.2 Die Routine "auflösen"

Diese Routine gehört zu den Möglichkeiten, die in der symbolischen Arbeitsweise mit dem Pfeil →
aufgelistet sind. Es wird die komplette Gleichung aufgeschrieben, danach das "auflösen" angefügt
mit Angabe der Variablen. Enthält die Gleichung nur ganzzahlige Koeffizienten, dann wird das
Ergebnis ebenfalls mit ganzen Zahlen sowie Brüchen und Wurzeln angegeben. Hier sollte man den
Zusatz "gleit, Dezimalstellen" verwenden oder mit = umwandeln. Dieses Verfahren kann man für
algebraische und transzendente Gleichungen verwenden.

2. Mathcad- Routine: "auflösen,nach ..."

$$X^4 - 5 \cdot X^3 - 2 \cdot X^2 + 20 \cdot X - 8 = 0 \text{ auflösen, X } \rightarrow \begin{pmatrix} 2 \\ -2 \\ \dfrac{5}{2} + \dfrac{1}{2} \cdot \sqrt{17} \\ \dfrac{5}{2} - \dfrac{1}{2} \cdot \sqrt{17} \end{pmatrix} = \begin{pmatrix} 2 \\ -2 \\ 4.56 \\ 0.44 \end{pmatrix}$$

3.3.3 Die Routine "wurzel"

Diese Routine stellt ein Näherungsverfahren dar. Solche Verfahren haben eine Reihe von Besonderheiten. Zunächst benötigt das Verfahren einen Startwert. Der Ausdruck, der an die Funktion
"wurzel" übergeben wird, muss die linke Seite der Gleichung für die Form f(x) = 0 sein. Die Routine
"wurzel" liefert jeweils nur eine Lösung, dabei spielt die Konvergenz des Verfahrens eine wesentliche Rolle. Der Startwert bestimmt darüber, ob eine Lösung erreicht wird, welche Lösung erreicht
wird und wie genau diese Lösung berechnet wird. Hier sollte man den Startwert variieren. Dieses
Mathcad -Verfahren lässt sich für algebraische und transzendente Gleichungen verwenden.

3. Mathcad- Routine: "wurzel, von ..."

für dieses Näherungsverfahren ist ein Startwert notwendig

$$x^3 + 5 \cdot x^2 - 119 \cdot x - 295 = 0 \qquad x := 20$$

$$x_L := \text{wurzel}\left(x^3 + 5 x^2 - 119 \cdot x - 295, x \right) \qquad x_L = 9.946$$

3.3.4 Anwendungen der algebraischen Gleichungen

Im Thema „Biegung von Trägern" werden die Biegelinien w(x) für einen bestimmten Fall der Lagerung und Belastung untersucht. Ein wichtiger Punkt ist dabei, die Stelle im Trägerverlauf zu ermitteln, bei der die Durchbiegung w maximal ist. Aus der Differentialrechnung ergibt sich die Bedingung $w'(x) = 0$. Das ist eine Gleichung für x_E. Da die Biegelinien in der Regel durch ganze Funktionen dargestellt werden, erhält man hier eine algebraische Gleichung, meist vom Grad 3 oder 4. Also sind das gute Beispiele für die Anwendung der besprochenen Verfahren. Einige Besonderheiten gilt es zu beachten.

Die Funktionen w(x) enthalten x in der Kombination $\dfrac{x}{\ell}$, das erfordert eine Substitution durch z.

Aus der Gesamtheit aller Lösungen sind nur die reellen im Bereich $0 \leq x \leq \ell$ interessant.

Als Beispiel ist ein Träger gewählt, der beidseitig eingespannt ist und durch eine Dreieckslast belastet wird. Seine Biegelinie lautet:

$$w(x) = \frac{q_b \cdot \ell^4}{120 \cdot E \cdot I} \cdot \left(\frac{x^5}{\ell^5} - 3 \cdot \frac{x^3}{\ell^3} + 2 \cdot \frac{x^2}{\ell^2} \right)$$

Die Bedingung $w'(x) = 0$ führt auf die Gleichung $5 \cdot z^4 - 9 \cdot z^2 + 4 \cdot z = 0$. Diese Gleichung 4. Grades hat die triviale Lösung z = 0. Weitere Lösungen erhält man aus einer Gleichung 3. Grades, die durch ausklammern entsteht. Sie werden mit der Mathcad-Routine „auflösen..." ermittelt.

$$5 \cdot Z^3 - 9 \cdot Z + 4 = 0 \text{ auflösen}, Z \rightarrow \begin{pmatrix} 1 \\ \dfrac{-1}{2} + \dfrac{1}{10} \cdot \sqrt{105} \\ \dfrac{-1}{2} - \dfrac{1}{10} \cdot \sqrt{105} \end{pmatrix} = \begin{pmatrix} 1.000 \\ 0.525 \\ -1.525 \end{pmatrix}$$

Eine weitere triviale Lösung ist z = 1. Diese beiden Lösungen spiegeln die Einspannungen wieder, dass bedeutet, die Tangente ist dort waagerecht. Eine echte Lösung ergibt der Wert $z_3 = 0.525$, also $x_{max} = 0.525\ \ell$. Die Größe der maximalen Durchbiegung erhält man damit zu

$$f = w_{max} = 1{,}31 \cdot 10^{-3} \cdot \frac{q_b \cdot \ell^4}{E \cdot I}$$

In gleicher Art lassen sich auch für andere Fälle der Biegung aus der bekannten Biegelinie w(x) Formeln für die maximale Durchbiegung herleiten. Die Lösung der entstehenden algebraischen Gleichungen ist mit einem CAS – Programm leicht möglich.

Ein weiterer Bereich der Technischen Mechanik, die „Stabknickung", führt in der Regel auf transzendente Gleichungen. Diese lassen sich für einfache Fälle leicht lösen, für komplizierte Fälle hingegen erfordern sie einen größeren Aufwand. Im folgenden Abschnitt werden deshalb mathematische Möglichkeiten für diese Gleichungen dargestellt.

3.4 Transzendente Gleichungen

Als transzendente Gleichungen werden solche bezeichnet, die nicht nur elementare Operationen (einschließlich Wurzeln) enthalten, sondern auch beispielsweise goniometrische oder exponentielle Operationen. Dabei können einige durch geschickte Anwendungen von Regeln und durch Substitutionen auf algebraische Gleichungen geführt werden, andere hingegen nicht.

Ein berühmtes Beispiel ist die Gleichung $tan(x) = x$, die in der Theorie der Stabknickung beim EULER-Fall III eine wichtige Rolle spielt.

An diesem Beispiel sollen zwei Wege gezeigt werden, die zu einer Lösung führen. Im ersten Weg wird ein grafisches Verfahren beschrieben, im zweiten Weg wird eine Routine aus Mathcad benutzt, die ein Näherungsverfahren beinhaltet.

3.4.1 Das grafische Verfahren

Bei diesem Verfahren wird die Tatsache benutzt, dass eine Gleichung der Form f(x) = g(x) als Bedingung für Schnittpunkte der *Kurven* zu f(x) und g(x) gedeutet werden kann. Damit kann die Zeichnung der entsprechenden Kurven diese Schnittpunkte finden, deren x-Koordinaten Lösungen der Gleichung sind. Dabei kann man mit grossem Nutzen die Kenntnisse aus dem Kapitel „Funktionen und Kurven" anwenden. Typische Eigenschaften im Kurvenverlauf helfen, die Kurven richtig zu zeichnen. Die Rechentechnik, Taschrechner und Mathcad-Programm, bieten viele Möglichkeiten, Kurven sehr schnell und genau zu zeichnen. Allerdings muss gerade bei elementaren Kurven darauf geachtet werden, dass einfache Fehler nicht gemacht werden. So muss bei trigonometrischen Funktionen in der Regel mit dem Bogenmaß gearbeitet werden.

Im Beispiel $tan(x) = x$ müssen also die Tangens-Kurve und die Gerade y = x gezeichnet werden.

Eine zusätzliche Schwierigkeit bilden die Polstellen der Funktion y = tan (x).

Die Auswertung der Zeichnung zeigt eine Reihe von Schnittpunkten, die alle eine Lösung der gegebenen Gleichung darstellen. Allerdings kommen für die Anwendung der Gleichung bei der Knickung von Stäben negative Werte nicht in Betracht, ebenso die triviale Lösung x = 0.

Für die Ermittlung der EULERschen Knicklasten spielen nur die positiven Lösungen eine Rolle. Die erste Knicklast ergibt sich für die kleinste positive Lösung, die bei etwa x = 4,5 liegt. Die Genauigkeit lässt sich steigern, wenn das Computerprogramm das Ablesen von Koordinaten erlaubt. In unserem Beispiel zeigt das Ablese-Icon für die x-Koordinate den Wert 4,55 an.

Eine weitere Steigerung der Genauigkeit lässt sich nur durch Berechnungen erzielen wie sie durch das zweite Verfahren angestellt werden. Dieses Verfahren gehört zu der Gruppe der Näherungsverfahren. Im Abschnitt 3.5 werden diese Verfahren ausführlich dargestellt.

$$x = \tan(x)$$

Darstellung im Bereich $\qquad x = -6,....,6$

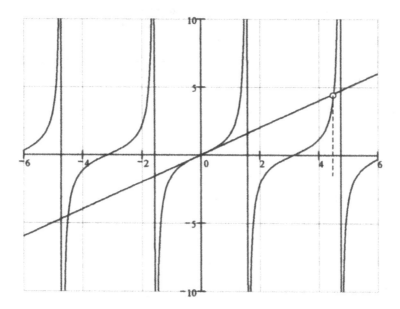

Die für die technische Anwendung wichtige Lösung ist $\underline{x = 4,55}$.

Aus dieser Lösung erhält man einen Näherungswert für die EULERsche Knicklast P_k

Es gilt: $\qquad x = \sqrt{\lambda} \cdot \ell \;\rightarrow \lambda = \dfrac{x^2}{\ell^2} \;;\; \lambda = \dfrac{P}{E \cdot I}$

Damit ist dann: $\;P_k = x^2 \cdot \dfrac{E \cdot I}{\ell^2} \rightarrow P_k \approx 20{,}70 \cdot \dfrac{E \cdot I}{\ell^2}$

Für das gleiche Beispiel nun das nächste Verfahren.

3.4.2 Näherungen für Lösungen

Hier wird die Mathcad-Routine „wurzel..." benutzt. Wie im vorigen Abschnitt erläutert, ist die Wahl eines Startwertes für das Näherungsverfahren von entscheidender Bedeutung für die Konvergenz des Verfahrens. Ein schlechter Anfangswert kann eine falsche Lösung ansteuern oder die Konvergenz ganz verhindern. In einem weiteren Abschnitt wird ein Einblick in das Konvergenzverhalten des bekannten NEWTON-Verfahrens gegeben.

Für die Gleichung $tan\,(x) = x$ wird nun die Rechnung durchgeführt. Dabei muss der Ausdruck $\tan(x) - x$ in die Routine eingesetzt werden:

Vorgabe eines Startwerts:	$x := 10$	
durch "wurzel" - Funktion	$x_L := \text{wurzel}(\tan(x) - x, x)$	$x_L = 0.1103$
Vorgabe eines Startwerts:	$x := 5$	
durch "wurzel" - Funktion	$x_L := \text{wurzel}(\tan(x) - x, x)$	$x_L = 0.1285$
Vorgabe eines Startwerts:	$x := 4.5$	
durch "wurzel" - Funktion	$x_L := \text{wurzel}(\tan(x) - x, x)$	$x_L = 4.4934$

Diese Aufstellung zeigt, welchen Einfluss der Startwert hat. Die Gründe dafür werden im nächsten Abschnitt untersucht. Günstigere Verhältnisse kann man erreichen, wenn die Gleichung verändert wird, etwa in $x = arc\,tan\,(x) + \pi$.

Dann ergibt sich:

Vorgabe eines Startwerts:	$x := 10$	
durch "wurzel" - Funktion	$x_L := \text{wurzel}(\text{atan}(x) - x + \pi, x)$	$x_L = 4.4934$

Man erhält nun eine sehr stabile Konvergenz und einen sehr genauen Wert für die Lösung x_L.
Aus dieser Lösung folgt dann die exakte Formel für die EULERsche Knicklast P_k

$$P_k = x^2 \cdot \frac{E \cdot I}{\ell^2} \rightarrow P_k = 20{,}19 \cdot \frac{E \cdot I}{\ell^2}$$

3.5 Näherungsverfahren für Gleichungen

In diesem Abschnitt werden drei verschiedene Näherungsverfahren für Lösungen von Gleichungen der Form $f(x) = 0$ vorgestellt. Es handelt sich um diese Verfahren:

- das Sekanten-Verfahren,

- das Tangenten-Verfahren nach NEWTON,

- das allgemeine Verfahren der sukzessiven Approximation.

Bei allen drei Verfahren werden aus gewählten Startwerten x_0 schrittweise neue, verbesserte Näherungen x_i für eine Lösung der Gleichung berechnet. Die Konstruktionsvorschriften sind für die Verfahren unterschiedlich, können aber aus Zeichnungen entnommen werden. Die Näherungen x_0, x_1, x_2,.. bilden eine Zahlenfolge. Die entstehenden Formeln lassen sich gut rechentechnisch verarbeiten, teilweise sind sogar kleine Programme mit Schleifen zu entwickeln.

Eine wichtige Frage ist die Konvergenz gegen eine Lösung, dafür kann man gewisse Bedingungen angeben.

3.5.1 Das Sekanten- Verfahren

Die Gleichung $f(x) = 0$ stellt zeichnerisch die Suche nach Schnittpunkten mit der x – Achse dar. Diese Methode verwendet zwei verschiedene Punkte zu den gewählten x-Werten a und b, die einen positiven und einen negativen y-Wert haben und damit oberhalb bzw. unterhalb der x- Achse liegen. Die Sekante durch diese Punkte schneidet die x-Achse an der Stelle x_i. Dieser Wert ist eine erste Näherung für eine Lösung der Gleichung wenn die Kurve in dem Intervall stetig verläuft. Weitere Näherungen ergeben sich in gleicher Art. Die folgende Zeichnung zeigt das Prinzip.

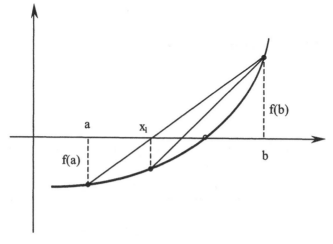

Aus der obigen Zeichnung kann man die Formeln herleiten.

Die Sekante liefert eine Geraden-Gleichung nach der 2-Punkte-Form. Der Schnittpunkt dieser Se-
Sekante mit der x-Achse liegt bei $x = x_1$. Die Formel lautet:

$$x_1 = b - f(b) \cdot \frac{b - a}{f(b) - f(a)}$$

Weitere Näherungen x_2, x_3, ... ergeben sich, wenn a durch x_1 ersetzt wird. Es folgen nun ein Programm und zwei Beispiele:

SEKV(f,a,b,n) :=	$t \leftarrow f(a) \cdot f(b)$	verschiedene Vorzeichen
	$L \leftarrow$ "keine Lösung" if t > 0	notwendig für f(a) und f(b)
	(break) if t > 0	
	$x_1 \leftarrow b - f(b) \cdot \dfrac{(b - a)}{f(b) - f(a)}$ if t < 0	
	for i $\in$ 1 .. n	for-Schleife für n Durchläufe
	$\quad a \leftarrow x_i$ if $f(x_i) \cdot f(a) > 0$	x_i übernimmt die
	$\quad b \leftarrow x_i$ if $f(x_i) \cdot f(b) > 0$	Rolle von a oder b
	$\quad x_{i+1} \leftarrow b - f(b) \cdot \dfrac{(b - a)}{f(b) - f(a)}$	
	return (x_n) if t < 0	Ergebnis
	return (L) if t > 0	

$x^3 + 5 \cdot x^2 - 119 \cdot x - 295 = 0$ $\qquad$ $f(x) := x^3 + 5 \cdot x^2 - 119 \cdot x - 295$

SEKV(f,−20,−10,20) = −12.591 SEKV(f,−10,0,20) = −2.356   SEKV(f,0,15,20) = 9.946

SEKV(f,−30,−20,20) = "keine Lösung"   SEKV(f,15,20,20) = "keine Lösung"

$-7 \cdot x^5 + 5 \cdot x^4 + 1 \cdot x^3 + 4 \cdot x^2 - 2 \cdot x + 2 = 0$ $\quad$ $g(x) := -7 \cdot x^5 + 5 \cdot x^4 + 1 \cdot x^3 + 4 \cdot x^2 - 2 \cdot x + 2$

a := 1 $\qquad$ b := 2 $\qquad$ n := 200 $\qquad$ SEKV(g,a,b,n) = 1.201

Ein Vergleich mit den Ergebnissen aus dem Abschnitt 3.3.1 zeigt, dass das Sekantenverfahren
außerordentlich genau arbeitet. Das obige Programm ist in der Lage, selbst für große n sehr schnell
zu arbeiten. Die bescheidenen Programm-Elemente von Mathcad reichen dafür aus.

3.5.2 Das NEWTON- Verfahren

Im vorigen Abschnitt wurde das Sekanten-Verfahren erläutert. In ähnlicher Weise kann man auch eine Konstruktion mit Tangenten für ein Näherungsverfahren benutzen. Die Methode geht auf NEWTON[1] zurück. Die Form der Gleichung ist wieder f(x) = 0 und kann als Bedingung für einen Schnittpunkt mit der x-Achse interpretiert werden. Einige Besonderheiten seien genannt. Verwendet wird nur ein Punkt $P_0(x_0,y_0)$ auf der zugehörigen Kurve, in dem die Konstruktion gestartet wird. Die Tangente in diesem Punkt schneidet die x-Achse an der Stelle x_1.
Unter bestimmten Bedingungen ist dieser Wert x_1 eine bessere Näherung für die Lösung als der Startwert x_0. Nun können in gleicher Art aus x_1 weitere Näherungen x_2, x_3, ... berechnet werden.
Die folgende Zeichnung demonstriert diese Methode.

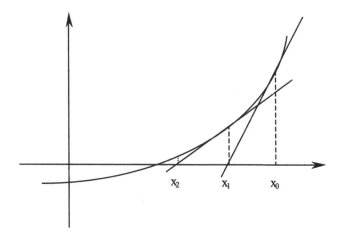

Aus dieser Zeichnung ergeben sich die Formeln:

$$m_t = f'(x_0) = \frac{f(x_0)}{x_0 - x_1} \quad \text{und dann} \quad x_1 = x_0 - \frac{f(x_0)}{f'(x_0)}$$

allgemein: $$x_{i+1} = x_i - \frac{f(x_i)}{f'(x_i)} \quad i = 0,1,\,2,\,...\,n$$

Die Konvergenzbedingung lautet:

$$\left| \frac{f(x_0) \cdot f''(x_0)}{[f'(x_0)]^2} \right| < 1$$

Aus dieser Formel kann man ablesen, wann die Bedingung erfüllt ist. Die Krümmung der Kurve darf nicht zu groß sein, die Tangente sollte nicht zu flach verlaufen. Durch eine entsprechende Wahl von x_0 kann man das erreichen. Das folgende Beispiel demonstriert das Vorgehen. Dabei werden die Möglichkeiten von Mathcad für einen sehr effektiven Lösungsweg eingesetzt.

---

[1] ISAAC NEWTON (1643-1727), bedeutender Physiker und Mathematiker

Das NEWTON -Näherungsverfahren

Gegeben ist eine Gleichung in der Form: $f(x) = 0$

Die notwendigen Ableitungen : $f_x(x) := \dfrac{d}{dx} f(x)$ $f_{xx}(x) := \dfrac{d^2}{dx^2} f(x)$

Die Formel für $ORIGIN \equiv 0$ $i := 0 .. n$ $\boxed{x_{i+1} := x_i - \dfrac{f(x_i)}{f_x(x_i)}}$

Konvergenzbedingung prüfen: $k(x) := \left| \dfrac{f(x) \cdot f_{xx}(x)}{f_x(x)^2} \right|$ $< 1\ ?$

Beispiel: $\boxed{x^3 + 5 \cdot x^2 - 119 \cdot x - 295 = 0}$ $\longrightarrow$ $f(x) \equiv x^3 + 5 \cdot x^2 - 119 \cdot x - 295$

Wählen $x_0 \equiv 20$ $k(x_0) = 0.58030$ $n \equiv 5$ $i := 0 .. n$

Anfangswerte: $x_0 = 20.00000$ $f(x_0) = 7325.00000$ $f_x(x_0) = 1281.00000$

Näherungswerte: $x_{i+1} := x_i - \dfrac{f(x_i)}{f_x(x_i)}$ $x_1 = 14.28181$

$$f(x_i) = \begin{pmatrix} 7325.00000 \\ 1938.37795 \\ 416.46295 \\ 47.13583 \\ 0.93615 \\ 0.00040 \end{pmatrix} \qquad f_x(x_i) = \begin{pmatrix} 1281.00000 \\ 635.72849 \\ 371.85116 \\ 288.93228 \\ 277.48208 \\ 277.24697 \end{pmatrix} \qquad x = \begin{pmatrix} 20.000000 \\ 14.281811 \\ 11.232745 \\ 10.112773 \\ 9.949635 \\ 9.946261 \\ 9.946260 \end{pmatrix}$$

Die Lösung lautet auf 5 Dezimalstellen genau : $x_L := x_6$ $x_L = 9.946260$

Mit Mathcad kann man sehr elegant die rekursive Berechnung der Hilfswerte durchführen und sie in Vektoren speichern. Dadurch lässt sich die Entwicklung sehr gut verfolgen.
Das Newton-Verfahren hat eine hohe Konvergenzgeschwindigkeit. Theoretische Untersuchungen zeigen, dass hier eine quadratische Konvergenz vorliegt. Im Beispiel erkennt man das daran, dass von einem bestimmten Näherungswert an jeweils zwei neue Dezimalstellen bestätigt werden.

3.5.3 Sukzessive Approximation

In diesem Abschnitt wird ein Fixpunktverfahren beschrieben. Die Form der Gleichung ist jetzt statt $f(x) = 0 \rightarrow x = g(x)$.

Ein Beispiel hierfür war die Gleichung $x = \arctan(x)$, die aus $\tan(x) = x$ entstand. Die Lösung erfüllt die Bedingung, dass sie beim Einsetzen in die rechte Seite der Gleichung wieder reproduziert wird. Grafisch kann die Form $x = g(x)$ als Schnittpunkt der Kurve $g(x)$ mit der Geraden $y = x$ gedeutet werden.

Ein Näherungsverfahren entsteht, wenn aus einem Wert x_i der folgende Wert x_{i+1} nach der Vorschrift $x_{i+1} = g(x_i)$ gebildet wird.

Diese Vorschrift lässt sich rechentechnisch sehr gut auswerten.

Das Verfahren der Sukzessiven Approximation konvergiert, wenn die Abbildung „kontraktiv" ist. Das ist gesichert, wenn die Ableitung der Funktion $g(x)$ in dem entsprechenden Bereich betragsmäßig < 1 ist. Also heisst die Konvergenzbedingung $\left| g'(x) \right| < 1$.

Die folgende Zeichnung zeigt die Zusammenhänge und die Bedingung für die Konvergenz.

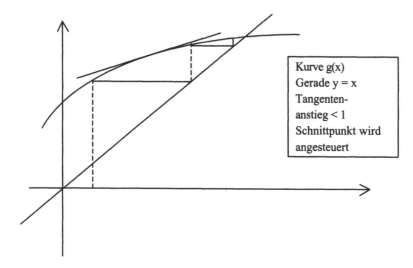

Kurve $g(x)$
Gerade $y = x$
Tangenten-
anstieg < 1
Schnittpunkt wird
angesteuert

Einen speziellen Fall stellt das NEWTON–Verfahren dar mit der Vorschrift

$$x = x - \frac{f(x)}{f'(x)} \equiv g(x)$$

Die Konvergenzformel für dieses Verfahren folgt aus der Bedingung $\left| g'(x) \right| < 1$ und lautet dann

wie angegeben $\left| \dfrac{f(x_0) \cdot f''(x_0)}{\left[f'(x_0) \right]^2} \right| < 1$.

Ein Beispiel soll den Ablauf erläutern.

$$x^3 + 5 \cdot x^2 - 119 \cdot x - 295 = 0 \qquad x = \sqrt[3]{295 + 119 \cdot x - 5 \cdot x^2}$$

$$k := 0..3 \qquad y_0 := 20$$

$$y_{k+1} := \sqrt[3]{295 + 119 \cdot y_k - 5 \cdot (y_k)^2} \qquad y = \begin{pmatrix} 20.00000 \\ 8.77205 \\ 9.84470 \\ 9.93940 \\ 9.94581 \end{pmatrix}$$

Die lineare Konvergenz liefert hier jeweils eine weitere Dezimalstelle für die Lösung.

Das nächste bekannte Beispiel gibt einen Fall an, bei dem man zunächst eine „iterierfähige" Form herstellen muss. Die entscheidende Rolle spielt die Ableitung der Funktion g (x). Die Ableitung der veränderten Gleichung erfüllt die Konvergenzbedingung $|g'(x)| < 1$.

$$\tan(z) = z \qquad g(z) := \tan(z) \qquad \frac{d}{dz}\tan(z) \rightarrow 1 + \tan(z)^2 \qquad \text{Betrag} > 1 \,!$$

$$\text{Variante}: \qquad z = \operatorname{atan}(z) + \pi \qquad h(z) := \operatorname{atan}(z) + \pi$$

$$\frac{d}{dz}h(z) \rightarrow \frac{1}{\left(1 + z^2\right)} \qquad \text{Betrag} < 1 \,!$$

$$k := 0..4 \qquad z_0 := 8$$

$$z_{k+1} := \operatorname{atan}(z_k) + \pi \qquad z = \begin{pmatrix} 8.00000 \\ 4.58803 \\ 4.49779 \\ 4.49362 \\ 4.49342 \\ 4.49341 \end{pmatrix}$$

$$\text{Lösung auf 4 Dezimalstellen:} \quad z_5 = 4.49341$$

Die veränderte Gleichung bringt auch jetzt wieder eine stabile lineare Konvergenz. Die Lösung nach diesem Verfahren stimmt mit den vorherigen Verfahren überein.

3.6 Eine Anwendung

Die in den vorigen Abschnitten besprochenen Verfahren wurden bisher für Standardaufgaben und einfache Anwendungen eingesetzt. Für kompliziertere Anwendungen treten weitere Schwierigkeiten auf, die überwunden werden müssen. Das betrifft zum Beispiel die Variablen und Konstanten in den Problemen, die in der Regel keine formalen mathematischen Bezeichnungen und Zahlenwerte haben, sondern den Gegebenheiten der technischen Situation folgen. Die vorliegende Form der Aufgabe entspricht in der Regel nicht der „Normalform" für Gleichungen. Schließlich ist der Rechenaufwand relativ hoch. Diese Schwierigkeiten führen dann leicht dazu, dass der Anwender auf den Einsatz der mathematischen Verfahren ganz verzichten wird. Dabei kann man durch einige Schritte doch erfolgreich arbeiten. So können die unbekannten Größen durch die traditionellen Variablen x, y z und die bekannten Größen durch a, b, c oder sogar durch ihre Zahlenwerte ersetzt werden. Wenn man eine Vorstellung von den Normalformen der Gleichungen hat, lassen sich durch algebraische Umformungen diese ansteuern. Der Rechenaufwand wird dann mit einem guten Taschenrechner oder mit Mathcad erledigt.

Die folgende Anwendung gibt einen Eindruck von der Vorgehensweise. Es handelt sich um ein Problem aus dem Holzbau, der Geometrie von Satteldachträgern mit gekrümmten Untergurt. Einzelheiten findet man in WENDEHORST [29].

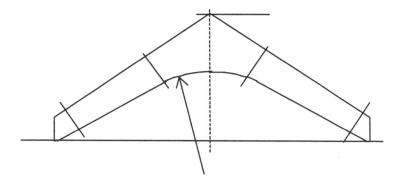

Die Formel lautet

$$r(\delta) = \frac{ha - hm + 0.5 \cdot \ell \cdot (tan\,\gamma - tan\,\delta)}{1 - cos\,\delta - sin\,\delta \cdot tan\,\delta}$$

Diese Formel soll nach δ umgestellt werden. Dabei wird das Problem nur aus formaler mathematischer Sicht betrachtet. Konstruktive und Aspekte der Tragfähigkeit werden hier *nicht* berücksichtigt, das ist Sache anderer Fachgebiete. Auch das verwendete Zahlenbeispiel ist lediglich zur Demonstration gedacht.

Mathcad wird zuerst für algebraischer Umformungen benutzt und im zweiten Teil mit seinen numerischen Möglichkeiten eingesetzt.

$$r(\delta) = \frac{h_a - h_m + 0.5 \cdot \ell \cdot (\tan(\gamma) - \tan(\delta))}{1 - \cos(\delta) - \sin(\delta) \cdot \tan(\delta)} \qquad \delta(r) = ?$$

Umformung des Nenners:

$$\tan(\delta) = \frac{\sin(\delta)}{\cos(\delta)} \qquad \sin(\delta)^2 + \cos(\delta)^2 = 1 \qquad (\cos(\delta) - 1) \cdot \frac{1}{\cos(\delta)}$$

Umformung des Zählers:

$$k := h_a - h_m + \frac{1}{2} \cdot \ell \cdot \tan(\gamma) \qquad k - \frac{1}{2} \cdot \ell \cdot \tan(\delta) \qquad r(\delta) = \frac{k \cdot \cos(\delta) - \frac{1}{2} \cdot \ell \cdot \sin(\delta)}{\cos(\delta) - 1}$$

Substitutionen: $\qquad m := \frac{2 \cdot k}{\ell} \qquad s := r \cdot \frac{2}{\ell} \qquad s = \frac{m \cdot \cos(\delta) - \sin(\delta)}{\cos(\delta) - 1}$

aus s kann nun eine quadratische Gleichung für $z = \cos(\delta)$ gebildet werden

$$\cos(\delta) \cdot (s - m) - s = -\sin(\delta) \qquad u := m - s \qquad \sin(\delta) = \sqrt{1 - \cos(\delta)^2}$$

$$0 = (u^2 + 1) \cdot z^2 + 2 \cdot u \cdot q \cdot z + q^2 \qquad a := (u^2 + 1) \qquad b := 2 \cdot s \cdot u \qquad c := (s^2 - 1)$$

$$a \cdot z^2 + b \cdot z + c = 0 \qquad p := \frac{b}{a} \qquad q := \frac{c}{a} \qquad z^2 + p \cdot z + q = 0$$

Zahlenbeispiel

$$h_a \equiv 0.7 \cdot m \qquad h_m \equiv 1.3 \cdot m \qquad \ell \equiv 20 \cdot m \qquad r \equiv 20 \cdot m \qquad ° \equiv \text{Grad} \quad \gamma \equiv 9 \cdot ° \cdot \frac{\pi}{180 \cdot °}$$

$$k := h_a - h_m + \frac{1}{2} \cdot \ell \cdot \tan(\gamma) \qquad m := \frac{2 \cdot k}{\ell} \qquad s := r \cdot \frac{2}{\ell} \qquad u := m - s$$

$$k = 0.9838 \, m \qquad m = 0.0984 \qquad s = 2 \qquad u = -1.9016$$

$$a := (u^2 + 1) \qquad b := 2 \cdot s \cdot u \qquad c := (s^2 - 1) \qquad p1 := \frac{b}{a} \qquad q1 := \frac{c}{a}$$

$$p1 = -1.6478 \quad p := -1.648 \qquad\qquad q1 = 0.6499 \qquad q := 0.650$$

$$z^2 + p \cdot z + q = 0 \quad \begin{vmatrix} \text{auflösen}, z \\ \text{gleit}, 3 \end{vmatrix} \rightarrow \begin{pmatrix} .654 \\ .994 \end{pmatrix} \qquad z_1 := 0.654 \qquad z_2 := 0.994$$

$$\delta_1 := \text{acos}(z_1) \cdot \frac{180}{\pi} \cdot ° \qquad\qquad \delta_2 := \text{acos}(z_2) \cdot \frac{180}{\pi} \cdot °$$

Lösungen: $\quad \delta_1 = 49.16°$ $\qquad\qquad\qquad\qquad \delta_2 = 6.28°$

Formal gibt es also zwei Lösungen mit 6,3° bzw. 49,2°. Eine Auswahl der richtigen Lösung erfordert weitere Bedingungen. Nützlich ist auch eine Übersicht über den Zusammenhang zwischen r und δ bei Vorgabe der anderen Größen. Dazu fasst man r als Funktion von δ auf und lässt durch Mathcad eine Kurve zeichnen. Gesuchte Werte lassen sich im Diagramm ablesen durch die rechte Maustaste.

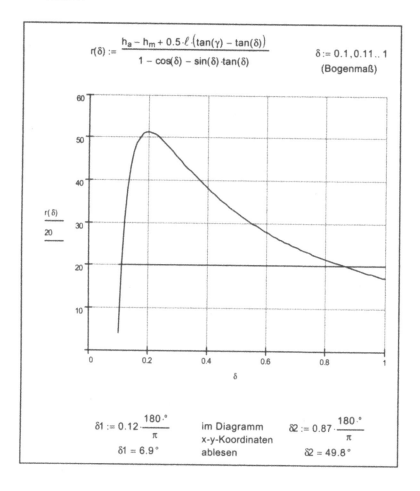

$$r(\delta) := \frac{h_a - h_m + 0.5 \cdot \ell \cdot (\tan(\gamma) - \tan(\delta))}{1 - \cos(\delta) - \sin(\delta) \cdot \tan(\delta)} \qquad \delta := 0.1, 0.11 .. 1$$

(Bogenmaß)

$$\delta1 := 0.12 \cdot \frac{180 \cdot °}{\pi} \qquad \text{im Diagramm} \qquad \delta2 := 0.87 \cdot \frac{180 \cdot °}{\pi}$$

$$\delta1 = 6.9° \qquad \text{x-y-Koordinaten ablesen} \qquad \delta2 = 49.8°$$

Es ergibt sich eine gute Übereinstimmung zwischen den Werten aus der Berechnung und der Zeichnung. Beide Wege ergänzen sich in ihren Möglichkeiten. Denkbar ist auch, für verschiedene Werte der Größen h und ℓ eine ganze Kurvenschar zu zeichnen und damit ein sogenanntes "Nomogramm" zu erstellen.

3.7 Konstruktion von Vielecken

3.7.1 Einführung

Wir wenden uns nun einem Basis-Problem der Konstruktion zu. Es geht um die Konstruktion regelmäßiger Vielecke mit Zirkel und Lineal. Mit Zirkel und Lineal dürfen hier nur elementare Operationen wie Verbindung zweier Punkte oder Konstruktion rechter Winkel, wie man sie in der Schule lernt, durchgeführt werden. Mit diesen Operationen lassen sich eine Reihe bekannter regelmäßiger Vielecke (Polygone) wie zum Beispiel Dreiecke, Quadrate und Sechsecke leicht konstruieren. Die Frage erhebt sich, welche Polygone lassen sich außerdem konstruieren und wie sieht die Konstruktionsbeschreibung aus? Eine weitere Frage ist, warum lassen sich diese konstruieren und andere nicht? Interessant ist etwa das regelmäßige Fünfeck:

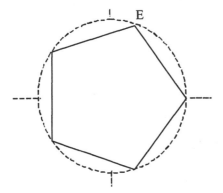

Die Konstruktion gelingt, wenn es möglich ist, vom Startpunkt S(1;0) den nächsten Eckpunkt E zu erreichen. Um Aussagen über die Konstruktion zu geben, stellen wir eine Verbindung zu der Algebra her.

Aus der Arithmetik der komplexen Zahlen ist bekannt, dass alle Wurzeln aus einer komplexen Zahl in der komplexen Ebene auf einem Kreis liegen. Also kann man die Eckpunkte eines Polygons so beschreiben: $\xi = \sqrt[n]{1}$.

Aus der Sicht der algebraischen Gleichungen ist ξ Lösung der Gleichung: $z^n - 1 = 0$, der sogenannten „Kreisteilungsgleichung". Im nächsten Abschnitt wird ein Verfahren dafür entwickelt und auf den bekannten Fall „Fünfeck" und den neuen Fall „17 – Eck" angewendet.

Dabei stützen wir uns auf die grundlegende Methode von CARL FRIEDRICH GAUSS aus dem Jahre 1796. Eine ausführliche Darstellung findet man in BEWERSDORFF[1].

Zuerst wird auf den „Wurzelsatz von VIETA" für quadratische Gleichungen verwiesen.

Eine Gleichung $x^2 + p \cdot x + q = 0$ hat bekanntlich diese Lösungen:

$$x_{1/2} = -\frac{p}{2} \pm \sqrt{\left(\frac{p}{2}\right)^2 - q}$$

Nun ist es möglich, die Koeffizienten p und q ihrerseits durch die Lösungen $x_{1/2}$ auszudrücken. Es ergibt sich der „Wurzelsatz":

$$x_1 + x_2 = -p \quad ; \quad x_1 \cdot x_2 = q$$

Wir werden diesen Sachverhalt verwenden, um eine quadratische Gleichung zu konstruieren, die zwei vorgegebene Lösungen hat.

Eine Gleichung der Form $z^n - 1 = 0$ lässt sich für $z \neq 1$ umformen durch

$$\frac{z^n - 1}{z - 1} = z^{n-1} + z^{n-2} + \ldots + z^1 + 1 \quad \text{auf} \quad z^{n-1} + z^{n-2} + \ldots + z^1 + 1 = 0 .$$

Für die Konstruktion des Vielecks ist der erste Eckpunkt E wichtig. Sein x-Wert ist der Kosinus des Zentriwinkels f_n, dabei ist $\varphi_n = \frac{2 \cdot \pi}{n}$.

Aus der Theorie der komplexen Zahlen ist bekannt:

$$\xi = \cos\frac{2 \cdot \pi}{n} + i \cdot \sin\frac{2 \cdot \pi}{n} \quad \text{und} \quad \xi^{-1} = \cos\frac{2 \cdot \pi}{n} - i \cdot \sin\frac{2 \cdot \pi}{n} \quad \text{damit erhält man}$$

$$cos(\varphi_n) = \frac{1}{2} \cdot \left(\xi + \xi^{-1}\right) \qquad \xi^{-1} = 1 \cdot \xi^{-1} = \xi^n \cdot \xi^{-1} = \xi^{n-1}$$

Falls nun ξ *Lösung einer quadratischen Gleichung* ist, und damit dargestellt werden kann durch elementare Operationen und durch Quadratwurzeln, ist eine Konstruktion mit Zirkel und Lineal möglich.

Also reduziert sich die Frage nach der Konstruierbarkeit regelmäßiger n-Ecke auf das Problem, ob die zugehörige Kreisteilungsgleichung $z^n - 1 = 0$ durch eine Folge von quadratischen Gleichungen aufgelöst werden kann. Damit kann man für jedes spezielle n eine Antwort geben. Diesen Zusammenhang hat zuerst GAUSS klar erkannt und dafür ein Verfahren entwickelt, das im folgenden Abschnitt in groben Zügen dargestellt wird.

Prinzipiell kann aus der gewonnenen Darstellung für cos(f_n) auch eine Vorschrift für die Konstruktionsschritte abgeleitet werden, die aber sehr kompliziert sein kann. Dieser Teil wird für das 17-Eck dargestellt.

---

[1] [S4] JÖRG BEWERSDORFF : „Algebra für Einsteiger"; Verlag Friedrich Vieweg & Sohn

3.7.2 Das Verfahren

Am Beispiel des *Fünfecks* wird eine einfache Version des Verfahrens beschrieben.

Die Kreisteilungsgleichung lautet für n = 5 $\rightarrow z^5 - 1 = 0$. Sie wird ersetzt durch

$z^4 + z^3 + z^2 + z^1 + 1 = 0$, die Lösung dieser Gleichung sei ξ.

Für die Konstruktion ist maßgebend

$$u = \left(\xi + \xi^{-1}\right) = \xi + \xi^4 \rightarrow \qquad u^2 = \xi^2 + 2 \cdot \xi^5 + \xi^8 = \xi^3 + \xi^2 + 2$$

Damit lässt sich die Gleichung 5. Grades umformen

$$\xi^4 + \xi^3 + \xi^2 + \xi^1 + 1 = u + u^2 - 2 + 1 = 0$$

Die quadratische Gleichung für u hat die Lösungen:

$$u^2 + u - 1 = 0 \rightarrow u_{1/2} = -\frac{1}{2} \pm \sqrt{\frac{1}{4} + 1} \quad \text{(nur die positive Lösung ist brauchbar!)}$$

Für den Kosinus des Zentriwinkels $\varphi_5 = 72°$ ergibt sich dann

$$cos\, 72° = \frac{1}{4} \cdot \left(\sqrt{5} - 1\right)$$

Diese Strecke lässt sich mit Zirkel und Lineal einfach konstruieren, also ist ein regelmäßiges Fünfeck konstruierbar.

Im Fall des „Siebenecks" können ähnliche Ansätze gemacht werden. Für u ergibt sich jetzt eine Gleichung 3. Grades:

$$u^3 + u^2 - 2 \cdot u - 1 = 0$$

Die Lösung dieser Gleichung erfordert aber *dritte* Wurzeln, wie früher im CARDANO- Verfahren gezeigt wurde, die nicht mit Zirkel und Lineal konstruiert werden können.

Trotzdem ist die positive reelle Lösung dieser Gleichung der doppelte Wert des Kosinus des Zentriwinkels.

$$u_1 = 1.2469... \qquad \varphi_7 = \frac{2 \cdot \pi}{7} \qquad cos(\varphi_7) = \frac{1}{2} \cdot u_1$$

Der Leser möge die Gleichung herleiten und die Rechnungen bestätigen.

Es erhebt sich nun die Frage, welche Polygone sind konstruierbar? Zunächst alle, deren Seiten durch Teilungen gewonnen werden können. Das wusste man schon in der Antike. Erst GAUSS erweiterte dieses Wissen, indem er bewiesen hat, dass das 17-Eck konstruierbar ist. Das systematische Verfahren wird besprochen.

Für das 17 – Eck wird die vollständige Version des Verfahrens beschrieben.

Die Kreisteilungsgleichung lautet für n = 17:

$$z^{17} - 1 = 0 \quad \text{oder gleichwertig} \quad z^{16} + \ldots\ldots + z^3 + z^2 + z^1 + 1 = 0$$

Die Lösung dieser Gleichung sei ζ, also $\zeta^{17} - 1 = 0$ und $\zeta^{16} + \ldots\ldots + \zeta^3 + \zeta^2 + \zeta^1 + 1 = 0$ (*)

Gesucht ist eine Formel für $\zeta = ?$

1. Schritt: Vorgabe einer *Reihenfolge* für alle Potenzen $\zeta^1, \zeta^2, \ldots, \zeta^{16}$ durch

$k = 3^i \ mod\ 17;\ i = 0,1,\ldots\ 15$,weil 3 eine sogenannte „Primitivwurzel modulo 17" ist.

$$i := 0..15 \qquad\qquad k_i := \text{mod}(3^i, 17)$$

$$k^T = (1\ \ 3\ \ 9\ \ 10\ \ 13\ \ 5\ \ 15\ \ 11\ \ 16\ \ 14\ \ 8\ \ 7\ \ 4\ \ 12\ \ 2\ \ 6)$$

Die Reihenfolge wird durch die k-Werte festgelegt.

2. Schritt: Bildung von *Teilsummen* aus 8, 4, 2 Potenzen entsprechend der obigen Reihenfolge

$$u0 = \zeta^1 + \zeta^9 + \zeta^{13} + \zeta^{15} + \zeta^{16} + \zeta^8 + \zeta^4 + \zeta^2$$

$$u1 = \zeta^3 + \zeta^{10} + \zeta^5 + \zeta^{11} + \zeta^{14} + \zeta^7 + \zeta^{12} + \zeta^6$$

$$v0 = \zeta^1 + \zeta^{13} + \zeta^{16} + \zeta^4 \qquad\qquad v1 = \zeta^3 + \zeta^5 + \zeta^{14} + \zeta^{12} \qquad\qquad (**)$$

$$v2 = \zeta^9 + \zeta^{15} + \zeta^8 + \zeta^2 \qquad\qquad v3 = \zeta^{10} + \zeta^{11} + \zeta^7 + \zeta^6$$

$$w0 = \zeta^1 + \zeta^{16} \qquad\qquad w1 = \zeta^3 + \zeta^{14}$$

3. Schritt: Aufbau einer *quadratischen Gleichung* $u^2 + p \cdot u + q = 0$ für u0 und u1 :

Es ist $\qquad\qquad u0 + u1 = -p;\ u0 \cdot u1 = q$.

Durch algebraische Umformungen und Beachtung von (*) ergeben sich

für $u0 + u1 = -1;\ u0 \cdot u1 = -4$. Damit erhält man die Gleichung

$$u^2 + 1 \cdot u - 4 = 0\ \rightarrow\ \text{mit} \qquad u_{0,1} = \frac{1}{2} \cdot \left(-1 \pm \sqrt{17}\right)$$

4. Schritt: Aufbau von zwei quadratischen Gleichungen $v^2 + p \cdot v + q = 0$ für v0,v2 und v1,v3:

$$v0 + v2 \rightarrow \zeta + \zeta^{13} + \zeta^{16} + \zeta^4 + \zeta^9 + \zeta^{15} + \zeta^8 + \zeta^2 \qquad -p1 = v0 + v2 = u0 = \frac{1}{2} \cdot \left(-1 + \sqrt{17}\right)$$

$$v0 \cdot v2 \ \text{sammeln}, \zeta \rightarrow \zeta^{31} + \zeta^{28} + \zeta^{25} + \zeta^{24} + \zeta^{22} + \zeta^{21} + \zeta^{19} + \zeta^{18} + \zeta^{16} + \zeta^{15} + \zeta^{13} + \zeta^{12} + \zeta^{10} + \zeta^9 + \zeta^6 + \zeta^3$$

$$\zeta + \zeta^2 + \zeta^3 + \zeta^4 + \zeta^5 + \zeta^6 + \zeta^7 + \zeta^8 + \zeta^9 + \zeta^{10} + \zeta^{11} + \zeta^{12} + \zeta^{13} + \zeta^{14} + \zeta^{15} + \zeta^{16} = -1 \qquad q1 = v0 \cdot v2 = -1$$

Damit übertragen sich die Ergebnisse aus dem Schritt 3 in den Schritt 4 und es lassen sich die Summen v0 und v2 der Länge 4 berechnen, analog v1 und v3.

1. quadratische Gleichung:

$v^2 - u0 \cdot v - 1 = 0$ auflösen , $v \rightarrow$ $v0 := \frac{1}{4} \cdot \left(-1 + \sqrt{17} + \sqrt{34 - 2\sqrt{17}} \right)$ $v2 := \frac{1}{4} \left(-1 + \sqrt{17} - \sqrt{34 - 2\sqrt{17}} \right)$

2. quadratische Gleichung:

$v^2 - u1 \cdot v - 1 = 0$ auflösen , $v \rightarrow$ $v1 := \frac{1}{4} \cdot \left(-1 - \sqrt{17} + \sqrt{34 + 2\sqrt{17}} \right)$ $v3 := \frac{1}{4} \left(-1 - \sqrt{17} - \sqrt{34 + 2\sqrt{17}} \right)$

5. *Schritt*: Aufbau einer quadratischen Gleichung für die Summen w0 und w1 der Länge 2:

$w0 + w1 \rightarrow \zeta + \zeta^{13} + \zeta^{16} + \zeta^4$ $w0 \cdot w1$ sammeln, $\zeta \rightarrow \zeta^{29} + \zeta^{20} + \zeta^{14} + \zeta^5$

$-p3 = w0 + w1 = v0$ $q3 = w0 \cdot w1 = v1$

$p3 := \frac{-1}{4} \cdot \left(-1 + \sqrt{17} + \sqrt{34 - 2 \cdot \sqrt{17}} \right)$ $q3 := \frac{1}{4} \cdot \left(-1 - \sqrt{17} + \sqrt{34 + 2 \cdot \sqrt{17}} \right)$

quadratische Gleichung für w: $w^2 + p3 \cdot w + q3 = 0$ auflösen, w

Nach einigen Umformungen erhält man für die Lösung w_0:

$$w0 := \frac{1}{8} \left(-1 + \sqrt{17} + \sqrt{34 - 2 \cdot \sqrt{17}} + 2 \cdot \sqrt{17 + 3 \cdot \sqrt{17} - \sqrt{34 - 2 \cdot \sqrt{17}} - 2 \cdot \sqrt{34 + 2 \cdot \sqrt{17}}} \right)$$

6. *Schritt*: Der Winkel ergibt sich aus der Formel $cos\left(\frac{2 \cdot \pi}{17} \right) = \frac{1}{2} \cdot \left(\zeta^1 + \zeta^{16} \right) = \frac{1}{2} \cdot w0$

$$cos\left(\frac{2 \cdot \pi}{17} \right) = \frac{1}{16} \cdot \left(-1 + \sqrt{17} + \sqrt{34 - 2 \cdot \sqrt{17}} + 2 \cdot \sqrt{17 + 3 \cdot \sqrt{17} - \sqrt{34 - 2 \cdot \sqrt{17}} - 2 \cdot \sqrt{34 + 2 \cdot \sqrt{17}}} \right)$$

Formel von GAUSS (1796)

Damit ist das regelmäßige Siebzehneck mit Zirkel und Lineal konstruierbar.

7. *Schritt*: Die Lösung ζ

Aus $w0 = \zeta^1 + \zeta^{16} = \zeta^1 + \zeta^{-1}$ folgt $\zeta^2 - w0 \cdot \zeta + 1 = 0$

$$\zeta_{1/2} = \frac{1}{2} \cdot w0 \pm \sqrt{1 - \frac{1}{4} \cdot w0^2} \cdot i \; ; \zeta_2 = \zeta^{-1}$$

Diese Formel wird für die Konstruktion mit dem Computer benutzt.

3.7.3 Die Konstruktion

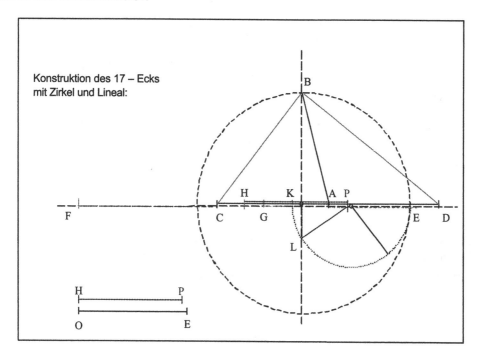

Konstruktion des 17 – Ecks
mit Zirkel und Lineal:

1. Schritt:

Zeichne einen Kreis mit dem Radius = 1, Schnittpunkte mit den Achsen bei B und E;

Die Strecke **OE** wird in 4 Teile geteilt, Punkt A ergibt die neue Strecke AB.

$$OA = \frac{1}{4}; \quad AB = \frac{1}{4} \cdot \sqrt{17}$$

2. Schritt:

Kreis um A mit Radius AB legt die Punkte C, D und die Strecken BC, OC und BD, OD fest.

$$OC = u = \frac{1}{4} \cdot \left(\sqrt{17} - 1\right); OD = v = \frac{1}{4} \cdot \left(\sqrt{17} + 1\right)$$

$$BC = \sqrt{u^2 + 1} \; ; \; BD = \sqrt{v^2 + 1}$$

3. Schritt:

Kreis um C mit CB legt Punkt F fest,

Kreis um D mit DB legt Punkt G fest.

$$OF = u + \sqrt{u^2 + 1} \; ; \; OG = v + \sqrt{v^2 + 1}$$

Strecken OF und OG werden durch 4 geteilt und legen die Punkte H und K fest.

$$OH = \frac{1}{4} \cdot OF = s \; ; \; OK = \frac{1}{4} \cdot OG = t$$

4. Schritt:

THALES – Kreis über KE legt L fest,

Kreis um L mit OH legt P fest,

die Strecke HP ist der Kosinus des Winkels.

$$OL^2 = OK \cdot OE = t \cdot 1 \quad OP = \sqrt{s^2 - t}$$

$$HP = s + \sqrt{s^2 - t} = \cos(\varphi)$$

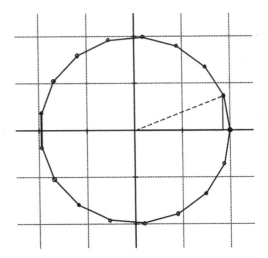

Konstruktion des 17 - Ecks
durch den Computer:

$$\zeta := \frac{1}{2} \cdot w0 + i \cdot \sqrt{1 - \frac{w0^2}{4}}$$

$$\zeta = 0.93247 + 0.36124i$$

$$i := 0 .. 17 \qquad R := 4$$

$$x_i := R \cdot Re(\zeta^i) \qquad y_i := R \cdot Im(\zeta^i)$$

Die Konstruktion von Vielecken führte auf spezielle Gleichungen 5. bzw. 17. Grades, die mit der Methode von GAUSS gelöst werden konnten. Das gilt für alle Fälle, in denen n eine

FERMAT-Zahl $n = 2^{2^k} + 1$ ist und außerdem eine Primzahl p, also nach heutigem Kenntnisstand für p = 3, 5, 17, 257 und 65537.

3.8 Die allgemeine Gleichung 5. Grades

In diesem Abschnitt werden Untersuchungen zur *allgemeinen* Gleichung 5. Grades vorgestellt.[2]
Die Form ist: $\quad a \cdot x^5 + b \cdot x^4 + c \cdot x^3 + d \cdot x^2 + e \cdot x + f = 0$.

„Jede Gleichung n-ten Grades hat im Bereich der komplexen Zahlen genau n Lösungen".
GAUSS (1799)

„Die allgemeine algebraische Gleichung vom Grad 5 ist nicht durch *Radikale* auflösbar".
ABEL (1826)

„Jede algebraische Gleichung vom Grad 5 lässt sich durch eine Reihe von Transformationen auf die Form $t^5 - t + p = 0$ bringen".   TSCHIRNHAUS (1683), BRING (1786), JERRAD (1834)

„Eine Gleichung 5. Grades in der kanonischen Form kann durch Formeln mit elliptischen Modular-Funktionen $\phi(z)$ gelöst werden".[3]   HERMITE (1858)

Das Verfahren wird nur in groben Zügen an einem Beispiel demonstriert.

---

[2] siehe BEWERDORFF

[3] F. KLEIN: „Vorlesungen über das Ikosaeder"; Birkhäuser Verlag / Teubner Verlag 1993

Die Gleichung: $-7 \cdot x^5 + 5 \cdot x^4 + x^3 + 4 \cdot x^2 - 2 \cdot x + 2 = 0$ wird schrittweise durch mehrere Transformationen[1] in die äquivalente Gleichung $t^5 - 1 \cdot t + 3.240 = 0$ überführt.

Diese Gleichung wird durch das folgende Verfahren gelöst.[2]

In Mathcad stehen einige Funktionen nicht zur Verfügung, sie müssen definiert werden.

$$t^5 - 1 \cdot t + p = 0$$

Vorgabe: $p := 3.24010128$ $\qquad s := \text{sign}(\text{Re}(-p))$ $\qquad s = -1.00000$

Hilfsgrößen:

$$k(p) := \tan\left(\frac{1}{4} \cdot \text{asin}\left(\frac{16}{25 \cdot \sqrt{5} \cdot p^2}\right)\right) \qquad k := k(p) \qquad k^2 = 4.64683 \times 10^{-5}$$

$$\beta := \frac{s \cdot \sqrt[4]{k}}{2 \cdot \sqrt[4]{5^3} \cdot \sqrt[4]{k \cdot (1 - k^2)}} \qquad \beta = -0.5204248$$

Definieren:
Elliptische Funktion
1.Art
$$F(x,k) := \int_0^x \frac{1}{\sqrt{(1 - t^2) \cdot (1 - k^2 \cdot t^2)}} dt$$

$Fc(k) := F(1,k)$ $\qquad Fc(k) = 1.570815$ $\qquad K := \sqrt{1 - k^2}$ $\qquad Fc(K) = 6.37473$

Definieren:
"Nome-Funktion"

$$\text{Nome}(x) := \begin{vmatrix} A \leftarrow Fc\left(\sqrt{1 - x^2}\right) \\ B \leftarrow Fc(x) \\ C \leftarrow \dfrac{A}{B} \\ D \leftarrow e^{-\pi \cdot C} \\ D \end{vmatrix}$$

$k = 0.0068168$

$q := \text{Nome}(k)$

$q = 2.90431 \times 10^{-6}$

Definieren:
Modularfunktion F (z)
$$\Phi(z) := \sqrt{2 \cdot z}^{\frac{1}{8}} \cdot \prod_{n=1}^{100} \frac{1 + z^{2 \cdot n}}{1 + z^{2 \cdot n - 1}}$$

[1] Die Transformationen sind kein Gegenstand dieses Verfahrens.

[2] nach Poster: „Solving the Quintic" für MATHEMATICA; WOLFRAM RESEARCH, INC.

Lösung aufbauen:

$$z4n := q^{\frac{1}{5}} \cdot e^{-4\cdot\pi\cdot\frac{i}{5}} \qquad z2n := q^{\frac{1}{5}} \cdot e^{-2\cdot\pi\cdot\frac{i}{5}} \qquad z4p := q^{\frac{1}{5}} \cdot e^{4\cdot\pi\cdot\frac{i}{5}} \qquad z2p := q^{\frac{1}{5}} \cdot e^{2\cdot\pi\cdot\frac{i}{5}}$$

$$\Phi(z4n) = 1.06154 - 0.28118i \qquad\qquad \Phi(z4p) = 1.06154 + 0.28118i$$

$$\Phi(z2n) = 0.99293 - 0.08814i \qquad\qquad \Phi(z2p) = 0.99293 + 0.08814i$$

$$\Phi\left(\sqrt[5]{q}\right) = 0.95914 \qquad\qquad\qquad \Phi\left(q^5\right) = 0.00049$$

$$A := \Phi(z2n) + i\cdot\Phi(z2p) \qquad B := \Phi(z4n) + \Phi(z4p) \qquad C := \Phi\left(\sqrt[5]{q}\right) + \Phi\left(q^5\right)$$

$$A = 0.90479 + 0.90479i \qquad B = 2.12307 \qquad\qquad C = 0.95963$$

Die Lösung der t-Gleichung
5. Grades lautet :

$$t := -\beta\cdot\left(\sqrt[4]{-1}\right)^3 \cdot A\cdot B\cdot C \qquad\qquad t = -1.35672$$

Probe:

$$t^5 - t + p = 1.44761 \times 10^{-5}$$

Rücktransformationen liefern schrittweise die gesuchte reelle Lösung der gegebenen Gleichung.
Aus t = -1.3567 ergibt sich schließlich **x = 1.201** (vgl. Beispiel in 3.3.1 !)

Probe: $x := 1.201$ $-7\cdot x^5 + 5\cdot x^4 + x^3 + 4\cdot x^2 - 2\cdot x + 2 = 0.012$

4 Matrizen, Vektoren, Determinanten

4.1 Matrizen

4.1.1 Matrizen als unentbehrliches Hilfsmittel

Obwohl der Matrizenbegriff schon Mitte des 19. Jahrhunderts entwickelt wurde, fand er in der ingenieurtechnischen Praxis relativ spät Anwendung. Während die Vektoren in der Kräftelehre und der Einsatz von Determinanten z. B. beim Lösen von Gleichungssystemen (Regel von CRAMER) dem Ingenieur seit langem geläufig sind, hat erst 1956 Dr.-Ing. SIGURD FALK in seinem Ingenieurarchiv-Artikel [Z1] „Die Berechnung des beliebig gestützten Durchlaufträgers nach dem Reduktionsverfahren" und weiteren Veröffentlichungen zur Berechnung von Rahmentragwerken konsequent die Matrizenalgebra verwendet. Mit der Entwicklung der Rechentechnik konnten auch die umfangreichen numerischen Probleme weitgehend bewältigt werden, so dass heute der Bauingenieur ohne die Kenntnis der Matrizenrechnung nicht mehr auskommt. Begriffe wie Übertragungsmatrix, Steifigkeitsmatrix, Spannungstensor oder FEM-Elementematrix mögen hier als Beispiele stehen.

Nachfolgend werden die mathematischen Grundlagen und einfache Anwendungen erläutert sowie mit Mathcad-Arbeitsblättern demonstriert. Matrizen sind vorrangig mit fetten Buchstaben bezeichnet. Mathcad bietet mittels leistungsfähiger Algorithmen dem Anwender umfangreiche Möglichkeiten zur Manipulation mit Vektoren, Matrizen und Determinanten. Die in die Arbeitsblätter eingestreuten Editierungshinweise mögen dem Mathcad-Anwender die Gestaltung eigener Arbeitsblätter erleichtern. Auch hier sollte das Handbuch [0] begleitend und ergänzend genutzt werden. Als Einführung in die Matrizenrechnung kann u. a. das erwähnte Lehrbuch von PAPULA [21] empfohlen werden. Ein Standardwerk sind die zwei Bände von ZURMÜHL/FALK [31].

4.1.2 Matrizenoperationen

Eine Matrix vom Typ(m,n) ist ein System von in m Zeilen und n Spalten angeordneten Elementen (Zahlen) a_{ik} :

$$\mathbf{M} = (a_{ik}) = \begin{bmatrix} a_{11} & a_{12} & ... & a_{1n} \\ ... & ... & ... & ... \\ a_{m1} & a_{m2} & ... & a_{mn} \end{bmatrix}.$$

Für die Matrizen werden Operationen definiert, die z. T. an die Rechenregeln der Vektoralgebra und der reellen Zahlen angelehnt sind, jedoch in wesentlichen Punkten von diesen abweichen.

1) Die Addition von Matrizen gleichen Typs und die Multiplikation mit einer reellen Zahl erfolgt elementweise

$$(a_{ik}) + (b_{ik}) = (a_{ik} + b_{ik}) \quad , \quad t \cdot (a_{ik}) = (t \cdot a_{ik}).$$

2) Die Multiplikation von Matrizen ist nur für „verknüpfbare" Matrizen definiert, d. h. in der Form Typ(n.m) x Typ(m,p) = Typ(n,p) mit der Merkregel „(Zeile i) x (Spalte k) = (Element ik)".

$$\mathbf{A} \cdot \mathbf{B} = (a_{ij}) \cdot (b_{jk}) = \left(\sum_j a_{ij} \cdot b_{jk} \right) = (c_{ik}) = \mathbf{C}.$$

Die Multiplikation ist für mehrere verknüpfbare Matrizen assoziativ und distributiv

$$(\mathbf{A} \cdot \mathbf{B}) \cdot \mathbf{C} = \mathbf{A} \cdot (\mathbf{B} \cdot \mathbf{C}) \qquad\qquad \mathbf{A} \cdot (\mathbf{B} + \mathbf{C}) = \mathbf{A} \cdot \mathbf{B} + \mathbf{A} \cdot \mathbf{C} .$$

Eine übersichtliche Darstellung der Multiplikation bietet das Schema von FALK. In Abhängigkeit von der Klammersetzung erhält man unterschiedlicher Zwischenergebnisse.

Multiplikation von rechts

	B	**C**
A	$\mathbf{A}\cdot\mathbf{B}$	$(\mathbf{A}\cdot\mathbf{B})\cdot\mathbf{C}$

Multiplikation von links

	C
B	$\mathbf{B}\cdot\mathbf{C}$
A	$\mathbf{A}\cdot(\mathbf{B}\cdot\mathbf{C})$

.

Diese Schema ist auf beliebig viele verknüpfbare Faktoren erweiterbar. Wesentlich ist jedoch die strikte Einhaltung der Reihenfolge der Faktoren!

Beispiel:

$$(\mathbf{A} \cdot \mathbf{B}) \cdot \mathbf{C} = \begin{array}{cc|ccc}
 & & 4 & -6 & 2 \\
 & & 1 & 0 & 1 \\
\hline
3 & 1 & 13 & -18 & 8 \\
1 & -1 & 3 & -6 & 0 \\
1 & 2 & 6 & -6 & 6 \\
\end{array}$$

Zeile2 x Spalte1 = $1 \cdot 4 + (-1) \cdot 1 = 3$

$$\mathbf{A} \cdot (\mathbf{B} \cdot \mathbf{C}) = \begin{array}{cc|c}
 & & 2 \\
 & & 1 \\
\hline
4 & -6 & 2 \\
1 & 0 & 2 \\
\hline
3 & 1 & 8 \\
1 & -1 & 0 \\
1 & 2 & 6 \\
\end{array}$$

Mit $\quad \mathbf{A} = \begin{pmatrix} 3 & 1 \\ 1 & -1 \\ 1 & 2 \end{pmatrix}, \mathbf{B} = \begin{pmatrix} 4 & -6 \\ 1 & 0 \end{pmatrix}, \mathbf{C} = \begin{pmatrix} 2 \\ 1 \end{pmatrix} \quad$ folgt also $\quad \mathbf{A} \cdot \mathbf{B} \cdot \mathbf{C} = \begin{pmatrix} 8 \\ 0 \\ 6 \end{pmatrix}.$

3) Die transponierte Matrix $\mathbf{A}^T$ entsteht durch Vertauschen von Zeilen und Spalten der Matrix $\mathbf{A}$

$$\begin{pmatrix} 3 & 1 \\ 1 & -1 \\ 1 & 2 \end{pmatrix}^T = \begin{pmatrix} 3 & 1 & 1 \\ 1 & -1 & 2 \end{pmatrix}.$$

Es gelten die Beziehungen $\qquad (\mathbf{A} \cdot \mathbf{B})^T = \mathbf{B}^T \cdot \mathbf{A}^T \qquad (\mathbf{A}^T)^T = \mathbf{A}$.

4) Einspaltige Matrizen heißen (Spalten-)Vektoren in Anlehnung an die Koordinatendarstellung der räumlichen Vektoren im kartesischen Koordinatensystem. Zeilenvektoren sind transponierte Spaltenvektoren. (In Mathcad werden Zeilenvektoren als einzeilige Matrizen aufgefasst.) Für Bezeichnung von Vektoren werden in der Regel kleine Buchstaben verwendet.

$$\mathbf{c} = \begin{pmatrix} c_1 \\ c_2 \end{pmatrix} = \begin{pmatrix} 2 \\ 1 \end{pmatrix} \qquad \mathbf{c}^T = (c_1 \quad c_2) = (2 \quad 1).$$

5) Von Bedeutung sind (n-reihige) quadratische Matrizen vom Typ(n,n). Spezielle quadratische Matrizen sind

die Einheitsmatrix $\qquad \mathbf{E} = (\delta_{ik}), \ \delta_{ii} = 1, \delta_{ik} = 0$ für $i \neq k$;

die Diagonalmatrix $\qquad \mathbf{D} = (d_{ik}), \ d_{ik} = 0$ für $i \neq k$;

die rechte (obere) bzw. linke (untere)
Dreiecksmatrix $\qquad \mathbf{R} = (r_{ik}), \ r_{ik} = 0$ für $i > k$ bzw. $\quad \mathbf{L} = (\ell_{ik}), \ \ell_{ik} = 0$ für $i < k$.

Für n-reihige quadratische Matrizen gilt nicht das Kommutativgesetz;

in der Regel ist $\qquad \mathbf{M} \cdot \mathbf{N} \neq \mathbf{N} \cdot \mathbf{M}$.

Zum Beispiel ist $\begin{pmatrix} 2 & -2 \\ 1 & 1 \end{pmatrix} \begin{pmatrix} 1 & 2 \\ 1 & 1 \end{pmatrix} = \begin{pmatrix} 0 & 2 \\ 2 & 3 \end{pmatrix}$, aber $\begin{pmatrix} 1 & 2 \\ 1 & 1 \end{pmatrix} \begin{pmatrix} 2 & -2 \\ 1 & 1 \end{pmatrix} = \begin{pmatrix} 4 & 0 \\ 3 & -1 \end{pmatrix}.$

In der Datei MATRIZENOPERATIONEN.MCD werden die wichtigsten Matrizenfunktionen an Beispielen erläutert.

Matrizenoperationen

Schaltfläche "Matrix" aus der Rechenpalette öffnen!   Startindex $ORIGIN = 1$

Hinweis:
*Matrizen- und Vektorvariable werden häufig **fett** oder <u>unterstrichen</u> dargestellt.*
Die Elemente tragen die gleiche Bezeichnung mit Indizes.

<u>1. Editieren</u>

a) Einträge in die Platzhalter der Matrixschablone mit gewähltem Typ(m,n)

$$A := \begin{pmatrix} 3 & 1 \\ 1 & -1 \\ 1 & 2 \end{pmatrix}$$

Hinweis: Mit der Schaltfläche "Matrix einfügen"
können auch in Relation zum markierten Element
der Matrix Reihen eingefügt oder gelöscht werden!

b) Definition der Elemente $B_{1,1} := 4$ $B_{1,2} := -6$ $B_{2,1} := 1$ $B_{2,2} := 0$

$C_1 := 2$ $C_2 := 1$ *Spaltenvektoren benötigen nur*
<u>einen</u> Index.

$$B = \begin{pmatrix} 4 & -6 \\ 1 & 0 \end{pmatrix} \qquad C = \begin{pmatrix} 2 \\ 1 \end{pmatrix}$$

c) Erzeugen einer Matrix aus Funktionswerten $f(i,k) := i \cdot (k+1)$ $F := matrix(3,2,f)$

$$F = \begin{pmatrix} 0 & 0 \\ 1 & 2 \\ 2 & 4 \end{pmatrix}$$

Hinweis: $i = 0,1..m-1$ $k = 0,1..n-1$

<u>2. Operationen</u>

$$2 \cdot A + F = \begin{pmatrix} 6 & 2 \\ 3 & 0 \\ 4 & 8 \end{pmatrix} \qquad B - C = \blacksquare \qquad A \cdot F = \blacksquare \qquad \text{Format !}$$

$$A \cdot B = \begin{pmatrix} 13 & -18 \\ 3 & -6 \\ 6 & -6 \end{pmatrix} \quad (A \cdot B) \cdot C = \begin{pmatrix} 8 \\ 0 \\ 6 \end{pmatrix} \quad B \cdot C = \begin{pmatrix} 2 \\ 2 \end{pmatrix} \quad A \cdot (B \cdot C) = \begin{pmatrix} 8 \\ 0 \\ 6 \end{pmatrix}$$

Transponierte Matrix $A^T = \begin{pmatrix} 3 & 1 & 1 \\ 1 & -1 & 2 \end{pmatrix}$

In der Rechenpalette öffnet die Schaltfläche "Matrix" die Symbolleiste für den Matrixoperatoren. Weitere Matrizenfunktionen können aus der Standardleiste mit der <u>Schaltfläche f(x)</u> oder durch

Einfügen/... aufgerufen werden. Der Symbolprozessor besitzt eigene Matrixoperatoren, die unter Symbolik/Matrix/.... aufrufbar sind.

Es folgen noch einige Beispiele von Matrizenmanipulationen in Mathcad.

---

d) Weitere Möglichkeiten zur Erzeugung von Matrizen

Einheitsmatrix $E := einheit\,(2)$ $E = \begin{pmatrix} 1 & 0 \\ 0 & 1 \end{pmatrix}$

Diagonalmatrix $D := diag\,(C)$ $D = \begin{pmatrix} 2 & 0 \\ 0 & 1 \end{pmatrix}$

Teilmatrix $T := submatrix(F,2,3,1,2)$ $T = \begin{pmatrix} 1 & 2 \\ 2 & 4 \end{pmatrix}$

Zusammenfügen von Matrizen und Vektoren auswählen

$R := erweitern\,(B,C,D)$ $R = \begin{pmatrix} 4 & -6 & 2 & 2 & 0 \\ 1 & 0 & 1 & 0 & 1 \end{pmatrix}$

$S := stapeln\,(F,B)$ $S = \begin{pmatrix} 0 & 0 \\ 1 & 2 \\ 2 & 4 \\ 4 & -6 \\ 1 & 0 \end{pmatrix}$

Ausgewählter Spaltenvektor aus $A = \begin{pmatrix} 3 & 1 \\ 1 & -1 \\ 1 & 2 \end{pmatrix}$ $A^{\langle 2 \rangle} = \begin{pmatrix} 1 \\ -1 \\ 2 \end{pmatrix}$

$Z := C^T$ $Z = (2 \; 1)$ $Z_2 = \blacksquare$ $Z_{1,2} = 1$

Zeilen"vektor" = Matrix !! Also Doppelindizes verwenden.

4.1.3 Kehrmatrix

Ein zentrale Frage ist, ob und wann eine n-reihige quadratische Matrix A, d. h. vom Typ(n,n), eine inverse Matrix (oder Kehrmatrix) A^{-1} besitzt und wie diese berechnet werden kann. Die Kehrmatrix erfüllt laut Definition die Gleichung

$$A \cdot A^{-1} = A^{-1} \cdot A = E \ .$$

Besitzt die quadratische Matrix $\mathbf{A}$ eine Kehrmatrix, so heißt sie <u>regulär</u>, andernfalls singulär. Die Kehrmatrix ist eindeutig bestimmt und es gilt

$$\left(\mathbf{A}^{-1}\right)^{-1} = \mathbf{A} \qquad \left(\mathbf{A}^{T}\right)^{-1} = \left(\mathbf{A}^{-1}\right)^{T} \qquad \left(\mathbf{A}\cdot\mathbf{B}\right)^{-1} = \mathbf{B}^{-1}\cdot\mathbf{A}^{-1}.$$

Die Matrizengleichungen

$$\mathbf{A}\cdot\mathbf{X} = \mathbf{B} \qquad \text{bzw.} \qquad \mathbf{Y}\cdot\mathbf{A} = \mathbf{B}$$

mit regulärem Faktor $\mathbf{A}$ sind eindeutig lösbar durch Multiplikation der Gleichungen mit $\mathbf{A}^{-1}$ von links bzw. rechts:

$$\mathbf{X} = \mathbf{A}^{-1}\cdot\mathbf{B} \qquad \text{bzw.} \qquad \mathbf{Y} = \mathbf{B}\cdot\mathbf{A}^{-1} \qquad\qquad \text{(man beachte z.B. } \mathbf{E}\cdot\mathbf{X} = \mathbf{X} \text{).}$$

Mathcad liefert mittels symbolischer Auswertung für die zweireihige Matrix $\mathbf{A}$ eine einfache Formel zur Matrizeninversion. Der dort auftretende Nenner heißt die <u>Determinante</u> von $\mathbf{A}$,

$$det\left(\mathbf{A}\right) = \begin{vmatrix} a & b \\ c & d \end{vmatrix} = a\cdot d - b\cdot c .$$

Offensichtlich ist $\mathbf{A}$ genau dann regulär, wenn die Determinante von Null verschieden ist.

<u>3. Kehrmatrix</u>

Für zweireihige Matrizen gilt

$$\begin{pmatrix} a & b \\ c & d \end{pmatrix}^{-1} \rightarrow \begin{bmatrix} \dfrac{d}{(a\cdot d - b\cdot c)} & \dfrac{-b}{(a\cdot d - b\cdot c)} \\ \dfrac{-c}{(a\cdot d - b\cdot c)} & \dfrac{a}{(a\cdot d - b\cdot c)} \end{bmatrix} \qquad \left\| \begin{pmatrix} a & b \\ c & d \end{pmatrix} \right\| \rightarrow a\cdot d - b\cdot c$$

<u>Determinante</u> $|\mathbf{B}| = 6$ $|\mathbf{T}| = 0$ $|\mathbf{A}| = \blacksquare$

Die Matrix ist   *regulär   singulär   nicht quadratisch*

$$\mathbf{B}^{-1} = \begin{pmatrix} 0 & 6 \\ -1 & 4 \end{pmatrix}\dfrac{1}{6} \qquad Kontrolle \quad \mathbf{B}\cdot\mathbf{B}^{-1} = \begin{pmatrix} 1 & 0 \\ 0 & 1 \end{pmatrix} \qquad \mathbf{B}^{-1}\cdot\mathbf{B} = \begin{pmatrix} 1 & 0 \\ 0 & 1 \end{pmatrix}$$

<u>4. Matrizengleichung</u>   *Verknüpfbarkeit und Reihenfolge der Faktoren beachten*

$$\mathbf{X}\cdot\mathbf{B} = \mathbf{T} \qquad \mathbf{X}\cdot\mathbf{B}\cdot\mathbf{B}^{-1} = \mathbf{T}\cdot\mathbf{B}^{-1} \qquad \mathbf{X} := \mathbf{T}\cdot\mathbf{B}^{-1} \qquad \mathbf{X} = \begin{pmatrix} -2 & 14 \\ -4 & 28 \end{pmatrix}\dfrac{1}{6}$$

$$\mathbf{B}\cdot\mathbf{Y} = \mathbf{T} \qquad \mathbf{B}^{-1}\cdot\mathbf{B}\cdot\mathbf{Y} = \mathbf{B}^{-1}\cdot\mathbf{T} \qquad \mathbf{Y} := \mathbf{B}^{-1}\cdot\mathbf{T} \qquad \mathbf{Y} = \begin{pmatrix} 12 & 24 \\ 7 & 14 \end{pmatrix}\dfrac{1}{6}$$

4.1.4 Matrizeninversion mittels LU-Faktorisierung

Die numerische (eventuell auch symbolische) Inversion hinreichend großer regulärer Matrizen setzt effektive und stabile Verfahren voraus. Diese beruhen in der Regel auf Varianten des Gauß-Algorithmus. Für Matrizen mit spezieller Struktur sind gesonderte Verfahren entwickelt worden. Mathcad stellt die für unseren Anwendungsbereich notwendigen Algorithmen (z. T. auch durch spezielle Operatoren) bereit. Die verwendete LU-Faktorisierung wird nachfolgend in groben Zügen erläutert.

1) Die Kehrmatrix $\mathbf{S}$ einer n-reihigen obere Dreiecksmatrix $\mathbf{R}$ ist wieder eine obere Dreiecksmatrix! Aus der Multiplikationsgleichung $\mathbf{S} \cdot \mathbf{R} = \mathbf{E}$ ergeben sich die Beziehungen

$$(1)\quad s_{ij} = 0,\ i > j \qquad (2)\quad s_{jj} \cdot r_{jj} = 1 \qquad (3)\quad \sum_{k=1}^{j} s_{ik} \cdot r_{kj},\ i < j$$

und daraus folgt die rekursive Berechnung der Elemente von $\mathbf{S}$. Auf der rechten Seite der folgenden Gleichungen stehen bekannte bzw. vorher berechnete Elemente.

$$(2a)\quad s_{jj} = \frac{1}{r_{jj}},\ j = 1,\dots,n \qquad (3a)\quad s_{ij} = \frac{-1}{r_{jj}} \cdot \sum_{k=1}^{j-1} s_{ik} \cdot r_{kj},\ \begin{array}{l} j = 2,\dots,n \\ i = j-1,\dots,1 \end{array} \quad .$$

In der Datei MATRIZENINVERSION.MCD wird dieser Algorithmus am Beispiel demonstriert.

Matrizeninversion

1. Invertierung einer oberen Dreiecksmatrix

Kehrmatrix mittels Mathcadoperator!

$$\mathbf{R} := \begin{pmatrix} 5 & 1 & 3 & -2 \\ 0 & -2 & 1 & 5 \\ 0 & 0 & 1 & 2 \\ 0 & 0 & 0 & -1 \end{pmatrix} \qquad n := \text{spalten}(\mathbf{R}) \qquad n = 4$$

$$\mathbf{R}^{-1} = \begin{pmatrix} 0.2 & 0.1 & -0.7 & -1.3 \\ 0 & -0.5 & 0.5 & -1.5 \\ 0 & 0 & 1 & 2 \\ 0 & 0 & 0 & -1 \end{pmatrix}$$

Programm zur Berechnung der Kehrmatrix mit den Rekursionsformel (2a) , (3a)

$$\mathbf{S} := \begin{array}{|l} \text{for } k \in 1..n \\ \quad S_{k,k} \leftarrow \dfrac{1}{R_{k,k}} \\ \text{for } j \in 2..n \\ \quad \text{for } i \in j-1..1 \\ \qquad S_{i,j} \leftarrow \dfrac{-1}{R_{j,j}} \cdot \sum\limits_{k=1}^{j-1} S_{i,k} \cdot R_{k,j} \\ S \end{array}$$

$$\mathbf{S} = \begin{pmatrix} 0.2 & 0.1 & -0.7 & -1.3 \\ 0 & -0.5 & 0.5 & -1.5 \\ 0 & 0 & 1 & 2 \\ 0 & 0 & 0 & -1 \end{pmatrix}$$

Analoge Überlegungen können auch für untere Dreiecksmatrizen durchgeführt werden. Aus der Formel (2a) folgt, dass die Dreiecksmatrix genau dann regulär ist, wenn alle Diagonalelemente und damit deren Produkt nicht Null ist.

2) Eine reguläre Matrix A kann nach dem Gaußschen Algorithmus schrittweise in eine obere Dreiecksmatrix U („up") überführt werden, indem im ersten Schritt die $-\ell_{i1}$-fachen der 1. Zeile so zu den anderen Zeilen i addiert werden, dass in der 1. Spalte unter der Diagonalen nur Nullen stehen. Im nächsten Schritt wird entsprechend für die 2. Zeile und 2. Spalte vorgegangen u.s.w.[1] Die $-\ell_{ij}$ (i > j) werden zu einer unteren Dreiecksmatrix L^{-1} zusammengefasst, deren Diagonalelemente gleich 1 sind. Dann ist $U = L^{-1} \cdot A$ bzw. $A = L \cdot U$. Die untere Dreiecksmatrix L macht die Additionen der Zeilen rückgängig, enthält also die entgegengesetzten Faktoren ℓ_{ij}.

3) Die Nenner der Faktoren ℓ_{ij} sind die jeweils aktuellen Diagonalelemente. Diese können Null oder fast Null sein, so dass der Algorithmus versagt bzw. numerisch instabil wird. Daher wird die Zeile mit einer der nachfolgenden Zeilen vertauscht, so dass das aktuelle Diagonalelement dem Betrag nach maximal wird. Diesen Vorgang nennt man Spaltenpivotisierung. Die Zeilenvertauschungen werden in der Permutationsmatrix P festgehalten, d. h. die LU-Faktorisierung erfolgt für die zeilenpermutierte Matrix $P \cdot A = L \cdot U$. Damit wird die Inversion der Matrix A auf einfacher zu handhabende Matrizeninversionen zurückgeführt.

$$A^{-1} \cdot P^{-1} = (P \cdot A)^{-1} = (L \cdot U)^{-1} = U^{-1} \cdot L^{-1} \quad \rightarrow \quad A^{-1} = U^{-1} \cdot L^{-1} \cdot P.$$

Mathcad bietet die Möglichkeit durch die Funktion lu(A) die Matrizen P, L, U abzurufen.

---

2. Invertierung durch LU-Faktorisierung

$$A := \begin{pmatrix} 0 & -2 & 2 \\ 4 & 3 & 7 \\ 2 & 1 & 5 \end{pmatrix} \qquad \boxed{M := lu(A)} \qquad M = \begin{pmatrix} 0 & 1 & 0 & 1 & 0 & 0 & 4 & 3 & 7 \\ 1 & 0 & 0 & 0 & 1 & 0 & 0 & -2 & 2 \\ 0 & 0 & 1 & 0.5 & 0.25 & 1 & 0 & 0 & 1 \end{pmatrix}$$

$P := \text{submatrix}(M, 1, 3, 1, 3)$ $\qquad L := \text{submatrix}(M, 1, 3, 4, 6)$ $\qquad U := \text{submatrix}(M, 1, 3, 7, 9)$

$$P = \begin{pmatrix} 0 & 1 & 0 \\ 1 & 0 & 0 \\ 0 & 0 & 1 \end{pmatrix} \qquad L = \begin{pmatrix} 1 & 0 & 0 \\ 0 & 1 & 0 \\ 0.5 & 0.25 & 1 \end{pmatrix} \qquad U = \begin{pmatrix} 4 & 3 & 7 \\ 0 & -2 & 2 \\ 0 & 0 & 1 \end{pmatrix}$$

$$P \cdot A = \begin{pmatrix} 4 & 3 & 7 \\ 0 & -2 & 2 \\ 2 & 1 & 5 \end{pmatrix} \qquad L \cdot U = \begin{pmatrix} 4 & 3 & 7 \\ 0 & -2 & 2 \\ 2 & 1 & 5 \end{pmatrix}$$

$$U^{-1} \cdot L^{-1} \cdot P = \begin{pmatrix} 1 & 1.5 & -2.5 \\ -0.75 & -0.5 & 1 \\ -0.25 & -0.5 & 1 \end{pmatrix} \qquad A^{-1} = \begin{pmatrix} 1 & 1.5 & -2.5 \\ -0.75 & -0.5 & 1 \\ -0.25 & -0.5 & 1 \end{pmatrix}$$

---

[1] Ein ausführliches Rechenbeispiel zum Gauß-Algorithmus findet man in GROBSTICH/STREY[13].

Näheres zu diesem und weiteren numerischen Verfahren findet man in ROOS/SCHWETLICK [24]
und NIEMEYER/WERMUTH [20].

4.1.5 Linearkombinationen, Rang einer Matrix

Der Ausdruck

$$\mathbf{c} = t_1 \cdot \mathbf{a}_1 + t_2 \cdot \mathbf{a}_2 + \dots + t_k \cdot \mathbf{a}_k \, , \quad t_i \text{ reell}, \quad \mathbf{a}_i \text{ (n − reihige) Vektoren} \, ,$$

heißt Linearkombination der k Vektoren.

Gilt $\mathbf{c} = \mathbf{0}$ nur für $t_1 = t_2 = \dots = t_k = 0$, dann nennt man die Vektoren $\mathbf{a}_i$ linear unabhängig, andem-
falls linear abhängig. Sind die k Vektoren linear abhängig, so ist wenigstens ein $t_i \neq 0$ und die
Gleichung $\mathbf{c} = \mathbf{0}$ ist nach dem Vektor $\mathbf{a}_i$ auflösbar, d. h. er ist eine Linearkombination der anderen
Vektoren.

Bei der LU-Faktorisierung werden Zeilenvektoren der Matrix linear kombiniert. Sind die Zeilenvektoren von $\mathbf{A}$ linear abhängig, so ist (wenigstens) eine Zeile Linearkombination der anderen Zeilen
und wird durch Subtraktion dieser Kombination zur Nullzeile; d. h. die Invertierung ist nicht möglich, die Matrix ist singulär.

Die maximale Anzahl linear unabhängiger Zeilen(vektoren) einer Matrix $\mathbf{A}$ vom Typ(m,n) heißt
Rang rg($\mathbf{A}$) der Matrix. Es gilt der wichtige Satz, dass auch die maximale Anzahl linear unabhängiger Spalten(vektoren) gleich rg($\mathbf{A}$) ist:

$$\text{rg}(\mathbf{A}) = \text{rg}(\mathbf{A}^{-1}) \leq \min(m, n).$$

Quadratische Matrizen vom Typ(n,n) sind genau dann regulär, wenn $\text{rg}(\mathbf{A}) = n$.

Mathcad-Beispiel:

3. Rang einer Matrix

$$\text{rg}\left(\begin{pmatrix} 0 & -2 & 2 \\ 4 & 3 & 7 \\ 2 & 1 & 5 \end{pmatrix}\right) = 3 \qquad \text{rg}\left(\begin{pmatrix} 1 & 4 & 5 \\ 2 & 8 & 10 \end{pmatrix}\right) = 1 \qquad \text{rg}\left(\begin{pmatrix} 1 & 2 \\ 4 & 8 \\ 5 & 10 \end{pmatrix}\right) = 1$$

4.1.6 Mathcadspezifische Matrizenoperationen

4.1.6.1 Der Vektorisierungsoperator

Mit Hilfe des Vektorisierungsoperators aus der Matrixpalette können für Matrizen elementweise
Operationen ausgeführt und Funktionswerte berechnet werden. Diese gleichzeitige Anwendung
einer Operation auf alle Elemente eines Datenfeldes ist für praktische Anwendungen sehr vorteil-
haft. Dabei sind aber die Unterschiede zu den mathematisch definierten Matrizenoperationen zu
beachten.

Beispiele zum Vektorisierungsoperator aus der Datei FELDER.MCD:

Der Vektorisierungsoperator führt die angegebene Operationen <u>elementweise</u> aus.

$$A := \begin{pmatrix} 2 & 4 \\ 1 & 5 \end{pmatrix} \qquad B := \begin{pmatrix} 1 & 0 \\ 3 & 2 \end{pmatrix}$$

$$\overrightarrow{(A \cdot B)} = \begin{pmatrix} 2 & 0 \\ 3 & 10 \end{pmatrix} \qquad \text{aber} \qquad A \cdot B = \begin{pmatrix} 14 & 8 \\ 16 & 10 \end{pmatrix} \qquad \text{Matrizenmultiplikation}$$

$$\overrightarrow{A^{-1}} = \begin{pmatrix} 0.5 & 0.25 \\ 1 & 0.2 \end{pmatrix} \qquad \text{aber} \qquad A^{-1} = \begin{pmatrix} 0.83 & -0.67 \\ -0.17 & 0.33 \end{pmatrix} \qquad \text{Kehrmatrix}$$

$$\overrightarrow{\sqrt{A}} = \begin{pmatrix} 1.41 & 2 \\ 1 & 2.24 \end{pmatrix} \qquad \overrightarrow{\left(\frac{B}{A}\right)} = \begin{pmatrix} 0.5 & 0 \\ 3 & 0.4 \end{pmatrix} \qquad \overrightarrow{2^A} = \begin{pmatrix} 4 & 16 \\ 2 & 32 \end{pmatrix}$$

4.1.6.2 Datenfelder

Die Ausgabe von großen Matrizen erfolgt übersichtlich in Form von Feldern. Dieses Ergebnisformat für Matrizen kann voreingestellt werden.

$$j := 1 .. 16 \qquad M_{1,j} := j \qquad M_{2,j} := \overrightarrow{\left(M_{1,j}\right)^2}$$

<u>Ergebnisformat Matrix</u>

$$M = \begin{pmatrix} 1 & 2 & 3 & 4 & 5 & 6 & 7 & 8 & 9 & 10 & 11 & 12 & 13 & 14 & 15 & 16 \\ 1 & 4 & 9 & 16 & 25 & 36 & 49 & 64 & 81 & 100 & 121 & 144 & 169 & 196 & 225 & 256 \end{pmatrix}$$

<u>Ergebnisformat Tabelle</u>

M =		1	2	3	4	5	6	7	8	9	10
	1	1	2	3	4	5	6	7	8	9	10
	2	1	4	9	16	25	36	49	64	81	100

Feld anwählen und Bildlaufleiste benutzen:

M =		7	8	9	10	11	12	13	14	15	16
	1	7	8	9	10	11	12	13	14	15	16
	2	49	64	81	100	121	144	169	196	225	256

Matrizen können auch als Felder (Tabellen) eingegeben werden. Anderseits können Datenfelder als Matrizen behandelt werden. Neben ihrer übersichtlichen Tabellenform haben Felder auch weitere Vorteile. So können Datenfelder für spezielle Zwecke angelegt, einfach bearbeitet und zum Datenaustausch genutzt werden. Das Einfügen einer Tabelle erfolgt mit dem Menü Einfügen/Komponente/.... Siehe auch Kapitel **11**.

Einige lehrreiche Beispiele enthält die Datei FELDER.MCD.

Beispiel 1: Umwandlung von Polarkoordinaten in kartesische Koordinaten

---

Datenfelder

Für große oder strukturierte Datenfelder ist die Eingabe als Tabelle geeignet.
Die Tabelle wird erzeugt mit der Menübefehlsfolge

Einfügen/ Komponente/ Eingabetabelle / Fertigstellen

Die Tabelle erinnert an Tabellenkalkulationsprogramme.
Sie erhält einen Variablennamen. Die Tabelle kann mit der Maus gestaltet werden.
(Tabelle aufziehen, Zellenformat ändern, Zahlenformate ändern,
 rechte Maustastenfunktionen, ...).

Beispiel :   Tabelle mit Polar- und kartesischen Koordinaten für vorgegebene Punkte

Eingabetabelle   Polarkoordinaten Radius, Winkel (in Grad)

Polar :=

	1	2
1	0	3
2	4	20
3	5	60
4	12	140
5	7	230

$R := Polar^{\langle 1 \rangle} \qquad \alpha := Polar^{\langle 2 \rangle}$

$x := \overrightarrow{\left(R \cdot cos\left(\dfrac{\alpha}{180} \cdot \pi \right) \right)}$

$y := \overrightarrow{\left(R \cdot sin\left(\dfrac{\alpha}{180} \cdot \pi \right) \right)}$

Ausgabetabelle   Radius, Winkel, x- und y-Koordinate

Polar_kartesisch:= erweitern (R, α, x, y)

Polar_kartesisch =

	1	2	3	4
1	0	3	0	0
2	4	20	3.76	1.37
3	5	60	2.5	4.33
4	12	140	-9.19	7.71
5	7	230	-4.5	-5.36

Beispiel 2: Sieblinieindiagramm

Beispiel: Sieblinieindiagramm Bereich 0/32

$S :=$

	1	2	3	4	5	6
1	1	0	0	0	0	2
2	2	0.25	15	8	2	7
3	3	0.5	29	18	5	17
4	4	1	42	28	8	33
5	5	2	53	37	14	47
6	6	4	65	47	23	60
7	7	8	77	62	38	64
8	8	16	89	80	62	88
9	9	32	100	100	100	99

$$Nummer\_Lochweite := S^{\langle 1 \rangle} \qquad Lochweite := S^{\langle 2 \rangle}$$

$$Sieblinien \qquad A32 := S^{\langle 3 \rangle} \qquad B32 := S^{\langle 4 \rangle} \qquad C32 := S^{\langle 5 \rangle}$$

$$Siebversuch \qquad KS032 := S^{\langle 6 \rangle}$$

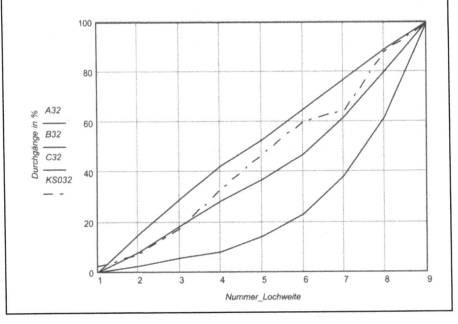

4.2 Determinanten; Eigenwerte von Matrizen

4.2.1 Determinanten

4.2.1.1 Definition

Der vorige Abschnitt **4.1** beschäftigte sich mit grundlegenden Matrizenoperationen. In diesem Abschnitt werden den quadratischen Matrizen eindeutig Zahlen, die "Determinanten" zugeordnet. Diese Determinanten sind aber auch selbständige Objekte, die unabhängig von der Matrizenrechnung eingeführt wurden. Sie dienten u. a. zur Lösung von Gleichungssystemen, wobei der numerische Aufwand unverhältnismäßig hoch war. Die Bedeutung der Determinanten geht aber über diesen Aspekt als Lösungsverfahren weit hinaus. In den folgenden Kapiteln werden die Determinanten z. B. als Kriterium für die Regularität einer Matrix benötigt, in der Analysis als Funktionaldeterminanten erscheinen und vor allem bei verschiedenen Eigenwertproblemen auftreten.

1) Die Determinante einer zweireihigen Matrix wurde schon im Abschnitt **4.1.3** eingeführt:

$$det\,(\mathbf{A}) = |\mathbf{A}| = \begin{vmatrix} a_{11} & a_{12} \\ a_{21} & a_{22} \end{vmatrix} := a_{11} \cdot a_{22} - a_{12} \cdot a_{21}$$

2) Die Determinante einer n-reihigen Matrix wird zurückgeführt auf die Kenntnis der Determinante einer (n-1)-reihigen Matrix.

Streicht man in einer n-reihigen Matrix **A** die i-te Zeile und k-te Spalte, so entsteht eine (n-1)-reihige Teilmatrix $\mathbf{A_{ik}}$ mit der „Unterdeterminante" $|\mathbf{A_{ik}}|$.

Mit diesen Bezeichnungen definiert man die <u>n-reihige Determinante</u> durch die „Entwicklung nach der ersten Spalte":

$$|\mathbf{A}| = \begin{vmatrix} a_{11} & a_{12} & \cdots & a_{1n} \\ a_{21} & a_{22} & \cdots & a_{2n} \\ \vdots & \vdots & \cdots & \vdots \\ a_{n1} & a_{n2} & \cdots & a_{nn} \end{vmatrix} := a_{11} \cdot |\mathbf{A_{11}}| - a_{21} \cdot |\mathbf{A_{21}}| + - \cdots + (-1)^{n+1} \cdot a_{n1} \cdot |\mathbf{A_{n1}}|.$$

Der Aufwand zur Berechnung der Determinanten nach dieser Formel ist in der Regel sehr groß. Für dreireihige Matrizen und Dreiecksmatrizen lassen sich aber mit Hilfe dieser Definition noch relativ einfache Regeln für manuelle Berechnungen aufstellen.

3) Für n = 3 gilt dann laut Definition die <u>Regel von SARRUS</u>

$$\begin{vmatrix} a_{11} & a_{12} & a_{13} \\ a_{21} & a_{22} & a_{23} \\ a_{31} & a_{32} & a_{33} \end{vmatrix} = a_{11} \cdot \begin{vmatrix} a_{22} & a_{23} \\ a_{32} & a_{33} \end{vmatrix} - a_{21} \cdot \begin{vmatrix} a_{12} & a_{13} \\ a_{32} & a_{33} \end{vmatrix} + a_{31} \cdot \begin{vmatrix} a_{12} & a_{13} \\ a_{22} & a_{23} \end{vmatrix}$$

$$= a_{11} \cdot (a_{22} \cdot a_{33} - a_{23} \cdot a_{32}) - a_{21} \cdot (a_{12} \cdot a_{33} - a_{13} \cdot a_{32}) + a_{31} \cdot (a_{12} \cdot a_{23} - a_{13} \cdot a_{22})$$

$$= (a_{11} \cdot a_{22} \cdot a_{33} + a_{12} \cdot a_{23} \cdot a_{31} + a_{13} \cdot a_{21} \cdot a_{32})$$
$$- (a_{13} \cdot a_{22} \cdot a_{31} + a_{11} \cdot a_{23} \cdot a_{32} + a_{12} \cdot a_{21} \cdot a_{33})$$

mit dem Rechenschema

$$\begin{matrix} a_{11} & a_{12} & a_{13} & a_{11} & a_{12} \\ a_{21} & a_{22} & a_{23} & a_{21} & a_{22} \\ a_{31} & a_{32} & a_{33} & a_{31} & a_{32} \end{matrix} = \begin{cases} (a_{11} \cdot a_{22} \cdot a_{33} + a_{12} \cdot a_{23} \cdot a_{31} + a_{13} \cdot a_{21} \cdot a_{32}) \\ -(a_{13} \cdot a_{22} \cdot a_{31} + a_{11} \cdot a_{23} \cdot a_{32} + a_{12} \cdot a_{21} \cdot a_{33}) \end{cases}$$

4) Für Dreiecksmatrizen folgt aus der Definition die einfache Aussage, dass die Determinante das Produkt der Diagonalelemente ist.

$$|\mathbf{R}| = r_{11} \cdot r_{22} \cdot \ldots \cdot r_{nn}, \quad |\mathbf{D}| = d_{11} \cdot d_{22} \cdot \ldots \cdot d_{nn}, \quad |t \cdot \mathbf{E}| = t^n$$

Der Anwender von Mathcad benutzt jedoch die effektiven Operatoren aus der Matrixpalette insbesondere bei der Auswertung von Determinanten, die Variable enthalten.

<u>Determinanten</u>

<u>1. Numerische und symbolische Berechnung</u>

$$\begin{Vmatrix} \begin{pmatrix} 5 & 1 & 3 & -2 \\ 5 & -1 & 4 & 3 \\ 0 & 0 & 1 & 2 \\ 0 & 0 & 1 & 1 \end{pmatrix} \end{Vmatrix} = 10 \qquad \begin{Vmatrix} \begin{pmatrix} 5 & 1 & 3 & -2 \\ 0 & -2 & 1 & 5 \\ 0 & 0 & 1 & 2 \\ 0 & 0 & 0 & -1 \end{pmatrix} \end{Vmatrix} = 10$$

$$\begin{Vmatrix} \begin{pmatrix} 0 & -2 & 2 \\ 4 & 2 & 10 \\ 2 & 1 & 5 \end{pmatrix} \end{Vmatrix} = 0 \qquad \begin{Vmatrix} \begin{pmatrix} 2-\lambda & 1 & 3 \\ 7 & -8-\lambda & 9 \\ 9 & 7 & 1-\lambda \end{pmatrix} \end{Vmatrix} \to 295 + 119 \cdot \lambda - 5 \cdot \lambda^2 - \lambda^3$$

$$\begin{Vmatrix} \begin{pmatrix} \cos(\alpha) & \sin(\alpha) \\ -\sin(\alpha) & \cos(\alpha) \end{pmatrix} \end{Vmatrix} \quad \text{vereinfachen} \to 1$$

4.2.1.2 Eigenschaften

In diesem Abschnitt werden einige wichtige Eigenschaften von Determinanten zusammengestellt.

(1) $|\mathbf{A} \cdot \mathbf{B}| = |\mathbf{A}| \cdot |\mathbf{B}|$　　(2) $|\mathbf{A}| \cdot |\mathbf{A}^{-1}| = |\mathbf{E}| = 1$　　(3) $|\mathbf{A}^T| = |\mathbf{A}|$

(4) $|t \cdot \mathbf{A}| = |(t \cdot \mathbf{E}) \cdot \mathbf{A}| = t^n \cdot |\mathbf{A}|$ $\quad \left(\text{nicht} \quad t \cdot |\mathbf{A}| \quad !!\right)$

(5) $\mathbf{A}$ regulär $\leftrightarrow |\mathbf{A}| \neq 0$!!

(6) Die Determinante ändert ihr Vorzeichen, wenn zwei Zeilen vertauscht werden.

(7) Die Determinante ändert ihren Wert nicht, wenn zu einer Zeile das Vielfache einer anderen Zeile addiert wird.

(8) Die Determinante ist Null, wenn eine Zeile gleich Null ist.

Aus (3) folgt, dass (6) bis (8) analog für Spalten gelten und die Entwicklung einer Determinante nach einer beliebigen Reihe erfolgen kann, (Entwicklungssatz nach LAPLACE[1]).

$$\underline{\text{2. Determinanteneigenschaften}} \qquad \text{Vgl. Abschnitt } \mathbf{4.1.4}$$

$$\mathbf{A} := \begin{pmatrix} 0 & -2 & 2 \\ 4 & 3 & 7 \\ 2 & 1 & 5 \end{pmatrix} \quad \mathbf{P} := \begin{pmatrix} 0 & 1 & 0 \\ 1 & 0 & 0 \\ 0 & 0 & 1 \end{pmatrix} \quad \mathbf{L} := \begin{pmatrix} 1 & 0 & 0 \\ 0 & 1 & 0 \\ 0.5 & 0.25 & 1 \end{pmatrix} \quad \mathbf{U} := \begin{pmatrix} 4 & 3 & 7 \\ 0 & -2 & 2 \\ 0 & 0 & 1 \end{pmatrix}$$

$$\mathbf{E} := \begin{pmatrix} 1 & 0 & 0 \\ 0 & 1 & 0 \\ 0 & 0 & 1 \end{pmatrix}$$

$|\mathbf{A}| = 8$ $\qquad |\mathbf{P}| = -1 \quad |\mathbf{L}| = 1 \qquad |\mathbf{U}| = -8$

$|\mathbf{A}^{-1}| = 0.125$ $\quad |\mathbf{E}| = 1 \quad |\mathbf{P} \cdot \mathbf{A}| = -8 \quad |\mathbf{L} \cdot \mathbf{U}| = -8$

$$\mathbf{B} := \mathbf{A} + \begin{pmatrix} 4 & 3 & 7 \\ 0 & 0 & 0 \\ 0 & 0 & 0 \end{pmatrix} \quad \mathbf{B} = \begin{pmatrix} 4 & 1 & 9 \\ 4 & 3 & 7 \\ 2 & 1 & 5 \end{pmatrix}$$

$|\mathbf{B}| = 8 \quad ==> \quad |\mathbf{B}| = |\mathbf{A}|$

4.2.2 Eigenwerte von Matrizen

Bei der Multiplikation einer n-reihigen quadratischen Matrix $\mathbf{A}$ mit einem n-elementigen Vektor $\mathbf{x}$ entsteht wieder ein n-elementiger Vektor $\mathbf{y}$. Dieser ist in der Regel von $\mathbf{x}$ linear unabhängig. Häufig interessieren bei der Multiplikation aber die (vom Nullvektor verschiedenen) Vektoren $\mathbf{x}$, die ihre „Richtungen" nicht verändern, d. h. für die $\mathbf{y} = \lambda \cdot \mathbf{x}$ ist. Dieser Ansatz führt auf eine Matrizengleichung

$$\mathbf{A} \cdot \mathbf{x} = \lambda \cdot \mathbf{x}, \quad \mathbf{x} \neq \mathbf{0}$$

---

[1] P.S. LAPLACE (1749 – 1827)

Die Lösungen λ heißen die <u>Eigenwerte</u> und die zugehörigen x die <u>Eigenvektoren</u> der Matrix $\mathbf{A}$. Die Matrizengleichung und ihre Lösung nennt man ein "Eigenwertproblem". Um dieses Eigenwertproblem zu lösen, betrachtet man es als ein homogenes Gleichungssystem

$$\mathbf{A} \cdot \mathbf{x} - \lambda \cdot \mathbf{x} = (\mathbf{A} \cdot \mathbf{x} - \lambda \cdot \mathbf{E} \cdot \mathbf{x}) = (\mathbf{A} - \lambda \cdot \mathbf{E}) \cdot \mathbf{x} = \mathbf{0}.$$

Ist $(\mathbf{A} - \lambda \cdot \mathbf{E})$ regulär, so existiert nur der Lösungsvektor $\mathbf{x} = (\mathbf{A} - \lambda \cdot \mathbf{E})^{-1} \cdot \mathbf{0} = \mathbf{0}$, der aber als Lösung ausgeschlossen wurde. Also muss die Matrix singulär sein, d. h. es gilt

$$\boxed{\left| \mathbf{A} - \lambda \cdot \mathbf{E} \right| = 0}.$$

Diese sogenannte <u>Eigenwertgleichung</u> ist eine algebraische Gleichung n-ten Grades in λ. Unter gewissen Bedingungen, die eine Matrix $\mathbf{A}$ erfüllen muss, sind alle Eigenwerte reell. Dies gilt zum Beispiel für symmetrische Matrizen $\mathbf{A}^T = \mathbf{A}$.

Die algebraische Gleichung, auch charakteristische Gleichung genannt, kann man mit den im Abschnitt **3.2** beschriebenen Verfahren mittels Mathcad lösen. Diese Möglichkeiten sind in der Datei MATRIX_EW.MCD an Beispielen dargestellt.

Eigenwert-Problem einer Matrix mit MathCad lösen $\boxed{\mathbf{A} \cdot \mathbf{x} = \lambda \cdot \mathbf{x}}$

$$\mathbf{A} := \begin{pmatrix} 2 & 1 & 3 \\ 7 & -8 & 9 \\ 9 & 7 & 1 \end{pmatrix} \qquad \mathbf{E} := \text{einheit}(3) \qquad \mathbf{A} - \lambda \cdot \mathbf{E} \rightarrow \begin{pmatrix} 2-\lambda & 1 & 3 \\ 7 & -8-\lambda & 9 \\ 9 & 7 & 1-\lambda \end{pmatrix}$$

Determinante $\left| \mathbf{A} - \lambda \cdot \mathbf{E} \right| \rightarrow 295 + 119 \cdot \lambda - 5 \cdot \lambda^2 - \lambda^3$

Eigenwertgleichung $\left| \mathbf{A} - \lambda \cdot \mathbf{E} \right| = 0$

allg. Auflösen nach Variable: $\lambda := 295 + 119 \cdot \lambda - 5 \cdot \lambda^2 - \lambda^3 = 0 \quad \begin{vmatrix} \text{auflösen}, \lambda \\ \text{gleit}, 3 \end{vmatrix} \rightarrow \begin{pmatrix} 9.93 \\ -12.6 \\ -2.38 \end{pmatrix}$

die Eigenwerte der Matrix lauten: $\lambda_1 = 9.93 \qquad \lambda_2 = -12.6 \qquad \lambda_3 = -2.38$

Eine weiterer Weg für die Ermittlung der Eigenwerte wäre die Deutung der Eigenwertgleichung als Bestimmungsgleichung für die Nullstellen der Kurve $y = f(\lambda) = \left| \mathbf{A} - \lambda \cdot \mathbf{E} \right|$.

Für eine schnelle Ermittlung der Eigenwerte existiert die Mathcadanweisung eigenwerte($\mathbf{A}$). Für die Berechnung der Eigenvektoren gibt es die Anweisungen eigenvektoren($\mathbf{A}$) und eigenvek($\mathbf{A}, \lambda$).

Die Berechnung der Eigenvektoren führt wegen $\text{rg}(\mathbf{A} - \lambda \cdot \mathbf{E}) < n$ auf ein unterbestimmtes Gleichungssystem, für das im Abschnitt **5.1.3** Lösungsverfahren behandelt werden. Es empfiehlt sich aber die Anwendung der oben genannten Mathcad-Anweisungen.

Die mit den Mathcadanweisungen ermittelten Eigenvektoren $\mathbf{x}$ sind Einheitsvektoren mit dem Betrag $|\mathbf{x}| = 1$. Mit $\mathbf{x}$ sind genau alle vom Nullvektor verschiedenen Vielfachen $t\mathbf{x}$ ebenfalls Eigenvektoren zu λ.

Schnelle Ermittlung über Eigenwert-Anweisungen

$$A = \begin{pmatrix} 2 & 1 & 3 \\ 7 & -8 & 9 \\ 9 & 7 & 1 \end{pmatrix} \qquad \text{eigenwerte}(A) = \begin{pmatrix} 9.946 \\ -2.356 \\ -12.591 \end{pmatrix} \qquad \lambda := \text{eigenwerte}(A)$$

Eigenwerte: $\lambda_1 = 9.946$ $\lambda_2 = -2.356$ $\lambda_3 = -12.591$

Eigenvektoren: Betrag:

$\mathbf{x1} := \text{eigenvek}(A, \lambda_1)$ $\mathbf{x1}^T = (0.357 \quad 0.526 \quad 0.771)$ $|\mathbf{x1}| = 1$

$\mathbf{x2} := \text{eigenvek}(A, \lambda_2)$ $\mathbf{x2}^T = (-0.58 \quad 0.407 \quad 0.706)$ $|\mathbf{x2}| = 1$

$\mathbf{x3} := \text{eigenvek}(A, \lambda_3)$ $\mathbf{x3}^T = (-0.038 \quad -0.878 \quad 0.477)$ $|\mathbf{x3}| = 1$

Probe für λ_1:

$$\mathbf{x1} = \begin{pmatrix} 0.357 \\ 0.526 \\ 0.771 \end{pmatrix} \qquad A \cdot \mathbf{x1} = \begin{pmatrix} 3.556 \\ 5.235 \\ 7.673 \end{pmatrix} \qquad \lambda_1 \cdot \mathbf{x1} = \begin{pmatrix} 3.556 \\ 5.235 \\ 7.673 \end{pmatrix} \qquad \boxed{A \cdot \mathbf{x1} = \lambda_1 \cdot \mathbf{x1}} \quad .$$

$\lambda_1 = 9.946$ $\mathbf{x1}^T \cdot A \cdot \mathbf{x1} = (9.946)$ $\mathbf{x1}^T \cdot \lambda_1 \cdot \mathbf{x1} = (9.946)$

Das allgemeinen Eigenwertproblem $A \cdot \mathbf{x} = \lambda \cdot B \cdot \mathbf{x}$ wird mit Mathcad wie folgt gelöst:

$$A := \begin{pmatrix} 2 & 1 & 3 \\ 7 & -8 & 9 \\ 9 & 7 & 1 \end{pmatrix} \quad B := \begin{pmatrix} 4 & 2 & 9 \\ 1 & -3 & 5 \\ -5 & 1 & 4 \end{pmatrix} \quad A - \lambda \cdot B \rightarrow \begin{pmatrix} 2 - 4\lambda & 1 - 2\lambda & 3 - 9\lambda \\ 7 - \lambda & -8 + 3\lambda & 9 - 5\lambda \\ 9 + 5\lambda & 7 - \lambda & 1 - 4\lambda \end{pmatrix}$$

$$|A - \lambda \cdot B| \rightarrow 295 - 769 \cdot \lambda - 470 \cdot \lambda^2 + 252 \lambda^3$$

$\lambda := \text{genwerte}(A, B)$ $X := \text{genvektoren}(A, B)$ $\mathbf{x1} := X^{\langle 1 \rangle}$

$$\lambda = \begin{pmatrix} 2.804 \\ -1.268 \\ 0.329 \end{pmatrix} \quad \lambda_1 = 2.804 \quad X = \begin{pmatrix} 0.224 & 0.893 & -0.31 \\ -0.969 & 0.042 & 0.532 \\ 0.108 & -0.448 & 0.788 \end{pmatrix} \quad \mathbf{x1} = \begin{pmatrix} 0.224 \\ -0.969 \\ 0.108 \end{pmatrix}$$

$$A \cdot \mathbf{x1} = \begin{pmatrix} -0.197 \\ 10.288 \\ -4.653 \end{pmatrix} \qquad \lambda_1 \cdot B \cdot \mathbf{x1} = \begin{pmatrix} -0.197 \\ 10.288 \\ -4.653 \end{pmatrix}$$

4.3 Ebene und räumliche Vektoren

4.3.1 Elementare Eigenschaften

Die ebenen und räumlichen Vektoren sind gerichtete Größen. Sie werden neben den ungerichteten Größen oder Skalaren zur Beschreibung der Erscheinungen in Natur und Technik benötigt. Einige Beispiele skalarer Größen sind Zeit, Temperatur, Masse und Volumen. Zu den Vektoren gehören u. a. räumliche Verschiebungen, Geschwindigkeiten, Kräfte und Momente. Hinsichtlich ihrer Anwendung unterscheidet man freie Vektoren, die parallel verschoben werden dürfen, linienflüchtige Vektoren (z. B. Kräfte), die innerhalb der Wirkungslinie verschiebbar sind, und gebundene Vektoren (Ortsvektoren), deren Angriffspunkt fest ist.

Der Vektor $\underline{a}$ wird gekennzeichnet durch den Betrag (Zahl x Einheit) und durch die Richtung (orientierte Wirkungslinie). Dabei ist (auch in der Notation) zwischen dem Vektor $\underline{a}$ und seinem Betrag $a = |\underline{a}|$ genau zu unterscheiden. In diesem Kapitel werden ebene und räumliche Vektoren vorrangig mit unterstrichen Buchstaben bezeichnet; in der Literatur verwendet man auch fette oder Frakturbuchstaben bzw. Pfeile über den Buchstaben. Vektoren werden grafisch durch Pfeile dargestellt, deren Länge den Betrag und deren Pfeilspitze die Richtung symbolisiert. Die Richtung kann bei Wahl eines kartesischen Koordinatensystems durch mathematisch orientierte Richtungswinkel bzgl. der Achsen festgelegt werden. Für Vektoren sind Operationen definiert:

Die <u>Summe</u> (Resultierende)

$$\underline{s} = \underline{a} + \underline{b}$$

wird durch die gerichtete Diagonale im Parallelogramm mit den Seiten $\underline{a}$ und $\underline{b}$ dargestellt.

Das "<u>Vielfache</u>" $\underline{v}$ eines Vektors $\underline{a}$

$$\underline{v} = t \cdot \underline{a} \quad \text{(Zahl x Vektor)} \qquad \text{hat den Betrag} \quad v = |\underline{v}| = |t| \cdot |\underline{a}|$$

und ist je nach Vorzeichen von t parallel oder antiparallel zu $\underline{a}$.

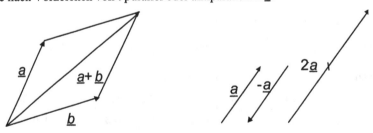

Für diese Operationen lassen sich Rechenregeln herleiten, die die Bezeichnung Addition rechtfertigen. Aus ihnen folgt u. a. die Ermittlung der Resultierenden mehrerer Vektoren mit dem Vektorpolygonzug (Seileck). Im FORMELANHANG TABELLE_VEKTOREN sind Eigenschaften und Regeln der Vektorrechnung dargestellt.

Von Bedeutung ist die eindeutige Zerlegung eines Vektors in eine Summe von Komponenten mit vorgeschriebenen Richtungen. Speziell wählt man zur Vereinfachung der Rechnungen als „Basisvektoren" Einheitsvektoren in Richtungen der (orthogonalen!) kartesischen Achsen. Werden diese Einheitsvektoren wie folgt bezeichnet

$$\underline{e}_x = i,\ \underline{e}_y = j,\ \underline{e}_z = k, \quad \text{so gilt} \quad \underline{a} = a_x \cdot i + a_y \cdot j + a_z \cdot k = \begin{pmatrix} a_x \\ a_y \\ a_z \end{pmatrix}.$$

Hier ist genau zwischen der <u>Komponente</u> (Vektor) $a_x \cdot i$ und der <u>Koordinate</u> (Zahl) $a_x = |a_x \cdot i|$ zu unterscheiden. In der Koordinatendarstellung erfolgen Addition und Vielfachenbildung „koordinatenweise", so dass ebene und räumliche Vektoren als einspaltige Matrizen behandelt werden können: $\underline{a} = \mathbf{a}$.

Für ebene Vektoren gelten für die Basis ($\underline{e}_x, \underline{e}_y$) folgende grundlegenden Formeln:

$$\underline{a} = a_x \cdot \underline{e}_x + a_y \cdot \underline{e}_y = \begin{pmatrix} a_x \\ a_y \end{pmatrix} \qquad \boxed{a = |\underline{a}| = \sqrt{a_x{}^2 + a_x{}^2}} \qquad \boxed{\begin{pmatrix} a_x \\ a_y \end{pmatrix} = \begin{pmatrix} a \cdot cos(\alpha) \\ a \cdot sin(\alpha) \end{pmatrix}}.$$

Der Datei VEKTOROPERATIONEN.MCD sind folgende Ausschnitte entnommen:

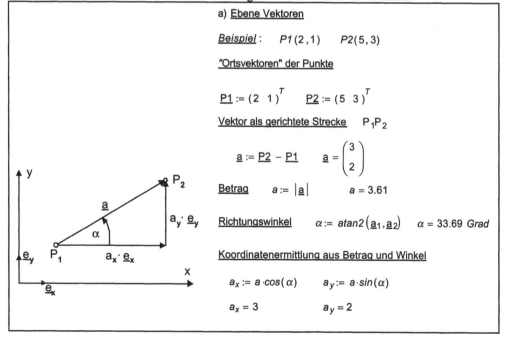

a) <u>Ebene Vektoren</u>

<u>*Beispiel*</u> :   P1(2,1)   P2(5,3)

"Ortsvektoren" der Punkte

$\underline{P1} := (2 \ \ 1)^T$ $\underline{P2} := (5 \ \ 3)^T$

<u>Vektor als gerichtete Strecke</u> P_1P_2

$$\underline{a} := \underline{P2} - \underline{P1} \qquad \underline{a} = \begin{pmatrix} 3 \\ 2 \end{pmatrix}$$

<u>Betrag</u> $a := |\underline{a}|$ $a = 3.61$

<u>Richtungswinkel</u> $\alpha := atan2(\underline{a}_1, \underline{a}_2)$ $\alpha = 33.69$ *Grad*

<u>Koordinatenermittlung aus Betrag und Winkel</u>

$a_x := a \cdot cos(\alpha)$ $a_y := a \cdot sin(\alpha)$

$a_x = 3$ $a_y = 2$

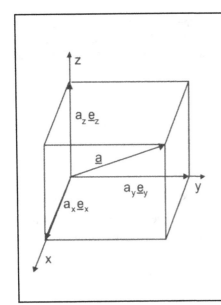

b) Räumliche Vektoren

Einheitsvektoren in Richtung
der kartesischen Achsen:

$$\underline{e}_x := \begin{pmatrix} 1 \\ 0 \\ 0 \end{pmatrix} \quad \underline{e}_y := \begin{pmatrix} 0 \\ 1 \\ 0 \end{pmatrix} \quad \underline{e}_z := \begin{pmatrix} 0 \\ 0 \\ 1 \end{pmatrix}$$

$$\left|\underline{e}_x\right| = 1 \quad \left|\underline{e}_y\right| = 1 \quad \left|\underline{e}_z\right| = 1$$

Komponentendarstellung: $\quad \underline{a} := a_x \cdot \underline{e}_x + a_y \cdot \underline{e}_y + a_z \cdot \underline{e}_z$

Koordinatendarstellung
(Spaltenvektor):
$$\underline{a} \to \begin{pmatrix} a_x \\ a_y \\ a_z \end{pmatrix}$$

Betrag des Vektors: $\quad \left|\underline{a}\right| = \sqrt{(a_x)^2 + (a_y)^2 + (a_z)^2}$

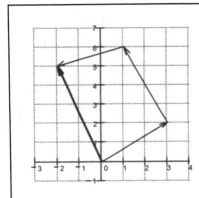

2. Vektoroperationen

2.1 Vektoraddition $\quad \underline{a} = \begin{pmatrix} 3 \\ 2 \end{pmatrix} \quad \underline{b} := \begin{pmatrix} -1 \\ 2 \end{pmatrix} \quad \underline{c} := \begin{pmatrix} -3 \\ -1 \end{pmatrix}$

Summe (Resultierende): $\quad \underline{s} := \underline{a} + 2 \cdot \underline{b} + \underline{c} \quad \underline{s} = \begin{pmatrix} -2 \\ 5 \end{pmatrix}$

Betrag und Richtungswinkel: $\left|\underline{s}\right| = 5.39$

$$\phi := atan2(\underline{s}_1, \underline{s}_2) \qquad \phi = 111.8 Grad$$

Die Komponentenzerlegung der Vektoren ist für das Rechnen mit Vektoren insbesondere dann notwendig, wenn andere Basisvektoren verwendet werden. Die Komponentendarstellung eines Vektors bezüglich vorgeschriebener (linear unabhängiger) Basisvektoren ist eine häufig in der Praxis auftretende Aufgabe. So ist z. B. die Ermittlung der Größe der in den Stäben wirkenden Komponenten einer am Stabwerk angreifenden Kraft eine Grundaufgabe der Statik. Prinzipiell lässt sich der Lösungsansatz an ebenen Vektoren erläutern. Sind die Basisvektoren $\underline{e1}$ und $\underline{e2}$ und der Vektor $\underline{a}$ in Koordinatendarstellung gegeben, so werden die Faktoren t_1 und t_2 der Komponenten-darstellung

$$\mathbf{a} = \underline{a} = t_1 \cdot \underline{e1} + t_2 \cdot \underline{e2}$$

gesucht. Deutet man die Basisvektoren als Spaltenvektoren einer Matrix $\mathbf{A}$ und t_1, t_2 als Elemente eines Vektors $\mathbf{t}$, so entsteht eine Matrizengleichung

$$\mathbf{a} = \mathbf{A} \cdot \mathbf{t} \quad \text{mit der Lösung} \quad \mathbf{t} = \mathbf{A}^{-1} \cdot \mathbf{a} \,.$$

Nachfolgend ein Beispiel aus der Datei VEKTOROPERATIONEN.MCD.

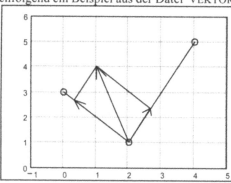

2.2 Zerlegung in Komponenten

Gegebener Vektor $\underline{v} := \begin{pmatrix} -1 \\ 3 \end{pmatrix}$

Punkte:

$A := (4 \ 5)^T \quad B := (0 \ 3)^T \quad C := (2 \ 1)^T$

Vorgegebene Richtungen (Strecken CB und CB):

$\underline{CA} := \underline{A} - \underline{C} \quad \underline{CB} := \underline{B} - \underline{C} \quad \underline{CA} = \begin{pmatrix} 2 \\ 4 \end{pmatrix} \quad \underline{CB} = \begin{pmatrix} -2 \\ 2 \end{pmatrix}$

Richtungseinheitsvektoren: $\underline{e1} := \dfrac{1}{|CA|} \underline{CA} \quad \underline{e2} := \dfrac{1}{|CB|} \underline{CB} \quad \underline{e1} = \begin{pmatrix} 0.45 \\ 0.89 \end{pmatrix} \quad \underline{e2} = \begin{pmatrix} -0.71 \\ 0.71 \end{pmatrix}$

Ansatz: $\boxed{t_1 \cdot \underline{e1} + t_2 \cdot \underline{e2} = \underline{a}}$ $\quad |t_1|$ und $|t_2|$ sind die Längen der Komponenten von $\underline{v}$ in Richtung $\underline{CA}$ und $\underline{CB}$

Umformen in eine Matrizengleichung:

$\boxed{A \cdot t = a}$ $\quad$ mit $A :=$ erweitern$(\underline{e1}, \underline{e2})$ $\quad A = \begin{pmatrix} 0.45 & -0.71 \\ 0.89 & 0.71 \end{pmatrix}$

Lösung: $\boxed{t := A^{-1} \cdot a}$ $\quad t_1 = 1.49 \quad t_2 = 2.36$

Wir führen noch zwei Bezeichnungen für spezielle Vektoren ein.

Der Einheitsvektor in Richtung eines Vektors $\underline{a}$ wird mit $\underline{a}^0$ bezeichnet: $\quad \underline{a}^0 = \dfrac{\underline{a}}{|\underline{a}|}$

Die (senkrechte) Projektion eines Vektors $\underline{b}$ auf die Wirkungslinie des Vektors $\underline{a}$ wird mit $\underline{b}_{\underline{a}}$ bezeichnet.

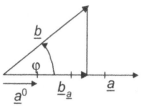

Zur Berechnung der Projektion benötigt man das im nächsten Abschnitt eingeführte Skalarprodukt. Es gilt dann

$$\underline{b}_{\underline{a}} = b \cdot cos(\varphi) \cdot \underline{a}^0 = (\underline{b} \circ \underline{a}^0) \cdot \underline{a}^0 .$$

4.3.2 Produkte von Vektoren

4.3.2.1 Das Skalarprodukt

Das Skalarprodukt

$$\underline{a} \circ \underline{b} := |\underline{a}| \cdot |\underline{b}| \cdot cos(\varphi)$$

mit dem von den Vektoren $\underline{a}$ und $\underline{b}$ eingeschlossenen Winkel $\varphi = \sphericalangle(\underline{a}, \underline{b}), (0 \le \varphi \le 180°)$ ist eine Zahl (Skalar). Es gelten folgende Eigenschaften

$$|\underline{a} \circ \underline{b}| = |\underline{a}| \cdot |\underline{b}_{\underline{a}}| = |\underline{a}_{\underline{b}}| \cdot |\underline{b}|, \quad \underline{a} \circ \underline{b} \begin{cases} > 0, \text{wenn } \underline{a} \uparrow\uparrow \underline{b}_{\underline{a}} \\ = 0, \text{wenn } \underline{a} \uparrow\rightarrow \underline{b} \\ < 0, \text{wenn } \underline{a} \uparrow\downarrow \underline{b}_{\underline{a}} \end{cases}$$

$$\underline{a} \circ \underline{b} = \underline{b} \circ \underline{a}, \quad \underline{a} \circ (\underline{b} + \underline{c}) = \underline{a} \circ \underline{b} + \underline{a} \circ \underline{c}, \quad (t \cdot \underline{a}) \circ \underline{b} = t \cdot (\underline{a} \circ \underline{b}).$$

Da das Skalarprodukt orthogonaler Vektoren gleich 0 ist und das Skalarprodukt eines Einheitsvektors mit sich selbst gleich 1, folgt für die Rechnung mit den Koordinaten

$$\begin{pmatrix} a_x \\ a_y \\ a_z \end{pmatrix} \circ \begin{pmatrix} b_x \\ b_y \\ b_z \end{pmatrix} = a_x \cdot b_x + a_y \cdot b_y + a_z \cdot b_z \quad \text{und} \quad |\underline{a}| = \sqrt{\underline{a} \circ \underline{a}} = \sqrt{a_x^2 + a_y^2 + a_z^2} \,.$$

Sind die Vektoren in Koordinatenform gegeben, so können die eingeschlossenen Winkel durch Umstellen der Definitionsgleichung nach $cos(\varphi)$ leicht ermittelt werden.

$$cos(\alpha_x) = \frac{\underline{a} \circ \underline{b}}{|\underline{a}| \cdot |\underline{b}|} = \frac{a_x \cdot b_x + a_y \cdot b_y + a_z \cdot b_z}{\sqrt{a_x^2 + a_y^2 + a_z^2} \cdot \sqrt{b_x^2 + b_y^2 + b_z^2}}$$

Beispielsweise erhält man die Winkel zwischen Vektor und Achsen aus den „Richtkosinus"

$$cos(\alpha_x) = \frac{\underline{a} \circ \underline{e}_x}{|\underline{a}| \cdot |\underline{e}_x|} = \frac{a_x}{|\underline{a}|}, \quad cos(\alpha_y) = \frac{a_y}{|\underline{a}|}, \quad cos(\alpha_z) = \frac{a_z}{|\underline{a}|} \,.$$

Das Skalarprodukt in Koordinatenform kann auch als Matrizenprodukt gedeutet werden, wenn die einelementigen Matrizen (c_{11}) wie in der Mathematik üblich mit ihrem Element c_{11} identifiziert werden.

$$\underline{a} \circ \underline{b} = \underline{a}^T \cdot \underline{b} = \left(a_x\, a_y\, a_z \right) \cdot \begin{pmatrix} b_x \\ b_y \\ b_z \end{pmatrix} = \left(a_x \cdot b_x + a_y \cdot b_y + a_z \cdot b_z \right) = a_x \cdot b_x + a_y \cdot b_y + a_z \cdot b_z .$$

In dieser Form wird das Skalarprodukt auf n-reihige Spaltenvektoren verallgemeinert:

$$\mathbf{a} \circ \mathbf{b} = \mathbf{a}^T \cdot \mathbf{b} = a_1 \cdot b_1 + a_2 \cdot b_2 + \cdots + a_n \cdot b_n , \quad |\mathbf{a}| = \sqrt{\mathbf{a}^T \cdot \mathbf{a}} = \sqrt{a_1{}^2 + a_2{}^2 + \cdots + a_n{}^2} .$$

In Mathcad existiert in der Matrizenpalette ein eigener Operator für das Skalarprodukt. Das Skalarprodukt ist aber auch mit dem einfachen Multiplikationszeichen zu berechnen. Zur Vermeidung von Fehlern achte man auf die Darstellung der Vektoren als Spaltenvektoren! In der Form $\mathbf{a}^T\mathbf{b}$ entsteht eine Matrix, da in Mathcad einelementige Matrizen nicht mit ihrem Element identifiziert werden. Das Betragszeichen wird in Mathcad zur Berechnung des Betrags einer (reellen oder komplexen) Zahl, des Betrags eines Vektors oder auch der Determinante einer quadratischen Matrix verwendet.

Am Ende des Abschnitts **4.3.2** folgen aus der Datei VEKTOROPERATIONEN.MCD Beispiele zur Anwendung der Produkte.

4.3.2.2 Das Vektorprodukt

Das Vektorprodukt $\underline{c} := \underline{a} \times \underline{b}$ (räumlicher) Vektoren ist ein Vektor mit den Eigenschaften

(1) $\underline{a} \times \underline{b}$ steht senkrecht auf dem von $\underline{a}$ und $\underline{b}$

aufgespannten Parallelogramm,

(2) $\underline{a}, \underline{b}, \underline{a} \times \underline{b}$ bilden ein Rechtssystem,

(3) der Betrag des Vektorprodukts ist gleich dem

Flächeninhalt A des Parallelogramms

$$A = |\underline{c}| = |\underline{a} \times \underline{b}| = |\underline{a}| \cdot |\underline{b}| \cdot sin(\varphi), \ 0 \le \varphi \le 180°$$

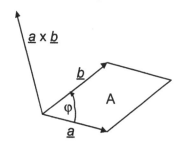

Es gelten folgende Eigenschaften

$$(\underline{a} \times \underline{b}) \circ \underline{a} = (\underline{a} \times \underline{b}) \circ \underline{b} = \underline{0} , \qquad \underline{a} // \underline{b} \rightarrow \underline{a} \times \underline{b} = \underline{0} , \qquad \underline{a} \times \underline{b} = -\underline{b} \times \underline{a} ,$$

$$\underline{a} \times (\underline{b} + \underline{c}) = \underline{a} \times \underline{b} + \underline{a} \times \underline{c} , \qquad (t \cdot \underline{a}) \times \underline{b} = t \cdot (\underline{a} \times \underline{b})$$

und $\quad |\underline{a} \circ \underline{b}|^2 + |\underline{a} \times \underline{b}|^2 = |\underline{a}|^2 \cdot |\underline{b}|^2 .$

Die letzte Beziehung folgt aus

$$|\underline{a}|^2 \cdot |\underline{b}|^2 \cdot \cos^2(\varphi) + |\underline{a}|^2 \cdot |\underline{b}|^2 \cdot \sin^2(\varphi) = |\underline{a}|^2 \cdot |\underline{b}|^2 \cdot \left(\cos^2(\varphi) + \sin^2(\varphi)\right) = |\underline{a}|^2 \cdot |\underline{b}|^2 .$$

Für die kartesischen Einheitsvektoren gilt speziell

$$\boldsymbol{i} \times \boldsymbol{j} = -\boldsymbol{j} \times \boldsymbol{i} = \boldsymbol{k} \; , \; \boldsymbol{j} \times \boldsymbol{k} = -\boldsymbol{k} \times \boldsymbol{j} = \boldsymbol{i} \; , \; \boldsymbol{k} \times \boldsymbol{i} = -\boldsymbol{i} \times \boldsymbol{k} = \boldsymbol{j} \; ; \; \boldsymbol{i} \times \boldsymbol{i} = \boldsymbol{j} \times \boldsymbol{j} = \boldsymbol{k} \times \boldsymbol{k} = \underline{0} \; .$$

Daraus folgt unter Verwendung der oben genannten Eigenschaften die Koordinatendarstellung für das Vektorprodukt

$$\left(a_x \cdot \boldsymbol{i} + a_y \cdot \boldsymbol{j} + a_z \cdot \boldsymbol{k}\right) \times \left(b_x \cdot \boldsymbol{i} + b_y \cdot \boldsymbol{j} + b_z \cdot \boldsymbol{k}\right) = \begin{pmatrix} a_x \\ a_y \\ a_z \end{pmatrix} \times \begin{pmatrix} b_x \\ b_y \\ b_z \end{pmatrix} = \begin{pmatrix} a_y \cdot b_z - a_z \cdot b_y \\ a_z \cdot b_x - a_x \cdot b_z \\ a_x \cdot b_y - a_y \cdot b_x \end{pmatrix} .$$

Die Komponentendarstellung gewinnt man formal durch Entwicklung nach der ersten Spalte aus der Determinante

$$\begin{vmatrix} \boldsymbol{i} & a_x & b_x \\ \boldsymbol{j} & a_y & b_y \\ \boldsymbol{k} & a_z & c_z \end{vmatrix} = \begin{vmatrix} a_y & b_y \\ a_z & b_z \end{vmatrix} \cdot \boldsymbol{i} - \begin{vmatrix} a_x & b_x \\ a_z & b_z \end{vmatrix} \cdot \boldsymbol{j} + \begin{vmatrix} a_x & b_x \\ a_y & b_y \end{vmatrix} \cdot \boldsymbol{k} .$$

Für „ebene" Vektoren gilt speziell

$$\begin{pmatrix} a_x \\ a_y \\ 0 \end{pmatrix} \times \begin{pmatrix} b_x \\ b_y \\ 0 \end{pmatrix} = \begin{pmatrix} 0 \\ 0 \\ a_x \cdot b_y - a_y \cdot b_x \end{pmatrix} = \begin{vmatrix} a_x & b_x \\ a_y & b_y \end{vmatrix} \cdot \boldsymbol{k} .$$

In der ebenen Vektorrechnung stellt die Determinante das sogenannte Flächenprodukt der (ebenen) Vektoren $\underline{a}$ und $\underline{b}$ dar. Es liefert den „orientierten" Flächeninhalt A des von $\underline{a}$ und $\underline{b}$ aufgespannten Parallelogramms. Das Vorzeichen wird durch die Drehrichtung von φ bestimmt und kennzeichnet die Orientierung der Fläche. Mit Hilfe des Flächenprodukts lassen sich Formeln entwickeln zur Berechnung des Flächeninhalts von Vielecken aus den Eckpunktkoordinaten. Im Abschnitt **4.6.3** wird darauf im allgemeineren Zusammenhang eingegangen.

Mathcad besitzt in der Matrizenpalette einen eigenen Operator für das Vektorprodukt. Dieser ist in Übereinstimmung mit der mathematischen Definition nur für dreireihige Spaltenvektoren definiert.

4.3.2.3 Das Spatprodukt

Unter den vielfältigen Verknüpfungen der beiden Produkte hat das Spatprodukt [$\underline{a}$, $\underline{b}$, $\underline{c}$] eine einfache geometrische Bedeutung.

Das Spatprodukts ist wie folgt definiert

$$[\underline{a}, \underline{b}, \underline{c}] := (\underline{a} \times \underline{b}) \circ \underline{c}$$

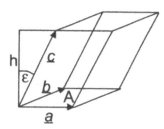

Es ist das Volumen des von $\underline{a}$, $\underline{b}$, $\underline{c}$ aufgespannten Spates.

$$V = A \cdot h = |\underline{a} \times \underline{b}| \cdot |\underline{c}| \cdot cos(\varepsilon)$$
$$= |(\underline{a} \times \underline{b}) \circ \underline{a}| = |[\underline{a}, \underline{b}, \underline{c}]|$$

Das Spatprodukt kann auch als Determinante der drei Spaltenvektoren $\underline{a}$, $\underline{b}$, $\underline{c}$ berechnet werden.

$$[\underline{a}, \underline{b}, \underline{c}] := \begin{vmatrix} a_x & b_x & c_x \\ a_y & b_y & c_y \\ a_z & b_z & c_z \end{vmatrix}, \quad \text{es gilt } [\underline{a}, \underline{b}, \underline{c}] = [\underline{b}, \underline{c}, \underline{a}] = [\underline{c}, \underline{a}, \underline{b}] = -[\underline{a}, \underline{c}, \underline{b}].$$

Liegen alle drei Vektoren in einer Ebene, d. h. sind sie komplanar, so ist das Produkt wegen der linearen Abhängigkeit gleich 0. Das kann man benutzen, um Ebenengleichungen zu definieren.

Für ausführlichere Einführungen in die Vektorrechnung einschließlich der Anwendungen in der analytischen Geometrie verweisen wir z. B. auf PAPULA[21].

Wir ergänzen den Abschnitt mit drei Beispielen aus der Datei VEKTOROPERATIONEN.MCD.

Beispiel 1: Anwendungen der verschiedenen Produkte

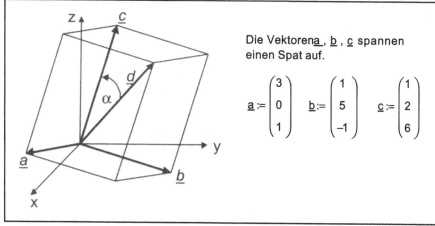

Die Vektoren $\underline{a}$, $\underline{b}$, $\underline{c}$ spannen einen Spat auf.

$$\underline{a} := \begin{pmatrix} 3 \\ 0 \\ 1 \end{pmatrix} \quad \underline{b} := \begin{pmatrix} 1 \\ 5 \\ -1 \end{pmatrix} \quad \underline{c} := \begin{pmatrix} 1 \\ 2 \\ 6 \end{pmatrix}$$

2.3. Anwendung der verschiedenen Produkte

a) Länge der Raumdiagonalen: $\underline{d} := \underline{a} + \underline{b} + \underline{c}$ $\underline{d} = \begin{pmatrix} 5 \\ 7 \\ 6 \end{pmatrix}$ $|\underline{d}| = 10.49$

b) Winkel zwischen Raumdiagonale und Seite c: $\underline{c}\cdot\underline{d} = |\underline{c}| \cdot |\underline{d}| \cdot cos(\alpha)$

$\alpha := acos\left(\dfrac{\underline{c}\cdot\underline{d}}{|\underline{c}| \cdot |\underline{d}|}\right)$ $\alpha = 35.02\,Grad$

c) Inhalt der Grundfläche (Seiten a und b): $\underline{a} \times \underline{b} = \begin{pmatrix} -5 \\ 4 \\ 15 \end{pmatrix}$ $aber$ $\underline{b} \times \underline{a} = \begin{pmatrix} 5 \\ -4 \\ -15 \end{pmatrix}$

$A := |\underline{a} \times \underline{b}|$ $A = 16.31$

d) Volumen des Spats: $(\underline{a} \times \underline{b})\cdot\underline{c} = 93$ $V := |(\underline{a} \times \underline{b})\cdot\underline{c}|$ $V = 93$

oder mittels
Determinante $M := erweitern(\underline{a}, \underline{b}, \underline{c})$ $M = \begin{pmatrix} 3 & 1 & 1 \\ 0 & 5 & 2 \\ 1 & -1 & 6 \end{pmatrix}$ $|M| = 93$

Beispiel 2: Ebenengleichung

2.4. Beispiel zur Anwendung in der räumlichen Geometrie

a) Gleichung der von den Punkten P1, P2, P3 aufgespannten Ebene:

$\underline{P1} := (4 \ \ 0 \ \ 0)^T$ $\underline{P2} := (0 \ \ 2 \ \ 0)^T$ $\underline{P3} := (1 \ \ 1 \ \ 5)^T$

aufspannende Vektoren: $\underline{u} := \underline{P2} - \underline{P1}$ $\underline{v} := \underline{P3} - \underline{P1}$

beliebiger Punkt in der Ebene: $\underline{P} := (x \ \ y \ \ z)^T$ $\underline{p} = \underline{P} - \underline{P1}$

Spatprodukt $(\underline{u} \times \underline{v})\cdot\underline{p}$ muss gleich 0 sein! ----> Ebenengleichung:

$\boxed{g(x,y,z) = 0}$ mit $\boxed{g(x,y,z) := (\underline{u} \times \underline{v})\cdot(\underline{P} - \underline{P1}) \rightarrow 10\cdot x - 40 + 20\cdot y + 2\cdot z}$

Zum Beispiel nach z auflösen: $z = f(x,y)$

$f(x,y) := g(x,y,z) = 0 \ auflösen, z \ \rightarrow -5\cdot x + 20 - 10\cdot y$

$\boxed{f(x,y) \rightarrow -5\cdot x + 20 - 10\cdot y}$. $f(1,1) = 5$ $f(4,-2) = 20$

Beispiel 3: Abstand eines Punktes von der Ebene (aus Beispiel 2)

b) Orientierter Abstand h eines Punkte P(x,y,z) von der Ebene:

Volumen des von $\underline{u}, \underline{v}, \underline{p}$ aufgespannten Spates:

Spatprodukt = Höhe mal Grundfläche $\qquad g(x,y,z) = (\underline{u} \times \underline{v}) \cdot \underline{p} = h \cdot |\underline{u} \times \underline{v}|$.

$$h(x,y,z) := \frac{g(x,y,z)}{|\underline{u} \times \underline{v}|}$$

$h(4,0,0) = 0 \qquad h(4,-2,20) = 0 \qquad$ *Ebenenpunkte!*

$\underline{Q1} := (4 \quad 4 \quad 4)^T \quad h(4,4,4) = 3.92 \qquad$ *Punkte auf verschiedenen*

$\underline{Q2} := (1 \quad 0 \quad 1)^T \quad h(1,0,1) = -1.25 \qquad$ *Seiten der Ebene!*

4.3.2.4 Die Regel von CRAMER

Das Spatprodukt kann zur Lösung einer Vektorgleichung benutzt werden. Multipliziert man

$$x_1 \cdot \underline{a} + x_2 \cdot \underline{b} + x_3 \cdot \underline{c} = \underline{d} \quad (*)$$

jeweils von rechts skalar mit $\circ (\underline{b} \times \underline{c})$, $\circ (\underline{c} \times \underline{a})$, $\circ (\underline{a} \times \underline{b})$, so werden stets zwei Summanden gleich Null und die Gleichungen sind nach den Unbekannten x_i auflösbar:

$$x_1 = \frac{[\underline{d},\underline{b},\underline{c}]}{[\underline{a},\underline{b},\underline{c}]}, \quad x_2 = \frac{[\underline{a},\underline{d},\underline{c}]}{[\underline{a},\underline{b},\underline{c}]}, \quad x_3 = \frac{[\underline{a},\underline{b},\underline{d}]}{[\underline{a},\underline{b},\underline{c}]} \quad (**).$$

Werden die Vektoren $\underline{a}, \underline{b}, \underline{c}$ als Spalten einer Koeffizientenmatrix **M** und die x_i als Elemente eines Lösungsvektors **x** gedeutet, so wird (*) zu einem Gleichungssystem (mit $\underline{d}$ = **d**)

$$\mathbf{M} \, \mathbf{x} = \mathbf{d}$$

und (**) liefert die Lösung des Gleichungssystems mit Hilfe von Determinanten.

Im Nenner steht die Koeffizientendeterminante |**M**| und die Determinanten im Zähler entstehen daraus durch Ersetzten einer Spalte mit dem Vektor der rechten Seite. Dies ist der Spezialfall der Regel von CRAMER[1], die analog für Gleichungssysteme mit n Unbekannten gilt.

---

[1] G. CRAMER (1704 – 1752)

Die Berechnung von n-reihigen Determinanten ist sehr aufwendig, so dass im Kapitel **5** effektivere Lösungsverfahren für Gleichungssysteme behandelt werden.

4.3.3 Ortsvektoren und Koordinatensysteme

Die Punkte P im Raum können bzgl. des Koordinatenursprungs O durch Ortsvektoren $\underline{P} = \underline{OP}$ dargestellt werden. Die kartesischen Koordinaten von Punkt und Vektor stimmen dann überein und die vorteilhafte Vektordarstellung kann genutzt werden,

$$P(x,y,z) \quad \Leftrightarrow \quad \underline{P} = (x \quad y \quad z)^T = \begin{pmatrix} x \\ y \\ z \end{pmatrix}.$$

Dies wurde im Vorhergehenden schon mehrfach angewendet. So ergibt z. B. der Vektor der gerichteten Strecke von P_1 nach P_2 als Differenz der zugehörigen Ortsvektoren

$$\overrightarrow{P_1 P_2} = \underline{P_2} - \underline{P_1} = \begin{pmatrix} x_2 - x_1 \\ y_2 - y_1 \\ z_2 - z_1 \end{pmatrix}.$$

Ortsvektoren können aber auch in andere Koordinatensystemen beschrieben werden, z. B. in der Ebene mit Polarkoordinaten $P(r, \varphi)$ und im Raum mit Kugelkoordinaten $P(r, \varphi, \delta)$. Diese müssen für die Anwendung der Spaltenvektoren in kartesische Koordinaten transformiert werden. Im ersten Fall ist das die schon benutzte Komponentenzerlegung, wenn der Vektor durch Betrag r und Richtungswinkel φ festgelegt ist:

<u>Polarkoordinaten</u>

$$\underline{P} = \begin{pmatrix} x \\ y \end{pmatrix} = \begin{pmatrix} r \cdot cos(\varphi) \\ r \cdot sin(\varphi) \end{pmatrix} = r \cdot \begin{pmatrix} cos(\varphi) \\ sin(\varphi) \end{pmatrix} = r \cdot \underline{e}$$

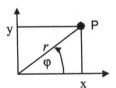

mit dem Einheitsvektor $\underline{e} = \underline{e}(\varphi)$.

<u>Kugelkoordinaten</u>

$$\underline{P} = \begin{pmatrix} x \\ y \\ z \end{pmatrix} = r \cdot \begin{pmatrix} cos(\varphi) \cdot cos(d) \\ sin(\varphi) \cdot cos(d) \\ sin(d) \end{pmatrix} = r \cdot \underline{e}$$

mit dem Einheitsvektor $\underline{e} = \underline{e}(\varphi, \delta)$,

φ als (geografische) Länge,

δ als (geografische) Breite.

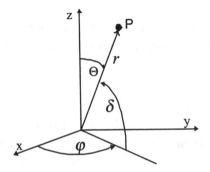

Häufig wird statt δ die Poldistanz $\Theta = 90° - \delta$ verwendet, so dass in den Formeln folgende Ersetzungen notwendig sind: $sin(\delta) = sin(90° - \Theta) = cos(\Theta)$ und $cos(\delta) = sin(\Theta)$.

Kurven in der Ebene oder im Raum bzw. Flächen im Raum können durch parameterabhängige Ortvektoren

$$\underline{r} = \underline{r}(t) = \begin{pmatrix} x(t) \\ y(t) \\ z(t) \end{pmatrix} \qquad \text{bzw.} \qquad \underline{r} = \underline{r}(u,v) = \begin{pmatrix} x(u,v) \\ y(u,v) \\ z(u,v) \end{pmatrix}$$

beschrieben werden. Im Kapitel **2** sind Beispiele für ebene Kurven behandelt worden, ohne dass der Vektorcharakter betont wurde. Im Kapitel **11** wird für 3D-Grafiken diese Vektordarstellung benutzt.

Wird t als Zeit gedeutet, so ist $\underline{r}(t)$ die Bahnkurve eines Teilchens oder des Schwerpunktes eines Körpers. In der Kinematik und Dynamik wird diese zeitabhängige Vektordarstellung benutzt. Die Anwendung der Differential- und Integralrechnung auf parameterabhängige Vektoren ist Gegenstand der <u>Vektoranalysis</u>. Eine Einführung in dieses Gebiet findet man in PAPULA[21], Band 3. Siehe auch MATHIAK[18b].

Das Zusammenspiel der verschiedenen Koordinatensysteme wird in den folgenden zwei Arbeitsblättern dargestellt.

Die Datei ENTFERNUNG.MCD enthält ein Beispiel zur Entfernungsberechnungen auf Großkreisen der Erdkugel. Die Datei ABSTECKUNG.MCD beschreibt die Absteckung auf Kreisbögen in der Ebene.

<u>Entfernung zweier Orte auf der Erdoberfläche (Großkreisbogen)</u>

Beispiel: Entfernung zwischen Neubrandenburg N und Tokio T

Neubrandenburg $\phi_1 := 13.25 \cdot °$ $\delta_1 := 53.56 \cdot °$

Tokio $\phi_2 := 139.54 \cdot °$ $\delta_2 := 35.62 \cdot °$

Erdradius $R := 6371 \cdot km$

$$N := R \cdot \begin{pmatrix} \cos(\phi_1) \cdot \cos(\delta_1) \\ \sin(\phi_1) \cdot \cos(\delta_1) \\ \sin(\delta_1) \end{pmatrix} \qquad T := R \cdot \begin{pmatrix} \cos(\phi_2) \cdot \cos(\delta_2) \\ \sin(\phi_2) \cdot \cos(\delta_2) \\ \sin(\delta_2) \end{pmatrix}$$

$|N| = 6371\ km$ $|T| = 6371\ km$

Winkel α des Großkreisbogens $\overline{NT}$ $\alpha := \text{acos}\left(\dfrac{N \cdot T}{|N| \cdot |T|} \right)$ $\alpha = 79.47\ °$

Entfernung $:= R \cdot \alpha$ $\boxed{\text{Entfernung} = 8837\ km}$.

Kreisabsteckung

Gegebene Größen :

n := 6

s:= 447 ·m

R := 600 ·m

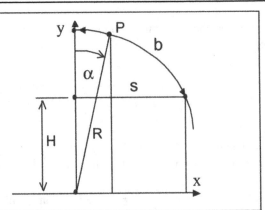

Ein Kreisbogen b über einer Halbsehne s ist in n gleichlange Bogenstücke aufzuteilen.
Die Koordinaten der Teilpunkte sind gesucht.

$$\beta := \operatorname{asin}\left(\frac{s}{R}\right) \qquad \beta = 48.16\,° \qquad \alpha := \frac{\beta}{n} \qquad \alpha = 8.03\,°$$

$$b := R \cdot \beta \qquad b = 504.32\ m \qquad \frac{b}{n} = 84.05\ m \qquad R \cdot \alpha = 84.05\ m$$

$$H := \sqrt{R^2 - s^2} \qquad H = 400.24\ m$$

1. Lösungsweg   Teilpunkte in Polarkoordinaten berechnen
und in kartesische umwandeln.

$$i := 0 .. n \qquad r_i := R \qquad \phi_i := 90\,.° - i \cdot \alpha \qquad P^{\langle i \rangle} := \begin{pmatrix} R \cdot \cos(\phi_i) \\ R \cdot \sin(\phi_i) \end{pmatrix}$$

$$P = \begin{pmatrix} 0.00 & 83.78 & 165.92 & 244.80 & 318.89 & 386.74 & 447.00 \\ 600.00 & 594.12 & 576.60 & 547.79 & 508.24 & 458.73 & 400.24 \end{pmatrix} m$$

2. Lösungsweg   Den Punkt Po(0,R) schrittweise um den Winkel α drehen,
und die Koordinaten ablesen.

$$k := 0 .. n \qquad T^{\langle k \rangle} := \begin{pmatrix} \cos(\alpha) & \sin(\alpha) \\ -\sin(\alpha) & \cos(\alpha) \end{pmatrix}^k \cdot \begin{pmatrix} 0 \\ R \end{pmatrix}$$

$$T = \begin{pmatrix} 0.00 & 83.78 & 165.92 & 244.80 & 318.89 & 386.74 & 447.00 \\ 600.00 & 594.12 & 576.60 & 547.79 & 508.24 & 458.73 & 400.24 \end{pmatrix} m$$

x-Werte und y-Werte auf s beziehen: $xwerte_i := P_{0,i} \qquad ywerte_i := P_{1,i} - H$

$$xwerte^T = (0.00 \quad 83.78 \quad 165.92 \quad 244.80 \quad 318.89 \quad 386.74 \quad 447.00\,)m$$

$$ywerte^T = (199.76 \quad 193.88 \quad 176.37 \quad 147.55 \quad 108.00 \quad 58.49 \quad 0.00\,)m$$

4.4 Kräfte und Momente

4.4.1 Kräfte als Vektoren

In der Statik als der „Lehre vom Gleichgewicht" sind die zwei wichtigsten vektoriellen Größen Kräfte und Momente. Die Grundlagen der Baustatik setzen wir als bekannt voraus. Aus der Fülle der auf das Bauwesen orientierten Fachliteratur zur Statik und Technischen Mechanik seien BOCHMANN[5], DANKERT/DANKERT [7] und MATHIAK [18a] genannt.

Eine Kraft $\underline{F}$ ist durch Wirkungsrichtung und Größe $F = |\underline{F}|$ (mit der Einheit kN) bestimmt und kann nach Wahl eines kartesischen Koordinatensystems mit den (einheitenfreien) Basisvektoren in zueinander orthogonale Komponenten (mit den Einheiten kN) zerlegt werden.

$$\underline{F} = F_x \cdot \boldsymbol{i} + F_y \cdot \boldsymbol{j} + F_z \cdot \boldsymbol{k} = \begin{pmatrix} F_x \\ F_y \\ F_z \end{pmatrix}, \text{ oder in der Ebene } \quad \underline{F} = \begin{pmatrix} F_x \\ F_y \end{pmatrix} = \begin{pmatrix} F \cdot cos(\alpha) \\ F \cdot sin(\alpha) \end{pmatrix}.$$

Die Vektoren $\underline{F}x = F_x \cdot \boldsymbol{i}$ und $\underline{F}y = F_y \cdot \boldsymbol{j}$ sind die <u>Horizontal- und Vertikalkomponenten</u> des ebenen Vektors $\underline{F} = \underline{F}x + \underline{F}y$.

Viele Probleme der Kräftelehre werden auf die Zerlegung in diese Komponenten zurückgeführt. Die Vektoraddition reduziert sich damit nämlich auf die einfache Addition der Komponenten bzw. ihrer Koordinaten F_x, F_y.

Wie die Zerlegung einer Kraft in Komponenten mit vorgeschriebenen Richtungen erfolgt, wird in Anlehnung an das ebene Beispiel aus dem Abschnitt **4.3.1** für ein räumliches Dreibein in der Datei DREIBEIN.MCD gezeigt.

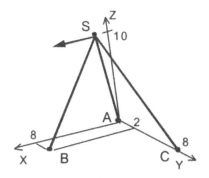

Der Punkt S(4,4,10) ist mit den Punkten

   A(0,0,0), B(8,2,0), C(0,8,0)

durch Stäbe verbunden.

In S greift eine horizontale Kraft gleichgerichtet zur x-Achse mit der Größe

   F = 12 kN an.

Gesucht sind die Beträge der Stabkräfte

   Fa, Fb, Fc.

Stabkräfte im räumlichen Dreibein $kN := 1000 \cdot N$

$F := 12 \cdot kN \qquad \underline{S} := (4 \ \ 4 \ \ 10)^T \cdot m$

$\underline{A} := (0 \ \ 0 \ \ 0)^T \cdot m \qquad \underline{B} := (8 \ \ 2 \ \ 0)^T \cdot m \qquad \underline{C} := (0 \ \ 8 \ \ 0)^T \cdot m$

Stabvektoren und Kraftvektor: $\quad \underline{a} := \underline{A} - \underline{S} \qquad \underline{b} := \underline{B} - \underline{S} \qquad \underline{c} := \underline{C} - \underline{S} \qquad \underline{F} := \begin{pmatrix} F \\ 0 \\ 0 \end{pmatrix}$

Einheitsstabvektoren: $\qquad \underline{ea} := \dfrac{\underline{a}}{|\underline{a}|} \qquad \underline{eb} := \dfrac{\underline{b}}{|\underline{b}|} \qquad \underline{ec} := \dfrac{\underline{c}}{|\underline{c}|}$

$$\underline{ea} = \begin{pmatrix} -0.35 \\ -0.35 \\ -0.87 \end{pmatrix} \quad \underline{eb} = \begin{pmatrix} 0.37 \\ -0.18 \\ -0.91 \end{pmatrix} \quad \underline{ec} = \begin{pmatrix} -0.35 \\ 0.35 \\ -0.87 \end{pmatrix} \quad \underline{F} = \begin{pmatrix} 12 \\ 0 \\ 0 \end{pmatrix} kN$$

Stabkräfte: $\qquad\qquad \underline{Fa} = Fa \cdot \underline{ea} \qquad \underline{Fb} = Fb \cdot \underline{eb} \qquad \underline{Fc} = Fc \cdot \underline{ec}$

Kraftansatz (Vektorgleichung): $\quad \underline{Fa} + \underline{Fb} + \underline{Fc} = Fa \cdot \underline{ea} + Fb \cdot \underline{eb} + Fc \cdot \underline{ec} = \underline{F}$

Matrizengleichung
und Lösung: $\qquad\qquad A := \text{erweitern}(\underline{ea}, \underline{eb}, \underline{ec}) \qquad A = \begin{pmatrix} -0.35 & 0.37 & -0.35 \\ -0.35 & -0.18 & 0.35 \\ -0.87 & -0.91 & -0.87 \end{pmatrix}$

$$A \cdot \begin{pmatrix} Fa \\ Fb \\ Fc \end{pmatrix} = \underline{F} \qquad \boxed{\begin{pmatrix} Fa \\ Fb \\ Fc \end{pmatrix} := A^{-1} \cdot \underline{F}} \qquad Fa \cdot \underline{ea} + Fb \cdot \underline{eb} + Fc \cdot \underline{ec} = \begin{pmatrix} 12 \\ 0 \\ 0 \end{pmatrix} kN$$

$Fa = -12.93 \, kN \qquad Fb = 16.43 \, kN \qquad Fc = -4.31 \, kN \qquad\qquad$ Kontrolle!

$\qquad\qquad$ Zug $\qquad\qquad\qquad$ Druck $\qquad\qquad\qquad$ Zug

---

Die Lösung der Vektorgleichung kann auch mit der Regel von CRAMER erfolgen.

Lösung mit Hilfe des Vektorprodukts:

$\quad$ Wegen $\ (\underline{eb} \times \underline{ec}) \cdot \underline{eb} = 0 \ $ und $\ (\underline{eb} \times \underline{ec}) \cdot \underline{ec} = 0 \ $ folgt aus

$\quad (\underline{eb} \times \underline{ec}) \cdot (Fa \cdot \underline{ea} + Fb \cdot \underline{eb} + Fc \cdot \underline{ec}) = (\underline{eb} \times \underline{ec}) \cdot \underline{F}$

$Fa := \dfrac{(\underline{eb} \times \underline{ec}) \cdot \underline{F}}{(\underline{eb} \times \underline{ec}) \cdot \underline{ea}} \qquad Fa = -12.93 \, kN \qquad\qquad$ und analog

$Fb := \dfrac{(\underline{ea} \times \underline{ec}) \cdot \underline{F}}{(\underline{ea} \times \underline{ec}) \cdot \underline{eb}} \qquad Fb = 16.43 \, kN \qquad\quad Fc := \dfrac{(\underline{ea} \times \underline{eb}) \cdot \underline{F}}{(\underline{ea} \times \underline{eb}) \cdot \underline{ec}} \qquad Fc = -4.31 \, kN$

4.4.2 Momente als Vektoren

Das Moment $\underline{M}$ einer Kraft $\underline{F}$ bzgl. eines Punktes O wird definiert als <u>Vektorprodukt</u>

$$\underline{M} = \underline{r} \times \underline{F}$$

Der Punkt P ist auf der Wirkungslinie der Kraft beliebig wählbar:

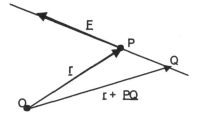

$$(\underline{r} + \underline{PQ}) \times \underline{F} = \underline{r} \times \underline{F} \quad \text{denn} \quad \underline{PQ} \parallel \underline{F}$$

Wird die Wirkungslinie der Kraft parallel verschoben, so ändert sich nicht die Kraft aber das Moment. Da die Gleichgewichtsbedingungen für Kräfte <u>und</u> Momente gelten müssen, sind die Kräfte und ihre Wirkungslinien zu beachten, d. h. die Kräfte sind „linienflüchtige" Vektoren.

Der Momentenvektor steht senkrecht auf der von $\underline{r}$ und $\underline{F}$ aufgespannten Ebene. Wählt man den „Drehpunkt" O als Ursprung eines kartesischen Koordinatensystems, so ist $\underline{r} = (\,x, y, z\,)^T$ der Ortsvektor des „Angriffspunktes" P. Der Momentenvektor und sein Betrag, d. h. die Größe M des Moments, ergeben sich dann aus der koordinatenweisen Berechnung

$$\underline{M} = \underline{r} \times \underline{F} = \begin{pmatrix} x \\ y \\ z \end{pmatrix} \times \begin{pmatrix} F_x \\ F_y \\ F_z \end{pmatrix}, \quad M = |\underline{M}|.$$

Eine koordinatenunabhängige Berechnung der Größe M kann auf zwei verschiedenen Wegen erfolgen.

(1) Wird P so gewählt, dass $\underline{r} = \underline{OP}$ senkrecht auf der Wirkungslinie steht, dann ist

$$M = |\underline{r}| \cdot |\underline{F}| \cdot sin(90°) = r \cdot F.$$

Die Größe des Moments ist das Produkt aus der Größe der Kraft und dem Abstand des Drehpunktes von der Wirkungslinie.

(2) Wird $\underline{F}$ in zwei Komponenten zerlegt, von denen eine senkrecht und die andere parallel zum Ortsvektor steht, $\underline{F} = \underline{Fs} + \underline{Fp}$, dann trägt die Parallelkomponente nichts zum Vektorprodukt bei und es folgt

$$M = |\underline{r}| \cdot |\underline{Fs}| \cdot sin(90°) = r \cdot Fs.$$

Die Größe des Moments ist das Produkt aus der Länge des Ortsvektors und der Größe der zum Ortsvektor senkrechten Kraftkomponente.

Es ist bei räumlichen Problemen zu beachten, dass zur Ermittlung eines resultierenden Moments die Größen der Momente nicht hinreichen, weil die Momentenvektoren addiert werden. Die Statik an starren Körpern muss mit den Methoden der Vektorrechnung betrieben werden.

Ist das statische Problem jedoch als ebenes Problem behandelbar und ist diese Ebene die x,y-Koordinatenebene, so gilt (analog zum Flächenprodukt in **4.3.2.2**)

$$\underline{M} = \underline{r} \times \underline{F} = \begin{vmatrix} x & Fx \\ y & Fy \end{vmatrix} \cdot \boldsymbol{k} \, .$$

$\underline{M}$ steht auf der Ebene senkrecht und das Vorzeichen der Determinante bestimmt seine Orientierung, d. h. die Drehrichtung. Der Vektorcharakter tritt in den Hintergrund und das Moment wird je nach Vorzeichen als rechts- oder linksdrehendes Moment bezeichnet

$$M = x \cdot Fy - y \cdot Fx \, .$$

Verwendet man die koordinatenunabhängigen Berechnungen (1) oder (2) für die Größe des Moments, so muss zur Ermittlung des resultierenden Moments aus den Drehrichtungen das betreffende Vorzeichen ergänzt werden. Dies wird in der elementaren Statik behandelt.

An dieser Stelle sei noch erwähnt, dass alleine aus den Einheiten nicht auf die physikalische Größe geschlossen werden kann.

Ein Vergleich mit der Definition der Arbeit als Skalarprodukt aus Kraft $\underline{F}$ und Weg $\underline{s}$

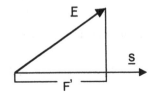

$$A = \underline{F} \circ \underline{s} = F' \cdot s \, .$$

zeigt: Vektorprodukt $\underline{M}$ und Skalarprodukt A besitzen die gleiche Einheit kNm, sind aber völlig unterschiedliche physikalische Größen.

Ein wichtige statische Aufgabe ist die Ermittlung der resultierenden Kraft und die Lage ihrer Wirkungslinie aus der Angabe der an einem starren Körper angreifenden Kräfte. In der Ebene greifen die Kräfte an einen Körperquerschnitt an. Für die Lösung dieses allgemeinen ebenen Kräftesystems existieren spezielle zeichnerische und manuelle rechnerische Methoden, die auf dem Kräfte- und Momentengleichgewicht beruhen.

In der Datei KRÄFTESYSTEM.MCD wird am Beispiel eines Mauerquerschnitts die vorteilhafte Anwendung des Vektorbegriffs in der Darstellung der Gleichgewichtsbedingungen unter Einsatz der Mittel von Mathcad deutlich.

Die am Körperquerschnitt angreifenden Kräftevektoren sind durch Größe und Richtungswinkel gegeben. Zusätzlich genügt die Angabe je eines Punktes auf ihren Wirkungslinien. Berechnet werden die resultierende Kraft und die Lage der Wirkungslinie einschließlich ihrer Abschnitte auf den Koordinatenachsen.

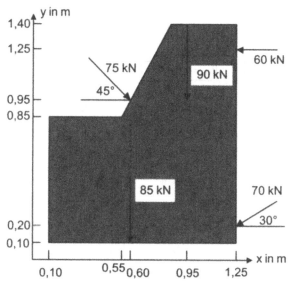

Für jede Kraft ermittelt man die Koordinaten eines auf der Wirkungslinie gewählten (ablesbaren) Punktes.

Die Richtungswinkel der Kraft sind in der mathematischen Orientierung anzugeben:

Eingabeteil aus KRÄFTESYSTEM.MCD (Daten problembezogen veränderbar!)

Allgemeines ebenes Kräftesystem

Beispiel : Kräfte an einem Mauerquerschnitt

Anzahl der Kräfte : $n := 5$ Nummer der Kraft : $i := 1 .. n$

Größe und Richtungswinkel der Kräfte :   Punkt auf der Wirkungslinie der Kräfte :

$F_i :=$	$\alpha_i :=$		$x_i :=$	$y_i :=$
$70 \cdot kN$	$210 \cdot °$		$1.25 \cdot m$	$0.20 \cdot m$
$60 \cdot kN$	$180 \cdot °$		$1.25 \cdot m$	$1.25 \cdot m$
$90 \cdot kN$	$270 \cdot °$		$0.95 \cdot m$	$1.40 \cdot m$
$75 \cdot kN$	$-45 \cdot °$		$0.60 \cdot m$	$0.95 \cdot m$
$85 \cdot kN$	$270 \cdot °$		$0.60 \cdot m$	$0.10 \cdot m$

Hinweis : Werte durch Komma getrennt eingeben.

Rechenteil aus KRÄFTESYSTEM.MCD *(fixer Formelapparat, datenabhängige Ergebnisse!)*

<u>Resultierende Kraft</u>:
$$\begin{pmatrix} R_x \\ R_y \end{pmatrix} := \sum_i \begin{pmatrix} F_i \cdot \cos(\alpha_i) \\ F_i \cdot \sin(\alpha_i) \end{pmatrix} \qquad \begin{pmatrix} R_x \\ R_y \end{pmatrix} = \begin{pmatrix} -67.59 \\ -263.03 \end{pmatrix} kN$$

<u>Größe und Richtungswinkel</u>:
$$R := \left\| \begin{pmatrix} R_x \\ R_y \end{pmatrix} \right\| \qquad \alpha_R := atan2(R_x, R_y)$$

$$\boxed{R = 271.58\ kN} \qquad \boxed{\alpha_R = -104.41\ °}$$

<u>Resultierendes Moment</u>:
$$M := \sum_i \left[\begin{pmatrix} x_i \\ y_i \\ 0 \cdot m \end{pmatrix} \times \begin{pmatrix} F_i \cdot \cos(\alpha_i) \\ F_i \cdot \sin(\alpha_i) \\ 0 \cdot kN \end{pmatrix} \right] \qquad M = \begin{pmatrix} 0 \\ 0 \\ -175.33 \end{pmatrix} kN \cdot m$$

$$M := \underline{M}_3 \qquad M = -175.33\ kN \cdot m$$

<u>Punkt auf der resultierenden Wirkungslinie</u>: $\quad P(x_R, y_R) \quad M = x_R \cdot R_y - y_R \cdot R_x$

$$\boxed{y_R := 0.85 \cdot m} \qquad x_R := \frac{M + y_R \cdot R_x}{R_y} \qquad \boxed{x_R = 0.88\ m}$$

<u>Abschnitte der resultierenden Wirkungslinie auf den Koordinatenachsen</u>:

$$x_R = 0 \quad a_y := \frac{-M}{R_x} \quad \boxed{a_y = -2.59\ m} \qquad y_R = 0 \quad a_x := \frac{M}{R_y} \quad \boxed{a_x = 0.67\ m}$$

Grafik aus KRÄFTESYSTEM.MCD.

Der Formelapparat befindet sich im verborgenen Bereich.

Die Formate sind anpassbar.

(Vgl. auch Abschnitt **11**.)

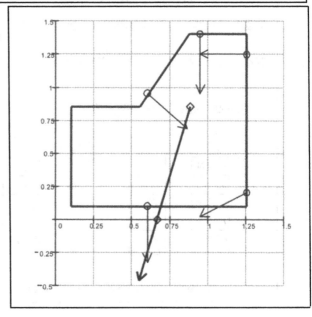

4.5 Transformationen in der Ebene

4.5.1 Bewegungen ebener Figuren

4.5.1.1 Ebene Figuren

Als „Figur" **F** in der Ebene bezeichnen wir einschränkend einen geschlossenen Polygonzug. Dieser ist durch die Angabe der Punkte und Kanten bestimmt. Die Kanten ergeben sich aus der Durchlaufungsfolge der Punkte. Sind die Punkte der Ebene durch ihre Ortsvektoren $\underline{P} = (x,y)^T$ gegeben, so bestimmt die zweizeilige Matrix **F** mit den Punkten als Spaltenvektoren eine Figur

$$\mathbf{F} = \begin{pmatrix} x_1 & x_2 & \cdots & x_n \\ y_1 & y_2 & \cdots & y_n \end{pmatrix}, \qquad \underline{P}_i = \mathbf{F}^{\langle i \rangle} = \begin{pmatrix} x_i \\ y_i \end{pmatrix},$$

wobei benachbarte Punkte durch eine Kante verbunden sind und gleiche Punkte mehrfach auftreten können.

Die Datei ABBILDUNG.MCD zeigt die mögliche Editierung einer ebenen Figur.

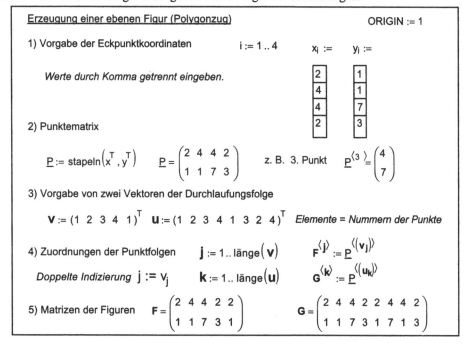

Der Figuren **F** und **G** haben gleiche Eckpunkten aber verschiedene Kanten.

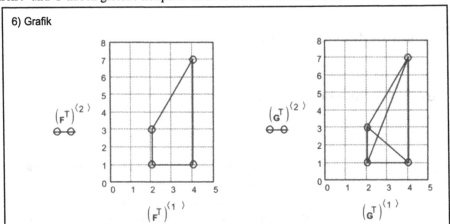

4.5.1.2 Lineare Transformationen in der Ebene, Bewegungen

Durch die Multiplikation mit einer zweireihigen regulären Matrix **M** wird jedem Punkt $\underline{P}$ der Ebene umkehrbar eindeutig ein Bildpunkt $\underline{P}'$ zugeordnet. Diese Zuordnung heißt lineare Transformation oder

$\qquad$ Abbildung $\quad \underline{P}' = \mathbf{M} \cdot \underline{P}$ mit der Umkehrabbildung $\underline{P} = \mathbf{M}^{-1} \cdot \underline{P}'$.

Jede durch einen Polygonzug erzeugte ebenen Figur **F** wird mittels **M** auf eine Bildfigur **B** abgebildet, die in der Regel dem Original nicht ähnlich oder gar kongruent ist.

Häufig interessieren jedoch in Anlehnung an die Bewegungen eines starrer Körper die ebenen Bewegungen oder Kongruenztransformationen. Diese setzen sich aus Parallelverschiebungen, Drehungen um einen Punkt und Spiegelungen an einer Geraden zusammen. Die Bildfigur **B** ist deckungsgleich mit dem Original **F**.

Es lässt sich zeigen, dass jede ebene Bewegung durch Hintereinanderausführung folgender spezieller Bewegungen entsteht.

(1) Verschiebung der Punkte mit dem Vektor $\underline{a}$

$\qquad \underline{P}' = \underline{P} + \underline{a}$,

(2) Drehung eines Ortsvektors um den Ursprung O mit dem Drehwinkel φ

$\qquad \underline{P}' = \mathbf{D}(\varphi) \cdot \underline{P} \qquad$ mit $\qquad \mathbf{D}(\varphi) = \begin{pmatrix} \cos(\varphi) & -\sin(\varphi) \\ \sin(\varphi) & \cos(\varphi) \end{pmatrix}$,

(3) Spiegelung an der y-Achse

$\qquad \underline{P}' = \mathbf{S} \cdot \underline{P} \qquad$ mit $\qquad \mathbf{S} = \begin{pmatrix} -1 & 0 \\ 0 & 1 \end{pmatrix}$.

Die Matrizen **D** und **S** haben spezielle Eigenschaften:

$$\mathbf{D}^T(\varphi) = \mathbf{D}^{-1}(\varphi) = \mathbf{D}(-\varphi) \ , \ |\mathbf{D}(\varphi)| = 1 \quad , \qquad \mathbf{S}^T = \mathbf{S}^{-1}, \ |\mathbf{S}| = -1.$$

Matrizen mit diesen Eigenschaften heißen <u>orthogonal</u>. Sie führen die zueinander senkrechten Einheitsvektoren wieder in zueinander senkrechte Einheitsvektoren über, wobei die Orientierung je nach Vorzeichen der Determinante erhalten bleibt oder umgekehrt wird.

Beispiele von Abbildungen zeigt die Datei ABBILDUNG.MCD.

Im ersten Beispiel ist die Abbildungsmatrix nicht orthogonal, die Abbildung keine Bewegung.

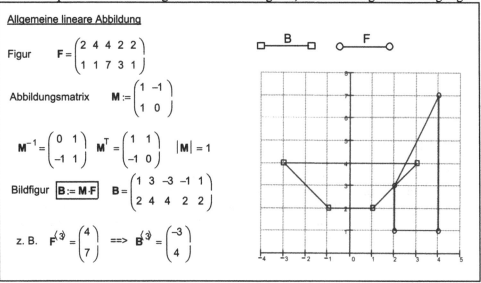

Im zweiten Beispiel wird die Figur **F** an der Seite $\underline{F}^{<2>} \ \underline{F}^{<3>}$ gespiegelt und anschließend im Punkt $\underline{F}^{<2>}$ um den Winkel $-35°$ gedreht. Dazu wird **F** so verschoben, dass $F^{<2>}$ in den Ursprung O fällt; dann wird an der y-Achse gespiegelt, um O gedreht und die Verschiebung rückgängig gemacht.

Spiegelung der Figur F an der Kante $F^{\langle 2\rangle} F^{\langle 3 \rangle}$ **und Drehung um den Punkt** $F^{\langle 2 \rangle}$

$$F = \begin{pmatrix} 2 & 4 & 4 & 2 & 2 \\ 1 & 1 & 7 & 3 & 1 \end{pmatrix} \qquad D(\phi) := \begin{pmatrix} \cos(\phi) & -\sin(\phi) \\ \sin(\phi) & \cos(\phi) \end{pmatrix} \qquad S := \begin{pmatrix} -1 & 0 \\ 0 & 1 \end{pmatrix} \qquad °:= \text{Grad}$$

$$j := 1..5 \qquad Fv^{\langle j\rangle} := F^{\langle j\rangle} - F^{\langle 2\rangle} \qquad Fs := S \cdot Fv \qquad Fd := D(-35°) \cdot Fs \qquad B^{\langle j\rangle} := Fd^{\langle j\rangle} + F^{\langle 2\rangle}$$

| Verschieben | Spiegeln | Drehen | Verschieben |

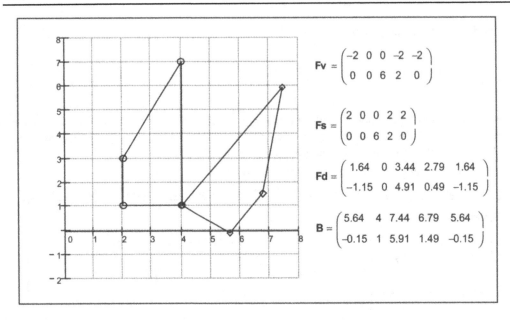

$$\mathbf{Fv} = \begin{pmatrix} -2 & 0 & 0 & -2 & -2 \\ 0 & 0 & 6 & 2 & 0 \end{pmatrix}$$

$$\mathbf{Fs} = \begin{pmatrix} 2 & 0 & 0 & 2 & 2 \\ 0 & 0 & 6 & 2 & 0 \end{pmatrix}$$

$$\mathbf{Fd} = \begin{pmatrix} 1.64 & 0 & 3.44 & 2.79 & 1.64 \\ -1.15 & 0 & 4.91 & 0.49 & -1.15 \end{pmatrix}$$

$$\mathbf{B} = \begin{pmatrix} 5.64 & 4 & 7.44 & 6.79 & 5.64 \\ -0.15 & 1 & 5.91 & 1.49 & -0.15 \end{pmatrix}$$

4.5.1.3 Homogene Koordinaten

Im Gegensatz zu den Drehungen und Spiegelungen als Matrizenmultiplikationen erfolgt die Parallelverschiebung durch Addition eines Vektors. Mit dem Übergang zu dreidimensionalen Spaltenvektoren kann auch die ebene Verschiebung durch Multiplikation mit einer Transformationsmatrix beschrieben werden. Man verwendet zur Beschreibung ebener Punkte und Vektoren die Ortsvektoren **p** und Verschiebungsvektoren **a**

$$\mathbf{p} = \begin{pmatrix} x \\ y \\ 1 \end{pmatrix}, \qquad \mathbf{a} = \mathbf{p2} - \mathbf{p1} = \begin{pmatrix} x_2 - x_1 \\ y_2 - y_1 \\ 1 - 1 \end{pmatrix} = \begin{pmatrix} a_1 \\ a_2 \\ 0 \end{pmatrix}.$$

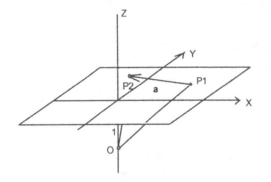

Die Ortsvektoren **p** haben als dritte Koordinate die 1, Verschiebungsvektoren **a** die 0.

Diese Festlegungen sind aus der linken Grafik geometrisch leicht verständlich, wenn man als Bezugspunkt für die Ortsvektoren den Punkt O(0, 0, -1) auf der z-Achse gewählt hat.

Der Begriff „ homogene Koordinaten" stammt aus der projektiven Geometrie, in der **a** einen unendlich fernen Punkte der Ebene festlegt.

Die speziellen Bewegungen aus **4.5.1.2** werden durch folgende Matrizen erzeugt:

$$(1)\ \ \mathbf{A}=\begin{pmatrix} 1 & 0 & a_x \\ 0 & 1 & a_y \\ 0 & 0 & 1 \end{pmatrix}, \quad (2)\ \ \mathbf{D}(\varphi)=\begin{pmatrix} \cos(\varphi) & -\sin(\varphi) & 0 \\ \sin(\varphi) & \cos(\varphi) & 0 \\ 0 & 0 & 1 \end{pmatrix}, \quad (3)\ \ \mathbf{S}=\begin{pmatrix} -1 & 0 & 0 \\ 0 & 1 & 0 \\ 0 & 0 & 1 \end{pmatrix}.$$

Das zweite Beispiel der Datei ABBILDUNG.MCD wird in homogenen Koordinaten wie folgt gelöst.

Bewegung in homogene Koordinaten

Figur $\quad \mathbf{F}:=\begin{pmatrix} 2 & 4 & 4 & 2 & 2 \\ 1 & 1 & 7 & 3 & 1 \\ 1 & 1 & 1 & 1 & 1 \end{pmatrix}$

$\mathbf{A}:=\begin{pmatrix} 1 & 0 & -4 \\ 0 & 1 & -1 \\ 0 & 0 & 1 \end{pmatrix} \quad \mathbf{D}(\phi):=\begin{pmatrix} \cos(\phi) & -\sin(\phi) & 0 \\ \sin(\phi) & \cos(\phi) & 0 \\ 0 & 0 & 1 \end{pmatrix} \quad \mathbf{S}:=\begin{pmatrix} -1 & 0 & 0 \\ 0 & 1 & 0 \\ 0 & 0 & 1 \end{pmatrix} \quad \mathbf{A}^{-1}=\begin{pmatrix} 1 & 0 & 4 \\ 0 & 1 & 1 \\ 0 & 0 & 1 \end{pmatrix}$

Abbildungsmatrix

$\mathbf{M}:=\mathbf{A}^{-1}\cdot\mathbf{D}(-35°)\cdot\mathbf{S}\cdot\mathbf{A} \qquad \mathbf{M}=\begin{pmatrix} -0.82 & 0.57 & 6.7 \\ 0.57 & 0.82 & -2.11 \\ 0 & 0 & 1 \end{pmatrix} \qquad |\mathbf{M}|=-1$

Bildfigur $\quad \mathbf{D}:=\mathbf{M}\cdot\mathbf{F}$

$$\mathbf{D}=\begin{pmatrix} 5.64 & 4 & 7.44 & 6.79 & 5.64 \\ -0.15 & 1 & 5.91 & 1.49 & -0.15 \\ 1 & 1 & 1 & 1 & 1 \end{pmatrix}$$

Diese kurzen Ausführungen über ebene Transformationen weisen auf die große Bedeutung der Vektor- und Matrizenrechnung für die Computergrafik und die CAD-Programme hin.

4.5.2 Koordinatentransformationen

Im Abschnitt **4.3.3** wurden die nichtkartesischen Koordinatensystem der Polar- und Kugelkoordinaten und ihre Transformation in kartesische Koordinaten dargestellt. Hier stellen wir die Transformation kartesischer in kartesische Koordinaten vor. Dazu ist es nur notwendig, die Betrachtungsweise für Bewegungen umzukehren. Wurde bisher die Figur bewegt und ihre neue Lage im gleichen Koordinatensystem beschrieben, so halten wir jetzt die Figur fest und transformieren das x-y-Koordinatensystem in ein neues kartesisches u-v-Koordinatensystem. Die Figur wird dann durch die neuen Koordinaten beschrieben. Damit das neue System wiederum „orthonormal" ist, also orthogonalen Basisvektoren in orthogonale Basisvektoren transformiert werden, muss man sich auf die Bewegungen des Koordinatensystems beschränken.

Wichtig sind als orientierungserhaltenen Transformationen die Parallelverschiebungen (1) und die Drehungen um den Ursprung (2). Die Spiegelungen (3) werden in der Regel nicht verwendet.

Koordinatenverschiebung mit a

$$\begin{pmatrix} u \\ v \end{pmatrix} = \begin{pmatrix} x - a_x \\ y - a_y \end{pmatrix}, \quad \begin{pmatrix} x \\ y \end{pmatrix} = \begin{pmatrix} u + a_x \\ v + a_y \end{pmatrix}$$

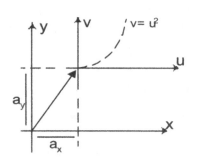

Beispiel 1: Parabelgleichung

im u-v-System $v = u^2$

im x-y-System $y - a_y = (x - a_x)^2$

Koordinatendrehung mit φ (um x-y-Ursprung)

$$\begin{pmatrix} u \\ v \end{pmatrix} = \begin{pmatrix} \cos(\varphi) & \sin(\varphi) \\ -\sin(\varphi) & \cos(\varphi) \end{pmatrix} \cdot \begin{pmatrix} x \\ y \end{pmatrix}$$

$$\begin{pmatrix} x \\ y \end{pmatrix} = \begin{pmatrix} \cos(\varphi) & -\sin(\varphi) \\ \sin(\varphi) & \cos(\varphi) \end{pmatrix} \cdot \begin{pmatrix} u \\ v \end{pmatrix}$$

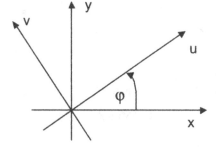

Beispiel 2: Hyperbelgleichung , $\varphi = 45°$

im x-y-System $y = \dfrac{1}{x}$ bzw. $y \cdot x = 1$

im u-v-System $\dfrac{u^2}{2} - \dfrac{v^2}{2} = 1$

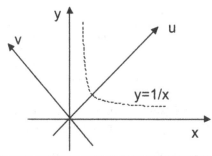

Vgl. den Mathcadauszug:

Koordinatentransformation   Drehung um $\phi := \dfrac{\pi}{4}$ Hyperbel $x \cdot y = 1$

$$(x \; y) = \left[\begin{pmatrix} \cos(\phi) & -\sin(\phi) \\ \sin(\phi) & \cos(\phi) \end{pmatrix} \begin{pmatrix} u \\ v \end{pmatrix} \right]^T \rightarrow \left(\frac{1}{2}\sqrt{2}\cdot u - \frac{1}{2}\sqrt{2}\cdot v \quad \frac{1}{2}\sqrt{2}\cdot u + \frac{1}{2}\sqrt{2}\cdot v \right)$$

$$\left(\frac{1}{2}\sqrt{2}\cdot u - \frac{1}{2}\sqrt{2}\cdot v \right) \cdot \left(\frac{1}{2}\sqrt{2}\cdot u + \frac{1}{2}\sqrt{2}\cdot v \right) = 1 \text{ sammeln , } u \rightarrow \frac{1}{2}\cdot u^2 - \frac{1}{2}\cdot v^2 = 1$$

4.5.3 Hauptachsentransformation

Die Hauptachsentransformation erläutern wir am Beispiel der Drehung einer Ellipse.

Die Gleichung der Ellipse in Mittelpunktslage

$$\frac{x^2}{a^2}+\frac{y^2}{b^2}=1 \quad \text{bzw. } \lambda_1 \cdot x^2 + \lambda_2 \cdot y^2 = 1$$

mit $\lambda_1 = \dfrac{1}{a^2}$, $\lambda_2 = \dfrac{1}{b^2}$ und $\underline{P}=\begin{pmatrix} x \\ y \end{pmatrix}$.

lautet in Matrizenschreibweise

$$\boxed{(x \quad y)\cdot\begin{pmatrix} \lambda_1 & 0 \\ 0 & \lambda_2 \end{pmatrix}\cdot\begin{pmatrix} x \\ y \end{pmatrix}=1} \quad (*) .$$

Wird die Ellipse um den Winkel φ gedreht, so bestehen zwischen den Koordinaten der alten und neuen Punkte die Beziehungen

$$\underline{P}^{\,!}=\begin{pmatrix} x' \\ y' \end{pmatrix}=\mathbf{D}(\varphi)\cdot\begin{pmatrix} x \\ y \end{pmatrix}, \quad \begin{pmatrix} x \\ y \end{pmatrix}=\mathbf{D}^{\mathrm{T}}\cdot\begin{pmatrix} x' \\ y' \end{pmatrix}.$$

Die Gleichung der gedrehten Ellipse ist

$$(x' \quad y')\cdot\mathbf{D}\cdot\begin{pmatrix} \lambda_1 & 0 \\ 0 & \lambda_2 \end{pmatrix}\cdot\mathbf{D}^{\mathrm{T}}\cdot\begin{pmatrix} x' \\ y' \end{pmatrix}=1 \quad \text{bzw.}$$

$$\boxed{(x' \quad y')\cdot\mathbf{A}\cdot\begin{pmatrix} x' \\ y' \end{pmatrix}=1} \quad (**) .$$

Schließlich ersetzt man x´,y´ durch x, y, weil die Gleichung sich auf das x-y-System bezieht.

Beispiel (Vgl. Datei HAUPTACHSEN.MCD am Ende des Abschnitts)

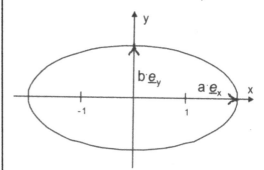

$$\frac{x^2}{4}+\frac{y^2}{1}=1 \quad (x \quad y)\cdot\begin{pmatrix} 1/4 & 0 \\ 0 & 1 \end{pmatrix}\cdot\begin{pmatrix} x \\ y \end{pmatrix}=1$$

$\varphi = 30°$

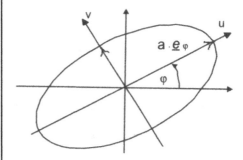

$$(x \quad y)\cdot\mathbf{A}\cdot\begin{pmatrix} x \\ y \end{pmatrix}=1 , \quad \mathbf{A}=\frac{1}{16}\cdot\begin{pmatrix} 7 & -3\cdot\sqrt{3} \\ -3\cdot\sqrt{3} & 13 \end{pmatrix}$$

$$7\cdot x^2 -3\cdot\sqrt{3}\cdot x\cdot y+13\cdot y^2 =16$$

Wird nun eine in gedrehter Lage befindliche Ellipse durch die Gleichung (**) gegeben, wobei in der Regel die gestrichenen Koordinaten wieder mit x,y bezeichnet werden, dann sind die Längen der Halbachsen und ihre Richtungen nicht ablesbar. Sie können aber aus der „Formmatrix" $\mathbf{A}$ wie nachfolgend gezeigt wird ermittelt werden. Siehe Grafiken auf der vorhergehenden Seite.

Der Vektor der großen Halbachse $a \cdot \underline{e}_x$ geht in den Bildvektor $\begin{pmatrix} x' \\ y' \end{pmatrix} = a \cdot \underline{e}_\varphi = a \cdot \begin{pmatrix} cos(\varphi) \\ sin(\varphi) \end{pmatrix}$

über, so dass aus (**) folgt

$$a^2 \cdot \underline{e}_\varphi^T \cdot \mathbf{A} \cdot \underline{e}_\varphi = 1 \quad \text{bzw.} \quad \underline{e}_\varphi^T \cdot \mathbf{A} \cdot \underline{e}_\varphi = \frac{1}{a^2} = \lambda_1$$

oder als Skalarprodukt geschrieben

$$0 = \underline{e}_\varphi^T \cdot \mathbf{A} \cdot \underline{e}_\varphi - \lambda_1 = \underline{e}_\varphi^T \cdot \mathbf{A} \cdot \underline{e}_\varphi - \underline{e}_\varphi^T \cdot \lambda_1 \cdot \underline{e}_\varphi = \underline{e}_\varphi^T \cdot \left(\mathbf{A} \cdot \underline{e}_\varphi - \lambda_1 \cdot \underline{e}_\varphi \right),$$

d. h. $\mathbf{A} \cdot \underline{e}_\varphi - \lambda_1 \cdot \underline{e}_\varphi = \left(\mathbf{A} - \lambda_1 \cdot \mathbf{E} \right) \cdot \underline{e}_\varphi = \underline{0}$.

Analoge Betrachtungen für die Achse $b \cdot \underline{e}_y$ liefern die Gleichung $\left(\mathbf{A} - \lambda_2 \cdot \mathbf{E} \right) \cdot \underline{e}_{\varphi+90°} = \underline{0}$.

Wir halten fest:

a) Die <u>Eigenwerte</u> der Formmatrix $\mathbf{A}$ sind die Koeffizienten $\lambda_1 = \dfrac{1}{a^2}$, $\lambda_2 = \dfrac{1}{b^2}$.

b) Die zugehörigen Eigenvektoren weisen in Richtung der Hauptachsen.

   Aus ihren Richtungskosinus ergibt sich der Drehwinkel φ.

Eine Koordinatendrehung um φ überführt das x-y-System in ein u-v-System derart, dass die Hauptachsen in Richtung der u-v-Achsen weisen. Die Formmatrix $\mathbf{A}$ wird in eine Diagonal-matrix $\mathbf{H}$ transformiert, deren Diagonalelemente die Eigenwerte von $\mathbf{A}$ sind.

Bei der Drehung von Ellipsen ist übrigens $\mathbf{A}$ stets symmetrisch und die Eigenwerte sind positiv.

Allgemein nennt man die Transformation einer Matrix $\mathbf{A}$ in eine Diagonalmatrix $\mathbf{H}$ mittels orthogonaler Matrizen $\mathbf{D}$ <u>Hauptachsentransformation</u>. Die λ_i sind Eigenwerte von $\mathbf{A}$. Die Matrizen $\mathbf{A}$ und $\mathbf{H}$ heißen „ähnlich".

$$\mathbf{H} = \mathbf{D}^T \cdot \mathbf{A} \cdot \mathbf{D} = \begin{pmatrix} \lambda_1 & \cdots & 0 \\ \vdots & \ddots & \vdots \\ 0 & \cdots & \lambda_n \end{pmatrix}.$$

Abschließend das Beispiel aus der Datei HAUPTACHSEN.MCD.

Hauptachsentransformation

Beispiel Ellipse $a := 2$ $b := 1$ $\lambda 1 := \dfrac{1}{a^2}$ $\lambda 1 = 0.25$ $\lambda 2 := \dfrac{1}{b^2}$ $\lambda 2 = 1$

1) Mittelpunktslage

$$\underline{P} = \begin{pmatrix} x \\ y \end{pmatrix} \qquad \text{Ellipse } (x,y) := (x \ \ y) \cdot \begin{pmatrix} \lambda 1 & 0 \\ 0 & \lambda 2 \end{pmatrix} \cdot \begin{pmatrix} x \\ y \end{pmatrix} = 1 \rightarrow \frac{1}{4} \cdot x^2 + y^2 = 1$$

==========

2) Drehung $\phi := \dfrac{\pi}{6}$ $\phi = 30°$ $D(\phi) := \begin{pmatrix} \cos(\phi) & -\sin(\phi) \\ \sin(\phi) & \cos(\phi) \end{pmatrix}$ $\boxed{A := D(\phi) \cdot \begin{pmatrix} \lambda 1 & 0 \\ 0 & \lambda 2 \end{pmatrix} \cdot D(\phi)^T}$.

$$A \rightarrow \begin{pmatrix} \dfrac{7}{16} & \dfrac{-3}{16}\sqrt{3} \\ \dfrac{-3}{16}\sqrt{3} & \dfrac{13}{16} \end{pmatrix} = \begin{pmatrix} 0.4375 & -0.3248 \\ -0.3248 & 0.8125 \end{pmatrix}$$

$\underline{P}_{neu} = \begin{pmatrix} x \\ y \end{pmatrix} \qquad$ *Bezeichnung der Koordinaten beibehalten.*

Ellipse $_{neu}(x,y) := (x \ \ y) \cdot A \cdot \begin{pmatrix} x \\ y \end{pmatrix} = 1$ sammeln , $x \rightarrow \dfrac{7}{16} \cdot x^2 - \dfrac{3}{8} \cdot y\sqrt{3} \cdot x + \dfrac{13}{16} \cdot y^2 = 1$

=========================

3) Eigenwerte, Eigenvektoren, Hauptachsenrichtung

$\lambda := $ eigenwerte (A) $\underline{e1} := $ eigenvek (A, λ_1)

$\lambda = \begin{pmatrix} 0.25 \\ 1 \end{pmatrix}$ $\underline{e1} = \begin{pmatrix} \cos(\phi) \\ \sin(\phi) \end{pmatrix}$ $\underline{e1} = \begin{pmatrix} 0.866 \\ 0.5 \end{pmatrix}$ $\varphi := $ acos$(\underline{e1}_1)$

$\varphi = 30°$

4) Transformation auf Hauptachsen (A gegeben!) $\boxed{H := D(\phi)^T \cdot A \cdot D(\phi) \rightarrow \begin{pmatrix} \dfrac{1}{4} & 0 \\ 0 & 1 \end{pmatrix}}$

$H \rightarrow \begin{pmatrix} \dfrac{1}{4} & 0 \\ 0 & 1 \end{pmatrix}$ $P_{trans} = \begin{pmatrix} u \\ v \end{pmatrix}$ Ellipse $(u,v) := (u \ \ v) \cdot H \cdot \begin{pmatrix} u \\ v \end{pmatrix} = 1 \rightarrow \dfrac{1}{4} \cdot u^2 + v^2 = 1$

==========

4.6 Flächenmomente; Polygonflächen

4.6.1 Flächenmomente

Die Kenntnisse über die Kennwerte von Querschnitten (Flächeninhalt, Statische Momente, Schwerpunkt, Trägheitsmomente, usw.) sind in der Statik und Festigkeitslehre von grundlegender Bedeutung. So werden für die Gleichungen zur Spannungsermittlung bei Biegung, Schub oder Torsion verschiedene Flächenmomente benötigt. In den einfachen Fällen treten Flächen auf, die in Flächenstücke zerlegbar sind, deren Formeln für die Kennwerte aus Tabellenwerken wie SCHNEIDER[F5] oder WENDEHORST [F6] entnommen werden können, so dass auf der Grundlage der Additivität der Momente und unter Nutzung von Verschiebungssätzen die Kennwerte der Gesamtfläche bestimmbar sind. Zur Ermittlung dieser Formeln und für kompliziertere, u. a. krummlinig begrenzte Flächen muss aber die Integralrechnung bemüht werden. Damit fällt die Behandlung von Flächenkennwerten als Beispiele der bestimmten Integration in das Kapitel 7. Sind die Flächen von Polygonen begrenzt, deren Eckpunktkoordinaten bekannt sind, ist der erstgenannte Weg der Flächenzerlegung sehr aufwendig und der zweite Weg der Integration nicht sinnvoll. Für diesen Fall sind Formeln entwickelt worden, die z. B. mit Mathcad schnell und wirkungsvoll die Ergebnisse liefern. Darauf wird im Abschnitt **4.6.3** eingegangen.

An dieser Stelle erinnern wir an wichtige Eigenschaften der Momente. Wie beim Kraft- oder Drehmoment sind die Flächenmomente das Produkt aus Größe (hier Fläche) und Abstand von einem Bezugsort (Punkt oder Gerade). Je nach dem, ob der Abstand in erster oder zweiter Potenz in der Formel auftritt, erhält man Momente ersten oder zweiten Grades.

1) Das <u>statische Moment</u> S_ℓ einer Fläche mit dem Inhalt A bzgl. einer Achse ℓ kann auf Grund der Ausdehnung der Fläche nur durch ein Integral definiert werden. Durch Zerlegung in Flächenelemente erhält man $dS_\ell = r \cdot dA$ und mittels Integration über A

$$S_\ell = \int\limits_A r\, dA\,.$$

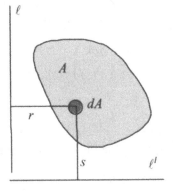

2) Das <u>Flächenträgheitsmoment</u> I_ℓ und das <u>Zentrifugalmoment</u> $I_{\ell\ell'}$ (bezogen auf die orthogonalen Achsen $\ell,\ \ell'$) folgen aus $dI_\ell = r^2 \cdot dA$ und $dI_{\ell\ell'} = r \cdot s \cdot dA$:

$$I_\ell = \int\limits_A r^2\, dA \quad,\quad I_{\ell\ell'} = \int\limits_A r \cdot s\, dA\,.$$

Einheiten sind 1) cm^3, 2) cm^4.

Geht die Bezugsachse ℓ durch die Fläche, so erzeugen die links und rechts von ℓ liegenden Teile der Fläche entgegengesetzte statische Momente, was durch die vorzeichenbehaftete Abstände r dokumentiert wird. Heben sich die Momente gegenseitig auf, so ist die Fläche bezüglich ℓ im „Gleichgewicht". Die zugehörige Bezugsachse heißt Gleichgewichts- oder <u>Schwerpunktachse</u> ℓ_S. Es gilt also $S_{\ell s} = 0$.

Alle Schwerpunktachsen gehen durch einen gemeinsamen Punkt, den Flächen-<u>Schwerpunkt</u> S. Da zu den Gleichgewichtsachsen auch alle Symmetrieachsen der Fläche gehören, ist S häufig leicht geometrisch zu ermitteln.

Für die Momente existieren wichtige <u>Verschiebungssätze</u>.

Wird die Schwerpunktachse um a aus dem Schwerpunkt parallel verschoben, so gilt für die Momente bzgl. der neuen Achse

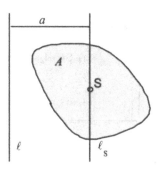

1) $\underline{\underline{S_\ell}} = \int_A r_s + a\, dA = \int_A r_s\, dA + \int_A a\, dA = S_{\ell s} + a \cdot A = \underline{\underline{a \cdot A}}$.

2) $\underline{\underline{I_\ell}} = \int_A (r_s + a)^2\, dA = \int_A r_s^2\, dA + 2 \cdot \int_A r_s \cdot a\, dA + \int_A a^2\, dA$

$\underline{\underline{I_\ell}} = I_{\ell s} + 2 \cdot a \cdot S_{\ell s} + a^2 \cdot A = \underline{\underline{I_{\ell s} + a^2 \cdot A}}$

Aus dem 1.Verschiebungssatz folgt, dass das Statische Moment das Produkt aus dem Flächeninhalt und dem Abstand des Schwerpunktes von der Bezugslinie ist. Für einfache Flächen sind der Flächeninhalt und die Schwerpunktslage bekannt, so dass die Berechnung des Moment keine Schwierigkeiten macht.

Der 2.Verschiebungssatz heißt „Satz von STEINER"[1]. Er ermöglicht die Berechnung des Flächenträgheitsmoments aus dem Moment der parallelen Schwerpunktachse durch Addition des sogenannten „Steineranteils" $a^2 \cdot A$. Dieser Anteil ist stets positiv. Das Flächenträgheitsmoment bzgl. der Schwerpunktachse ist also gegenüber den Momenten aller parallelen Achsen minimal.

Abschließend ein Beispiel, wie mit diesen Kenntnissen und Formeln für einfache Flächen (aus den Tabellenwerken) unter Verwendung von Mathcad die Formel für das Flächenträgheitsmoment der abgebildeten Trapezfläche ermittelt wird.

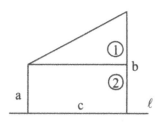

Abstände der Schwerpunkte S_i $a_1 = a + \dfrac{1}{3} \cdot (b - a)$, $a_2 = \dfrac{1}{2} \cdot a$

Teilmomente bzgl. S_i $I_{\ell 1} = \dfrac{1}{36} \cdot c \cdot (b - a)^3$, $I_{\ell 2} = \dfrac{1}{12} \cdot c \cdot a^3$

$I_\ell = \dfrac{1}{12} \cdot \left(a^3 + a^2 \cdot b + a \cdot b^2 + b^3\right) \cdot c = \dfrac{1}{6} \cdot \left(a^2 + b^2\right) \cdot A_{Trapez}$

---

[1] J. STEINER (1796 – 1863)

Hier folgt die kurze Mathcadrechnung

Flächenträgheitsmoment des Trapezes

1) Formeln aus dem Tabellenwerk für Schwerpunktachsen

$$I_1 := \frac{1}{36} \cdot c \cdot (b-a)^3 \qquad\qquad I_2 := \frac{1}{12} \cdot c \cdot a^3$$

2) Steineranteile $\qquad S_1 := \left[a + \frac{(b-a)}{3}\right]^2 \cdot \frac{(b-a)}{2} \cdot c \qquad S_2 := \frac{1}{4} \cdot a^2 \cdot a \cdot c$

3) Moment bzgl. ℓ

$$I_1 + S_1 + I_2 + S_2 \text{ vereinfachen } \rightarrow \frac{1}{12} \cdot c \cdot b^3 + \frac{1}{12} \cdot c \cdot b^2 \cdot a + \frac{1}{12} \cdot c \cdot b \cdot a^2 + \frac{1}{12} \cdot c \cdot a^3$$

$$I_1 + S_1 + I_2 + S_2 \text{ faktor } \rightarrow \frac{1}{12} \cdot c \cdot (b+a) \cdot \left(b^2 + a^2\right)$$

4.6.2 Hauptträgheitsmomente als Eigenwerte

Eine interessante Anwendung der Hauptachsentransformation ist die Ermittlung der Hauptträgheitsmomente und der Hauptzentralachsen einer Fläche. Legt man ein kartesisches Koordinatensystem in den Schwerpunkt der Fläche und bezeichnet die Flächenträgheitsmomenten und das Zentrifugalmoment bzgl. der kartesischen Koordinatenachsen mit

$$I_x = \int_A x^2 dA \ , \quad I_y = \int_A y^2 dA \ , \quad I_{xy} = \int_A xy\, dA \ ,$$

dann überführt eine Koordinatendrehung um den Winkel φ das x,y-System in ein u,v-System mit den neuen Momenten

$$I_u = \int_A u^2 dA \ , \quad I_v = \int_A v^2 dA \ , \quad I_{uv} = \int_A uv\, dA \ .$$

Fasst man die Flächenträgheitsmomente zu Matrizen zusammen

$$\mathbf{M}_{xy} = \begin{pmatrix} I_x & -I_{xy} \\ -I_{xy} & I_y \end{pmatrix}, \quad \mathbf{M}_{uv} = \begin{pmatrix} I_u & -I_{uv} \\ -I_{uv} & I_v \end{pmatrix},$$

so wird die Transformation in die neuen Momente analog Abschnitt **4.5.3** durchgeführt:

$$\mathbf{M}_{uv} = \mathbf{D}(\varphi)^T \cdot \mathbf{M}_{xy} \cdot \mathbf{D}(\varphi) .$$

Aus allen u,v-Achsen werden die Hauptzentralachsen ($\xi \ \eta$) durch Hauptachsentransformation gewonnen. Die zugehörigen Hauptträgheitsmomente I_ξ, I_η sind die Eigenwerte von $\mathbf{M}_{xy}$.

Die Richtungen der Hauptzentralachsen ergeben sich aus den zugehörigen Eigenvektoren. Aus der Matrix

$$\mathbf{M}_{\xi\eta} = \begin{pmatrix} I_\xi & -I_{\xi\eta} \\ -I_{\xi\eta} & I_\eta \end{pmatrix} = \begin{pmatrix} \lambda_1 & 0 \\ 0 & \lambda_2 \end{pmatrix}$$

liest man ab, dass das Zentrifugalmoment bzgl. der Hauptzentralachsen gleich Null ist.

Mit den hier dargelegten Transformationen können mittels Mathcad (bis auf einige leichte Umformungen) die üblicherweise in der Statik verwendeten Formeln verifiziert werden.

<u>Formeln zur Ermittlung der Hauptträgheitsmomente</u>   (*Ergebnisse berechnet und Rechnung z.T. deaktiviert* ■ *)*

$$\mathbf{M_{xy}} := \begin{pmatrix} I_x & -I_{xy} \\ -I_{xy} & I_y \end{pmatrix} \qquad D(\phi) := \begin{pmatrix} \cos(\phi) & -\sin(\phi) \\ \sin(\phi) & \cos(\phi) \end{pmatrix}$$

a) <u>Drehung um</u> ϕ

$$\mathbf{M}(\phi) = \begin{pmatrix} I_u & -I_{uv} \\ -I_{uv} & I_v \end{pmatrix} \qquad \mathbf{M}(\phi) := D(\phi)^T \cdot \mathbf{M_{xy}} \cdot D(\phi) \quad \left| \begin{array}{l} \text{sammeln}, I_{xy} \quad \blacksquare \\ \quad\quad\quad\quad \rightarrow \\ \text{faktor} \end{array} \right.$$

‖ $I_u(\phi) := \mathbf{M}(\phi)_{1,1} \rightarrow -2 \cdot \cos(\phi) \cdot \sin(\phi) \cdot I_{xy} + \cos(\phi)^2 \cdot I_x + \sin(\phi)^2 \cdot I_y$ ■

‖ $I_v(\phi) := \mathbf{M}(\phi)_{2,2} \rightarrow 2 \cdot \cos(\phi) \cdot \sin(\phi) \cdot I_{xy} + \sin(\phi)^2 \cdot I_x + \cos(\phi)^2 \cdot I_y$ ■

‖ $I_{uv}(\phi) := -\mathbf{M}(\phi)_{1,2} \rightarrow -I_{xy} \cdot \sin(\phi)^2 + I_{xy} \cdot \cos(\phi)^2 + \cos(\phi) \cdot I_x \cdot \sin(\phi) - \sin(\phi) \cdot I_y \cdot \cos(\phi)$ ■

Weitere Vereinfachungen möglich mit $\cos(2 \cdot \phi)$ entwickeln $\rightarrow 2 \cdot \cos(\phi)^2 - 1$

$\sin(2 \cdot \phi)$ entwickeln $\rightarrow 2 \cdot \sin(\phi) \cdot \cos(\phi)$

b) <u>Hauptträgheitsmomente</u>

$$I(\phi_m) = \begin{pmatrix} I_{max} \\ I_{min} \end{pmatrix} \qquad I(\phi_m) := \text{eigenwerte}(\mathbf{M_{xy}}) \rightarrow \quad \blacksquare$$

‖
‖ $I_{max}(\phi_m) := I(\phi_m)_1 \rightarrow \frac{1}{2} \cdot I_x + \frac{1}{2} \cdot I_y + \frac{1}{2} \cdot \left(I_x^2 - 2 \cdot I_x \cdot I_y + I_y^2 + 4 \cdot I_{xy}^2 \right)^{\left(\frac{1}{2}\right)}$ ■
‖
‖
‖ $I_{min}(\phi_m) := I(\phi_m)_2 \rightarrow \frac{1}{2} \cdot I_x + \frac{1}{2} \cdot I_y - \frac{1}{2} \cdot \left(I_x^2 - 2 \cdot I_x \cdot I_y + I_y^2 + 4 \cdot I_{xy}^2 \right)^{\left(\frac{1}{2}\right)}$ ■

Diese Formeln werden aber im folgenden Arbeitsblatt HAUPTTRÄGHEITSMOMENTE.MCD nicht verwendet, sondern die Aufgabe wird als ein Eigenwertproblem gelöst. Die Formeln zu den Momenten für achsenparallele Schwerpunktachsen sind bautechnischen Tafeln entnommen.

Die Ermittlung der Hauptträgheitsmomente und Hauptzentralachsen einer Fläche
als Eigenwertproblem

Beispiel : Rechtwinkliges achsenparalleles Dreieck, Schwerpunkt im Ursprung

$$a := 6 \cdot cm \qquad\qquad b := 3 \cdot cm$$

$$I_x := \frac{1}{36} \cdot a \cdot b^3 \qquad I_x = 4.5\,cm^4 \qquad I_y := \frac{1}{36} \cdot a^3 \cdot b \qquad I_y = 18\,cm^4$$

$$I_{xy} := \frac{-1}{72} \cdot a^2 \cdot b^2 \qquad I_{xy} = -4.5\,cm^4 \qquad \text{Beachte Orientierung der Achsen .}$$

Matrix der Momente
bzgl. x,y

$$M_{xy} := \begin{pmatrix} I_x & -I_{xy} \\ -I_{xy} & I_y \end{pmatrix} \qquad\qquad M_{xy} = \begin{pmatrix} 4.5 & 4.5 \\ 4.5 & 18 \end{pmatrix} cm^4$$

Vektor der Haupt-
trägheitsmomente

$$\begin{pmatrix} I_\xi \\ I_\eta \end{pmatrix} := \text{eigenwerte}\left(M_{xy}\right) \qquad\qquad \begin{pmatrix} I_\xi \\ I_\eta \end{pmatrix} = \begin{pmatrix} 3.14 \\ 19.36 \end{pmatrix} cm^4$$

================

Eigenvektor zu

$$I_\xi = I_{min}$$

$$e := \text{eigenvek}\left(M_{xy}, I_\xi\right) \qquad\qquad e = \begin{pmatrix} -0.96 \\ 0.29 \end{pmatrix}$$

Richtungswinkel
der ξ,η-Achsen

$$\phi_\xi := acos\left(e_1\right) \qquad\qquad \phi_\xi = 163.15 \text{ Grad}$$

==============

Grafik

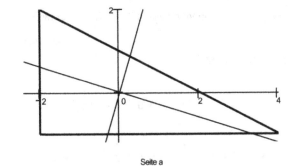

Drehmatrix

$$D := \begin{pmatrix} cos\left(\phi_\xi\right) & -sin\left(\phi_\xi\right) \\ sin\left(\phi_\xi\right) & cos\left(\phi_\xi\right) \end{pmatrix}$$

Transformation auf
Hauptträgheitsm.

$$M_{\xi\eta} := D^T \cdot M_{xy} \cdot D \qquad M_{\xi\eta} = \begin{pmatrix} 3.14 & 0 \\ 0 & 19.36 \end{pmatrix} cm^4 \quad \text{mit } I_{\xi\eta} = 0$$

4.6.3 Polygonal begrenzte Flächen

Für eine von einem geschlossenen Polygonzug begrenzte Fläche, kurz „Polygonfläche" genannt, lassen sich aus den Eckpunktkoordinaten die Flächenkennwerte ermitteln. Wir legen die Polygonfläche in den 1. Quadranten eines kartesischen Koordinatensystems. Das ist praktisch fast immer möglich und auch keine prinzipielle Einschränkung, denn aus den für diese Lage ermittelten Werten können durch die Verschiebung des Koordinatensystems in den Schwerpunkt der Fläche, anschließender Drehung und nochmaliger Verschiebung schrittweise die Koordinaten der Eckpunkte und Flächenkennwerte für beliebige Lagen der Fläche gewonnen werden. Die zugehörigen Transformationsformeln und Verschiebungssätze sind in den vorhergehenden Abschnitten behandelt worden. Der Flächeninhalt ist positiv, wenn die Fläche in mathematisch positiver Richtung umlaufen wird, d. h. die Fläche stets links vom Polygonzug liegt.

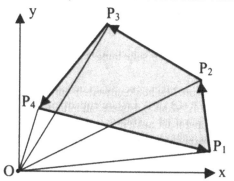 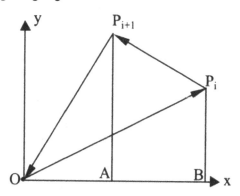

Die Polygonfläche wird vom Polygonzug $P_1 P_2 ... P_n P_{n+1}$ umschlossen, wobei $P_{n+1} = P_1$ ist. Sie setzt sich aus den Flächen der Dreiecke $OP_i P_{i+1}$ zusammen, wobei $OP_n P_{n+1}$ negativ umlaufen wird und damit genau den „Flächenüberschuss" aufhebt. Der Flächeninhalt und die Momente der Polygonfläche ergeben sich als Summe aus den Werten der n Dreieck $OP_i P_{i+1}$.

Die Kennwerte des Dreiecks $OP_i P_{i+1}$ sind leicht gefunden. Einige Beispiele mögen genügen:

1) Der Flächeninhalt folgt aus dem Flächensatz

$$A_i = \frac{1}{2} \cdot \begin{vmatrix} x_i & x_{i+1} \\ y_i & y_{i+1} \end{vmatrix} = \frac{1}{2}(x_i \cdot y_{i+1} - x_{i+1} \cdot y_i).$$

2) Der Schwerpunkt des Dreiecks hat die Koordinaten

$$x_S = \frac{1}{3} \cdot (x_0 + x_i + x_{i+1}) = \frac{1}{3} \cdot (x_i + x_{i+1}), \qquad y_S = \frac{1}{3} \cdot (y_i + y_{i+1}).$$

3) Das Statische Moment folgt aus dem 1.Verschiebungssatz

$$S_{xi} = y_S \cdot A_i = \frac{1}{3} \cdot (y_i + y_{i+1}) \cdot A_i = \frac{1}{6} \cdot (y_i + y_{i+1}) \cdot (x_i \cdot y_{i+1} - x_{i+1} \cdot y_i),$$

4) Das Flächenträgheitsmoment bzgl. der x-Achse ist die Summe aus den Momenten des

Dreiecks OAP_{i+1} und des Rechtecks $ABP_i P_{i+1}$ vermindert um das Moment des Dreiecks OBP_i.

Unter Verwendung der Trapezformel aus dem Abschnitt **4.6.1**, die auch auf Dreiecke anwendbar ist (Seite a = 0), folgt

$$I_{xi} = \frac{1}{12} \cdot y_{i+1}^3 \cdot x_{i+1} + \frac{1}{12} \cdot \left(y_{i+1}^3 + y_{i+1}^2 \cdot y_i + y_{i+1} \cdot y_i^2 + y_i^3 \right) \cdot (x_i - x_{i+1}) - \frac{1}{12} \cdot y_i^3 \cdot x_i$$

$$= \frac{1}{12} \cdot \left(y_i^2 + y_i \cdot y_{i+1} + y_{i+1}^2 \right) \cdot (x_i \cdot y_{i+1} - x_{i+1} \cdot y_i) = \frac{1}{6} \cdot \left(y_i^2 + y_i \cdot y_{i+1} + y_{i+1}^2 \right) \cdot A_i \ .$$

Durch Summation erhält man dann z. B.

$$A = \sum_{i=1}^{n} A_i \ , \quad S_x = \sum_{i=1}^{n} S_{xi} \ , \quad y_S = \frac{S_x}{A} \ , \quad I_x = \sum_{i=1}^{n} I_{xi} \ , \dots \ .$$

Eine Aufstellung aller Integral- und Summenformeln und der Verschiebungssätze enthält die TABELLE_KENNWERTE aus dem FORMELANHANG.

Zusammenfassende Darstellungen für die Berechnungen von Flächenkennwerten enthalten die Dateien FLÄCHENKENNWERTE.MCD und FLÄCHENKENNWERTE2.MCD. Erstere enthält ein Beispiel für eine einfach zusammenhängende Fläche; der Formelapparat ist ausführlich dargestellt. In der zweiten Datei wird eine komplizierter gestaltete Fläche berechnet; die Formeln sind rechts vom Druckbereich angeordnet, so dass nur die Ergebnisse sichtbar sind.

Fläche 1

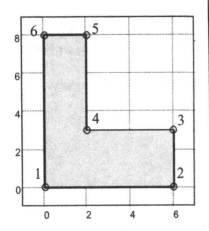

Fläche 2

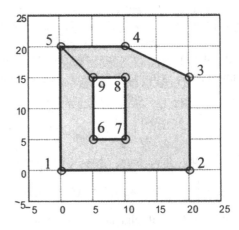

Der Polygonzug wird in der Reihenfolge der Nummerierung durchlaufen:

$$1 - 2 - 3 - 4 - 5 - 6 - 1$$

Mit einem doppelt zu durchlaufenen Schnitt wird ein geschlossener Polygonzug erzeugt. Die Fläche wird so durchlaufen, dass sie stets links vom Polygonzug liegt:

$$1 - 2 - 3 - 4 - 5 - 9 - 8 - 7 - 6 - 9 - 5 - 1$$

Flächenkennwerte polygonal begrenter Flächen

1. Vorgabe der Eckpunkte

Fläche1

max. Anzahl der Eckpunkte : $n_{max} = 20$ $\quad i := 1 .. n_{max}$

Polygonecken
Eingabetabellen.

$x_i :=$ $\quad y_i :=$

0		0
6		0
6		3
2		3
2		8
0		8

Hinweise:

Eingabewerte durch Komma trennen.
Die Korrektur
(Löschen, Einfügen, Ändern,Erweitern)
erfolgt durch Anklicken der
betreffenden Stelle und der
Verwendung von
Entf *bzw.* **Komma** *Wert.*

Eingaben mit i > n $_{max}$ werden ignoriert!

Anzahl der Eckpunkte,
$P_{n+1} = P_1$ hinzufügen

$n := zeilen(x) \qquad n = 6$

$x_{n+1} := x_1 \qquad y_{n+1} := y_1$

Matrix der Punkte

$P := stapeln\left(x^T, y^T\right) \qquad P = \begin{pmatrix} 0 & 6 & 6 & 2 & 2 & 0 & 0 \\ 0 & 0 & 3 & 3 & 8 & 8 & 0 \end{pmatrix}$

2.Flächenkennwerte

$i := 1 .. n \qquad \Delta A_i := \frac{1}{2} \cdot \left(x_i \cdot y_{i+1} - x_{i+1} \cdot y_i\right)$

Umfang des Polygons

$U := \sum_i \sqrt{\left(x_i - x_{i+1}\right)^2 + \left(y_i - y_{i+1}\right)^2} \qquad U = 28$

Flächeninhalt

$A := \sum_i \Delta A_i \qquad A = 28$

Statische Momente
bzgl. der Achsen

$S_x := \frac{1}{3} \cdot \sum_i \left(y_i + y_{i+1}\right) \cdot \Delta A_i \qquad S_x = 82$

$S_y := \frac{1}{3} \cdot \sum_i \left(x_i + x_{i+1}\right) \cdot \Delta A_i \qquad S_y = 64$

Flächenschwerpunkt

$x_S := \dfrac{S_y}{A} \qquad\qquad y_S := \dfrac{S_x}{A} \qquad \begin{pmatrix} x_S \\ y_S \end{pmatrix} = \begin{pmatrix} 2.29 \\ 2.93 \end{pmatrix}$

Flächenträgheits- und Zentrifugalmomente bzgl. der Achsen

$$I_x := \frac{1}{6} \cdot \sum_i \left[(y_i)^2 + y_i \cdot y_{i+1} + (y_{i+1})^2 \right] \cdot \Delta A_i \qquad I_x = 377.33$$

$$I_y := \frac{1}{6} \cdot \sum_i \left[(x_i)^2 + x_i \cdot x_{i+1} + (x_{i+1})^2 \right] \cdot \Delta A_i \qquad I_y = 229.33$$

$$I_{xy} := \frac{1}{12} \cdot \sum_i \left(2 \cdot x_i \cdot y_i + x_i \cdot y_{i+1} + y_i \cdot x_{i+1} + 2 \cdot x_{i+1} \cdot y_{i+1} \right) \cdot \Delta A_i \qquad I_{xy} = 136$$

Trägheitsmomente bzgl. achsenparalleler Schwerpunktachsen

$$I_{xs} := I_x - A \cdot y_S^2 \qquad I_{ys} := I_y - A \cdot x_S^2 \qquad I_{xys} := I_{xy} - A \cdot x_S \cdot y_S$$

$$I_{xs} = 137.19 \qquad I_{ys} = 83.05 \qquad I_{xys} = -51.43$$

Hauptträgheitsmomente und Richtungswinkel der Hauptzentralachsen

$$M := \begin{pmatrix} I_{xs} & -I_{xys} \\ -I_{xys} & I_{ys} \end{pmatrix} \qquad \begin{pmatrix} I_\xi \\ I_\eta \end{pmatrix} := \text{eigenwerte}(M)$$

$$e_\xi := \text{eigenvek}(M, I_\xi) \qquad e_\eta := \text{eigenvek}(M, I_\eta)$$

$$\phi_\xi := \text{acos}(e_{\xi_1}) \qquad \phi_\eta := \text{acos}(e_{\eta_1})$$

$$I_\xi = 168.24 \qquad \phi_\xi = 31.12° \qquad I_\eta = 52 \qquad \phi_\eta = 121.12°$$

3. Grafik

$$t := \min(x) - 1, \min(x) .. \max(x) + 1$$

$$U(t) := \frac{e_{\xi_2}}{e_{\xi_1}} \cdot (t - x_S) + y_S \qquad V(t) := \frac{e_{\eta_2}}{e_{\eta_1}} \cdot (t - x_S) + y_S$$

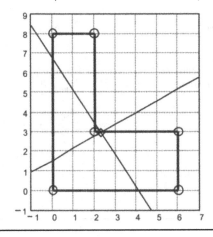

Flächenkennwerte polygonal begrenter Flächen 2

Eckpunkte $i := 1 .. 9$

Vektor der Durchlaufungsfolge

Fläche 2

$Px_i :=$ $Py_i :=$

$$v := (1 \ \ 2 \ \ 3 \ \ 4 \ \ 5 \ \ 9 \ \ 8 \ \ 7 \ \ 6 \ \ 9 \ \ 5 \ \ 1)^T$$

0	0
20	0
20	15
10	20
0	20
5	5
10	5
10	15
5	15

Koordinaten der Polygonzugpunkte

$j := 1 .. \text{länge}(v)$ $x_j := Px_{(v_j)}$ $y_j := Py_{(v_j)}$

Polygonzug $Pz := \text{stapeln}(x^T, y^T)$

$$Pz = \begin{pmatrix} 0 & 20 & 20 & 10 & 0 & 5 & 10 & 10 & 5 & 5 & 0 & 0 \\ 0 & 0 & 15 & 20 & 20 & 15 & 15 & 5 & 5 & 15 & 20 & 0 \end{pmatrix}$$

Umfang, Flächeninhalt $U = 120.32$ $A = 325$

Statische Momente
bzgl. der Achsen

$S_x = 3042$

$S_y = 3208$

Schwerpunkt $\begin{pmatrix} x_S \\ y_S \end{pmatrix} = \begin{pmatrix} 9.87 \\ 9.36 \end{pmatrix}$

Flächenträgheits- und
Zentrifugalmomemte
bzgl. der Achsen

$I_x = 39479$ $I_y = 43333$ $I_{xy} = 28646$

bzgl. achsenparalleler
Schwerpunktachsen

$I_{xS} = 11012$ $I_{yS} = 11661$ $I_{xyS} = -1381$

Hauptträgheitsmomente

Grafik

$I_\xi = 9918$

$I_\eta = 12755$

Richtungswinkel der
Hauptzentralachsen

$\phi_\xi = 141.61$ Grad

$\phi_\eta = 51.61$ Grad

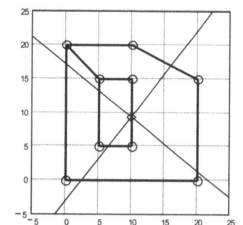

4.7 Polygone im Raum

In Analogie zum Abschnitt **4.5.1.1** kann mit einem geschlossenen räumlichen Polygonzug, dessen Punkte im Raum durch die Ortvektoren $\underline{P}_i = (x_i, y_i, z_i)^T$ gegeben sind, das <u>Kantenmodell</u> **F** eines

Polyeders erzeugt werden:
$$\mathbf{F} = \begin{pmatrix} x_1 & x_2 & \cdots & x_n \\ y_1 & y_2 & \cdots & y_n \\ z_1 & z_2 & \cdots & z_3 \end{pmatrix} \quad \text{mit} \quad \underline{P}_i = \mathbf{F}^{\langle i \rangle} = \begin{pmatrix} x_i \\ y_i \\ z_i \end{pmatrix}.$$

Es möge ein Beispiel der Datei KANTENMODELL.MCD genügen. Aus der Matrix der Eckpunkte und dem Vektor der Durchlaufungsfolge der Eckpunkte wird die Matrix **F** erzeugt.

---

1. Matrix der Eckpunkte

$$\underline{EP} := \begin{pmatrix} 0 & 10 & 10 & 0 & 2 & 8 & 8 & 2 \\ 0 & 0 & 6 & 6 & 2 & 2 & 5 & 5 \\ 4 & 4 & 4 & 4 & 0 & 0 & 0 & 0 \end{pmatrix} \qquad \text{z.B. Eckpunkt 3} \quad \underline{EP}^{\langle 3 \rangle} = \begin{pmatrix} 10 \\ 6 \\ 4 \end{pmatrix}$$

2. Vektor der Kantenfolge (=geschlossener Polygonzug)

$$\underline{KF} := (1\ \ 2\ \ 3\ \ 4\ \ 1\ \ 5\ \ 6\ \ 2\ \ 6\ \ 7\ \ 3\ \ 3\ \ 7\ \ 8\ \ 5\ \ 8\ \ 4)^T \qquad n := \text{länge}(\underline{KF})$$

3. Matrix der Eckpunkte in der Kantenfolge

$$k := 1..n \qquad \mathbf{M}^{\langle k \rangle} := \underline{EP}^{\langle (\underline{KF}_k) \rangle} \qquad \mathbf{M} = \begin{pmatrix} 0 & 10 & 10 & 0 & 0 & 2 & 8 & 10 & 8 & 8 & 10 & 10 & 8 & 2 & 2 & 2 & 0 \\ 0 & 0 & 6 & 6 & 0 & 2 & 2 & 0 & 2 & 5 & 6 & 6 & 5 & 5 & 2 & 5 & 6 \\ 4 & 4 & 4 & 4 & 4 & 0 & 0 & 4 & 0 & 0 & 4 & 4 & 0 & 0 & 0 & 0 & 4 \end{pmatrix}$$

3D-Flächendiagramm

$X := \text{submatrix}(\mathbf{M}, 1, 1, 1, n) \qquad Y := \text{submatrix}(\mathbf{M}, 2, 2, 1, n) \qquad Z := \text{submatrix}(\mathbf{M}, 3, 3, 1, n)$

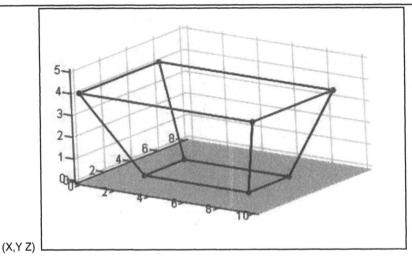

(X,Y Z)

---

5. Gleichungssysteme

5.1 Lineare Gleichungssysteme

5.1.1 Allgemeine Beschreibung

Ein lineares Gleichungssystem (GLS) mit m Gleichungen und n Unbekannten lässt sich auf eine Matrizengleichung

$$A \cdot x = b$$

mit der Koeffizientenmatrix A vom Typ(m,n), dem Vektor b der rechten Seite mit der Länge m und dem Lösungsvektor x der Länge n zurückführen. Für $m = 3$ und $n = 4$ erhält man:

$$\begin{pmatrix} a_{11} & a_{12} & a_{13} & a_{14} \\ a_{21} & a_{22} & a_{23} & a_{24} \\ a_{31} & a_{32} & a_{33} & a_{34} \end{pmatrix} \cdot \begin{pmatrix} x_1 \\ x_2 \\ x_3 \\ x_4 \end{pmatrix} = \begin{pmatrix} b_1 \\ b_2 \\ b_3 \end{pmatrix} \rightarrow \begin{pmatrix} a_{11} \cdot x_1 + a_{12} \cdot x_2 + a_{13} \cdot x_3 + a_{14} \cdot x_4 \\ a_{21} \cdot x_1 + a_{22} \cdot x_2 + a_{23} \cdot x_3 + a_{24} \cdot x_4 \\ a_{31} \cdot x_1 + a_{32} \cdot x_2 + a_{33} \cdot x_3 + a_{34} \cdot x_4 \end{pmatrix} = \begin{pmatrix} b_1 \\ b_2 \\ b_3 \end{pmatrix}$$

Ist $b = 0$, so wird das GLS homogen, andernfalls inhomogen genannt.

Die Matrizengleichung wird im Folgenden auf ihre Lösbarkeit untersucht und gegebenenfalls mit den in Mathcad bereitgestellten Mitteln der Matrizenrechnung gelöst. Als eine „Lösung" wird stets ein Lösungsvektor x bezeichnet. Die Lösbarkeit wird mittels Ranguntersuchungen entschieden (vgl. Abschnitt **4.1.5**).

Dabei bestätigen die Untersuchungen folgende Eigenschaften:

(1) Alternative: Das GLS hat entweder keine, genau eine oder unendlich viele Lösungen.

(2) Durchläuft x_h alle Lösungen des zugehörigen homogenen GLS, dann ergeben sich alle Lösungen des inhomogenen GLS als die Summe $x = x_p + x_h$ mit einer (beliebigen) partikulären Lösung x_p des inhomogenen GLS.

Neben der Kehrmatrix A^{-1} werden speziell für Näherungslösungen verallgemeinerte inverse Matrizen verwendet. Lösungsscharen werden mit dem Symbolprozessor erzeugt.

Die Lösungsbeispiele sind der Datei GLEICHUNGSSYSTEME.MCD. entnommen.

5.1.2 Reguläre Koeffizientenmatrix

Ist die quadratische n-reihige Koeffizientenmatrix $\mathbf{A}$ regulär, so existiert eine eindeutige Lösung.

$$|\mathbf{A}| \neq 0 \ \text{ bzw. } \ rg(\mathbf{A}) = n \quad \Rightarrow \quad \boxed{\mathbf{x} = \mathbf{A}^{-1} \cdot \mathbf{b}}$$

<u>Beispiel 1</u>

$$
\begin{array}{rrrrrcr}
x_1 & - \ 4 \cdot x_2 & + \ 5 \cdot x_3 & - \ x_4 & + \ 2 \cdot x_5 & = & -1 \\
3 \cdot x_1 & - \ 7 \cdot x_2 & + \ 4 \cdot x_3 & - \ 2 \cdot x_4 & - \ 3 \cdot x_5 & = & -12 \\
4 \cdot x_1 & - \ 6 \cdot x_2 & - \ x_3 & + \ 4 \cdot x_4 & - \ 2 \cdot x_5 & = & 4 \\
2 \cdot x_1 & + \ 3 \cdot x_2 & - \ 10 \cdot x_3 & + \ 5 \cdot x_4 & + \ 6 \cdot x_5 & = & 16 \\
-4 \cdot x_1 & + \ 2 \cdot x_2 & - \ x_3 & + \ 5 \cdot x_4 & & = & 13
\end{array}
$$

Lösung:

$$
\mathbf{A} := \begin{pmatrix} 1 & -4 & 5 & -1 & 2 \\ 3 & -7 & 4 & -2 & -3 \\ 4 & -6 & -1 & 4 & -2 \\ 2 & 3 & -10 & 5 & 6 \\ -4 & 2 & -1 & 5 & 0 \end{pmatrix} \quad \mathbf{b} := \begin{pmatrix} -1 \\ -12 \\ 4 \\ 16 \\ 13 \end{pmatrix} \quad \boxed{\mathbf{x} := \mathbf{A}^{-1} \cdot \mathbf{b}} \quad \mathbf{x} = \begin{pmatrix} 0.99280 \\ 1.52635 \\ 1.07573 \\ 2.99885 \\ 0.86640 \end{pmatrix}
$$

$x_1 = 0.993 \quad x_2 = 1.526 \quad x_3 = 1.076 \quad x_4 = 2.999 \quad x_5 = 0.866$

===

Lösung mittels der speziellen Mathcadfunktion llösen:

$$\text{Das Gleiche leistet die Funktion: } \ \text{llösen}(\mathbf{A}, \mathbf{b}) = \begin{pmatrix} 0.99280 \\ 1.52635 \\ 1.07573 \\ 2.99885 \\ 0.86640 \end{pmatrix}$$

Aus Beispiel 2 wird ersichtlich, dass auch für größere Matrizen (hier mit 10000 Elementen) schnell und genau die Kehrmatrix ermittelt wird. Der Rückgriff auf spezielle Lösungsverfahren, z. B. für Bandmatrizen ist (hier noch) nicht notwendig. Vgl. aber Abschnitt **5.1.6**.

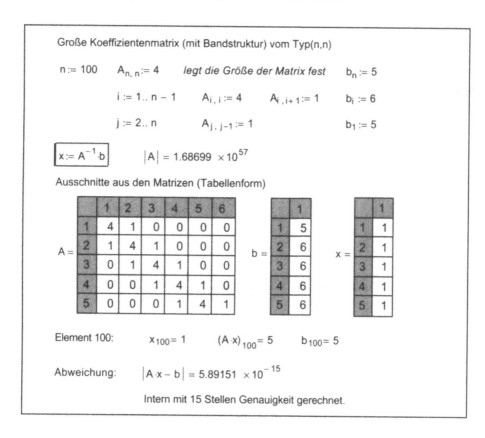

5.1.3 Singuläre Koeffizientenmatrix

Ist die n-reihige quadratische Matrix singulär, d. h.

$$|\mathbf{A}| = 0 \quad bzw. \, r = rg(\mathbf{A}) < n \,,$$

dann führt ein Rangvergleich zur Entscheidung über die Art der Lösbarkeit. In der Koeffizientenmatrix $\mathbf{A}$ können durch Linearkombinationen $n - r$ Zeilen in Nullzeilen überführt werden. Sind durch die gleichen Kombinationen im Vektor $\mathbf{b}$ die den Zeilen entsprechenden neuen Elemente b_i' nicht alle gleich Null, so entsteht in mindestens einer Zeile der Widerspruch

$$0 = \mathbf{0}^{T} \cdot \mathbf{x} = b_i' \neq 0, \quad \text{d. h. das GLS ist nicht lösbar.}$$

Sind die betreffenden $b_i' = 0$, so reduziert sich das GLS auf r Gleichungen mit n Unbekannten, es ist unterbestimmt mit $n - r$ frei wählbaren Variablen als Parameter.

Sei $(\mathbf{A}, \mathbf{b})$ die um die Spalte $\mathbf{b}$ erweiterte Matrix $\mathbf{A}$, dann gilt

(a) $rg\left(\mathbf{A}\right) \neq rg\left(\mathbf{A}, \mathbf{b}\right)$ $\Rightarrow$ Das GLS ist nicht lösbar.

(b) $r = rg\left(\mathbf{A}\right) = rg\left(\mathbf{A}, \mathbf{b}\right)$ $\Rightarrow$ Lösungsschar mit $n - r$ freien Parametern.

Im Falle (a) liefert Mathcad mit Hilfe der verallgemeinerten inversen Matrix geninv($\mathbf{A}$) eine Näherungslösung mit minimaler Abweichung

$$\boxed{\mathbf{x_{näh}} = \text{geninv}(\mathbf{A}) \cdot \mathbf{b}}$$ mit $\left|\mathbf{A} \cdot \mathbf{x_{näh}} - \mathbf{b}\right| = min!$ (Vgl. Abschnitt **5.1.5**.)

<u>Beispiel 3</u>

$$\begin{array}{rcrcrcr}
2 \cdot x_1 & + & 3 \cdot x_2 & - & 1 \cdot x_3 & = & 14 \\
-3 \cdot x_1 & + & x_2 & + & 18 \cdot x_3 & = & -10 \\
3 \cdot x_1 & + & 10 \cdot x_2 & + & 15 \cdot x_3 & = & 30
\end{array}$$

Nachweis für keine (exakte) Lösung; Ermittlung einer Näherungslösung:

$$\mathbf{A} := \begin{pmatrix} 2 & 3 & -1 \\ -3 & 1 & 18 \\ 3 & 10 & 15 \end{pmatrix} \qquad \mathbf{b} := \begin{pmatrix} 14 \\ -10 \\ 30 \end{pmatrix} \qquad |\mathbf{A}| = 0 \quad \text{Kehrmatrix existiert nicht.}$$

Linke Seite des GLS: $rg(\mathbf{A}) = 2$ 2 linear unabhängige Zeilen

Linke und rechte Seite des GLS: Gl := erweitern $(\mathbf{A}, \mathbf{b})$ $rg(Gl) = 3$

3 linear unabhängige Zeilen

$rg(\mathbf{A}) \neq rg(Gl)$ Es existiert keine (exakte) Lösung!

$$\text{geninv}(\mathbf{A}) = \begin{pmatrix} 0.026 & -0.039 & 0.039 \\ 0.039 & -0.049 & 0.068 \\ -0.013 & 0.047 & 0.008 \end{pmatrix} \quad \mathbf{x_{näh}} := \text{geninv}(\mathbf{A}) \cdot \mathbf{b} \quad \mathbf{x_{näh}} = \begin{pmatrix} 1.922 \\ 3.065 \\ -0.416 \end{pmatrix}$$

===============

$$\mathbf{A} \cdot \mathbf{x_{näh}} = \begin{pmatrix} 13.455 \\ -10.182 \\ 30.182 \end{pmatrix} \qquad \mathbf{b} = \begin{pmatrix} 14 \\ -10 \\ 30 \end{pmatrix} \qquad \left|\mathbf{A} \cdot \mathbf{x_{näh}} - \mathbf{b}\right| = 0.603$$

Im Falle (b) wird die <u>Lösungsschar symbolisch ermittelt</u>: $\mathbf{x} = \mathbf{x}(t_1, t_2, \dots)$ mit den Parametern t_i.
Dabei ist die Auswahl der $n - r$ freien Parameter aus den n Variablen beliebig; abgesehen von der
Form der Lösung wird die gleiche Lösungsschar durchlaufen. Auch hier liefert die verallgemeinerte
inverse Matrix eine Lösung $\mathbf{x}_{min}$. Sie ist von allen Lösungen der Schar diejenige mit dem kleinsten
Betrag:

$$\left| \mathbf{x}_{min} \right| = min \left| \mathbf{x}(t_i) \right| .$$

<u>Beispiel 4</u> (rechte Seite im Beispiel 3 verändert)

$$
\begin{aligned}
2 \cdot x_1 &+ 3 \cdot x_2 &- 1 \cdot x_3 &= 14 \\
-3 \cdot x_1 &+ x_2 &+ 18 \cdot x_3 &= -10 \\
3 \cdot x_1 &+ 10 \cdot x_2 &+ 15 \cdot x_3 &= 32
\end{aligned}
$$

Lösungsschar symbolisch ermitteln:

$$
\mathbf{A} = \begin{pmatrix} 2 & 3 & -1 \\ -3 & 1 & 18 \\ 3 & 10 & 15 \end{pmatrix}
\qquad \text{Rechte Seite verändert:} \qquad
\mathbf{c} := \begin{pmatrix} 14 \\ -10 \\ 32 \end{pmatrix}
$$

$\text{Gl}_{neu} := \text{erweitern}(\mathbf{A}, \mathbf{c}) \qquad \text{rg}(\text{Gl}_{neu}) = 2$

$\text{rg}(\underline{A}) = \text{rg}(\text{Gl}_{neu}) = 2$ Es existieren nur 2 linear unabhängige
                                         Gleichungen!

$m - \text{rg}(\mathbf{A}) = 1$ 1 Variable ist ein frei wählbarer Parameter.
                                         Es gibt eine einparametrige Lösungsschar.

Die Lösung erfolgt symbolisch. Die Variablen dürfen keine Indizes haben.

$$
L(t) := \begin{pmatrix} 2 \cdot x1 + 3 \cdot x2 - x3 = 14 \\ -3 \cdot x1 + x2 + 18 \cdot x3 = -10 \\ 3 \cdot x1 + 10 \cdot x2 + 15 \cdot x3 = 32 \end{pmatrix}
\begin{array}{l} \text{ersetzen}, x3 = t \\[1em] \text{auflösen}, \begin{pmatrix} x1 \\ x2 \end{pmatrix} \end{array} \rightarrow (5 \cdot t + 4 \quad -3 \cdot t + 2)
$$

$$
\mathbf{x}(t) := \text{stapeln}\left(L(t)^{\mathsf{T}}, t\right) \rightarrow \begin{pmatrix} 5 \cdot t + 4 \\ -3 \cdot t + 2 \\ t \end{pmatrix}
$$

$$=======================================$$

Beispiele: $\mathbf{x}(1) = \begin{pmatrix} 9 \\ -1 \\ 1 \end{pmatrix}$ $\mathbf{x}(0) = \begin{pmatrix} 4 \\ 2 \\ 0 \end{pmatrix}$ $\mathbf{x}(-0.4) = \begin{pmatrix} 2 \\ 3.2 \\ -0.4 \end{pmatrix}$

$\left| \mathbf{x}(1) \right| = 9.11$ $\left| \mathbf{x}(0) \right| = 4.47$ $\left| \mathbf{x}(-0.4) \right| = 3.79$

Zerlegung der Lösung
        in partikuläre inhomogene und allgemeine homogene Lösung

$x_{inh} := x(0)$ $x_{hom}(t) := x(t) - x(0)$

$$x_{inh} = \begin{pmatrix} 4 \\ 2 \\ 0 \end{pmatrix} \qquad x_{hom}(t) \rightarrow \begin{pmatrix} 5 \cdot t \\ -3 \cdot t \\ t \end{pmatrix} \qquad A \cdot x_{hom}(t) \rightarrow \begin{pmatrix} 0 \\ 0 \\ 0 \end{pmatrix}$$

Betragskleinste Lösung mittels der verallgemeinerten inversen Matrix:

$x_{min} := \text{geninv}(A) \cdot c$ $x_{min} = \begin{pmatrix} 2 \\ 3.2 \\ -0.4 \end{pmatrix}$ $|x_{min}| = 3.79473$

<u>Nachweis</u> $f(t) = (|x(t)|)^2$ muss minimal werden, d. h. notwendig $\dfrac{d}{dt} f(t) = 0$.

$t_{min} := \dfrac{d}{dt}(|x(t)|)^2 = 0$ auflösen , $t \rightarrow \dfrac{-2}{5}$

$\dfrac{d^2}{dt^2}(|x(t)|)^2$ ersetzen, $t = t_{min} \rightarrow 70 \; > 0$ $x(t_{min}) = \begin{pmatrix} 2 \\ 3.2 \\ -0.4 \end{pmatrix}$

5.1.4 Nichtquadratische Koeffizientenmatrix

Gleichungen mit nichtquadratischer Koeffizientenmatrix werden analog **5.1.3** analysiert.

Für überbestimmte GLS ($m > n$) existiert keine exakte Lösung.

Für unterbestimmte GLS ($m < n$) gibt es eine Lösungsschar mit $n - m$ Parametern. Dabei setzt man hier voraus, dass alle Gleichungen linear unabhängig sind, was durch Streichen linear abhängiger Zeilen erreicht werden kann. Es ist also $rg(A) = m$.

<u>Beispiel 5</u> Überbestimmtes GLS , $m > n$.

$$\begin{aligned} 3 \cdot x + 4 \cdot y &= 6 \\ 4 \cdot x - 7 \cdot y &= 2 \\ 5 \cdot x + y &= 5 \end{aligned}$$

Näherungslösung

$$A := \begin{pmatrix} 3 & 4 \\ 4 & -5 \\ 5 & 1 \end{pmatrix} \quad b := \begin{pmatrix} 6 \\ 2 \\ 5 \end{pmatrix} \qquad GL := erweitern\,(A, b) \qquad rg(A) = 2 \qquad rg(GL) = 3$$

$$xn := geninv\,(A) \cdot b \qquad xn = \begin{pmatrix} 1.05 \\ 0.53 \end{pmatrix}$$

$$A \cdot xn = \begin{pmatrix} 5.26 \\ 1.57 \\ 5.79 \end{pmatrix} \qquad A \cdot xn - b = \begin{pmatrix} -0.74 \\ -0.43 \\ 0.79 \end{pmatrix} \qquad |A \cdot xn - b| = 1.159$$

Veranschaulichung als "Schnittpunkt" der Geraden:

g1: $3 \cdot x + 4 \cdot y = 6$ g2: $4 \cdot x - 7 \cdot y = 2$ g3: $5 \cdot x + y = 5$

$$g1(x) := \frac{1}{4} \cdot (6 - 3 \cdot x) \qquad g2(x) := \frac{-1}{5} \cdot (2 - 4 \cdot x) \qquad g3(x) := 5 - 5 \cdot x$$

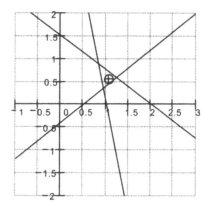

Beispiel 6 Unterbestimmte GLS, $rg(A) = m < n$

$$\begin{array}{rcrcrcr} 2 \cdot x_1 & + & 3 \cdot x_2 & - & 1 \cdot x_3 & = & 14 \\ -3 \cdot x_1 & + & x_2 & + & 18 \cdot x_3 & = & -10 \end{array}$$

Dies ist das GLS des Beispiels 4, in dem eine linear abhängige Gleichung gestrichen wurde. Die Lösungsschar muss also mit der Lösungsschar aus Beispiel 4 übereinstimmen. In Änderung der Wahl der Variablen als freien Parameter ist aber die Parameterdarstellung eine andere. Durch Substitution des ursprünglichen Parameters lässt sich die Darstellung aus dem Beispiel 4 wieder herstellen.

Lösungsschar

$$A := \begin{pmatrix} 2 & 3 & -1 \\ -3 & 1 & 18 \end{pmatrix} \qquad b := \begin{pmatrix} 14 \\ -10 \end{pmatrix} \qquad G := \text{erweitern}(A, b)$$

$$\text{rg}(A) = 2 \quad \text{rg}(G) = 2 \qquad m := \text{zeilen}(A) \qquad n := \text{spalten}(A)$$

Lösungsschar!   Freie Parameter $n - m = 1$

$$L(u) := \begin{pmatrix} 2 \cdot x1 + 3 \cdot x2 - x3 = 14 \\ -3 \cdot x1 + x2 + 18 \cdot x3 = -10 \end{pmatrix} \begin{vmatrix} \text{ersetzen}, x1 = u \\ \text{auflösen}, \begin{pmatrix} x2 \\ x3 \end{pmatrix} \end{vmatrix} \rightarrow \begin{pmatrix} \dfrac{-3}{5} \cdot u + \dfrac{22}{5} & \dfrac{1}{5} \cdot u - \dfrac{4}{5} \end{pmatrix}$$

$$x(u) := \text{stapeln}\left(u, L(u)^T\right) \rightarrow \begin{pmatrix} u \\ \dfrac{-3}{5} \cdot u + \dfrac{22}{5} \\ \dfrac{1}{5} \cdot u - \dfrac{4}{5} \end{pmatrix}$$

==================================

$$x(9) = \begin{pmatrix} 9 \\ -1 \\ 1 \end{pmatrix} \qquad x(4) = \begin{pmatrix} 4 \\ 2 \\ 0 \end{pmatrix} \qquad x(2) = \begin{pmatrix} 2 \\ 3.2 \\ -0.4 \end{pmatrix}$$

Substitution $u = 5 \cdot t + 4$ $x(u)$ ersetzen, $u = 5 \cdot t + 4 \rightarrow \begin{pmatrix} 5 \cdot t + 4 \\ -3 \cdot t + 2 \\ t \end{pmatrix}$

(Siehe Beispiel 4)

5.1.5 Verallgemeinerte inverse Matrizen, Gaußsche Normalgleichungen

Ist die Matrizengleichung $A \cdot x = b$ nicht exakt lösbar, so wird ein Näherungsvektor x gesucht derart, dass der Betrag des Abweichungsvektors $\underline{v = A \cdot x - b}$ minimal wird, d. h.

$$x = \begin{pmatrix} x_1 & x_2 & \cdots & x_n \end{pmatrix}^T \text{ erfüllt } \boxed{f(x_1, x_2, \ldots, x_n) = |v|^2 = v^T \cdot v = \sum_{i=1}^{n} v_i^2 = min!} \quad (*)$$

Der Ansatz (*) ist die auf C. F. GAUß[1] zurückgehende „Methode der kleinsten Quadrate".

Als notwendige Bedingung müssen die partiellen Ableitungen von $f(x_1, \ldots, x_n)$ nach x_i gleich Null werden.

Beachten wir, dass Vektoren elementweise differenziert werden, so folgt[2] aus

$$\frac{\partial}{\partial x_i}\left(\mathbf{v}^T \cdot \mathbf{v}\right) = \frac{\partial}{\partial x_i}\sum_{k=1}^n v_k^{\,2} = 2 \cdot \sum_{k=1}^n \frac{\partial v_k}{\partial x_i} \cdot v_k = 2 \cdot \left(\frac{\partial \mathbf{v}}{\partial x_i}\right)^T \cdot \mathbf{v} = 0$$

mit den Umformungen

$$\frac{\partial \mathbf{x}}{\partial x_i} = \left(\frac{\partial x_1}{\partial x_i}, \frac{\partial x_2}{\partial x_i}, \cdots, \frac{\partial x_n}{\partial x_i}\right)^T = \left(0, \ldots, \underset{i\uparrow}{1}, \ldots, 0\right)^T = \mathbf{e}_i \text{ und}$$

$$\frac{\partial \mathbf{v}}{\partial x_i} = \frac{\partial}{\partial x_i}(\mathbf{A}\cdot\mathbf{x} - \mathbf{b}) = \mathbf{A}\cdot\frac{\partial \mathbf{x}}{\partial x_i} = \mathbf{A}\cdot\mathbf{e}_i$$

$$0 = \left(\frac{\partial \mathbf{v}}{\partial x_i}\right)^T \cdot \mathbf{v} = (\mathbf{A}\cdot\mathbf{e}_i)^T \cdot \mathbf{v} = \mathbf{e}_i^T \cdot \mathbf{A}^T \cdot (\mathbf{A}\cdot\mathbf{x} - \mathbf{b}) = \mathbf{e}_i^T \cdot \left(\mathbf{A}^T \cdot \mathbf{A}\cdot\mathbf{x} - \mathbf{A}^T \cdot \mathbf{b}\right) \text{ für alle } \mathbf{e}_i.$$

Diese Forderungen sind nur dann erfüllt, wenn der rechte Klammerausdruck der Nullvektor ist. Für den Näherungsvektor $\mathbf{x}$ gilt damit notwendig die

Gaußsche Normalgleichung $\qquad \boxed{\mathbf{N}\cdot\mathbf{x} = \mathbf{A}^T \cdot \mathbf{b}} \quad$ mit $\quad \boxed{\mathbf{N} = \mathbf{A}^T \cdot \mathbf{A}}$.

$\mathbf{N}$ ist wegen $\left(\mathbf{A}^T \cdot \mathbf{A}\right)^T = \mathbf{A}^T \cdot \left(\mathbf{A}^T\right)^T = \mathbf{A}^T \cdot \mathbf{A}$ eine n-reihige symmetrische Matrix. Man kann zeigen, dass $\mathbf{N}$ auch regulär ist, wenn alle Spalten von $\mathbf{A}$ linear unabhängig sind. Für diesen Fall lässt sich die Normalgleichung nach $\mathbf{x}$ auflösen:

$$rg(\mathbf{A}) = n \quad\Rightarrow\quad \mathbf{x} = \mathbf{A_L}\cdot\mathbf{b} \qquad \text{mit} \qquad \mathbf{A_L} = \mathbf{N}^{-1}\cdot\mathbf{A}^T.$$

Die Matrix $\mathbf{A_L}$ heißt verallgemeinerte Linksinverse von $\mathbf{A}$.[3]

Für $m < n$ ist wegen $rg(\mathbf{A}) \le min(m,n) < n$ die Matrix $\mathbf{A_L}$ nicht definiert. Für $m = n = rg(\mathbf{A})$ existiert die inverse Matrix und es gilt $\mathbf{A_L} = \left(\mathbf{A}^T \cdot \mathbf{A}\right)^{-1}\cdot\mathbf{A}^T = \mathbf{A}^{-1}\cdot\left(\mathbf{A}^T\right)^{-1}\cdot\mathbf{A}^T = \mathbf{A}^{-1}$.

Die in Mathcad verwendete verallgemeinerte („generalisierte") Inverse geninv(A) gilt für alle Matrizen mit $m \ge n$, ist also allgemeiner als $\mathbf{A_L}$. Existiert aber $\mathbf{A_L}$, so gilt $\mathbf{A_L}$ = geninv(A)!

---

[1] C. F. GAUß „Theoria motus ..." 1809.
[2] Vgl. LUDWIG[17].
[3] Ausführlich kann man sich über pseudoinverse Matrizen bei KUHNERT[S1] informieren.

Die Berechnung von geninv(A) erfolgt in Mathcad iterativ und die Genauigkeit hängt vom dem Toleranzparameter TOL ab.

Der Näherungsvektor $x_{näh} = geninv(A) \cdot b$ erfüllt die Normalgleichung und die Forderung (*).

Beispiele

Beispiel 3 $\quad A = \begin{pmatrix} 2 & 3 & -1 \\ -3 & 1 & 18 \\ 3 & 10 & 15 \end{pmatrix}$ $\quad geninv(A) = \begin{pmatrix} 0.02597 & -0.03896 & 0.03896 \\ 0.03896 & -0.04935 & 0.06753 \\ -0.01299 & 0.04675 & 0.00779 \end{pmatrix}$

$N := A^T \cdot A \quad N = \begin{pmatrix} 22 & 33 & -11 \\ 33 & 110 & 165 \\ -11 & 165 & 550 \end{pmatrix}$ $\quad rg(A) = 2 \quad spalten(A) = 3$

$|N| = 0 \quad A_L$ existiert nicht

Normalgleichung:

$x_{näh} := geninv(A) \cdot b \quad x_{näh} = \begin{pmatrix} 1.922 \\ 3.065 \\ -0.416 \end{pmatrix}$ $\quad N \cdot x_{näh} - A^T \cdot b = \begin{pmatrix} 0 \\ 0 \\ 0 \end{pmatrix}$

$geninv(A) \cdot A = \begin{pmatrix} 0.28571 & 0.42857 & -0.14286 \\ 0.42857 & 0.74286 & 0.08571 \\ -0.14286 & 0.08571 & 0.97143 \end{pmatrix}$ keine Einheitsmatrix

$|geninv(A) \cdot A| = 0$

Beispiel 5 $\quad A = \begin{pmatrix} 3 & 4 \\ 4 & -5 \\ 5 & 1 \end{pmatrix}$ $\quad geninv(A) = \begin{pmatrix} 0.066 & 0.07317 & 0.10187 \\ 0.09995 & -0.11382 & 0.03109 \end{pmatrix}$

$N := A^T \cdot A \quad N = \begin{pmatrix} 50 & -3 \\ -3 & 42 \end{pmatrix}$ $\quad rg(A) = 2 \quad spalten(A) = 2$

$|N| = 2091$

$A_L := N^{-1} A^T \quad A_L = \begin{pmatrix} 0.066 & 0.07317 & 0.10187 \\ 0.09995 & -0.11382 & 0.03109 \end{pmatrix}$ $\quad = geninv(A)$

$A_L \cdot A = \begin{pmatrix} 1 & 0 \\ 0 & 1 \end{pmatrix}$ Einheitsmatrix

Die Methode der kleinsten Quadrate (*) und die Normalgleichung, - auch als System der Normalgleichungen bezeichnet -, werden im Kapitel **8** der Ansatz für die Ausgleichsrechnung sein.

5.1.6 Schlecht konditionierte GLS

Wir betrachten die Änderung der Lösung einer Matrizengleichung mit einer „fast" singulären Koeffizientenmatrix bei geringer Änderung des Vektors der rechten Seite.

Gegeben sind die Gleichungssysteme $\quad A \cdot x = b \quad$ und $\quad A \cdot x_{neu} = b_{neu} \quad$ mit

$$A := \begin{pmatrix} 0 & 0.001 \\ -1 & 10 \end{pmatrix} \quad |A| = 0.001 \quad b := \begin{pmatrix} 0.0005 \\ 5 \end{pmatrix} \quad b_{neu} := \begin{pmatrix} 0.001 \\ 5 \end{pmatrix}$$

Die Lösungen $\quad x := A^{-1} \cdot b \quad$ und $\quad x_{neu} := A^{-1} \cdot b_{neu} \quad$ sind $\quad x = \begin{pmatrix} 0 \\ 0.5 \end{pmatrix} \quad x_{neu} = \begin{pmatrix} 5 \\ 1 \end{pmatrix}$

Die Fehlervektoren sind   =========================

$$\Delta x := x_{neu} - x \quad \Delta x = \begin{pmatrix} 5 \\ 0.5 \end{pmatrix} \quad \Delta b := b_{neu} - b \quad \Delta b = \begin{pmatrix} 0.0005 \\ 0 \end{pmatrix}$$

Die relativen Fehler betragen $\quad \dfrac{|\Delta x|}{|x|} = 10.05 \quad \dfrac{|\Delta b|}{|b|} = 0.0001$

und ihr Verhältnis ist $\quad \dfrac{|\Delta x|}{|x|} : \dfrac{|\Delta b|}{|b|} = \dfrac{|\Delta x|}{|x|} \cdot \dfrac{|b|}{|\Delta b|} = 100499$

Offensichtlich hat die Rundung des Vektors **b** auf drei Dezimalen erhebliche Auswirkungen auf die Lösung des Gleichungssystems. Der relative Fehler des Ergebnisses ist um den Faktor 10^5 größer als der relative Rundungsfehler! Ursache ist die sehr kleine Koeffizientendeterminante.

Veranschaulicht man die Lösungen als Schnittpunkte von Geraden, so wird deutlich, dass diese geringe Änderung von b_1 eine relativ große Verschiebung der zugehörigen Geraden bewirkte.

Analog können Änderungen in der Koeffizientenmatrix die Steigungen der Geraden verändern, was bei kleinen Schnittwinkeln (d. h. für kleine Koeffizientendeterminante) starke Verschiebungen des Schnittpunktes erzeugt.

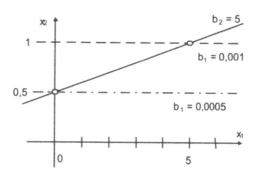

Gleichungssysteme (mit regulärer Koeffizientenmatrix), für die bei geringen Änderungen der rechten Seite oder der Matrixelemente gravierende Änderungen des Lösungsvektors auftreten, heißen schlecht konditioniert. In diesem Falle liefert der formal richtige Lösungsvektor dieses geänderten Systems für die Praxis irreführende Ergebnisse, weil Rundungen der Eingangswerte und Rechnung mit endlicher Stellenzahl unumgänglich sind. Es ist also eine Schätzung des zu erwartenden Fehlers wünschenswert. Die Kondition des Gleichungssystems ist eine Eigenschaft der Koeffizientenmatrix **A** und wird mit der <u>Konditionszahl</u> $cond(\mathbf{A})$ gemessen.

Hat das geänderte Gleichungssystem die Form

$$\mathbf{A} \cdot (\mathbf{x} + \Delta \mathbf{x}) = \mathbf{b} + \Delta \mathbf{b} , \qquad \text{mit } \mathbf{A} \cdot \mathbf{x} = \mathbf{b} \text{ und } \mathbf{A} \cdot \Delta \mathbf{x} = \Delta \mathbf{b},$$

so wird die Konditionszahl definiert als das Maximum des Verhältnisses der relativen Fehler von $\mathbf{x}$ und von $\mathbf{b}$, ermittelt über alle $\mathbf{x}$ und $\Delta \mathbf{b}$,

$$cond(\mathbf{A}) := max\left(\frac{|\Delta \mathbf{x}|}{|\mathbf{x}|} : \frac{|\Delta \mathbf{b}|}{|\mathbf{b}|} \right) .$$

Diese Zahl drückt aus, um welchen Faktor sich der relative Fehler von $\mathbf{b}$ in $\mathbf{x}$ vervielfachen kann. Anders formuliert ist, wenn die letzte wesentliche Ziffer der Eingabewerte unsicher war,

$$lg\big(cond(\mathbf{A}) \big) \quad \text{eine Schätzung der Anzahl der unsicheren Dezimalen des Ergebnisses.}^{[1]}$$

Aus der Kenntnis der Konditionszahl lassen sich Schlussfolgerungen ziehen auf die notwendige Genauigkeit der Eingabegrößen, der numerischen Algorithmen und der Rechnergenauigkeit.

Schlecht konditionierte Gleichungssysteme treten in der Statik auf z. B. bei der Aufstellung von Steifigkeitsmatrizen mit hohen Steifigkeitsunterschieden benachbarter Elemente und bei Tragwerken mit großen Verschiebungen bei kleinen Dehnungen.

Die Methode der finiten Elemente und die Differenzenverfahren führen auf große Gleichungssysteme, deren Kondition ebenfalls im Hinblick auf die verwendeten numerischen Verfahren überprüft werden muss.

Zu Berechnung der Konditionszahl formen wir die Definitionsgleichung um

$$cond(\mathbf{A}) = \max_{\Delta \mathbf{b}}\left(\frac{|\Delta \mathbf{x}|}{|\Delta \mathbf{b}|} \right) \cdot \max_{\mathbf{x}}\left(\frac{|\mathbf{b}|}{|\mathbf{x}|} \right) = \max_{\Delta \mathbf{b}}\left(\frac{|\mathbf{A}^{-1} \cdot \Delta \mathbf{b}|}{|\Delta \mathbf{b}|} \right) \cdot \max_{\mathbf{x}}\left(\frac{|\mathbf{A} \cdot \mathbf{x}|}{|\mathbf{x}|} \right) .$$

Der Ausdruck $\| \mathbf{A} \| := \max_{\mathbf{x}}\left(\dfrac{|\mathbf{A} \cdot \mathbf{x}|}{|\mathbf{x}|} \right)$ heißt <u>Norm</u> der Matrix $\mathbf{A}$. Es ist $\boxed{cond(\mathbf{A}) = \| \mathbf{A}^{-1} \| \cdot \| \mathbf{A} \|}$.

Aus der Eigenwertgleichung $\mathbf{N} \cdot \mathbf{x} = \lambda \cdot \mathbf{x}$ folgt für alle Eigenvektoren von $\mathbf{N} = \mathbf{A}^T \cdot \mathbf{A}$

$$|\mathbf{A} \cdot \mathbf{x}|^2 = (\mathbf{A} \cdot \mathbf{x})^T \cdot (\mathbf{A} \cdot \mathbf{x}) = \mathbf{x}^T \cdot \mathbf{A}^T \cdot \mathbf{A} \cdot \mathbf{x} = \mathbf{x}^T \cdot \mathbf{N} \cdot \mathbf{x} = \mathbf{x}^T \cdot \lambda \cdot \mathbf{x} = \lambda \cdot \mathbf{x}^T \cdot \mathbf{x} = \lambda \cdot |\mathbf{x}|^2 ,$$

d. h. $\quad \| \mathbf{A} \|^2 \geq \lambda \quad$ für alle Eigenwerte λ von $\mathbf{N}$.

$\mathbf{N}$ ist eine symmetrische Matrix mit positiven Eigenwerten, für die (analog zur Ellipse) die Hauptachsentransformation durchführbar ist. Das führt zur Abschätzung für alle $\mathbf{x}$

$$|\mathbf{A} \cdot \mathbf{x}|^2 = \mathbf{x}^T \cdot \begin{pmatrix} \lambda_1 & & 0 \\ & \ddots & \\ 0 & & \lambda_n \end{pmatrix} \cdot \mathbf{x} = \lambda_1 \cdot x_1^2 + \cdots + \lambda_n \cdot x_n^2 \leq \lambda_{max} \cdot \left(x_1^2 + \cdots + x_n^2 \right) = \lambda_{max} \cdot |\mathbf{x}|^2 .$$

Also gilt $\| \mathbf{A} \|^2 = \lambda_{max}$ bzw. $\boxed{\| \mathbf{A} \| = \sqrt{\lambda_{max}}}$ mit dem maximalen Eigenwert von $\mathbf{N}$.

---

[1] Siehe DANKERT[S2].

Analog zeigt man $\left\| \mathbf{A}^{-1} \right\| = \sqrt{\lambda_{min}}$, wobei benutzt wird, dass die Eigenwerte der Kehrmatrix die Kehrwerte der Eigenwerte der Matrix sind. Wir erhalten schließlich für die Konditionszahl

$$\boxed{cond(\mathbf{A}) = \sqrt{\lambda_{max}/\lambda_{min}} \geq 1}$$ mit den Eigenwerten von $\mathbf{N} = \mathbf{A}^T \cdot \mathbf{A}$.

In Mathcad wird die Norm und die Konditionszahl mit norm2($\mathbf{A}$) und cond2($\mathbf{A}$) bezeichnet. Für das Eingangsbeispiel gilt:

Berechnung der Kondition mit den Eigenwerten

$\mathbf{N} := \mathbf{A}^T \cdot \mathbf{A}$ $\mathbf{N} = \begin{pmatrix} 1 & -10 \\ -10 & 100.000001 \end{pmatrix}$ $e := $ eigenwerte $(\mathbf{N})$

$e_1 = 9.90099 \times 10^{-9}$ $e_2 = 101.000001$

norm $(\mathbf{A}) := \sqrt{e_2}$ cond $(\mathbf{A}) := \sqrt{\dfrac{e_2}{e_1}}$ norm$(\mathbf{A}) = 10.05$ cond$(\mathbf{A}) = 101000$

Verwendung der Mathcad-Funktionen   norm2 $(\mathbf{A}) = 10.05$ cond2 $(\mathbf{A}) = 101000$

$\log \left(\text{cond2}\,(\mathbf{A}) \right) = 5.0$ unsichere Dezimalziffern im Ergebnis!

Das Verhältnis der relativen Fehler für die oben gewählten speziellen **b**-Werte liegt nur wenig unter dem Maximum $cond(\mathrm{A})$. Es sollte mit mehr als 5 sicheren Ziffern gerechnet werden.

1. Ergänzung.

Ist $\mathbf{A}^T = \mathbf{A}$ symmetrisch mit dem Eigenwert μ, dann ist $\mu^2 = \lambda$ ein Eigenwert von $\mathbf{N}$ und es gilt

$$norm(\mathbf{A}) = \left| \mu \right|_{max}, \quad cond(\mathbf{A}) = \left| \mu \right|_{max} / \left| \mu \right|_{min} .$$

Dies folgt aus $\mathbf{A}^T \cdot (\mathbf{A} \cdot \mathbf{x}) = \mathbf{A}^T (\mu \cdot \mathbf{x}) = \mu \cdot \left(\mathbf{A}^T \cdot \mathbf{x} \right) = \mu \cdot (\mu \cdot \mathbf{x}) = \mu^2 \cdot \mathbf{x}$.

2. Ergänzung.

Die verwendete Norm heißt <u>Spektralnorm</u> $\left\| \mathbf{A} \right\|_2$, weil die Menge der Eigenwerte das Spektrum der Matrix genannt wird. Ihre Definition folgt aus der Vektornorm $\left\| \mathbf{x} \right\|_2 := \left| \mathbf{x} \right| = \sqrt{x_1^2 + \cdots + x_n^2}$.

Verwendet man andere Vektornormen, z. B. $\left\| \mathbf{x} \right\|_1 = \left| x_1 \right| + \cdots + \left| x_n \right|$ oder $\left\| \mathbf{x} \right\|_\infty = \underset{i}{max}\left| x_i \right|$, so erhält man entsprechend andere Matrixnormen und Konditionszahlen. Sie liefern aber in der Größenordnung vergleichbare Ergebnisse. Mathcad stellt auch diese entsprechenden Funktionen bereit. Nähere Ausführungen findet man z. B. in der im Abschnitt **4.1.4** genannten Literatur.

5.2 Anwendungen in der Statik

5.2.1 Stützenmomente eines Durchlaufträgers; Dreimomentengleichungen

Der Regelfall in den Anwendungen ist das eindeutig lösbare Gleichungssystem.

Eine Anwendung ist die Ermittlung der inneren Stützenmomente eines Durchlaufträgers mit den Dreimomentengleichungen nach CLAPEYRON.[1]

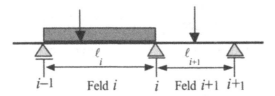

Für je drei benachbarte Stützen gilt mit den Bezeichnungen aus der Abbildung für die Momente M_{i-1}, M_i, M_{i+1} die Gleichung

$$M_{i-1} \cdot \ell_i + 2 \cdot M_i \cdot \left(\ell_i + \ell_{i+1}\right) + M_{i+1} \cdot \ell_{i+1} = -R_i \cdot \ell_i - L_{i+1} \cdot \ell_{i+1}.$$

L und R sind die Belastungsglieder am linken und rechten Ende eines Feldes. Die Formeln sind für die gängigen Lastfälle den Tabellenwerken z. B. [F5] oder [F6] zu entnehmen. Bei der Überlagerung verschiedener Lastfälle auf einem Feld addieren sich entsprechende Belastungsglieder.

Ist ein Durchlaufträger mit $n+1$ Stützen (i = 0,1,...,n) gegeben, dann entstehen $n-1$ Gleichungen (i = 1,2,..., $n-1$) für die Stützenmomente. Da die äußeren Momente $M_0 = M_{n+1} = 0$ sind, hat das Gleichungssystem für die inneren Momente eine quadratische Koeffizientenmatrix (mit Bandstruktur). In der TABELLE_CLAPEYRON aus dem FORMELANHANG sind das Verfahren und einige wichtige Belastungsglieder zusammengestellt.

Ein Beispiel der Datei CLAPEYRON.MCD zeigt das Aufstellen und Lösen des Gleichungssystems.

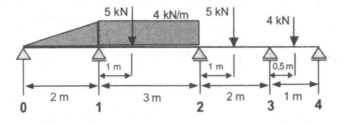

---

[1] B. P. E. CLAPEYRON (1799 – 1864).

Stützenmomente eines Durchlaufträgers (Berechnung nach Clapeyron)
Demonstration des Verfahrens (Siehe Tabelle_Clapeyron)

<u>System der Momentengleichungen</u>

Stütze1: $M_0 \cdot \ell_1 + M_1 \cdot 2 \cdot \left(\ell_1 + \ell_2\right) + M_2 \cdot \ell_2 = -R_1 \cdot \ell_1 - L_2 \cdot \ell_2$

Stütze2: $M_1 \cdot \ell_2 + M_2 \cdot 2 \cdot \left(\ell_2 + \ell_3\right) + M_3 \cdot \ell_3 = -R_2 \cdot \ell_2 - L_3 \cdot \ell_3$

Stütze3: $M_2 \cdot \ell_3 + M_3 \cdot 2 \cdot \left(\ell_3 + \ell_4\right) + M_4 \cdot \ell_4 = -R_3 \cdot \ell_3 - L_4 \cdot \ell_4$

<u>Zugehörige Matrizengleichung</u> unter Beachtung von $M_0 = M_4 = 0$

$$
\begin{bmatrix}
2 \cdot \left(\ell_1 + \ell_2\right) & \ell_2 & 0 \\
\ell_2 & 2 \cdot \left(\ell_2 + \ell_3\right) & \ell_3 \\
0 & \ell_3 & 2 \cdot \left(\ell_3 + \ell_4\right)
\end{bmatrix}
\cdot
\begin{pmatrix} M_1 \\ M_2 \\ M_3 \end{pmatrix}
=
\begin{pmatrix}
-R_1 \cdot \ell_1 - L_2 \cdot \ell_2 \\
-R_2 \cdot \ell_2 - L_3 \cdot \ell_3 \\
-R_3 \cdot \ell_3 - L_4 \cdot \ell_4
\end{pmatrix}
$$

<u>Eingabe</u> $\ell_1 := 2 \cdot m$ $\ell_2 := 3 \cdot m$ $\ell_3 := 2 \cdot m$ $\ell_4 := 1 \cdot m$

$kN := 1000 \cdot N$ $q := 4 \cdot kN \cdot m^{-1}$ $F_2 := 5 \cdot kN$ $F_3 := 5 \cdot kN$ $F_4 := 4 \cdot kN$

$a_2 := 1 \cdot m$ $b_2 := \ell_2 - a_2$

<u>Lastglieder</u>

$$L_2 = \frac{1}{4} \cdot q \cdot \left(\ell_2\right)^2 + \frac{a_2 b_2}{\left(\ell_2\right)^2} \cdot \left(\ell_2 + b_2\right) F_2 \quad L_3 := \frac{3}{8} \cdot F_3 \cdot \ell_3 \quad L_4 := \frac{3}{8} \cdot F_4 \cdot \ell_4$$

$$R_1 := \frac{2}{15} \cdot q \cdot \left(\ell_1\right)^2 \quad R_2 := \frac{1}{4} \cdot q \cdot \left(\ell_2\right)^2 + \frac{a_2 b_2}{\left(\ell_2\right)^2} \cdot \left(\ell_2 + a_2\right) F_2 \quad R_3 := \frac{3}{8} \cdot F_3 \cdot \ell_3$$

<u>Matrizen</u>

$$
A := \begin{bmatrix}
2 \cdot \left(\ell_1 + \ell_2\right) & \ell_2 & 0 \\
\ell_2 & 2 \cdot \left(\ell_2 + \ell_3\right) & \ell_3 \\
0 & \ell_3 & 2 \cdot \left(\ell_3 + \ell_4\right)
\end{bmatrix}
\qquad
b := \begin{pmatrix}
-R_1 \cdot \ell_1 - L_2 \cdot \ell_2 \\
-R_2 \cdot \ell_2 - L_3 \cdot \ell_3 \\
-R_3 \cdot \ell_3 - L_4 \cdot \ell_4
\end{pmatrix}
$$

$$
A = \begin{pmatrix} 10 & 3 & 0 \\ 3 & 10 & 2 \\ 0 & 2 & 6 \end{pmatrix} m
\qquad
b = \begin{pmatrix} -47.93 \\ -47.83 \\ -9 \end{pmatrix} m \, kN \cdot m
\qquad \boxed{A \cdot M = b}
$$

<u>Lösung</u> $\boxed{M := A^{-1} \cdot b}$ $M_1 = -3.71 \, kN \cdot m$ $M_2 = -3.61 \, kN \cdot m$ $M_3 = -0.30 \, kN \cdot m$

===

Eine formalisierte Anwendungsdatei für spezielle Belastungsglieder ist CLAPEYRON2.MCD.

Der gesamte Formelapparat befindet sich auf dem Arbeitsblatt in einer ausgeblendeten Region zwischen Eingabefeld und Ausgabevektor. Eine Region kann unter dem Menüpunkt Einfügen/Region und Format/Region erstellt und bearbeitet werden.

Das Arbeitsblatt für das obige Beispiel hat hier folgende Form

Stützenmomente eines Durchlaufträgers (Berechnung nach Clapeyron)

Belastungsfälle

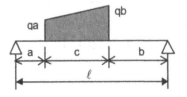 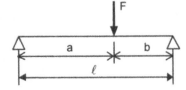

Eingabevorschrift Jede Zeile enthält die Werte für ein Feld. Eine Steckenlast und beliebig viele Einzellasten je Feld möglich.

1	2	3	4	5	6	7	8	9	usw
ℓ	qa	qb	a	c	F1	a1	F2	a2	
m	kN/m	kN/m	m	m	kN	m	kN	m	

Anzahl der Felder: n := 4

T :=

	1	2	3	4	5	6	7	8	9
1	2	0	4	0	2	0	0		
2	3	4	4	0	3	5	1		
3	2	0	0	0	0	5	1		
4	1	0	0	0	0	4	0.5		
5	0	0	0	0	0	0	0		
6									

Ausgabe der Stützenmomente

Momente =	0	1	2	3	4	kNm
0	0.00	-3.71	-3.61	-0.30	0.00	

Die Formel für das Belastungsglied einer stückweisen Trapezlast ist in den einschlägigen Tabellenwerken nicht enthalten. Wir führen sie hier an, weil viele Spezialfälle in ihr ethalten sind.

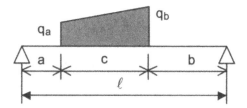

$$L = \frac{c}{60 \cdot \ell^2} \cdot \left(q_a \cdot f(a,b) + q_b \cdot g(a,b) \right)$$

$$R = \frac{c}{60 \cdot \ell^2} \cdot \left(q_a \cdot g(b,a) + q_b \cdot f(b,a) \right)$$

mit $\quad f(x,y) = 8 \cdot c^3 + 10 \cdot x \cdot (3 \cdot y + 2 \cdot c) \cdot (2 \cdot \ell - x) + 5 \cdot y \cdot c \cdot (4 \cdot y + 5 \cdot c)$

$\quad\quad g(x,y) = 7 \cdot c^3 + 10 \cdot x \cdot (3 \cdot y + c) \cdot (2 \cdot \ell - x) + 5 \cdot y \cdot c \cdot (8 \cdot y + 7 \cdot c).$

5.2.2. Auflage- und Stabkräfte im Fachwerk

Die Ermittlung der Stabkräfte und Auflagekräfte eines statisch bestimmten Fachwerks erfolgt aus dem Ansatz, dass in jedem Knoten Kräftegleichgewicht herrscht. Das Kräftegleichgewicht in jedem (freigeschnittenen) Knoten ist durch eine Vektorgleichung beschreibbar: die Summe aller im Knoten angreifenden Stabkräfte, Auflagekräfte und äußeren Kräfte ist der Nullvektor. Diese Vektorgleichung kann in zwei Gleichungen, für die Horizontal- bzw. Vertikalkomponenten, zerlegt werden. Für n Knoten ergeben sich 2n Gleichungen. Ist die Anzahl der Stäbe in dem Fachwerk gleich m, so werden (bei bekannten äußeren Kräften) mit den Auflagekräften Ah, Av, Bv zusammen m+3 Kräfte gesucht. Das entstehende Gleichungssystem hat eine quadratische Koeffizientenmatrix, wenn m+3 = 2n ist. Dies ist eine <u>notwendige</u> Bedingung für das statisch bestimmte Fachwerk.

Die dem Gleichungssystem entsprechende Matrizengleichung lautet

$$\mathbf{A} \cdot \mathbf{S} + \mathbf{F} = \mathbf{0} \quad \text{mit der Lösung} \quad \mathbf{S} = \mathbf{A}^{-1} \cdot (-\mathbf{F}).$$

$\mathbf{S} = \begin{pmatrix} S_1 & S_2 & \cdots & S_m & A_h & A_v & B_v \end{pmatrix}^T$ ist der Vektor der gesuchten Stab- und Auflagerkräfte.

$\mathbf{F} = \begin{pmatrix} F_{x1} & F_{y1} & \cdots & F_{xn} & F_{yn} \end{pmatrix}^T$ ist der Vektor der an den Knoten angreifenden äußeren Kräfte. Deren Vorzeichen sind entsprechend den Richtungen im Koordinatensystem zu wählen.

A enthält je Knoten zwei Zeilen, in denen die Koordinaten der vom Knoten ausgehenden Stabeinheitsvektoren $\mathbf{e}_{ik} = \begin{pmatrix} \cos(\alpha_{ik}) \\ \sin(\alpha_{ik}) \end{pmatrix}$ und die Achseneinheitsvektoren $\mathbf{e}_x = \begin{pmatrix} 1 \\ 0 \end{pmatrix}, \mathbf{e}_y = \begin{pmatrix} 0 \\ 1 \end{pmatrix}$ derart angeordnet sind, dass die Kräftebilanz erfüllt ist.

Für die Auflagekräfte gilt im Knoten A: $A_h \cdot \mathbf{e}_x$, $A_v \cdot \mathbf{e}_y$ und im Knoten B: $B_v \cdot \mathbf{e}_y$. Für die vom Knoten i zum Knoten k gerichtete Stabkraft im Stab j gilt

$$S_j \cdot \mathbf{e}_{ik} = \begin{pmatrix} S_j \cdot cos(\alpha_{ik}) \\ S_j \cdot sin(\alpha_{ik}) \end{pmatrix}, \quad \text{und von } k \text{ nach } i \text{ folgt} \quad S_j \cdot \mathbf{e}_{ki} = S_j \cdot (-\mathbf{e}_{ik}).$$

Ist $S_j > 0$, so weist die Stabkraft in Richtung der Einheitsvektoren und es entsteht Zug an den Knoten, für $S_j < 0$ Druck.

Das Beispiel der Datei FACHWERK.MCD enthält folgende Schritte:

1) Nummerierung der Knoten. Knoten 1 ist das feste Auflager A und Knoten n ist Auflager B. Ermittlung der kartesischen Koordinaten der Knoten $K^{<i>}$. Der Koordinatenursprung liegt im linken (festen) Auflager A.

2) Nummerierung der Stäbe und Angabe der Anfangs- und Endknoten i und k, $(i < k)$.

3) Festlegung der äußeren Horizontal- und Vertikalkräfte in den Knoten. Die Vorzeichen sind entsprechen den Richtungen im mathematisch orientierten Koordinatensystem zu wählen.

4) Berechnung der Einheitsvektoren: $\mathbf{e}_{ik} = \overrightarrow{K^{\langle i \rangle} K^{\langle k \rangle}}^0$, $\mathbf{e}_{ki} = -\mathbf{e}_{ik}$.

5) Festlegung des Vektors $\mathbf{S}$. Aufstellen von $\mathbf{A}$ und $\mathbf{F}$.

6) Lösen der Matrizengleichung $\mathbf{S} = \mathbf{A}^{-1} \cdot (-\mathbf{F})$.

Für die Schritte 4) und 5) werden kleine Programme eingesetzt, die außerhalb des Druckbereichs angeordnet sind.

Ermittlung der Stabkräfte eines ebenen Fachwerkes

Knotenpunktverfahren für statisch bestimmte Fachwerke
Notwendige Bedingung: Anzahl der Stäbe + 3 = 2·Anzahl der Knoten

Wähle Nummerierung der Knoten so, dass das feste Auflager A Knoten 1 und Lager B Knoten n ist.

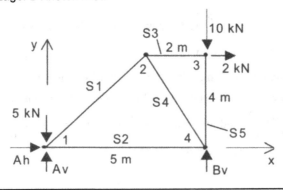

Eingabe

Knoten $K :=$

	1	2	3	4
1	0	3	5	5
2	0	4	4	0

Nummer Knoten
x-Koordinate
y-Koordinate

Anzahl der Knoten $n :=$ spalten (K) $n = 4$

Stäbe $S :=$

	1	2	3	4	5
1	1	1	2	2	3
2	2	4	3	4	4

Nummer Stab
Anfangsknoten
Endknoten

Anzahl der Stäbe $m :=$ spalten (S) $m = 5$

Kräfte in kN $F :=$

	1	2	3	4
1	0	0	2	0
2	-5	0	-10	0

Nummer Knoten
Horizontalkraft
Vertikalkraft

Ansatz

> In jedem Knoten ist die Summe der Kräfte gleich Null.
> Die Summe ist eine Vektorsumme und kann in zwei Gleichungen für
> Horizontal- und Vertikalkomponenten zerlegt werden.
> Die Gleichungen aller Knoten werden zu einer Matrizengleichung.

Beispiel
Knoten 1:

$$S_1 \cdot \begin{pmatrix} 0.6 \\ 0.8 \end{pmatrix} + S_2 \cdot \begin{pmatrix} 1 \\ 0 \end{pmatrix} + Ah \cdot \begin{pmatrix} 1 \\ 0 \end{pmatrix} + Av \cdot \begin{pmatrix} 0 \\ 1 \end{pmatrix} + \begin{pmatrix} 0 \\ -5kN \end{pmatrix} = \begin{pmatrix} 0 \\ 0 \end{pmatrix}$$

Die Spaltenvektoren sind Einheitsvektoren $\begin{pmatrix} \cos(\alpha) \\ \sin(\alpha) \end{pmatrix}$.

Berechnung

Stabeinheitsvektoren Für Knoten $k > i$ gilt: Der Einheitsvektor $e_{ki} = -e_{ik}$

Nummer i
$\cos(\alpha_i)$
$\sin(\alpha_i)$

$V =$

	1	2	3	4	5
1	0.6	1	1	0.45	0
2	0.8	0	0	-0.89	-1

Die Cosinus- und Sinusfaktoren in V können auch aus der Geometrie des Stabwerks ermittelt werden. Es entfällt die Eingabe der Knotenkoordinaten. Die Matrix **A** muss dann aber manuell erstellt werden. Das Arbeitsblatt verliert an Variabilität.

Koeffizientenmatrix **A**   m+3 Spalten: Stäbe **S** $_i$ und Ah , Av , Bv

2·n Zeilen: cos- und sin-Faktoren der Kräfte in den Knoten

Kraftvektor **F**
(rechte Seite der Matrizengleichung)

$$
A = \begin{array}{|c|c|c|c|c|c|c|c|}
\hline
0.6 & 1 & 0 & 0 & 0 & 1 & 0 & 0 \\
\hline
0.8 & 0 & 0 & 0 & 0 & 0 & 1 & 0 \\
\hline
-0.6 & 0 & 1 & 0.45 & 0 & 0 & 0 & 0 \\
\hline
-0.8 & 0 & 0 & -0.89 & 0 & 0 & 0 & 0 \\
\hline
0 & 0 & -1 & 0 & 0 & 0 & 0 & 0 \\
\hline
0 & 0 & 0 & 0 & -1 & 0 & 0 & 0 \\
\hline
0 & -1 & 0 & -0.45 & 0 & 0 & 0 & 0 \\
\hline
0 & 0 & 0 & 0.89 & 1 & 0 & 0 & 1 \\
\hline
\end{array}
\qquad
F = \begin{array}{|c|}
\hline
0 \\
\hline
-5 \\
\hline
0 \\
\hline
0 \\
\hline
2 \\
\hline
-10 \\
\hline
0 \\
\hline
0 \\
\hline
\end{array} \; kN
$$

Vektor der gesuchten Kräfte   Matrizengleichung

$$ S^T = \begin{pmatrix} S_1 & S_2 & .... & S_m & Ah & Av & Bv \end{pmatrix} \qquad \boxed{A \cdot S + F = 0} \quad \boxed{S := A^{-1} \cdot (-F)} $$

Ergebnis

$$ S^T = $$

	1	2	3	4	5	6	7	8	
1	2.00	0.80	2.00	-1.79	-10.00	-2.00	3.40	11.60	kN

S $_i$ > 0 ----> vom Knoten weg: **Zugstab**, S $_i$ < 0 ----> zum Knoten hin: **Druckstab**

Einzelwerte abfragen : $Ah := S_{m+1}$ $Av := S_{m+2}$ $Bv := S_{m+3}$

$Ah = -2\,kN$ $Av = 3.4\,kN$ $Bv = 11.6\,kN$

$S_4 = -1.789\,kN$

Das Arbeitsblatt wird weitgehend formalisiert, wenn nur der Eingabeblock und das Ergebnis dargestellt werden. Die Rechnung ist verborgen, d. h. die Mathematik wirkt im „Hintergrund".

In der Datei FACHWERK2.MCD ist dies ausgeführt.

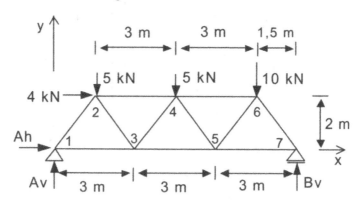

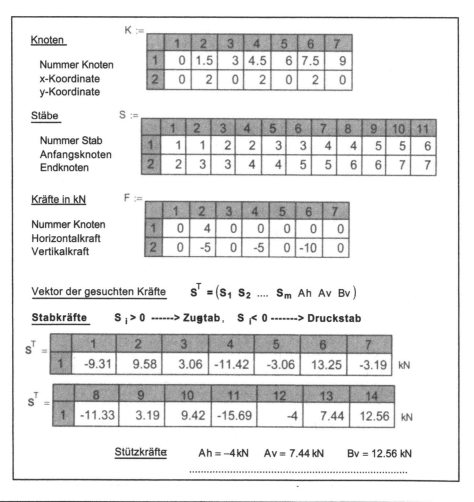

Knoten   K :=

	1	2	3	4	5	6	7
1	0	1.5	3	4.5	6	7.5	9
2	0	2	0	2	0	2	0

Nummer Knoten
x-Koordinate
y-Koordinate

Stäbe   S :=

	1	2	3	4	5	6	7	8	9	10	11
1	1	1	2	2	3	3	4	4	5	5	6
2	2	3	3	4	4	5	5	6	6	7	7

Nummer Stab
Anfangsknoten
Endknoten

Kräfte in kN   F :=

	1	2	3	4	5	6	7
1	0	4	0	0	0	0	0
2	0	-5	0	-5	0	-10	0

Nummer Knoten
Horizontalkraft
Vertikalkraft

Vektor der gesuchten Kräfte $S^T = (S_1 \ S_2 \ .... \ S_m \ Ah \ Av \ Bv)$

Stabkräfte $S_i > 0$ ------> Zugtab, $S_i < 0$ -------> Druckstab

$S^T =$

	1	2	3	4	5	6	7
1	-9.31	9.58	3.06	-11.42	-3.06	13.25	-3.19	kN

$S^T =$

	8	9	10	11	12	13	14
1	-11.33	3.19	9.42	-15.69	-4	7.44	12.56	kN

Stützkräfte   Ah = –4 kN   Av = 7.44 kN   Bv = 12.56 kN

Für Mathcad-Interessenten geben wir die Berechnungsprogramme an:

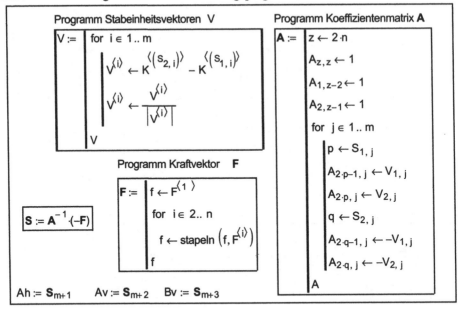

$$\text{Ah} := \mathbf{S}_{m+1} \qquad \text{Av} := \mathbf{S}_{m+2} \qquad \text{Bv} := \mathbf{S}_{m+3}$$

Die Forderung $m+3 = 2n$ zwischen der Stabzahl m und der Knotenzahl n sichert nur, dass die Koeffizientenmatrix $\mathbf{A}$ quadratisch ist, aber garantiert nicht deren Regularität. Ein Fachwerk, dass die Forderung erfüllt, muss nicht statisch bestimmt sein.

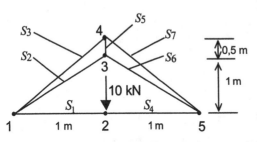

Für das abgebildete bekannte Beispiel ist

$$m + 3 = 10 = 2n.$$

Im Knoten 2 ist die Kräftebilanz

$$S_1 \cdot \begin{pmatrix} 0 \\ -1 \end{pmatrix} + S_4 \cdot \begin{pmatrix} 0 \\ 1 \end{pmatrix} = - \begin{pmatrix} 0 \\ -10\,kN \end{pmatrix}.$$

Für die Horizontalkomponente entsteht eine Nullzeile in der Matrix $\mathbf{A}$; diese ist also singulär.

Das Fachwerk ist der Grenzfall mit „unendlich großen" Stabkräften S_1, S_4. Durch infinitesimale Verschiebung des Knotens 2 aus der Horizontalen kann man beliebig große Stabkräfte S_1, S_4 „erzeugen". Für eine vertikale Abweichung von $+\,0{,}001$ m folgt aus der Mathcad-Datei:

	$\lvert \mathbf{A} \rvert = 3.077 \times 10^{-4}$	$\text{cond2}(\mathbf{A}) = 10480$	$\log(\text{cond2}(\mathbf{A})) = 4.02$
	$\mathbf{S} := \mathbf{A}^{-1} \cdot (-\mathbf{F})$	$S_1 = -5000\text{kN}$	$S_4 = -5000\text{kN}$
$\text{TOL} := 10^{-3}$	$\underline{\mathbf{S}} := \text{geninv}(\mathbf{A}) \cdot (-\mathbf{F})$	$\underline{S}_1 = -0\text{kN}$	$\underline{S}_4 = -0\text{kN}$
$\text{TOL} := 10^{-6}$	$\underline{\mathbf{S}} := \text{geninv}(\mathbf{A}) \cdot (-\mathbf{F})$	$\underline{S}_1 = -5000\text{kN}$	$\underline{S}_4 = -5000\text{kN}$

Die Matrix ist fast singulär und schlecht konditioniert. Unabhängig von statischen sind auch numerische Bedenken angebracht. Die Konditionszahl fordert vom Rechenverfahren zumindest eine 4-stellige Genauigkeit. Die Matrizeninversion erfolgt mit ca. 15-stelliger Genauigkeit. Für die Ermittlung der verallgemeinerten Inversen genügt hier eine Abbruchtoleranz TOL = 10^{-6}; hingegen führt die (voreingestellte!) Toleranz TOL = 10^{-3} zu völlig anderen Ergebnissen.

5.3. Nichtlineare Gleichungssysteme

5.3.1 Allgemeine Beschreibung

Ein Gleichungssystem mit m Gleichungen und n Variablen kann generell auf folgende <u>Normalform</u> gebracht werden:

$$\begin{vmatrix} f_1(x_1,x_2,\cdots,x_n) & = & 0 \\ f_2(x_1,x_2,\cdots,x_n) & = & 0 \\ \vdots & & \\ f_m(x_1,x_2,\cdots,x_n) & = & 0 \end{vmatrix} \quad \text{bzw.} \quad \mathbf{F}(\mathbf{x}) = \begin{pmatrix} f_1(\mathbf{x}) \\ f_2(\mathbf{x}) \\ \vdots \\ f_m(\mathbf{x}) \end{pmatrix} = 0 \quad \text{mit} \quad \mathbf{x} = \begin{pmatrix} x_1 \\ x_2 \\ \vdots \\ x_n \end{pmatrix}.$$

Für das System der hier nichtlinearen Gleichungen $f_i(\mathbf{x}) = 0$ werden Lösungsvektoren $\mathbf{x}$ gesucht.

Gleichungssysteme, in denen die gesuchten Variablen nicht nur linear auftreten, sind im Vergleich zu den linearen Systemen wesentlich schwieriger zu lösen. Nur in wenigen Fällen lassen sich die Gleichungen nach den Variablen auflösen. Nach Möglichkeit wird durch Elimination von Variablen schrittweise die Zahl der Gleichungen reduziert. Selbst wenn dieser Weg für bestimmte Gleichungssysteme möglich ist, behindern häufig Fallunterscheidungen und komplizierte algebraische Ausdrücke dieses Vorgehen. Sollte es gelingen, das System auf Gleichungen zurückzuführen, in denen jeweils nur eine Variable enthalten ist, so sind diese Gleichungen selten elementar lösbar, wie im Kapitel 3 dargelegt wurde. Die Möglichkeiten und Grenzen des Einsatz des Computeralgebrasystems Mathcad zum exakten Auflösen eines Gleichungssystems sind durch eigene Versuche auszuloten, analog zu den Beispielen im Abschnitt **5.3.2**.

Nichtlineare Gleichungssysteme sind also in der Regel nur mittels Näherungsverfahren lösbar. Da das globale Verhalten eines nichtlinearen Gleichungssystems äußerst schwer überschaubar ist, haben diese Verfahren vorrangig lokalen Charakter, d. h. es werden einzelne Lösungen iterativ approximiert. Im Abschnitt **5.3.3** gehen wir auf einige wichtige Verfahren ein. Diese liegen in modifizierter Form auch den numerischen Lösungsroutinen von Mathcad zugrunde, deren Einsatz im Abschnitt **5.3.4** dargestellt wird. Die nichtlinearen Näherungsverfahren werden u. a. in FAIRES/BURDEN[10] und ROOS/SCHWETLICK[24] behandelt.

5.3.2 Auflösen eines Gleichungssystems mittels Mathcad

Das Auflösen eines Gleichungssystems erfolgt in Mathcad mit dem Symbolprozessor und dem Auswertungspfeil. Die generelle Struktur zeigt das folgende Beispiel.

Lösen eines Gleichungssytems mit dem Symbolpfeil $\begin{pmatrix} \blacksquare \\ \blacksquare \\ \blacksquare \end{pmatrix}$, auflösen , $(\blacksquare \ \blacksquare \ \blacksquare) \rightarrow$

Gleichungen in einen Vektor schreiben. Symbolisches (fettes) Gleichheitszeichen benutzen.
Die Lösungen erscheinen (stets) als Zeilenvektoren in einer Lösungsmatrix.

$$L(a) := \begin{pmatrix} 3 \cdot x + y - z = a \\ 4 \cdot x^2 \cdot y^2 = 1 \\ x - y + z = a \end{pmatrix} \text{ auflösen } , (x \ y \ z) \rightarrow \begin{bmatrix} \frac{1}{2} \cdot a & \frac{1}{a} & \frac{1}{2} \frac{(a^2 + 2)}{a} \\ \frac{1}{2} \cdot a & \frac{-1}{a} & \frac{1}{2} \frac{(a^2 - 2)}{a} \end{bmatrix}$$

$$L(1) = \begin{pmatrix} 0.50 & 1.00 & 1.50 \\ 0.50 & -1.00 & -0.50 \end{pmatrix} \qquad L(0) = \blacksquare \text{ Singularität}$$

Man erkennt:

Das Gleichungssystem muss nicht in Normalform gegeben zu sein. Es werden verschiedene Lösungsvektoren ermittelt. Die Lösungen können freie Parameter enthalten. Dies kann auch interpretiert werden als Lösung eines unterbestimmten Gleichungssystems (hier mit 3 Gleichungen und 4 Variablen x, y, z, a). Wir haben im Abschnitt **5.1.3** davon Gebrauch gemacht.

Im obigen Beispiel ist die Lösungsmenge vollständig, denn aus den beiden linearen Gleichungen folgt $2x = a$ und die zweite Gleichung liefert wegen $a^2 \cdot y^2 = 1$ die zwei Alternativen für y.

Im nebenstehenden Beispiel werden nur vier partikuläre Lösungen (x_p, y_p) angeboten.

($x_p + 2n\pi$, $y_p + 2m\pi$) mit beliebig ganzzahligen n, m sind aufgrund der Periodizität der Winkelfunktionen ebenfalls Lösungen.

$$L := \begin{pmatrix} \sin(x) + \cos(y) = 1 \\ \sin(x + y) = 0 \end{pmatrix} \text{ auflösen}, (x \ y) \rightarrow \begin{pmatrix} 0 & 0 \\ \pi & 0 \\ \frac{1}{2}\pi & \frac{1}{2}\cdot\pi \\ \frac{1}{2}\pi & \frac{-1}{2}\cdot\pi \end{pmatrix}$$

Für das folgende System in Normalform genügt es, nur die linken Seiten einzugegeben.

$$L := \begin{pmatrix} x - \exp(y) - 1 \\ 2 \cdot \sin(x)^2 - y \end{pmatrix} \text{ auflösen} , (x \ y) \rightarrow (2.39055 - 1.21011 \cdot i \quad .611594 + 5.56706 \cdot i)$$

Das System ist nicht nach x, y auflösbar.

Der Symbolprozessor wechselt zu der numerischen Auswertung und bietet eine komplexe Lösung an:

$$\begin{pmatrix} x \\ y \end{pmatrix} \approx \begin{pmatrix} 2.39 + 1.21 \cdot i \\ 0.61 + 5.57 \cdot i \end{pmatrix}.$$

Die Grafik zeigt aber, dass reelle Lösungen existieren.

Die Schnittpunktkoordinaten können als Startwerte für iterative Lösungsverfahren dienen.

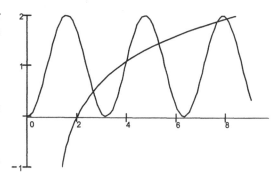

5.3.3 Näherungsverfahren

5.3.3.1 Das Newton-Verfahren

In Verallgemeinerung des eindimensionalen Newton-Verfahrens ergibt sich für das in Normalform gegebene quadratische Gleichungssystem ($m = n$) folgende Iterationsformel:

$$\mathbf{x_{i+1}} := \mathbf{x_i} - \mathbf{J}(\mathbf{x_i})^{-1} \cdot \mathbf{F}(\mathbf{x_i})$$

An die Stelle der Ableitung der Funktion $f(x)$ tritt in der Iterationsformel die <u>Jacobimatrix</u>.[1] Diese Funktionalmatrix $\mathbf{J}(\mathbf{x}) := \left(\dfrac{\partial f_i(\mathbf{x})}{\partial x_j} \right)$ enthält die partiellen Ableitungen der $f_i(\mathbf{x})$.

Existiert eine Lösung $\mathbf{x}$, so konvergiert die Folge der Näherungsvektoren $\mathbf{x_i} \to \mathbf{x}$, wenn die Jacobimatrix regulär, d. h. die Funktionaldeterminante $|\mathbf{J}(\mathbf{x})| \neq 0$ ist und der Startvektor $\mathbf{x_0}$ „genügend nahe" am Lösungsvektor liegt. In diesem Falle sind alle Matrizen $\mathbf{J}(\mathbf{x_i})$ regulär.

Das Verfahren konvergiert quadratisch; in jedem Iterationsschritt verdoppelt sich die Anzahl der gültigen Ziffern.

Für ein Iterationsprogramm können verschieden Abbruchbedingungen eingefügt werden:

a) Festlegung der Anzahl n der Iterationsschritte,

b) Festlegung einer Konvergenztoleranz ε für aufeinanderfolgende Näherungen $|\mathbf{x_{i+1}} - \mathbf{x_i}| < \varepsilon$,

c) Festlegung der Bedingungstoleranz δ, hier $|\mathbf{F}(\mathbf{x_i})| < \delta$ wegen der Bedingung $\mathbf{F}(\mathbf{x}) = \mathbf{0}$.

---

[1] C. G. J. JACOBI (1804 – 1851)

Wir wenden das Verfahren auf das letzte Beispiel im vorigen Abschnitt an. Ausgewählt wurde der linke Schnittpunkt mit dem Startvektor $\mathbf{x}_0^T = (2.5\,,\,0.5)$ und die Abbruchbedingung a).

Beispiel 1 (Datei NEWTON2D.MCD)

Newton-Verfahren für eine zweidimensionale Vektorfunktion   ORIGIN $:= 0$

Gesucht ist eine Lösung $\mathbf{x} = \begin{pmatrix} x \\ y \end{pmatrix}$ für $F(\mathbf{x}) = \begin{pmatrix} f1(x,y) \\ f2(x,y) \end{pmatrix} = \begin{pmatrix} 0 \\ 0 \end{pmatrix}$

$f1(x,y) := x - \exp(y) - 1$

$f2(x,y) := 2 \cdot \sin(x)^2 - y$ $F(x,y) := \begin{pmatrix} f1(x,y) \\ f2(x,y) \end{pmatrix} \rightarrow \begin{pmatrix} x - \exp(y) - 1 \\ 2 \cdot \sin(x)^2 - y \end{pmatrix}$

Jakobi- (Funktional-) Matrix

$$J(x,y) := \begin{pmatrix} \dfrac{\partial}{\partial x} f1(x,y) & \dfrac{\partial}{\partial y} f1(x,y) \\ \dfrac{\partial}{\partial x} f2(x,y) & \dfrac{\partial}{\partial y} f2(x,y) \end{pmatrix} \rightarrow \begin{pmatrix} 1 & -\exp(y) \\ 4 \cdot \sin(x) \cdot \cos(x) & -1 \end{pmatrix}$$

Anfangsnäherung

$\begin{pmatrix} x_0 \\ y_0 \end{pmatrix} := \begin{pmatrix} 2.5 \\ 0.5 \end{pmatrix}$ $F(x_0, y_0) = \begin{pmatrix} -0.148721 \\ 0.216338 \end{pmatrix}$ $J(x_0, y_0) = \begin{pmatrix} 1 & -1.648721 \\ -1.917849 & -1 \end{pmatrix}$

$$|J(x_0, y_0)| = -4.16$$

Newton-Iteration $\boxed{x_i = x_{i-1} - J(x_{i-1})^{(-1)} \cdot F(x_{i-1})}$ $n := 4$ $i := 0 .. n - 1$

$\begin{pmatrix} x_{i+1} \\ y_{i+1} \end{pmatrix} := \begin{pmatrix} x_i \\ y_i \end{pmatrix} - J(x_i, y_i)^{(-1)} \cdot F(x_i, y_i)$ $F_0 := |F(x_0, y_0)|$

$F_{i+1} := |F(x_{i+1}, y_{i+1})|$

Iterationen   Iterationen $:=$ erweitern(x, y, F)

Iterationen $=$

i	x	y	|F|
	0	1	2
0	2.500000000	0.500000000	0.262526316
1	2.621432558	0.483448559	0.010609721
2	2.626021295	0.486139723	0.000022210
3	2.626032035	0.486142713	0.000000000
4	2.626032036	0.486142713	0.000000000

Die Jacobimatrix ist regulär und nach 3 Näherungen ist der Lösungsvektor mit $2^3 = 8$ Dezimalstellen Genauigkeit ermittelt. Für $\delta = 0.001$ genügten schon 2 Näherungen.

Für ein Gleichungssystem mit 3 Variablen gestaltet sich der Ablauf analog. Die Iteration erfolgt hier mit einem kleinen Programm newton3d (n, ε), das die Abbruchbedingungen a) und b) enthält.

Beispiel 2 (Datei NEWTON3D.MCD)

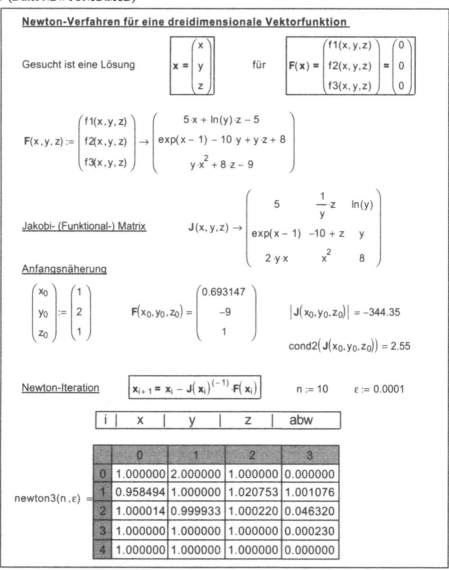

Die Güte des Newtonverfahrens zeigt sich im Vergleich mit anderen Iterationsverfahren. Von Bedeutung ist jedoch die Wahl eines guten Startvektors. Einigen Aufwand macht allerdings die Berechnung der Jacobi-Inversen in jedem Iterationsschritt.

Unter Verzicht auf die quadratische Konvergenz ersetzt man gelegentlich diese Inversen durch die einmal berechnete Inverse $J(x_0)^{-1}$. Eine weitere Möglichkeit ist die Verwendung von Differenzen statt der partiellen Ableitungen ähnlich dem Sekantenverfahren im eindimensionalen Fall. Diese Variante gehört zur Klasse der Quasi-Newtonverfahren.

5.3.3.2 Das gewöhnliche Iterationsverfahren

Das Gleichungssystem sei quadratisch ($n = m$) und in der „Fixpunktform" gegeben.

$$\begin{vmatrix} x_1 &=& g_1(x_1, x_2, \cdots, x_n) \\ x_2 &=& g_2(x_1, x_2, \cdots, x_n) \\ \vdots & & \\ x_n &=& g_n(x_1, x_2, \cdots, x_n) \end{vmatrix} \quad \text{bzw.} \quad x = G(x) = \begin{pmatrix} g_1(x) \\ g_2(x) \\ \vdots \\ g_n(x) \end{pmatrix}.$$

Das Iterationsverfahren $\boxed{x_{i+1} := G(x_i)}$ ist konvergent $x_i \to x$ für anziehende Fixpunkte x und wenn der Startvektor x_0 genügend nahe am Fixpunkt liegt.

Die Lösung x des Gleichungssystems ist ein anziehender Fixpunkt, wenn die Norm der Jacobi-Matrix $\left\| J(x) \right\| = \left\| \left(\dfrac{\partial g_i(x)}{\partial x_j} \right) \right\| < 1$ ist. Für genügend nahe Startwerte gilt dann $\left\| J(x_0) \right\| < 1$.

Wir verwenden wieder die Spektralnorm $\| J \|_2 = \text{norm2}(J)$.

Im Beispiel 1 formen wir das gegeben Gleichungssystem, mit dem Ziel eine kleine Norm zu erhalten, durch Addition von $10 \cdot x$ bzw. $10 \cdot y$ auf beiden Seiten der betreffenden Gleichungen um:

$$x = \frac{1}{10} \cdot \left(11 \cdot x - exp(x) - 1 \right), \quad y = \frac{1}{10} \cdot \left(2 \cdot sin(x)^2 - 9 \cdot y \right) \text{ und verwenden den Startwert wie oben.}$$

$$J(x,y) \to \begin{pmatrix} \dfrac{11}{10} & \dfrac{-1}{10} \cdot exp(y) \\ \dfrac{2}{5} \cdot sin(x) \cdot cos(x) & \dfrac{-9}{10} \end{pmatrix}$$

$$norm2 \left(J(x_0, y_0) \right) = 1.324$$

$$norm2 \left(J(x_n, y_n) \right) = 1.153$$

$$M =$$

i	x	y	abw
0		1	2
18	31.717106	0.451635	3.033394
19	34.631728	-0.388872	3.377445
20	37.927119	0.351084	3.610895

Das Verfahren ist dennoch nicht konvergent, weil die Norm der Jacobimatrix stets größer als 1 ist. Der Fixpunkt ist nicht anziehend. Angezeigt sind die 18. bis 20. Iteration.

Im Beispiel 2 sind die Gleichungen nach x, y, z umgestellt. Mit dem gleichen Startwert wie im Newtonverfahren wird die Abweichung $|\mathbf{x}_{i+1} - \mathbf{x}_i| < \varepsilon = 0.0001$ erst nach 7 Iterationen erreicht.

Datei ITERATION3D.MCD

Iterationsverfahren für eine dreidimensionale Vektorfunktion

$$\mathbf{G}(x,y,z) := \begin{pmatrix} g1(x,y,z) \\ g2(x,y,z) \\ g3(x,y,z) \end{pmatrix} \rightarrow \begin{pmatrix} 1 - \dfrac{1}{5}\cdot\ln(y)\cdot z \\ \dfrac{4}{5} + \dfrac{1}{10}\cdot\exp(x-1) + \dfrac{1}{10}\cdot y\cdot z \\ \dfrac{9}{8} - \dfrac{1}{8}\cdot y\cdot x^2 \end{pmatrix}$$

Jakobi- (Funktional-) Matrix $\quad \mathbf{J}(x,y,z) \rightarrow \begin{bmatrix} 0 & \dfrac{-1}{(5\cdot y)}\cdot z & \dfrac{-1}{5}\cdot\ln(y) \\ \dfrac{1}{10}\cdot\exp(x-1) & \dfrac{1}{10}\cdot z & \dfrac{1}{10}\cdot y \\ \dfrac{-1}{4}\cdot x\cdot y & \dfrac{-1}{8}\cdot x^2 & 0 \end{bmatrix}$

Anfangsnäherung

$$\begin{pmatrix} x_0 \\ y_0 \\ z_0 \end{pmatrix} := \begin{pmatrix} 1 \\ 2 \\ 1 \end{pmatrix} \quad \mathbf{G}(x_0, y_0, z_0) = \begin{pmatrix} 0.861371 \\ 1.1 \\ 0.875 \end{pmatrix} \quad \text{norm2}\left(\mathbf{J}(x_0, y_0, z_0)\right) = 0.53$$

Fixpunkt -Iteration $\qquad \boxed{\mathbf{x}_{i+1} = \mathbf{G}(\mathbf{x}_i)} \qquad n := 10 \qquad \varepsilon := 0.0001$

iterationen $(n, \varepsilon) =$

i	x	y	z	abw
	0	1	2	3
0	1.000000	2.000000	1.000000	0.000000
1	0.861371	1.100000	0.875000	0.919153
2	0.983321	0.983305	1.022981	0.224472
3	1.003445	0.998936	1.006153	0.030536
4	1.000214	1.000853	0.999271	0.007840
5	0.999830	1.000034	0.999840	0.001069
6	0.999993	0.999970	1.000038	0.000265
7	1.000006	1.000000	1.000005	0.000046

Die Iterationsvorschrift mit Abbruchbedingungen ist im Programm iterationen(n, ε) enthalten.

5.3.3.3 Gradientenverfahren

Ist $\mathbf{x}$ eine Lösung des Gleichungssystems $\mathbf{F}(\mathbf{x}) = \mathbf{0}$, so wird der Betrag $|\mathbf{F}(\mathbf{x})| = 0$. Darauf beruht analog zu den Darlegungen im Abschnitt **5.1.5** das Ziel, mit dem Ansatz der Methode der kleinsten Quadrate folgenden Ausdruck zu minimieren:

$$\Phi(\mathbf{x}) := |\mathbf{F}(\mathbf{x})|^2 = \sum_{i=1}^{m} f_i^2(x_1, x_2, \cdots, x_n) \Rightarrow min!$$

Für $m = 1$ und $n = 2$ ist das die Suche nach lokalen Minima einer Fläche. Es wird speziell ein Null-Minimum $\Phi(\mathbf{x}) = 0$ gesucht. Die Methode führt aber auch zu Nichtnull-Minima $\Phi(\mathbf{x}) > 0$. Ein Vorteil des Ansatzes bestehen darin, dass der Startvektor relativ weit vom dem Minimum entfernt sein kann. Wichtig ist aber auch seine Verwendbarkeit für überbestimmte Gleichungssysteme ($m > n$). Für diese wird eine beste Quadratmittel-Approximation gewonnen.

Der aus dem Ansatz gewonnene Algorithmus ist die Methode des steilsten Abstiegs. In jedem Iterationspunkt wird der entgegengesetzte Gradientenvektor

$$-grad(\Phi(\mathbf{x_i})) = -\left(\frac{\partial \Phi(\mathbf{x_i})}{\partial x_1}, \frac{\partial \Phi(\mathbf{x_i})}{\partial x_2}, \cdots, \frac{\partial \Phi(\mathbf{x_i})}{\partial x_n}\right)^T$$

bestimmt, der in Richtung des größten Fallens der Funktion $\Phi(\mathbf{x})$ weist. Mit „geeignetem" $\alpha > 0$ wird ein neuer Iterationspunkt festgelegt:

$$\mathbf{x_{i+1}} = \mathbf{x_i} - \alpha \cdot grad(\Phi(\mathbf{x_i})) \,, \quad \Phi(\mathbf{x_{i+1}}) < \Phi(\mathbf{x_i}).$$

Schrittweise steigt man so zum Minimum ab. Das Verfahren sei hier nicht ausgeführt. Es konvergiert langsam und wird deshalb zur Suche guter Startvektoren für schneller konvergierende Verfahren, z. B. dem Newtonverfahren eingesetzt. Der Levenberg-Marquardt-Algorithmus ist eine derartige Kombination beider Verfahren.

5.3.4 Numerische Lösungsroutinen in Mathcad

Die numerische Lösung eines nichtlinearen Gleichungssystems erfolgt in Mathcad in Form eines Lösungsblocks. Die Ausführung ist äußerst einfach; folgende Schritte sind auszuführen:

1) Gegebenenfalls die Toleranzen (TOL $\cong$ ε, CTOL $\cong$ δ) ändern.

2) Die Startwerte vorgeben.

3) Die Gleichungen zwischen den Schlüsselworten Vorgabe und suchen(x1, ... ,xn) = eintragen.

Die Lösung ist ein Spaltenvektor.

Klickt man das Schlüsselwort suchen( ) mit der rechten Maustaste an, so wird das verwendete Iterationsverfahren angezeigt.

Das Programm ermittelt automatisch, ob ein lineares oder nichtlineares System vorliegt und wählt das Verfahren abhängig von der Konvergenz aus. Der Anwender kann auch selbst das Verfahren vorgeben und weitere Optionen treffen. Zum Beispiel 1 ist die Auswahl angezeigt:

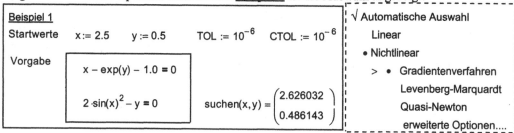

Die Lösung des Beispiels 2 erfolgt ebenfalls ohne Probleme. Durch Hinzufügen einer weiteren Gleichung wird anschließend ein überbestimmtes System erzeugt. Mathcad bietet dann statt suchen( ) die Funktion minfehl( ) zur Ermittlung eines Vektors mit minimaler Abweichung im Sinne der kleinsten Quadrate. Die Abweichung kann mit ERR abgerufen werden.

Beispiel 2

$$F(x,y,z) := \begin{pmatrix} f1(x,y,z) \\ f2(x,y,z) \\ f3(x,y,z) \\ f4(x,y,z) \end{pmatrix} \rightarrow \begin{pmatrix} 5 \cdot x + \ln(y) \cdot z - 5 \\ \exp(x-1) - 10 \cdot y + y \cdot z + 8 \\ y \cdot x^2 + 8 \cdot z - 9 \\ x^3 \cdot y + \dfrac{1}{z^4} \end{pmatrix}$$

Startwerte $x := 1$ $y := 2$ $z := 1$

a) Vorgabe $f1(x,y,z) = 0$ $f2(x,y,z) = 0$ $f3(x,y,z) = 0$

$\boxed{x := suchen(x,y,z)}$ $x^T = (1\ \ 1\ \ 1)$

$F(x_1, x_2, x_3)^T = (0\ \ 0\ \ -0\ \ 2)$ $|F(x_1, x_2, x_3)| = 2$

b) Vorgabe $f1(x,y,z) = 0$ $f2(x,y,z) = 0$ $f3(x,y,z) = 0$ $f4(x,y,z) = 0$

$\boxed{xm := minfehl(x,y,z)}$ $xm^T = (0.9064\ \ 0.9876\ \ 1.0536)$

$F(xm_1, xm_2, xm_3)^T = (-0.4812\ \ 0.0751\ \ 0.2398\ \ 1.5470)$

$|F(xm_1, xm_2, xm_3)| = 1.6395$ ERR = 1.6395

Mit geändertem Startwert $z = -1$ liefert suchen( ) zur Vorgabe a) den gleichen Lösungsvektor **x**. Dieser ist außerdem eine bessere Näherung für die Vorgabe b) als die von minfehl( ) angegebene! Die minfehl-Routine findet nur ein lokales Minimum in Nähe des Startwertes.

$x := 1$ $y := 2$ $z := -1$ $x^T = (1\ \ 1\ \ 1)$ $xm^T = (0.3222\ \ 0.7924\ \ -0.7220)$

$|F(1,2,-1)| = 20.0868$ $|F(x_1, x_2, x_3)| = 2$ $|F(xm_1, xm_2, xm_3)| = 15.4925$

5.3.5 Ein Beispiel: Außermittige Normalkraft

An einem kreisförmigen Querschnitt mit dem Radius r greift eine Normalkraft außermittig an. Ist der Angriffspunkt außerhalb der Kernfläche (= Kreisfläche mit dem Radius r/4), so wird der Querschnitt durch eine Nulllinie in einen unwirksamen und einen wirksamen Teil zerlegt. Es kann eine versagende Zugzone entstehen. Die Lage der Nulllinie und die größte Randspannung ist unter Gleichgewichtsbedingungen zwischen Druckspannungen und Druckkraft zu ermitteln.

Dies erfolgt mit Hilfe des Spannungskörpers. Der Spannungskörper ist in diesem Falle ein Huf (schräg angeschnittener Zylinder). Dessen Höhe entspricht der größten Randspannung und dessen Volumen der angreifenden Normalkraft, die unter Gleichgewichtsbedingungen durch den Schwerpunkt des Körpers geht.

Folgendes Problem ist zu lösen: Gegeben sind die Schwerpunktskoordinate e und das Volumen V des Hufs. Gesucht werden die Höhe h und der Nulllinienabstand a.

Das ist ein nichtlineares Gleichungssystem.

Die nachfolgenden Formeln gelten für $e \geq \dfrac{r}{4}$. Für e = r/4 erhält man a = r.

Beispiel: Längeneinheit cm. $r := 10$ $e := 4$ $V_0 := 50$

Es gilt für das Volumen des Spannungskörpers

$$V(a,h) := \frac{h}{r+a}\left[\left(\frac{2}{3} \cdot r^2 + \frac{1}{3} \cdot a^2\right)\sqrt{r^2 - a^2} + r^2 \cdot a \cdot \left(\frac{\pi}{2} + \operatorname{asin}\left(\frac{a}{r}\right)\right)\right]$$

und für die Schwerpunktkoordinate $e + a = \dfrac{S(a,h)}{V(a,h)}$ mit

$$S(a,h) := \frac{h}{r+a}\left[\left(\frac{13}{12} \cdot r^2 + \frac{1}{6} \cdot a^2\right) \cdot a \cdot \sqrt{r^2 - a^2} + \left(\frac{1}{4} \cdot r^2 + a^2\right)\left(\frac{\pi}{2} \cdot r^2 + r^2 \cdot \operatorname{asin}\left(\frac{a}{r}\right)\right)\right]$$

Startwerte $a := 0$ $h := \dfrac{3 \cdot V_0}{2 \cdot r^2}$ $h = 0.75$ (einfacher Huf)

Vorgabe

$$V(a,h) = V_0$$

$$S(a,h) = (e + a) \cdot V(a,h)$$

$\begin{pmatrix} a \\ h \end{pmatrix} := \operatorname{suchen}(a,h)$

Ergebnis $a = 5.12$ $h = 0.44$

============================ $V(a,h) = 50$

6 Differentialrechnung

6.1 Das Tangentenproblem

Ein zentrales Problem ist die Konstruktion von Tangenten an Kurven in einem Punkt P_0. Für den Sonderfall der Tangente an einen Kreis ist die Konstruktion aus der Geometrie bekannt. Im Kapitel „Funktionen und Kurven" wurde auch eine Vorschrift angegeben, wie man aus der Funktionsgleichung eines Kegelschnitts die Gleichung der Tangente erhält. Diese Vorgänge sollen nun auf eine beliebige Kurve mit der Funktionsgleichung $y = f(x)$ übertragen werden.

Wir wenden uns zuerst dem sogenannten „Tangentenproblem" zu. Gegeben ist die Funktion $y = f(x)$ und ein Punkt $P_0 (x_0, y_0)$ auf der Kurve, gesucht ist die Gleichung der Tangente in P_0. Eine Zeichnung klärt die Zusammenhänge.[1]

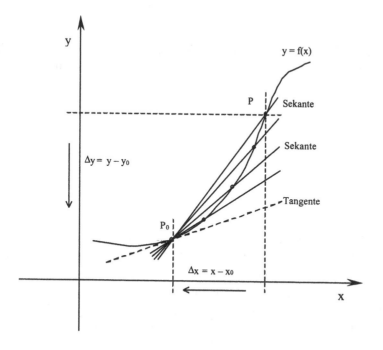

---

[1] Die Differentialrechnung wurde von I. NEWTON (1643 – 1727) und G. W. LEIBNIZ (1646 – 1716) begründet.

Die Formeln können aus der Zeichnung abgelesen werden:

für den Anstieg der Sekante: $m_S = \dfrac{\Delta y}{\Delta x} = \dfrac{y - y_0}{x - x_0} = \dfrac{f(x) - f(x_0)}{x - x_0}$

für den Anstieg der Tangente: $m_T = \lim\limits_{\Delta x \to 0} \dfrac{\Delta y}{\Delta x} = \lim\limits_{x \to x_0} \dfrac{y - y_0}{x - x_0} = \lim\limits_{x \to x_0} \dfrac{f(x) - f(x_0)}{x - x_0}$

Ein Beispiel: $y = f(x) = x^3$ und $P_0(2;\ 8)$ sind gegeben, der Tangentenanstieg ergibt sich zu:

$$m_T = \lim\limits_{x \to x_0} \frac{f(x) - f(x_0)}{x - x_0} = \lim\limits_{x \to 2} \frac{x^3 - 8}{x - 2} = \lim\limits_{x \to 2} (x^2 + 2 \cdot x + 4) = 12$$

Für einen beliebigen Punkt $P_0\,(x_0, y_0)$ erhält man eine spezielle Formel für m_T:

$$m_T = \lim\limits_{x \to x_0} \frac{f(x) - f(x_0)}{x - x_0} = \lim\limits_{x \to x_0} \frac{x^3 - x_0^3}{x - x_0} = \lim\limits_{x \to x_0} (x^2 + x_0 \cdot x + x_0^2) = 3 \cdot x_0^2$$

Damit ist es möglich, für einen beliebigen Punkt auf der Kurve sofort den Tangentenanstieg zu berechnen. Wenn man den ersten Teil dieser Formel benutzt, ist das der sogenannte

Differentialquotient $m_T = \lim\limits_{\Delta x \to 0} \dfrac{\Delta y}{\Delta x} = \dfrac{d y}{d x}\bigg|_{x = x_0}$

Dieser Sachverhalt führt auf den Gedanken, eine spezielle Funktion zu definieren, deren Werte der jeweilige Tantgentenanstieg ist. Diese Funktion wird „Ableitungsfunktion", kurz die „Ableitung", genannt und mit $f'(x)$ bezeichnet.

Für das Beispiel gilt damit, zur Funktion $f(x) = x^3$ gehört die Ableitung $f'(x) = 3 \cdot x^2$.

6.2 Die Ableitungen

Die grundlegende Aufgabe der Differentialrechnung ist die Ermittlung von Ableitungen. Üblicherweise werden zunächst die Ableitungen der elementaren Funktionen in eine Tabelle geschrieben und dann werden Regeln angegeben, wie man für komplizierte Funktionen die Ableitungen ermittelt. Diese Tätigkeit heißt „differenzieren".

Der Leser findet auf der folgende Seite eine kurze Tabelle für die Ableitungen und Regeln, ausführliche Darstellungen finden sich in einschlägigen Tabellenwerken. Erwähnt sei noch, dass Mathcad als Computeralgebra-System umfangreiche Möglichkeiten anbietet, selbst komplizierte Funktionen zu differenzieren wie anschließend dargestellt wird.

Tabelle wichtiger elementarer Ableitungen

Potenzfunktionen	$f(x) = x^n$	$f'(x) = n \cdot x^{n-1}$
	$f(x) = x^r$	$f'(x) = r \cdot x^{r-1}$
Trigonometrische Funktionen	$f(x) = \sin x$	$f'(x) = \cos x$
	$f(x) = \cos x$	$f'(x) = -\sin x$
	$f(x) = \tan x$	$f'(x) = \dfrac{1}{\cos^2 x}$
	$f(x) = \cot x$	$f'(x) = -\dfrac{1}{\sin^2 x}$
Exponentialfunktion	$f(x) = e^x$	$f'(x) = e^x$
Logarithmus-Funktion	$f(x) = \ln x$	$f'(x) = \dfrac{1}{x}$
Hyperbel-Funktionen	$f(x) = \sinh x$	$f'(x) = \cosh x$
	$f(x) = \cosh x$	$f'(x) = \sinh x$

Tabelle wichtiger Ableitungsregeln:

Summenregel	$s(x) = u(x) + v(x)$	$s'(x) = u'(x) + v'(x)$
Produktregel	$p(x) = u(x) \circ v(x)$	$p'(x) = u'(x) \cdot v(x) + u(x) \cdot v'(x)$
Quotientenregel	$q(x) = \dfrac{u(x)}{v(x)}$	$q'(x) = \dfrac{v \cdot u' - u \cdot v'}{v^2}$
Kettenregel	$k(x) = f(z(x))$	$k'(x) = f'(z) \cdot z'(x)$
Inverse Funktionen	$x = f^{-1}(y)$	$[f^{-1}(y)]' = \dfrac{1}{f'(x)}$

Höhere Ableitungen werden so gebildet: $f''(x) = (f')'$; $f'''(x) = (f'')'$ usw.

Die Verwendung der Differential-Operatoren in Mathcad

Gegeben ist eine Funktion f(x), gesucht die Ableitungsfunktion f'(x) :

$$f(x) := x^4 + 3 \cdot x^2 - 15 \qquad \frac{d}{dx} f(x) \rightarrow 4 \cdot x^3 + 6 \cdot x$$

$$f(x) := x^2 \cdot \cos(x) \qquad \frac{d}{dx} f(x) \rightarrow 2 \cdot x \cdot \cos(x) - x^2 \cdot \sin(x)$$

$$f(x) := e^x \cdot \sin(x) \qquad \frac{d}{dx} f(x) \; \text{sammeln}, e^x \rightarrow (\sin(x) + \cos(x)) \cdot \exp(x)$$

$$f(x) := \text{atan}(x) \qquad \frac{d}{dx} f(x) \rightarrow \frac{1}{\left(1 + x^2\right)}$$

Beispiel für eine Schwingung $\qquad s(t) := e^{-k \cdot t} \cdot \sin(\omega \cdot t + \phi)$

$$\frac{d}{dt} s(t) \; \text{sammeln}, e^{-k \cdot t} \rightarrow (-k \cdot \sin(\omega \cdot t + \phi) + \cos(\omega \cdot t + \phi) \cdot \omega) \cdot \exp(-k \cdot t)$$

Beispiel für eine Biegelinie:

$$w(x) := \frac{q \cdot \ell^4}{120 \cdot E \cdot J} \cdot \left(\frac{x^5}{\ell^5} - 3 \cdot \frac{x^3}{\ell^3} + 2 \cdot \frac{x^2}{\ell^2} \right) \qquad \frac{d}{dx} w(x) \rightarrow \frac{1}{120} \cdot q \cdot \frac{\ell^4}{(E \cdot J)} \cdot \left(5 \cdot \frac{x^4}{\ell^5} - 9 \cdot \frac{x^2}{\ell^3} + 4 \cdot \frac{x}{\ell^2} \right)$$

Höhere Ableitungen

$$g(x) := x^4 \cdot \sin(x) \qquad \frac{d}{dx} g(x) \rightarrow 4 \cdot x^3 \cdot \sin(x) + x^4 \cdot \cos(x)$$

$$\frac{d^2}{dx^2} g(x) \rightarrow 12 \cdot x^2 \cdot \sin(x) + 8 \cdot x^3 \cdot \cos(x) - x^4 \cdot \sin(x)$$

$$\frac{d^3}{dx^3} g(x) \; \text{sammeln}, \sin(x), \cos(x) \rightarrow \left(24 \cdot x - 12 \cdot x^3\right) \cdot \sin(x) + \left(36 \cdot x^2 - x^4\right) \cdot \cos(x)$$

$$\frac{d^4}{dx^4} g(x) \; \text{sammeln}, \sin(x), \cos(x) \rightarrow \left(24 - 72 \cdot x^2 + x^4\right) \cdot \sin(x) + \left(96 \cdot x - 16 \cdot x^3\right) \cdot \cos(x)$$

$$h(x) := \frac{x^4 - 3 \cdot x}{x^2 + 1} \qquad \frac{d}{dx} h(x) \; \text{vereinfachen} \rightarrow \frac{\left(2 \cdot x^5 + 4 \cdot x^3 + 3 \cdot x^2 - 3\right)}{\left(x^2 + 1\right)^2}$$

$$\frac{d^2}{dx^2} h(x) \; \text{vereinfachen} \rightarrow 2 \cdot x \cdot \frac{\left(x^5 + 3 \cdot x^3 + 6 \cdot x - 3 \cdot x^2 + 9\right)}{\left(x^2 + 1\right)^3}$$

6.3 Kurvenuntersuchung

Die Ableitungen geben wichtige Eigenschaften von Kurven wieder. Die erste Ableitung f'(x) stellt den Tangentenanstieg dar, die zweite Ableitung f''(x) beschreibt die Krümmung der Kurve.

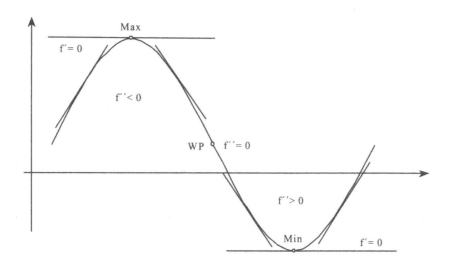

Besondere Punkte im Kurvenverlauf sind, neben den Schnittpunkten auf den Achsen, die Extrempunkte (Maxima und Minima) und Wendepunkte. Die Bedingungen zur Ermittlung lauten:

für Extrempunkte: $f'(x_E) = 0$; $f''(x_E) < 0$ bei Maximum, $f''(x_E) > 0$ bei Minimum ;

für Wendepunkte: $f''(x_W) = 0$ als notwendige Bedingung.

Die Bedingungen stellen jeweils Gleichungen dar, die mit den Methoden aus dem Kapitel „Gleichungen" gelöst werden können. Dabei sind nur die reellen Lösungen interessant.

Ein Anwendungsgebiet stellt die Untersuchung der Biegelinien w(x) von Trägern dar. Aus der Kenntnis der Biegelinie können so wichtige Punkte im Trägerverlauf ermittelt werden. Die Funktion w(x) wird einer Kurvendiskussion unterzogen, dabei interessieren allerdings nur die Punkte, die im Trägerverlauf $0 \leq x \leq \ell$ liegen.

Für den Ingenieur sind dabei Formeln für die maximale Duchbiegung besonders wichtig. Wir bringen nun ein Beispiel, das mit Mathcad aufbereitet ist. Es ist ein Träger, der beidseitig eingespannt ist und durch eine Dreieckslast auf Biegung beansprucht wird.

Gleichung einer Biegelinie

Träger mit Dreieckslast,
beidseitig eingespannt

$$w(x) := \frac{q_B \cdot \ell^4}{120 \cdot E \cdot J} \left(\frac{x^5}{\ell^5} - 3 \cdot \frac{x^3}{\ell^3} + 2 \cdot \frac{x^2}{\ell^2} \right)$$

maximale Durchbiegung bei w'(x) = 0 --->

$$\frac{d}{dx} w(x) = 0 \quad \begin{vmatrix} \text{auflösen}, x \\ \text{gleit}, 3 \end{vmatrix} \rightarrow \begin{pmatrix} 0 \\ \ell \\ .520 \cdot \ell \\ -1.52 \cdot \ell \end{pmatrix}$$

$x_E := 0.52 \cdot \ell \qquad w_{max} := w(x_E)$

$w_{max} \text{ gleit}, 3 \rightarrow 1.31 \cdot 10^{-3} \cdot q_B \cdot \dfrac{\ell^4}{(E \cdot J)}$

Lage der Wendepunkte bei w''(x) = 0 --->

$$\frac{d^2}{dx^2} w(x) = 0 \quad \begin{vmatrix} \text{auflösen}, x \\ \text{gleit}, 3 \end{vmatrix} \rightarrow \begin{bmatrix} (.808 + 1 \cdot 10^{-3} \cdot i) \cdot \ell \\ (-1.05 - 2 \cdot 10^{-3} \cdot i) \cdot \ell \\ (.235 + 2 \cdot 10^{-3} \cdot i) \cdot \ell \end{bmatrix}$$

$x_{W2} := 0.808 \cdot \ell$

$x_{W1} := 0.235 \cdot \ell$

Ein Zahlenbeispiel: $kN := 10^3 \cdot N$ $q_B := 10 \dfrac{kN}{m}$ $\ell := 600 \cdot cm$

$E := 20000 \cdot kN \cdot cm^{-2}$ $J := 1940 \cdot cm^4$ $k := \dfrac{q_B \cdot \ell^4}{120 \cdot E \cdot J}$ $k = 2.78\, cm$

Die Zeichnung: $w(x) := \dfrac{q_B \cdot \ell^4}{120 \cdot E \cdot J} \left(\dfrac{x^5}{\ell^5} - 3 \dfrac{x^3}{\ell^3} + 2 \dfrac{x^2}{\ell^2} \right)$ $x := 0, 0.05 \cdot m .. \ell$

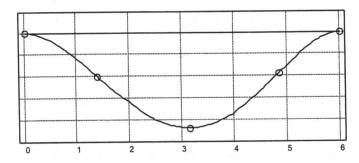

| 0 | 1 | 2 | 3 | 4 | 5 | 6 |

$x_{W1} := 0.235 \cdot \ell$ $xmax := 0.525 \cdot \ell$ $x_{W2} := 0.808 \cdot \ell$

$x_{W1} = 1.41\, m$ $xmax = 3.15\, m$ $x_{W2} = 4.85\, m$

$w(x_{W1}) = 0.20\, cm$ $w(xmax) = 0.44\, cm$ $w(x_{W2}) = 0.19\, cm$

6.4 Technische Bedeutung von Ableitungen

6.4.1 Zusammenhänge zwischen technischen Größen

Durch die ersten vier Ableitungen der Biegelinie w(x) kann man den Biegewinkel $\varphi(x)$, das Biegemoment M(x), die Querkraft Q(x) und die Belastung q(x) beschreiben.

Biegelinie für einen Träger mit Dreieckslast , beidseitig eingespannt

$$w(x) := \frac{q_B \cdot \ell^4}{120 \cdot E \cdot J}\left(\frac{x^5}{\ell^5} - 3 \cdot \frac{x^3}{\ell^3} + 2 \cdot \frac{x^2}{\ell^2}\right)$$

Die ersten 4 Ableitungen lauten: sie entsprechen den statischen Größen:

$$\frac{d}{dx}w(x) \to \frac{1}{120} \cdot q_B \cdot \frac{\ell^4}{(E \cdot J)} \cdot \left(5 \cdot \frac{x^4}{\ell^5} - 9 \cdot \frac{x^2}{\ell^3} + 4 \cdot \frac{x}{\ell^2}\right)$$

$\phi(x) := \frac{d}{dx}w(x)$ Biegewinkel

$$\frac{d^2}{dx^2}w(x) \to \frac{1}{120} \cdot q_B \cdot \frac{\ell^4}{(E \cdot J)}\left(20 \cdot \frac{x^3}{\ell^5} - 18 \cdot \frac{x}{\ell^3} + \frac{4}{\ell^2}\right)$$

$M(x) := E \cdot J \cdot \frac{d^2}{dx^2}w(x)$ Moment

$$\frac{d^3}{dx^3}w(x) \to \frac{1}{120} \cdot q_B \cdot \frac{\ell^4}{(E \cdot J)}\left(60 \cdot \frac{x^2}{\ell^5} - \frac{18}{\ell^3}\right)$$

$Q(x) := E \cdot J \cdot \frac{d^3}{dx^3}w(x)$ Querkraft

$$\frac{d^4}{dx^4}w(x) \to \frac{q_B}{(\ell \cdot E \cdot J)} \cdot x$$

$q(x) := E \cdot J \cdot \frac{d^4}{dx^4}w(x)$ Belastung

Daraus ergibt sich

- der Momentenverlauf : $M(x) = \frac{q_B \cdot \ell^2}{120} \circ \left[20 \cdot \left(\frac{x}{\ell}\right)^3 - 18 \cdot \left(\frac{x}{\ell}\right) + 4\right]$

- der Querkraftverlauf : $Q(x) = \frac{q_B \cdot \ell}{120} \circ \left[60 \cdot \left(\frac{x}{\ell}\right)^2 - 18\right]$

- die Belastung : $q(x) = \frac{q_B}{\ell} \cdot x$

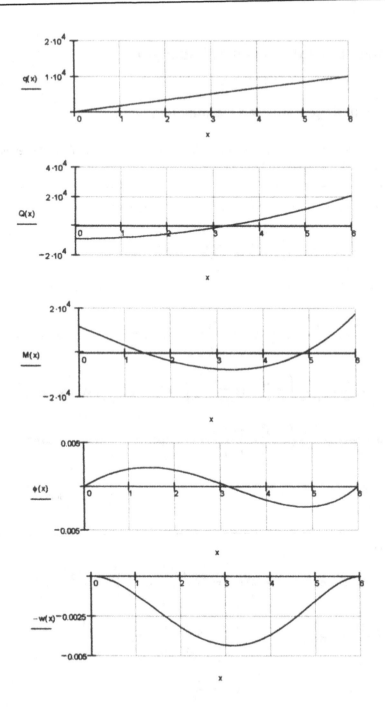

6.4.2 Die Krümmung einer Kurve

Die *Krümmung* einer Kurve wird qualitativ (konkav / konvex) durch das Vorzeichen der zweiten Ableitung beschrieben. Für eine quantitative Erfassung wird das Krümmungsmaß k definiert.

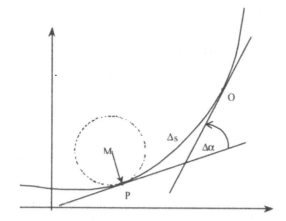

Die Krümmung wird durch die Änderung des Tangentenwinkels α beschrieben:

$$k = \lim_{\Delta s \to 0} \frac{\Delta \alpha}{\Delta s} = \frac{d\alpha}{ds}$$

Der Krümmungskreis im Punkt P hat den Radius $R = \dfrac{1}{k}$.

Eine Formel für k erhält man durch:
$$k = \frac{d\alpha}{ds} = \frac{d\alpha}{dx} : \frac{ds}{dx}$$

aus dem Tangentenanstieg $y' = \tan\alpha \to \alpha = \arctan(y')$ folgt:
$$\frac{d\alpha}{dx} = \frac{1}{1 + (y')^2} \cdot y''$$

aus dem Bogenelement $\Delta s \approx \sqrt{\Delta x^2 + \Delta y^2}$ folgt:
$$\frac{ds}{dx} = \sqrt{1 + (y')^2}$$

damit ergibt sich für die Krümmung:
$$k = \frac{y''}{[1 + (y')^2]^{3/2}} \qquad (*)$$

Man kann auch den „Krümmungskreis" an die Kurve $y = f(x)$ im Punkt P(x, y) konstruieren. Sein Radius R ist der Kehrwert von k. Für den Mittelpunkt M(x_M, y_M) lauten die Formeln:

$$x_M = x - \frac{y'}{y''} \cdot (1 + y'^2) \qquad \text{und} \qquad y_M = y + \frac{1}{y''} \cdot (1 + y'^2)$$

Die obige Zeichnung stellt die Zusammenhänge dar. Krümmung und Krümmungskreis geben damit einen tieferen Einblick in die Geometrie von Kurven. Die Auswertung der Formeln stellt eine komplizierte Anwendung für Mathcad dar. Die erforderlichen Ableitungen kann man symbolisch auswerten.

Wir wenden nun den Begriff der Krümmung auf einen Träger für den Fall der *Biegung* an. Die Formel (*) verändert sich für einen Träger so:

für y = f (x) steht nun die Biegelinie w(x), für eine *schwache* Durchbiegung ist $w'(x) \approx 0$.

Also ergibt sich für die Krümmung : $k \approx w''(x)$

Die Krümmung ist proportional dem Biegemoment M an der Stelle x, d. h. $w''(x) \sim M(x)$.

Der Proportionalitätsfaktor ist die „Biegesteifigkeit $E \cdot I$ ". Damit heißt die Gleichung:

$$\boxed{E \cdot I \circ w''(x) = M(x)}$$

Das ist die einfache Form einer Differentialgleichung für die Biegelinie. Sie gilt unter der Annahme einer schwachen Durchbiegung des Trägers.

Aus der bekannten Belastung des Trägers folgt die Gleichung für M(x). Mit den Mitteln der Integralrechnung[1] findet man die allgemeine Form der Biegelinie w (x). Durch Berücksichtigung der „Randbedingungen" lässt sich dann die konkrete Biegelinie aufstellen. Für einfache Fälle der Belastung, etwa für eine konstante Streckenlast q, findet man so schnell die Gleichung der Biegelinie.

In einem späteren Kapitel[2] wird die Differentialgleichung 4. Ordnung hergeleitet

$$\boxed{E \cdot I \circ w^{(4)}(x) = q(x)}$$

„Theorie der Biegung" nach L. EULER (1707 – 1783).

Einen Hinweis auf diese Differentialgleichung liefert schon die Tabelle zu Beginn des Abschnitts.

Im folgenden sollen zwei Kurven untersucht werden, die eine besondere Krümmung besitzen. Das ist der Kreis mit konstanter Krümmung, der schon aus der Geometrie bekannt ist. Die zweite Kurve ist die Klothoide mit linearer Krümmung, die für den Ingenieur in der Straßenplanung wichtig ist als „Übergangskurve" zwischen Gerade und Kreis.

In beiden Fällen wird die Formel $\boxed{k = \dfrac{y'}{[\,1 + (y')^2\,]^{3/2}}}$ die zentrale Rolle spielen.

---

[1] siehe Kapitel 7 Die Integralrechnung
[2] gemeint ist das Kapitel 9 Differentialgleichungen

Der Halbkreis:

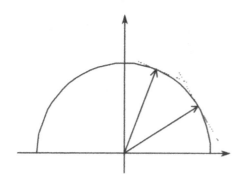

Die Gleichung ist $x^2 + y^2 = R^2$

Für die Ableitungen benutzen wir die Form

$$y^2 = R^2 - x^2 \rightarrow y' = -\frac{x}{y}$$

nach der Quotientenregel ergibt sich für

$$y'' = -\frac{R^2}{y^3}$$

Die Krümmung berechnet sich dann zu: $k = -\dfrac{R^2}{y^3} \cdot \dfrac{1}{(1+ y'^2)^{3/2}} = -\dfrac{R^2}{y^3} \cdot \dfrac{y^3}{R^3} = -\dfrac{1}{R}$.

Der Kreis hat damit eine konstante Krümmung, die umgekehrt proportional zum Radius R ist.

Die Klothoide:

Die Klothoide hat die Eigenschaft, dass die Krümmung k proportional zur Länge L ist. Also für R und L gilt: $R \cdot L = A^2$, dabei ist A die Kenngröße der konkreten Kurve.

Die Funktionsgleichung wird in Parameterform x = x(t) und y = y(t) dargestellt.

Die Ableitungen werden mit $\dot{x}(t)$; $\dot{y}(t)$ bezeichnet. Der Zusammenhang zu den Ableitungen y′ und y″ ist nach der Kettenregel wie folgt:

$$y' = \frac{\dot{y}}{\dot{x}} \rightarrow y'' = \frac{\dot{x} \cdot \ddot{y} - \ddot{x} \cdot \dot{y}}{\dot{x}^2} \cdot \frac{1}{\dot{x}} \rightarrow 1 + y'^2 = \frac{\dot{x}^2 + \dot{y}^2}{\dot{x}^2}$$

Die Formeln für Krümmungsradius R und Bogenlänge[1] L lauten in Parameterform:

$$R = \frac{(\dot{x}^2 + \dot{y}^2)^{3/2}}{\dot{x} \cdot \ddot{y} - \ddot{x} \cdot \dot{y}} \quad \text{und} \quad L = \int_{t_A}^{t_E} \sqrt{\dot{x}^2 + \dot{y}^2} \; dt$$

---

[1] die Formel für L ist eine Integralformel und wird im Kapitel 7 besprochen.

Aus der Definitionsgleichung $R \cdot L = A^2$ und den Formeln für R und L ergibt sich nach einer längeren Herleitung zunächst für die Ableitungen der Parameterdarstellungen:

$$\dot{x}(t) = A \cdot \sqrt{\pi} \cdot cos\left(\frac{\pi}{2} \cdot t^2\right) ; \quad \dot{y}(t) = A \cdot \sqrt{\pi} \cdot sin\left(\frac{\pi}{2} \cdot t^2\right)$$

$$x(t) = A \cdot \sqrt{\pi} \cdot \int_0^t cos\left(\frac{\pi}{2} \cdot t^2\right) dt \; ; \; y(t) = A \cdot \sqrt{\pi} \cdot \int_0^t sin\left(\frac{\pi}{2} \cdot t^2\right) dt$$

Eine Zeichnung ist mit Mathcad möglich:

Einsatz der Klothoide in der Straßenplanung

$$R_k \cdot L_u = A^2 \qquad \text{Parameter wählen :} \qquad A := 70$$

$$x(t) := A \cdot \sqrt{\pi} \cdot \int_0^t cos\left(\frac{\pi}{2} \cdot t^2\right) dt \qquad\qquad y(t) := A \cdot \sqrt{\pi} \cdot \int_0^t sin\left(\frac{\pi}{2} \cdot t^2\right) dt$$

Bereich: $s := 100$ $A := 70$ $t_{max} := \dfrac{s}{A \cdot \sqrt{\pi}}$ $t_{max} = 0.81$

$$t := 0, 0.01 .. t_{max} \qquad\qquad tp := 0, 0.1 .. t_{max}$$

Kreisdarstellung

$$R_k := 49m \qquad L_u := 100m \qquad R_k \cdot L_u = 4900\, m^2 \qquad \tau := \frac{L_u}{2 \cdot R_k} \qquad \tau = 1.02$$

Übergangspunkt $X := x(t_{max}) \cdot m \qquad X = 90.08\, m \qquad Y := y(t_{max}) \cdot m \qquad Y = 31.57\, m$

Mittelpunkt

$$x_M := X - R_k \cdot sin(\tau) \qquad x_M = 48.31\, m \qquad y_M := Y + R_k \cdot cos(\tau) \qquad y_M = 57.19\, m$$

Bereich : $\phi_A := \dfrac{-\pi}{2} + \tau \qquad \phi_E := \dfrac{\pi}{2} - \tau \qquad \phi := \phi_A, \phi_A + 0.1 .. \phi_E$

Kreisgleichung : $x_k(\phi) := x_M + R_k \cdot cos(\phi) \qquad\qquad y_k(\phi) := y_M + R_k \cdot sin(\phi)$

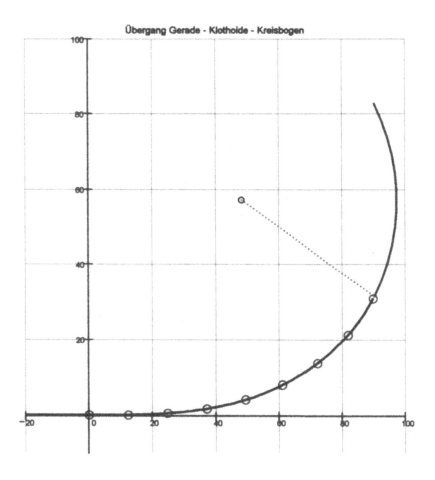

Übergang Gerade - Klothoide - Kreisbogen

6.5 Reihen für Funktionen

Für die numerische Auswertung von Funktionen werden Reihen verwendet. Eine Reihe ist eine Summe mit unendlich vielen Gliedern, die eine vorgegebene Bauart haben. Eine häufige Darstellung ist die *Potenzreihe*

$$a_0 + a_1 \cdot x^1 + a_2 \cdot x^2 + \dots + a_n \cdot x^n + \dots = \sum_{n=0}^{\infty} a_n \cdot x^n$$

Ein Problem solcher Reihen ist die Konvergenz, d. h. die Frage, für welche Werte von x existiert der

Grenzwert $\lim\limits_{n \to \infty} \sum\limits_{k=0}^{n} a_k \cdot x^k$. Man schreibt $|x| \leq \rho$ und nennt ρ den „Konvergenzradius".

Eine Potenzreihe hat ähnliche Eigenschaften wie ein Polynom, deshalb versucht man, komplizierte Funktionen durch Potenzreihen darzustellen. Eine geeignete Form ist die sogenannte TAYLOR[1] – Reihe, bei der die Koeffizienten a_k durch die Ableitungen der Funktion f(x) an der Stelle x_0 gebildet werden. Für $x_0 = 0$ gewählt, lautet die Entwicklung:

$$f(x) \approx f(0) + f'(0) \cdot \frac{x}{1!} + f''(0) \cdot \frac{x^2}{2!} + f'''(0) \cdot \frac{x^3}{3!} + \dots \qquad |x| \leq \rho$$

Um die Koeffizienten zu ermitteln, muss man die Ableitungen von der 1. bis zur n –ten Ordnung bilden und ihre Werte an der Stelle x_0 berechnen.

Den Konvergenzradius ρ ermittelt man durch die Untersuchung des Restgliedes R_n.

Das Restglied nach LAGRANGE[2] hat für $x_0 = 0$ diese Form:

$$R_n(x) = \frac{x^{n+1}}{(n+1)!} \cdot f^{(n+1)}(\xi) \ ; \quad 0 < \xi < x$$

Auf der folgenden Seite werden einige wichtige Reihenentwicklungen angegeben. In Formelsammlungen findet man weitere Funktionen mit ihren Reihenentwicklungen. Mathcad bietet eigene Anweisungen zur Entwicklung einer Funktion in ihre Taylor – Reihe:

Palette „Symbolik / Funktion, Reihe, Variable, Ordnung →", z. B.: sin(x), reihe, x, 10 → ...

---

[1] benannt nach B. TAYLOR (1685 – 1731)
[2] benannt nach J. L. LAGRANGE (1736 – 1813)

$sin(x) \mapsto$	$x - \dfrac{x^3}{3!} + \dfrac{x^5}{5!} - \dfrac{x^7}{7!} + - \ldots$	$\lvert x \rvert < \infty$
$cos(x) \mapsto$	$1 - \dfrac{x^2}{2!} + \dfrac{x^4}{4!} - \dfrac{x^6}{6!} + - \ldots$	$\lvert x \rvert < \infty$
$e^x \mapsto$	$1 + x + \dfrac{x^2}{2!} + \dfrac{x^3}{3!} + \dfrac{x^4}{4!} + \ldots$	$\lvert x \rvert < \infty$
$arc\,tan(x) \mapsto$	$x - \dfrac{x^3}{3} + \dfrac{x^5}{5} - \dfrac{x^7}{7} + - \ldots$	$-1 < x \leq 1$

Einige wichtige Reihenentwicklungen mit Mathcad:

a) für die arctan-Funktion:

$$atan(x) \text{ reihe}, x, 10 \;\to\; x - \frac{1}{3} \cdot x^3 + \frac{1}{5} \cdot x^5 - \frac{1}{7} \cdot x^7 + \frac{1}{9} \cdot x^9$$

da sich für $x = 1$ $atan(1) \to \dfrac{1}{4} \pi$ ergibt, hat man die Möglichkeit,

für π eine Reihenentwicklung anzugeben:

$$\frac{\pi}{4} = 1 - \frac{1}{3} + \frac{1}{5} - \frac{1}{7} + \frac{1}{9} - \frac{1}{11} + \ldots \qquad (\text{ LEIBNIZ-Reihe })$$

Für praktische Berechnungen der Zahl π ist gut geeignet

$$\frac{\pi}{4} = 4 \cdot atan\left(\frac{1}{5}\right) - atan\left(\frac{1}{239}\right) \qquad (\text{ J.MACHIN 1706 })$$

$$4 \cdot \left[(4) \cdot atan\left(\frac{1}{5}\right) - atan\left(\frac{1}{239}\right) \right] \text{ gleit}, 20 \;\to\; 3.14159265358979323846$$

b) für die Exponential-Funktion

$$exp(x) \text{ reihe}, x, 7 \;\to\; 1 + x + \frac{1}{2} \cdot x^2 + \frac{1}{6} \cdot x^3 + \frac{1}{24} \cdot x^4 + \frac{1}{120} \cdot x^5 + \frac{1}{720} \cdot x^6$$

$$exp(1) = e^1 = e \qquad e = 1 + 1 + \frac{1}{2} + \frac{1}{6} + \frac{1}{24} + \frac{1}{120} + \frac{1}{720} + \ldots$$

$$1 + 1 + \frac{1}{2} + \frac{1}{6} + \frac{1}{24} + \frac{1}{120} + \frac{1}{720} = 2.718056 \qquad (\text{ Näherung für } e)$$

6.6 Partielle Ableitungen

Die Differentialrechnung für Funktionen mit zwei Variablen $z = f(x, y)$ begründet die neuen *partiellen* Ableitungen. Analog zu den einfachen Funktionen $y = f(x)$ kennt man die Ableitungen erster, zweiter und höherer Ordnung. Die Bezeichnungen sind:

- erster Ordnung:
$$f_x = \frac{\partial f}{\partial x} \qquad\qquad f_y = \frac{\partial f}{\partial y}$$

- zweiter Ordnung: $\quad f_{xx} = \dfrac{\partial^2 f}{\partial x^2} \quad f_{xy} = \dfrac{\partial^2 f}{\partial x\, \partial y} \quad f_{yx} = \dfrac{\partial^2 f}{\partial y\, \partial x} \quad f_{yy} = \dfrac{\partial^2 f}{\partial y^2}$

Die Regeln der „gewöhnlichen Differentialrechnung" bleiben erhalten. Es ist aber wichtig, nach welcher Variablen differenziert wird, für $\dfrac{\partial}{\partial x}$ ist y konstant, für $\dfrac{\partial}{\partial y}$ ist x konstant.

Ein
Beispiel:

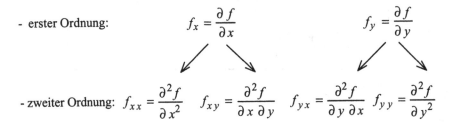

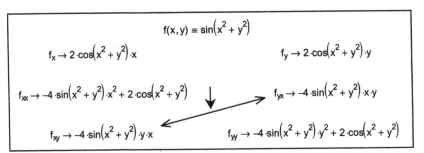

Falls die gemischten Ableitungen stetig sind, gilt: $f_{xy} = f_{yx}$ (Satz von SCHWARZ).

Für die Anwendung zur Berechnung von Platten ist es zweckmäßig, die „Delta – Operatoren" zu definieren:

$$\Delta z = \frac{\partial^2 z}{\partial x^2} + \frac{\partial^2 z}{\partial y^2} \qquad\qquad \Delta\Delta z = \frac{\partial^4 z}{\partial x^4} + 2 \cdot \frac{\partial^4 z}{\partial x^2 \partial y^2} + \frac{\partial^4 z}{\partial y^4}$$

$$\Delta z \text{ sammeln}, \sin\!\left(x^2 + y^2\right) \;\rightarrow \left(-4 \cdot x^2 - 4 \cdot y^2\right) \cdot \sin\!\left(x^2 + y^2\right) + 4 \cdot \cos\!\left(x^2 + y^2\right)$$

$$\Delta\Delta z = \left(-32 + 32 \cdot x^2 \cdot y^2 + 16 \cdot x^4 + 16 \cdot y^4\right) \cdot \sin\!\left(x^2 + y^2\right) + \left(-64 \cdot y^2 - 64 \cdot x^2\right) \cdot \cos\!\left(x^2 + y^2\right)$$

6.6.2 Anwendungen der partiellen Ableitungen

6.6.2.1 Untersuchung von Flächen

Die Funktionen $z = f(x, y)$ stellen Flächen im Raum dar.[1] Ähnlich wie bei Kurven sucht man auch hier Extrempunkte. Die notwendigen Bedingungen werden durch die partiellen Ableitungen erster Ordnung beschrieben:

$$\frac{\partial f}{\partial x} = 0 \; ; \; \frac{\partial f}{\partial y} = 0$$

Das ist ein Gleichungssystem für die Wertepaare (x, y). Die erforderlichen Verfahren für die Lösung solcher Gleichungssysteme wurden im Kapitel 5 entwickelt.

$$f(x,y) := x^3 - 7 \cdot x^2 \cdot y + 8 \cdot y^4$$

$$\frac{\partial}{\partial x} f(x,y) \to 3 \cdot x^2 - 14 \cdot x \cdot y$$

$$\frac{\partial}{\partial y} f(x,y) \to -7 \cdot x^2 + 32 \cdot y^3$$

$$\begin{pmatrix} 3 \cdot x^2 - 14 \cdot x \cdot y = 0 \\ -7 \cdot x^2 + 32 \cdot y^3 = 0 \end{pmatrix} \begin{vmatrix} \text{auflösen,} \\ \text{gleit, 4} \end{vmatrix} \begin{pmatrix} x \\ y \end{pmatrix}_\to \begin{pmatrix} 0 & 0 \\ 0 & 0 \\ 0 & 0 \\ 22.23 & 4.764 \end{pmatrix}$$

Für die Überprüfung, ob ein Extrempunkt vorliegt und welcher Art er ist, sind die Ableitungen zweiter Ordnung erforderlich. Im Einzelnen muss gelten:

- für einen lokalen Extrempunkt

$$D = \begin{vmatrix} f_{xx} & f_{xy} \\ f_{xy} & f_{yy} \end{vmatrix} \Bigg|_{(x_E, y_E)} > 0$$

$$f_{xx}(x_E, y_E) < 0 \; Minimum$$

$$f_{xx}(x_E, y_E) > 0 \; Maximum$$

- für einen Sattelpunkt

$$D = \begin{vmatrix} f_{xx} & f_{xy} \\ f_{xy} & f_{yy} \end{vmatrix} \Bigg|_{(x_S, y_S)} < 0$$

- keine Entscheidung über Extrempunkt oder Sattelpunkt für $D = 0$.

---

[1] siehe dazu auch Kapitel 3

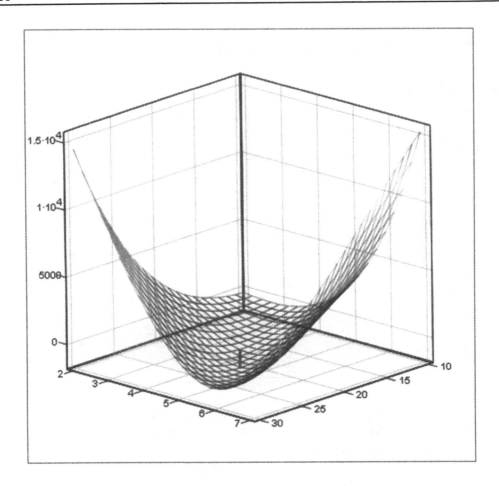

Ein echtes Minimum liegt für (x_{E2}, y_{E2}) vor, weil die Bedingungen erfüllt sind:

$$D(x,y) = \left| \begin{pmatrix} f_{xx} & f_{xy} \\ f_{xy} & f_{yy} \end{pmatrix} \right| \qquad D(x,y) := 576 \cdot y^2 \cdot x - 1344 \cdot y^3 - 196 \cdot x^2 \qquad f_{xx}(x,y) := 6 \cdot x - 14 \cdot y$$

$$x_{E1} := 0 \quad y_{E1} := 0 \qquad\qquad x_{E2} := 22.23 \quad y_{E2} := 4.764 \qquad D(x_{E2}, y_{E2}) = 4.843 \times 10^4$$

$$D(x_{E1}, y_{E1}) = 0 \qquad\qquad f_{xx}(x_{E2}, y_{E2}) = 66.68 \qquad f(x_{E2}, y_{E2}) = -1373.46 \qquad \text{Minimum}$$

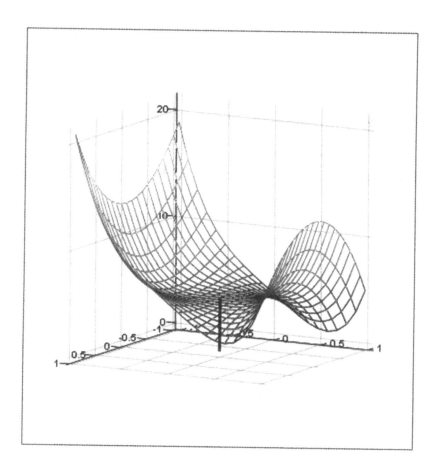

Die Fläche in der Umgebung von (x_{E1}, y_{E1})

6.6.2.2 Fehlerrechnung

Formeln können als Funktionen mit mehreren Variablen angesehen werden. Die Eingangs-
größen für die Formeln sind mit Messfehlern Δx, Δy behaftet, daher ist auch das Ergebnis fehler-
haft. Eine Abschätzung liefert der absolute Maximalfehler Δz [1].

Auf der Grundlage des „vollständigen Differentials dz" $dz = \dfrac{\partial z}{\partial x} \cdot dx + \dfrac{\partial z}{\partial y} \cdot dy$

hat man die Fehlerformel:

$$\Delta z = \left| \frac{\partial z}{\partial x} \right| \cdot \Delta x + \left| \frac{\partial z}{\partial y} \right| \cdot \Delta y$$

Ein Beispiel :

Oberfläche eines Zylinders:

$A(r,h) := 2 \cdot \pi \cdot \left(r \cdot h + r^2 \right)$ $\dfrac{\partial}{\partial r} A(r,h) \rightarrow 2 \cdot \pi \cdot (h + 2 \cdot r)$ $\dfrac{\partial}{\partial h} A(r,h) \rightarrow 2 \cdot \pi \cdot r$

$$\Delta A := \left| \frac{\partial}{\partial r} A(r,h) \right| \cdot \Delta r + \left| \frac{\partial}{\partial h} A(r,h) \right| \cdot \Delta h$$

zugehörige Fehlerformel: $\Delta A \rightarrow 2 \cdot \pi \cdot |(h + 2 \cdot r)| \cdot \Delta r + 2 \cdot \pi \cdot |r| \cdot \Delta h$

Zahlenbeispiel: $r := 5 \cdot cm$ $h := 12 \cdot cm$ $A(r,h) = 534.07 \, cm^2$

Fehler: $\Delta r := 0.1 \cdot cm$ $\Delta h := 0.2 \cdot cm$

$\Delta A := 2 \cdot \pi \cdot |(h + 2 \cdot r)| \cdot \Delta r + 2 \cdot \pi \cdot |r| \cdot \Delta h$ $\Delta A = 20.11 \, cm^2$

relativer max. Fehler: $\dfrac{\Delta A}{A(r,h)} \cdot 100\% = 3.76\%$

---

[1] Δ bedeutet hier Abweichung = Fehler

6.7 Funktionaldeterminanten

In der Differentialrechnung für Funktionen einer Variablen y = f(x) kennt man bei den mittelbaren Funktionen die *Kettenregel*. Bei Funktionen mit zwei Variablen z = f (x, y) gibt es eine ähnliche Situation.

Wir nehmen an, dass x und y ihrerseits Funktionen x = x (u, v) und y = y (u, v) der neuen Variablen u und v sind. Dieser Vorgang wird „Koordinaten – Transformation" genannt.

Für die *partiellen Ableitungen* von z nach u oder v gilt dann:

$$\frac{\partial z}{\partial u} = \frac{\partial z}{\partial x} \cdot \frac{\partial x}{\partial u} + \frac{\partial z}{\partial y} \cdot \frac{\partial y}{\partial u} \quad ; \quad \frac{\partial z}{\partial v} = \frac{\partial z}{\partial x} \cdot \frac{\partial x}{\partial v} + \frac{\partial z}{\partial y} \cdot \frac{\partial y}{\partial v} .$$

In Matrix - Form als
Gleichungssystem
geschrieben:

$$\begin{pmatrix} \dfrac{\partial z}{\partial u} \\ \dfrac{\partial z}{\partial v} \end{pmatrix} = \begin{pmatrix} \dfrac{\partial x}{\partial u} & \dfrac{\partial y}{\partial u} \\ \dfrac{\partial x}{\partial v} & \dfrac{\partial y}{\partial v} \end{pmatrix} \circ \begin{pmatrix} \dfrac{\partial z}{\partial x} \\ \dfrac{\partial z}{\partial y} \end{pmatrix}$$

dazu gehört die
„Funktional – Determinante" :
(JACOBI - Determinante)

$$D = \begin{vmatrix} \begin{pmatrix} \dfrac{\partial x}{\partial u} & \dfrac{\partial y}{\partial u} \\ \dfrac{\partial x}{\partial v} & \dfrac{\partial y}{\partial v} \end{pmatrix} \end{vmatrix}$$

Für zwei wichtige Fälle werden nun die JACOBI – Determinanten hergeleitet. Das sind in der Ebene die „Polar – Koordinaten" und analog im Raum die „Kugel – Koordinaten".

   - für <u>Polar – Koordinaten</u> lautet die Funktional - Determinante:

$$x = x(r,\phi) = r \cdot cos\phi \ ; \ y = y(r,\phi) = r \cdot sin\phi$$

$$D = \begin{vmatrix} \begin{pmatrix} \dfrac{\partial x}{\partial r} & \dfrac{\partial y}{\partial r} \\ \dfrac{\partial x}{\partial \phi} & \dfrac{\partial y}{\partial \phi} \end{pmatrix} \end{vmatrix} = \begin{vmatrix} cos\phi & sin\phi \\ -r \cdot sin\phi & r \cdot cos\phi \end{vmatrix} = r \cdot (cos^2 \phi + sin^2 \phi) = r$$

Für <u>Kugel – Koordinaten</u> lautet die Funktional – Determinante (Benutzung von Mathcad):

Kugelkoordinaten

$x := r \cdot \cos(\phi) \cdot \cos(\theta)$ $y := r \cdot \sin(\phi) \cdot \cos(\theta)$ $z := r \cdot \sin(\theta)$

die Ableitungen :

$$D := \begin{pmatrix} \dfrac{d}{dr}x & \dfrac{d}{d\phi}x & \dfrac{d}{d\theta}x \\[2ex] \dfrac{d}{dr}y & \dfrac{d}{d\phi}y & \dfrac{d}{d\theta}y \\[2ex] \dfrac{d}{dr}z & \dfrac{d}{d\phi}z & \dfrac{d}{d\theta}z \end{pmatrix}$$

$$D \rightarrow \begin{pmatrix} \cos(\phi) \cdot \cos(\theta) & -r \cdot \sin(\phi) \cdot \cos(\theta) & -r \cdot \cos(\phi) \cdot \sin(\theta) \\ \sin(\phi) \cdot \cos(\theta) & r \cdot \cos(\phi) \cdot \cos(\theta) & -r \cdot \sin(\phi) \cdot \sin(\theta) \\ \sin(\theta) & 0 & r \cdot \cos(\theta) \end{pmatrix}$$

Funktional -Determinante: $|D|$ vereinfachen $\rightarrow \cos(\theta) \cdot r^2$

Anwendungen der Funktional –Determinante zum Beispiel bei

- dem allgemeinen NEWTON – Verfahren zur Lösung nichtlinearer Gleichungen, hier
  steht sie an Stelle der einfachen Ableitung $f'(x)$;

- der Ermittlung von *Extrempunkten* für $z = f(x, y)$, hier wird sie auf die Ableitungen
  erster Ordnung angewendet

$$D = \begin{vmatrix} f_{xx} & f_{xy} \\ f_{xy} & f_{yy} \end{vmatrix} = \begin{vmatrix} (f_x)_x & (f_y)_x \\ (f_x)_y & (f_y)_y \end{vmatrix}$$

- den *Flächenelementen dA* in der Integralrechnung, hier tritt sie als Vektorprodukt
  der Tangentenvektoren auf .

7 Integralrechnung

7.1 Unbestimmte Integrale

7.1.1 Formale Integrationen

In der Differentialrechnung ist die zentrale Aufgabe, zu einer Funktion y = f (x) die Ableitung f ′(x) zu ermitteln. Die Kenntnis der Ableitungen ist für Anwendungen in der Mathematik und in der Technik wichtig.

Die Umkehrung dieser Aufgabe, zu einer gegebenen Ableitung die ursprüngliche Funktion, eine sogenannte *Stammfunktion* zu bestimmen, ist eine neue Aufgabe. Sie wird in der Integral-rechnung behandelt. Dazu dienen folgende Bezeichnungen:

$$\int f(x)\ dx \ = \ F(x) \ + \ C \ ; \quad F'(x) = f(x)$$

„**Integration**"

	Integrand		Stammfunktion	
Integralzeichen		I – Symbol		I – Konstante

Die Regeln für die unbestimmten Integrale gewinnt man aus den Regeln der Differential-rechnung. Dabei ist zu beachten, dass nicht jede Funktion als Ableitung auftritt, deshalb lassen sich nicht alle Funktionen integrieren.

Eine Tabelle der wichtigen Grundintegrale sowie eine Tabelle der Integrationsregeln geben Aus-kunft dazu. Mathcad kann symbolisch integrieren und kennt auch schwierige Stammfunktionen. Nachschlagewerke[1] kennen mehrere hundert Integrale. Neben diesen Sammlungen sollte der Inge-nieur in der Lage sein, elementare Integrationen in Anwendungen selbst auszuführen.

---

[1] vgl. z. B. [F7] Bronstein / Semendjaew: Taschenbuch der Mathematik

Tabelle wichtiger <u>Grundintegrale</u>:

Potenzfunktionen	$f(x) = x^n$	$\int x^n\, dx = \dfrac{x^{n+1}}{n+1} + C$
	$f(x) = x^r \; ; r \neq -1$	$\int x^r\, dx = \dfrac{x^{r+1}}{r+1} + C$
	$f(x) = x^{-1} = \dfrac{1}{x}$	$\int \dfrac{1}{x}\, dx = ln|x| + C$
Trigonometrische Funktionen	$f(x) = sin(x)$	$\int sin(x)\, dx = -cos(x) + C$
	$f(x) = cos(x)$	$\int cos(x)\, dx = sin(x) + C$
	$f(x) = tan(x)$	$\int tan(x)\, dx = -ln\,|cos(x)| + C$
	$f(x) = cot(x)$	$\int cot(x)\, dx = ln|sin(x)| + C$
Integrale führen auf Arcus - Funktionen	$f(x) = \dfrac{1}{1+x^2}$	$\int \dfrac{1}{1+x^2}\, dx = arc\,tan(x) + C$
	$f(x) = \dfrac{1}{\sqrt{1-x^2}}$	$\int \dfrac{1}{\sqrt{1-x^2}}\, dx = arc\,sin(x) + C$
Exponential- Funktionen	$f(x) = e^x$	$\int e^x\, dx = e^x + C$
	$f(x) = a^x$	$\int a^x\, dx = \dfrac{a^x}{ln\,a} + C$
Area - Funktionen	$f(x) = sinh(x)$	$\int sinh(x)\, dx = cosh(x) + C$
	$f(x) = cosh(x)$	$\int cosh(x)\, dx = sinh(x) + C$
	$f(x) = tanh(x)$	$\int tanh(x)\, dx = ln\,cosh(x) + C$
	$f(x) = coth(x)$	$\int coth(x)\, dx = ln\,|sinh(x)| + C$

Integrationsregeln:

Summenregel	$\int u(x) + v(x)\, dx = \int u(x)\, dx + \int v(x)\, dx$
Konstanter Faktor	$\int k \cdot u(x)\, dx = k \cdot \int u(x)\, dx$
Lineare Substitution	$\int u(a \cdot x + b)\, dx = \dfrac{1}{a} \cdot \int u(z)\, dz$
Logarithmische Integration	$\int \dfrac{u'(x)}{u(x)}\, dx = ln[u(x)] + C$
Partielle Integration	$\int u'(x) \cdot v(x)\, dx = u(x) \cdot v(x) - \int u(x) \cdot v'(x)\, dx$

Einige unbestimmte Integrale mit Mathcad ausgewertet:

$$\int f(x)\, dx \quad \text{Auswertung mit dem symbolischen Operator} \qquad \boxed{\blacksquare \rightarrow}$$

Beispiele:

$$\int x^2\, dx \rightarrow \frac{1}{3} \cdot x^3 \qquad\qquad \int x \cdot \sin(x)\, dx \rightarrow \sin(x) - x \cdot \cos(x)$$

$$\int x^3 \cdot \ln(x)\, dx \rightarrow \frac{1}{4} \cdot x^4 \cdot \ln(x) - \frac{1}{16} \cdot x^4$$

$$\int \sqrt{25 - x^2}\, dx \rightarrow \frac{1}{2} \cdot x \cdot \left(25 - x^2\right)^{\left(\frac{1}{2}\right)} + \frac{25}{2} \cdot \text{asin}\left(\frac{1}{5} \cdot x\right)$$

$$\int \sin(x)^2\, dx \rightarrow \frac{-1}{2} \cdot \cos(x) \cdot \sin(x) + \frac{1}{2} \cdot x$$

$$\int e^{-x^2}\, dx \rightarrow \frac{1}{2} \cdot \pi^{\left(\frac{1}{2}\right)} \cdot \text{fehlf}(x)$$

7.1.2 Anwendung

Gegeben ist ein Träger auf zwei Stützen mit konstanter Streckenlast q (x) = q.

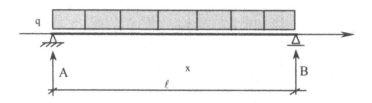

Der Zusammenhang zwischen der Durchbiegung w (x) und dem Biegemoment M (x) wurde im Kapi-
.tel Differentialrechnung hergeleitet:

$$E \cdot I \circ w''(x) = M(x)$$

Wenn der Momentenverlauf M (x) bekannt ist, kann daraus die Durchbiegung w(x) ermittelt werden. Aus der Zeichnung leitet man ab:

$$A = B = \frac{1}{2} \cdot q \cdot \ell \qquad \text{und}$$

$$M(x) = (q \cdot x) \cdot \frac{x}{2} - (\frac{1}{2} \cdot q \cdot \ell) \cdot x = \frac{q}{2} \cdot (x^2 - \ell \cdot x)$$

$$\Rightarrow E \cdot I \cdot w''(x) = \frac{q}{2} \cdot (x^2 - \ell \cdot x) \qquad \text{durch zweifache Integration ergibt sich}$$

$$\Rightarrow w(x) = \frac{q}{24 \cdot E \cdot I} \circ \left(x^4 - 2 \cdot \ell \cdot x^3 + 12 \cdot C_1 \cdot x + 12 \cdot C_2 \right)$$

Die *Randbedingungen* w (0) = 0 und w (ℓ) = 0 legen C_1 und C_2 fest: $C_2 = 0$; $C_1 = \frac{1}{12} \cdot \ell^3$

Als Gleichung der Biegelinie erhalten wir:

$$\Rightarrow w(x) = \frac{q}{24 \cdot E \cdot I} \circ \left(x^4 - 2 \cdot \ell \cdot x^3 + \ell^3 \cdot x \right); \quad 0 \le x \le \ell$$

Die maximale Durchbiegung liegt bei diesem Fall in der Trägermitte bei $x = \frac{1}{2} \cdot \ell$ und beträgt:

$$w_{max} = \frac{5 \cdot q \cdot \ell^4}{384 \cdot E \cdot I}$$

7.2 Bestimmte Integrale

7.2.1 Formale Darstellung

Unbestimmte Integrale waren $\quad \int f(x)\ dx\ =\ F(x)\ +\ C\ ;\quad F'(x)\ =\ f(x)$.

Bestimmte Integrale sind $\quad \int_a^b f(x)\ dx\quad$ mit a als untere und b als obere Grenze.

Die Berechnung erfolgt über die Stammfunktion F (x) nach der Formel:

$$\int_a^b f(x)\ dx\ =\ F(b) - F(a)$$

Die bestimmten Integrale liefern also stets einen Zahlenwert, einige Beispiel zeigen das.

$$\int_a^b x^2\ dx \rightarrow \frac{1}{3} \cdot b^3 - \frac{1}{3} \cdot a^3$$

$$\int_a^b x \cdot \sin(x)\ dx \rightarrow \sin(b) - b \cdot \cos(b) - \sin(a) + a \cdot \cos(a)$$

Numerische Auswertung:

$$\int_0^4 x^2\ dx \rightarrow \frac{64}{3} \qquad\qquad \int_0^4 x^2\ dx = 21.333$$

$$\int_0^\pi x \cdot \sin(x)\ dx = 3.142 \qquad\qquad \int_0^\pi x \cdot \sin(x)\ dx \rightarrow \pi$$

$$\int_0^2 \sqrt{1 + 4x^2}\ dx \rightarrow \sqrt{17} - \frac{1}{4} \cdot \ln\left(-4 + \sqrt{17}\right) \qquad \int_0^2 \sqrt{1 + 4 \cdot x^2}\ dx = 4.64678$$

Bestimmte Integrale sind *Grenzwerte* von Summen. Der Weg wird kurz skizziert.

Auf der Grundlage der gegebenen Funktion f (x) und des Intervalls [a, b] wird

- das Intervall [a, b] in n (gleiche) Teile Δx zerlegt $\quad \Delta x = \dfrac{b-a}{n}$,

- in jedem Teilintervall „i" das Produkt $f(x_i) \cdot \Delta x$ berechnet,

- die Summe $\quad S_n = \displaystyle\sum_{i=1}^{n} f(x_i) \cdot \Delta x \quad$ für jedes n = 1, 2, 3, ... ausgewertet,

- falls der Grenzwert $lim \{ S_n \}$ für $n \to \infty$ existiert, gilt:

$$\lim_{n \to \infty} \sum_{i=1}^{n} f(x_i) \cdot \Delta x = \int_{a}^{b} f(x)\, dx \quad (*)$$

Dieser Zugang hat zwei Vorteile.

Numerisch eröffnet er die Möglichkeit, über eine Summe einen Näherungswert für ein bestimmtes Integral anzugeben, selbst dann, wenn keine Stammfunktion existiert. Hier ist der Ansatz für effektive Näherungsverfahren, von denen im folgenden das SIMPSON –Verfahren vorgestellt wird.

Bei *Anwendungen* gibt er die Möglichkeit, Formeln, die der Ingenieur bei einfachen Situationen kennt, auf komplizierte Situationen zu übertragen, indem Summen durch Integrale „ersetzt" werden. Auch dieses Vorgehen wird vorgestellt.

7.2.2 Das SIMPSON – Verfahren

In diesem Verfahren werden zwei Intervalle zu einem „Doppelstreifen" der Breite $h = 2 \cdot \Delta x$ verbunden. Die Kurve zur Funktion f (x) wird durch eine Parabel ersetzt, die durch 3 Punkte des Doppelstreifens verläuft. Die Summe in der Formel (*) gibt einen sehr guten Näherungswert für das bestimmte Integral. Sie lautet nun:

$$\int_{a}^{b} f(x)\, dx \approx \frac{h}{3} \circ \left(y_a + 4 \cdot u + 2 \cdot g + y_b \right)$$

(u = Summe aller $f(x_i)$ an den „ungeraden" i ; g = Summe aller $f(x_i)$ an den „geraden" i-Werten)

Als Beispiel wird gewählt: $\displaystyle\int_{0}^{2} \sqrt{1 + 4 \cdot x^2}\; dx$ und mit Mathcad aufbereitet.

Näherungsverfahren für bestimmte Integrale - die SIMPSONsche Methode

$$\int_a^b f(x)\,dx = \frac{h}{3}\cdot\left(y_a + 4\cdot u + 2\cdot g + y_b\right)$$

dabei bedeuten mit vorgegebem n = gerade Zahl von "Streifen": ORIGIN $:= 0$

$n := n$ $x_0 := a$ $y_a := f(x_0)$ $x_n := b$ $y_b := f(x_n)$

$h := \dfrac{b-a}{n}$ $i := 1..\,n-1$ $x_i := a + i\cdot h$ $y_i := f(x_i)$

$u = y_1 + y_3 + ... + y_{n-3} + y_{n-1}$ $g = y_2 + y_4 + ... + y_{n-4} + y_{n-2}$

Übergang zu einem Mathcad-Ablauf:

$$u := \sum_{i=1}^{\frac{n}{2}} y_{2\cdot i-1} \qquad g := \sum_{i=1}^{\frac{n}{2}-1} y_{2\cdot i} \qquad Int := \frac{h}{3}\cdot\left(y_a + 4\cdot u + 2\cdot g + y_b\right)$$

Beispiel $\displaystyle\int_0^2 \sqrt{1 + 4\cdot x^2}\,dx$

(globale Definition, da Werte nach Formeln!) $f(x) \equiv \sqrt{1 + 4\cdot x^2}$ $a \equiv 0$ $b \equiv 2$ $n \equiv 8$

$y_a = 1.00000$ $y_b = 4.12311$ $u = 9.25345$ $g = 6.81256$ $Int = 4.64683$

für das Integral der Näherungswert: $\displaystyle\int_0^2 \sqrt{1 + 4\cdot x^2}\,dx$ $Int = 4.64683$

Vergleich zur Auswertung des Integrals über Mathcad-Operator: $\displaystyle\int_0^2 \sqrt{1 + 4\cdot x^2}\,dx = 4.64678$

7.3 Anwendungen

Für die bestimmten Integrale gibt es eine Reihe von Anwendungen in der Mathematik, der Statik und der Technischen Mechanik. Vorgestellt werden die Berechnung des Schwerpunkts einer Fläche, die Arbeitsgleichung sowie die Berechnung einer Bogenlänge.[1]

7.3.1 Der Schwerpunkt einer Fläche

Gegeben ist eine Fläche im x,y-Koordinatensystem. Sie wird begrenzt durch die x-Achse, durch die Kurve der Funktion f(x) sowie durch zwei senkrechte Linien bei x = a und x = b.

- für den Flächeninhalt A gilt die Formel: $$A = \int_a^b f(x)\, dx$$

- für die Statischen Momente gelten diese Formeln $$S_y = \int_a^b x \cdot f(x)\, dx \quad ; \quad S_x = \frac{1}{2} \cdot \int_a^b f(x)^2\, dx$$

- die Koordinaten x_s und y_s des Schwerpunkts werden berechnet $$x_s = \frac{S_y}{A} \; ; \; y_s = \frac{S_x}{A}$$

Anwendung der Integralrechnung auf Momente von Flächen :

Begrenzung der Fläche: $f(x) := \frac{1}{2} \cdot x^2 + 2$ $a := 0.2$ $b := 1.8$

a) Statische Momente / Schwerpunkt:

$A := \int_a^b f(x)\, dx$ $S_y := \int_a^b x \cdot f(x)\, dx$ $S_x := \frac{1}{2} \cdot \int_a^b f(x)^2\, dx$

$A = 4.17$ $S_y = 4.51$ $S_x = 5.61$

$x_s := \dfrac{S_y}{A}$ $x_s = 1.08$ $y_s := \dfrac{S_x}{A}$ $y_s = 1.35$

Eine Zeichnung würde die Lage des Schwerpunkts demonstrieren.

---

[1] eine ausführliche Tabelle von Formeln befindet sich im Anhang

7.3.2 Die Arbeitsgleichung

Die Arbeitsgleichung berechnet die Verformung (Verschiebung bzw. Verdrehung) eines Bauteils, z. B. eines Trägers, an einem bestimmten Punkt aus den angreifenden Belastungen.

Für die Auswertung dieser Gleichung müssen der Momentenverlauf M(x) aus der realen Belastung und der Momentenverlauf $\underline{M}(x)$ aus der „virtuellen" Belastung bekannt sein.

Die Arbeitsgleichung für die Verschiebung bei einem Träger unter einer stetigen Streckenlast lautet:

$$\delta = \frac{1}{E \cdot I} \circ \int_0^\ell M(x) \cdot \underline{M}(x)\, dx \qquad {}^{(1)}$$

Auswertung für Träger auf zwei Stützen mit konstanter Streckenlast q:

Gesucht: Eine Formel für die Durchbiegung in der Mitte

1. realer Momentenverlauf M(x)
   infolge konstanter Streckenlast:
   $$M(x) := \frac{q}{2} \cdot \left(\ell \cdot x - x^2\right)$$

2. virtueller Momentenverlauf $\underline{M}(x)$ infolge
   vertikaler Einzelkraft F = "1" bei x = L/2
   $$\underline{M}(x) := \frac{1}{2} \cdot x$$

3. Auswertung des Integrals wegen der Symmetrie für 0 bis L/2

   $$\delta_m := 2 \cdot \frac{1}{E \cdot J} \cdot \int_0^{\frac{\ell}{2}} M(x) \cdot \underline{M}(x)\, dx \qquad \delta_m \rightarrow \frac{5}{384 \cdot E \cdot J} \cdot \ell^4 \cdot q$$

4. konkrete Vorgaben: $\ell := 5 \cdot m$ $kN := 10^3 \cdot N$ $q := 10 \cdot kN \cdot m^{-1}$

   $E := 20000 \cdot kN \cdot cm^{-2}$ $J := 2000 \cdot cm^4$

   $$\delta_m := \frac{5}{384 \cdot E \cdot J} \cdot \ell^4 \cdot q \qquad \delta_m = 2.03\, cm$$

---

(1) Otto MOHR (1835 – 1918) / Heinrich MÜLLER – Breslau (1851 –1925)

7.3.3 Die Bogenlänge

Hier wird das Problem der Länge eines Kurvenbogens behandelt. Gegeben ist eine Funktion $f(x)$ mit ihrer Kurve sowie der Anfangspunkt A und der Endpunkt E.

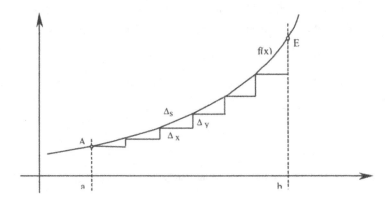

Herleitung der Formel für die Bogenlänge:

$$L = \sum_{i=1}^{n} \Delta s_i \qquad \Delta s \approx \sqrt{\Delta x^2 + \Delta y^2} = \sqrt{1 + \left(\frac{\Delta y}{\Delta x}\right)^2} \cdot \Delta x$$

Für $n \to \infty$ geht $\Delta x \to 0$ und $\frac{\Delta y}{\Delta x} \to y'$, die Formel für L ergibt sich dann zu

$$L = \lim_{n \to \infty} \sum_{i=1}^{n} \Delta s_i = \lim_{\Delta x \to 0} \sum \sqrt{1 + \left(\frac{\Delta y}{\Delta x}\right)^2} \cdot \Delta x$$

Nach den Ausführungen über Integrale als Grenzwerte von Summen ist L als bestimmtes Integral zu berechnen:

$$L = \int_{a}^{b} \sqrt{1 + (y')^2}\, dx$$

Anwenden lässt sich diese Formel zum Beispiel auf die Berechnung des Umfangs eines Kreises oder auf die Klothoide, bei der diese Formel in Parameter-Form benutzt wurde:

$$L = \int_{0}^{t_E} \sqrt{\dot{x}^2 + \dot{y}^2}\, dt$$

7.3.4 Rotationskörper

Rotationskörper entstehen, wenn eine Fläche in der x-y-Ebene gegeben ist und um die x-Achse bzw. um die y-Achse rotiert. Die Begrenzungskurve der Fläche bildet die Mantellinie des Körpers. Der Körper hat in *einer* Ebene kreisförmige Schnittflächen. Für solche Körper lassen sich Volumen und Oberflächen durch bestimmte Integrale berechnen. Ihre räumliche Darstellung kann mit Hilfe von Mathcad geschehen.

In der Technik sind solche Körper häufig anzutreffen, zum Beispiel als Bauteile oder Gebäudeformen. Als Anwendung wählen wir einen Kühlturm.

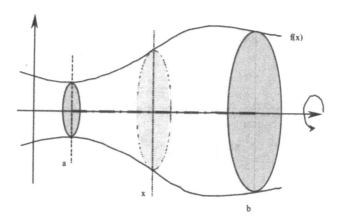

Herleitung einer Formel:
$$V = \sum_{i=1}^{n} \Delta V_i \qquad \Delta V \approx \pi \cdot f(x)^2 \cdot \Delta x .$$

Für $n \to \infty$ geht $\Delta x \to 0$, die Formel für V ergibt sich dann zu

$$V = \lim_{n \to \infty} \sum_{i=1}^{n} \Delta v_i = \lim_{\Delta x \to 0} \pi \cdot \sum f(x)^2 \cdot \Delta x$$

Der Grenzwert einer Summe führt auch hier wieder auf ein bestimmtes Integral:

$$\left| \quad V_{rot} = \pi \cdot \int_{a}^{b} f(x)^2 \, dx \quad \right|$$

Berechnung von Rotationskörpern - Kühlturm

Abmessungen: Kreisradius = 10 m $r := 10$ $b := 12$

                 Gesamthöhe H = 30 m $h_u := 18$ $h_o := 12$

Gleichung der Hyperbel: $\dfrac{x^2}{a^2} - \dfrac{z^2}{b^2} = 1$ $a := r$

$z_u := -18$ $x_u := 18.03$ $x2 := 0 .. x_u$

$\qquad\qquad x^2 = a^2 \cdot \left(1 + \dfrac{z^2}{b^2}\right)$

$z_o := 12$ $x_o := 14.14$ $x1 := 0 .. x_o$

Mantellinie: $x := 0, 0.2 .. 20$ $z(x) := b \cdot \sqrt{\dfrac{x^2}{a^2} - 1}$

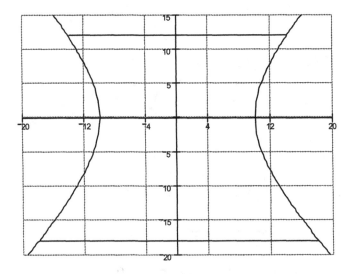

Volumenberechnung
Rotation um die z-Achse: $V_{rot} = \pi \cdot \displaystyle\int_{z_A}^{z_E} x^2\, dz$ $x^2 = a^2 \cdot \left(1 + \dfrac{z^2}{b^2}\right)$

$V_{rot} := \pi \cdot \displaystyle\int_{-18}^{12} a^2 \cdot \left(1 + \dfrac{z^2}{b^2}\right) dz$ $V_{rot} = 14923$

Darstellung von Rotationskörpern -Hyperboloid (Kühlturm)

Abmessungen: Kreisradius = 10 m $r := 10$ $b := 12$

Gesamthöhe H   = 30 m $h_u := 18$ $\delta_A := -\text{arsinh}\left(\dfrac{h_u}{b}\right)$ $h_o := 12$ $\delta_E := \text{arsinh}\left(\dfrac{h_o}{b}\right)$

Laufindizes: ORIGIN $:= 0$ $n := 40$ $i := 0 .. n$ $m := 40$ $j := 0 .. m$

Parameter: $0 \le \phi \le 2 \cdot \pi$ $\phi_i := 2 \cdot \pi \cdot \dfrac{i}{n}$ $\delta_A \le \delta \le \delta_E$ $\delta_j := \delta_A + \left(\delta_E - \delta_A\right) \cdot \dfrac{j}{m}$

Darstellung der Mantelfläche in Hyperboloid - Koordinaten (analog Kugelkoordinaten) :

$x(\phi, \delta) := r \cdot \cos(\phi) \cdot \cosh(\delta)$ $y(\phi, \delta) := r \cdot \sin(\phi) \cdot \cosh(\delta)$ $z(\phi, \delta) := b \cdot \sinh(\delta)$

$U_{i, j} := x\left(\phi_i, \delta_j\right)$ $V_{i, j} := y\left(\phi_i, \delta_j\right)$ $W_{i, j} := z\left(\phi_i, \delta_j\right)$

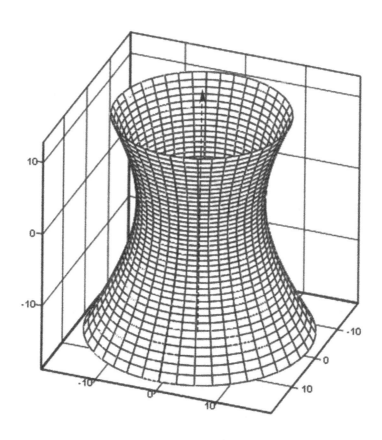

7.4 Doppelintegrale

7.4.1 Grundlagen

Für Funktionen mit zwei Variablen $z = f(x, y)$ wird jetzt die Integralrechnung übertragen.
Über einem Bereich { A } in der x- y- Ebene ist die Fläche der Funktion $z = f(x, y)$ aufgespannt.
Die Zerlegung von { A } erfolgt in Elemente $\Delta A = \Delta y \cdot \Delta x$.
Jedes Element wird mit einem Wert $z_{i,j} = f(x_i, y_j)$ multipliziert.

Die Doppelsumme $\displaystyle\sum_{i=1}^{n}\sum_{j=1}^{m} f(x_i, y_j) \cdot \Delta y \cdot \Delta x$ führt zum Doppelintegral $\displaystyle\int_{a}^{b}\int_{c}^{d} f(x,y)\, dy\, dx$.

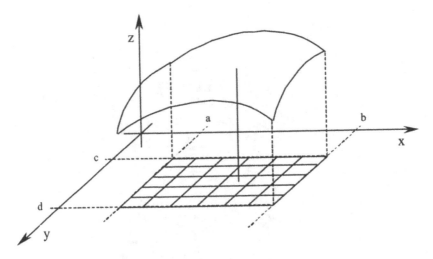

Doppelintegrale werden in zwei Stufen berechnet:

Stufe 1 ist das „innere Integral" $\displaystyle\int_{c}^{d} f(x,y)\, dy$; Stufe 2 ist das „äußere Integral" $\displaystyle\int_{a}^{b} \dots\, dx$.

Man beachte die Integrationssysmbole, ansonsten gelten die bekannten Integrationsregeln. Die Integrationsgrenzen können auch variabel sein.

Einige Beispiele zeigt das folgende Mathcad – Blatt.

Doppelintegrale formaler Art :

Rechteckbereich bei kartesischen Koordinaten : a <= x <= b , c <= y<= d .

$\quad$ a := -1 $\qquad$ b := 2 $\qquad$ c := -1 $\qquad$ d := 2

Funktion : $\quad f(x,y) := x^3 - 7 \cdot x^2 \cdot y + 8 \cdot y^4$ $\qquad \int_a^b \int_c^d f(x,y)\,dy\,dx = 138.15$

Bereich mit variablen Grenzen:
a < x < b ; c < y < (x+1) $\qquad \int_a^b \int_c^{x+1} f(x,y)\,dy\,dx = 163.95$

Auswertung des inneren Integrals

$$\int_c^{x+1} x^3 - 7 \cdot x^2 \cdot y + 8 \cdot y^4\,dy \rightarrow \frac{11}{2} \cdot x^4 + 11 \cdot x^3 + 16 \cdot x^2 + \frac{8}{5} \cdot x^5 + 8 \cdot x + \frac{16}{5}$$

Auswertung des äußeren Integrals

$$\int_a^b \frac{11}{2} \cdot x^4 + 11 \cdot x^3 + 16 \cdot x^2 + \frac{8}{5} \cdot x^5 + 8 \cdot x + \frac{16}{5}\,dx \rightarrow \frac{3279}{20} = 163.95$$

Doppelintegrale der obigen Art lassen sich als Volumen V eines Körpers deuten. Der Körper wird begrenzt durch die x-y-Ebene, die Fläche z = f (x, y) und senkrechte Seitenflächen.

Aus der Abbildung erkennt man, das Produkt $f(x_i, y_j) \cdot \Delta y \cdot \Delta x$ ist das Volumen einer Säule.

Alle Säulen aneinander gereiht bilden die Doppelsumme, sie ist ein Näherungswert für V. Der exakte Wert für V wird durch das Doppelintegral angegeben.

Wählt man ganz speziell für z = f (x, y) ≡ 1, so ist ein „Körper" beschrieben, der nach der Formel „Grundfläche x Höhe" berechnet wird. Damit gibt in diesem Fall das Doppelintegral den Flächeninhalt A des Bereichs { A } an, also

$$A = \int_{\{A\}} 1\,dA = \int_a^b \int_c^d 1\,dy\,dx$$

Diese Integralformel ist eine von mehreren, die Kenngrößen von Flächen ermitteln. Im Abschnitt „Anwendungen" werden diese Formeln mit Beispielen vorgestellt.

Bisher wurden Doppelintegrale in kartesischen Koordinaten dargestellt. Nun werden die Überlegungen auf Polar-Koordinaten (r, φ) übertragen.

Doppelintegrale in Polar-Koordinaten:

Der Bereich { A } wird beschrieben durch $\varphi_1 \leq \varphi \leq \varphi_2$; $r_1(\varphi) \leq r \leq r_2(\varphi)$.

Die Funktion ist gegeben durch $z = f(r, \varphi)$.

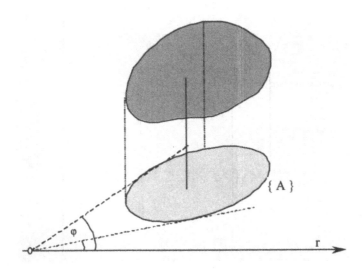

Die Bereichselemente dA werden gebildet durch dr und dφ. Die Funktionaldeterminante D tritt als Faktor auf. Für den Zusammenhang kartesisch – polar wurde sie die bei den partiellen Ableitungen zu D = r hergeleitet. Damit ist dA = r · dr dφ zu setzen. Als Doppelintegral für Polar-Koordinaten ergibt sich dann:

$$\int\limits_{\varphi 1}^{\varphi 2} \int\limits_{r1(\varphi)}^{r2(\varphi)} f(r, \varphi) \cdot r \ dr \ d\varphi$$

Hier ein Beispiel:

$$\int_0^\pi \int_0^1 r^2 \sin(\phi)\, dr\, d\phi \ \to \ \frac{2}{3}$$

7.4.2 Anwendungen

Doppelintegrale werden verwendet, um Kenngrößen von Flächen in der Ebene zu berechnen. Bekannt ist schon der Flächeninhalt: $A = \int\limits_{\{A\}} 1\, dA = \int\limits_{a}^{b} \int\limits_{c}^{d} 1\, dy\, dx$.

Weitere Kenngrößen sind die Momente:

-   Momente erster Ordnung oder „Statische Momente" bezüglich der Achsen S_x bzw. S_y,
-   Momente zweiter Ordnung oder „Trägheitsmomente" bezüglich der Achsen I_x bzw. I_y.

Diese Momente werden berechnet nach der Grundformel: Fläche $\cdot$ (Abstand)^n ; $n = 1$ oder 2.

Damit ergeben sich diese vier Formeln:

$$S_x = \int\limits_{\{A\}} y\, dA \qquad\qquad S_y = \int\limits_{\{A\}} x\, dA$$

$$I_x = \int\limits_{\{A\}} y^2\, dA \qquad\qquad I_y = \int\limits_{\{A\}} x^2\, dA$$

Aus den Statischen Momenten folgt der Schwerpunkt SP (x_s, y_s) : $x_s = \dfrac{S_y}{A}$; $y_s = \dfrac{S_x}{A}$.

Gegeben ist ein Kreis mit dem Radius R

Flächeninhalt eines Kreises
in Polarkoordinaten:

$$A(R) := \int_0^{2\cdot\pi} \int_0^R 1\cdot r\, dr\, d\phi \rightarrow \pi\cdot R^2$$

Statische Momente S für den Halbkreis:

$$S_y(R) := \int_0^\pi \int_0^R r^2\cdot\cos(\phi)\, dr\, d\phi \rightarrow 0 \qquad\qquad S_x(R) := \int_0^\pi \int_0^R r^2\cdot\sin(\phi)\, dr\, d\phi \rightarrow \frac{2}{3}\cdot R^3$$

Schwerpunkt des Halbkreises:

$$x_s(R) := \frac{S_y(R)}{\frac{1}{2}\cdot A(R)} \rightarrow 0 \qquad\qquad y_s(R) := \frac{S_x(R)}{\frac{1}{2}\cdot A(R)} \rightarrow \frac{4}{3}\cdot\frac{R}{\pi}$$

7.5 Dreifachintegrale

7.5.1 Formale Integrale

Formal werden Dreifachintegrale gebildet durch

-   eine Funktion $w = f(x, y, z)$, die in einem räumlichen Bereich $\{B\}$ definiert ist,
-   eine Zerlegung des Bereichs in Elemente ΔB, in kartesischer Form $\Delta B = \Delta z \cdot \Delta y \cdot \Delta x$,
-   eine Summe $f(x_i, y_j, z_k) \cdot \Delta B$ über alle Elemente: $\displaystyle\sum_i \sum_j \sum_k f(x_i, y_j, z_k) \cdot \Delta B_{i,j,k}$

-   das Integral ist dann $\displaystyle\int_{\{B\}} f\, dB = \int_a^b \int_{yu}^{yo} \int_{zu}^{zo} f(x,y,z)\, dz\, dy\, dx$

Die Grenzen des Bereichs können in y- und z- Richtung variabel sein. Die Berechnung des Integrals erfolgt in drei Stufen.

Dreifache Integrale formaler Art :

$$\int_1^2 \int_0^x \int_0^{x+y} (x-y)\cdot z\, dz\, dy\, dx \qquad\qquad \int_0^{x+y} (x-y)\cdot z\, dz \to \frac{1}{2}\cdot x^3 + \frac{1}{2}\cdot x^2 \cdot y - \frac{1}{2}\cdot x\cdot y^2 - \frac{1}{2}\cdot y^3$$

$$\int_0^x \frac{1}{2}\cdot x^3 + \frac{1}{2}\cdot x^2\cdot y - \frac{1}{2}\cdot x\cdot y^2 - \frac{1}{2}\cdot y^3\, dy \to \frac{11}{24}\cdot x^4 \qquad\qquad \int_1^2 \frac{11}{24}\cdot x^4\, dx \to \frac{341}{120} = 2.84$$

direkte Auswertung : $\displaystyle\int_0^1 \int_0^\pi \int_0^1 x\cdot \sin(y)\, \sqrt{z}\, dz\, dy\, dx \to \frac{2}{3}$

Bei der Verwendung von Zylinder- oder Kugelkoordinaten muss das Element dB mit der Funktionaldeterminante D multipliziert werden. Im Kapitel über die partiellen Ableitungen wurde diese Determinante dargestellt.

7.5.2 Volumenberechnungen

Volumen einer Kugel :

$$V = \int_{(V)} 1\, dV$$

in Kugelkoordinaten :

$$dV = r^2 \cdot \cos(\theta) \cdot dr \cdot d\phi \cdot d\theta$$

$$V_{Kugel}(R) := \int_{-\frac{\pi}{2}}^{\frac{\pi}{2}} \int_0^{2\cdot\pi} \int_0^R r^2 \cdot \cos(\theta)\, dr\, d\phi\, d\theta \rightarrow \frac{4}{3} \cdot \pi \cdot R^3$$

Funktionaldeterminante für Kugelkoordinaten :

$$x := r \cdot \cos(\phi) \cdot \cos(\theta) \qquad\qquad y := r \cdot \sin(\phi) \cdot \cos(\theta) \qquad\qquad z := r \cdot \sin(\theta)$$

$$D := \begin{pmatrix} \dfrac{d}{dr}x & \dfrac{d}{d\phi}x & \dfrac{d}{d\theta}x \\[2mm] \dfrac{d}{dr}y & \dfrac{d}{d\phi}y & \dfrac{d}{d\theta}y \\[2mm] \dfrac{d}{dr}z & \dfrac{d}{d\phi}z & \dfrac{d}{d\theta}z \end{pmatrix} \qquad D \rightarrow \begin{pmatrix} \cos(\phi)\cdot\cos(\theta) & -r\cdot\sin(\phi)\cdot\cos(\theta) & -r\cdot\cos(\phi)\cdot\sin(\theta) \\ \sin(\phi)\cdot\cos(\theta) & r\cdot\cos(\phi)\cdot\cos(\theta) & -r\cdot\sin(\phi)\cdot\sin(\theta) \\ \sin(\theta) & 0 & r\cdot\cos(\theta) \end{pmatrix}$$

$$|D| \text{ vereinfachen } \rightarrow \cos(\theta)\cdot r^2$$

$$dV = |D| \cdot dr \cdot d\phi \cdot d\theta \text{ vereinfachen } \rightarrow dV = \cos(\theta)\cdot r^2 \cdot dr \cdot d\phi \cdot d\theta$$

Die Oberfläche einer Kugel:

$$A = \int_A 1\, dA \qquad\qquad A := 2 \cdot \int_0^{\frac{\pi}{2}} \int_0^{2\cdot\pi} R^2 \cdot \cos(\theta)\, d\phi\, d\theta \rightarrow 4 \cdot \pi \cdot R^2$$

Schwerpunkt einer Halbkugel: $$S_{xy} = \int_V z\, dV$$

$$S_{xy} := \int_0^{\frac{\pi}{2}} \int_0^{2\cdot\pi} \int_0^R r^3 \cdot \sin(\theta)\cdot\cos(\theta)\, dr\, d\phi\, d\theta \rightarrow \frac{1}{4} \cdot \pi \cdot R^4$$

Volumen: $$V := \frac{2}{3} \cdot \pi \cdot R^3$$ Schwerpunkt: $$z_s := \frac{S_{xy}}{V} \rightarrow \frac{3}{8} \cdot R$$

Anwendung auf einen schräg abgeschnittenen Kreiszylinder:

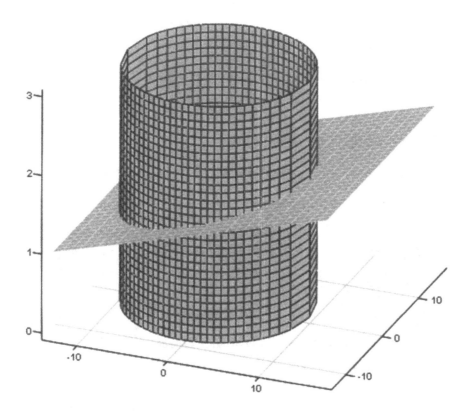

Der Radius der Grundfläche ist R, die Höhen sind „h" bei x = - R und „H" bei x = + R.

Die Gleichung der Deckfläche ist $z = f(x, y) = m \cdot x + b$; m und b ergeben sich aus h, H und R.

Das Volumen V eines Zylinders $V_{zyl} = \pi \cdot R^2 \cdot H$ ist bekannt.

Für verschiedene Varianten des obigen Körpers wird mit einem Dreifachintegral eine Volumen-formel hergeleitet. Die notwendigen Nebenrechnungen für die Integrale werden nach den bekannten Regeln ausgeführt.

Die Auswertung des Volumen-Integrals: $\qquad V = \int\limits_{\{V\}} 1 \, dV$

Bekannt: h, H und R

Grundfläche: $-R \leq x \leq R$ $-\sqrt{R^2 - x^2} \leq y \leq \sqrt{R^2 - x^2}$

Gleichung der $m = \dfrac{H - h}{2 \cdot R}$ $b = \dfrac{1}{2} \cdot (H + h)$ $z(x) := m \cdot x + b$
Schnittebene

Volumen: $V = \displaystyle\int_{(V)} 1\, dV$ $V := 2 \cdot \displaystyle\int_{-R}^{R} \int_{0}^{\sqrt{R^2-x^2}} \int_{0}^{z(x)} 1\, dz\, dy\, dx$

$$V \to b \cdot R^2 \cdot \pi \qquad\qquad\qquad V = \frac{1}{2} \cdot (H + h) \cdot \pi \cdot R^2$$

Geht die Schnittebene durch die Grundfläche, so entsteht ein „Huf". Wir leiten für einen solchen Körper ebenfalls eine Volumenformel her. Der Körper wird so beschrieben:

Grundfläche: $-a \leq x \leq R$; $-\sqrt{R^2 - x^2} \leq y \leq \sqrt{R^2 - x^2}$; Höhe H ;

Deckfläche: $z = p \cdot (x + a)$ mit $p = H / (R + a)$;   Nulllinie bei $x = -a$.

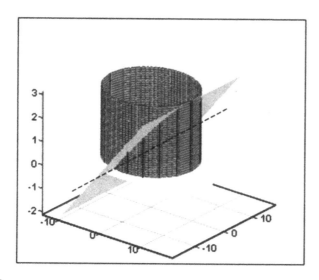

Das Volumen berechnet sich mit den obigen Vorgaben zu:

$$V = 2 \cdot \int\limits_{x=-a}^{R} \int\limits_{y=0}^{\sqrt{..}} \int\limits_{z=0}^{z} 1 \; dz \; dy \; dx \Rightarrow \qquad V = 2 \cdot p \cdot \int\limits_{-a}^{R} (x+a) \cdot \sqrt{R^2 - x^2} \; dx \, .$$

Nach Integraltafel werden
diese Integrale verwendet:

$$\int x \cdot \sqrt{R^2 - x^2} \; dx = -\frac{1}{3} \cdot \sqrt{(R^2 - x^2)^3}$$

$$\int \sqrt{R^2 - x^2} \; dx = \frac{x}{2} \cdot \sqrt{R^2 - x^2} + \frac{R^2}{2} \cdot arc\,sin\left(\frac{x}{R}\right)$$

Bei der Auswertung mit den Grenzen $x = -a$ und $x = R$ ergibt sich für das Volumen V:

$$\boxed{V_{Huf} = \frac{H}{R+a} \cdot \left[\left(\frac{2}{3} \cdot R^2 + \frac{1}{3} \cdot a^2\right) \cdot \sqrt{R^2 - a^2} + a \cdot R^2 \cdot \left(\frac{\pi}{2} + arc\,sin\frac{x}{R}\right)\right]}$$

Ein kleines Zahlenbeispiel mit Mathcad demonstriert die Rechnung:

$$V(a,H,R) := \frac{H}{R+a}\left[\left(\frac{2}{3}\cdot R^2 + \frac{1}{3}a^2\right)\cdot\sqrt{R^2 - a^2} + a\cdot R^2\cdot\left(\frac{\pi}{2} + asin\left(\frac{a}{R}\right)\right)\right]$$

$$a := 5 \qquad H := 0.5 \qquad R := 10 \qquad V(5,0.5,10) = 56.56$$

Eine ähnliche Formel kann man zum Beispiel für das statische Moment S_{yz} herleiten. Der interessierte Leser möge es versuchen. So kann man die Lage des Schwerpunkts SP (x_s, y_s, z_s) festlegen

durch $x_s = \dfrac{S_{yz}}{V}$, analog für z_s ; y_s ist wegen der Symmetrie gleich Null.

Diese Formeln werden beim „außermittigen Kraftangriff" verwendet. Der sogenannte „Spannungskörper" ist ein Huf. Zu diesem Problem ist ein interessantes Beispiel im Kapitel über die nichtlinearen Gleichungssystem behandelt.

7.6 Fourier - Reihen

Reihenentwicklungen sind ein gutes Instrument, um Funktionen numerisch zu erfassen. Im 6. Kapitel Differentialrechnung wurden *Potenzreihen*, die Taylor - Reihen, hergeleitet. Diese Reihen werden über Ableitungen aufgestellt. Eine Liste der wichtigsten Funktionen - sin(x), cos(x), ... - mit ihren Reihen ist verfügbar. Manche Funktionen sind sogar nur über Reihen definiert, zum Beispiel die Bessel-Funktionen, die im Kapitel über Differentialgleichungen eingeführt werden.

Die FOURIER – Reihen[1] sind *Trigonometrische Polynome*, das bedeutet, sie haben die Bauart

$$T_n(x) = a_0 + a_1 \cdot cos(1x) + a_2 \cdot cos(2x) + ... + a_n \cdot cos(nx) + b_1 \cdot sin(1x) + ... + b_n \cdot sin(nx)$$

Diese Entwicklungen sind im Intervall $-\pi \leq x \leq +\pi$ erklärt.

Zu einer gegeben Funktion $y = f(x)$ ist eine solche Darstellung gesucht. Dazu ist es notwendig, die sogenannten Fourier–Koeffizienten a_n und b_n zu bestimmen. Diese Koeffizienten werden auf der Basis von Integralen ermittelt. Die entsprechenden Formeln werden hergeleitet.

Diese Reihen geben für die Funktion $f(x)$ im ganzen Intervall eine Approximation und es gilt:

$$\int_{-\pi}^{+\pi} [f(x) - T_n(x)]^2 \, dx \rightarrow Minimum \, !$$

Periodische Funktionen kann man durch Fourier-Reihen darstellen.

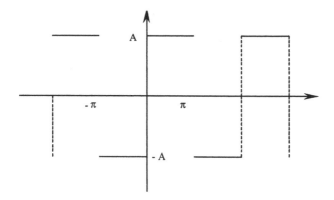

---

[1] J. B. FOURIER (1768 – 1830)

7.6.1 Die Koeffizienten

Die Fourier – Reihe zu einer Funktion f (x):

$$f(x) = a_0 + a_1 \cdot cos(1x) + a_2 \cdot cos(2x) + \ldots + b_1 \cdot sin(1x) + b_2 \cdot sin(2x) + \ldots$$

Falls die Funktion stetig und monoton im Intervall $-\pi \leq x \leq +\pi$ ist und in den Randpunkten Sprungstellen mit Grenzwerten hat, dann konvergiert die Reihe gegen f (x).

Um die Koeffizienten zu ermitteln, wird die Reihe mit $cos(m \cdot x)$ bzw. $sin(m \cdot x)$ multipliziert und anschließend über das Intervall $-\pi \leq x \leq +\pi$ integriert. Es bleibt dann jeweils nur ein Anteil übrig, aus dem sich der entsprechende Koeffizient ergibt.

Folgende Hilfsintegrale benötigt man:

$$\int_{-\pi}^{\pi} cos(n \cdot x) \cdot cos(n \cdot x)\, dx \rightarrow \frac{(sin(\pi \cdot n) \cdot cos(\pi \cdot n) + \pi \cdot n)}{n} \qquad \int_{-\pi}^{\pi} cos(n \cdot x) \cdot sin(m \cdot x)\, dx \rightarrow 0$$

$$\int_{-\pi}^{\pi} cos(n \cdot x) \cdot cos(m \cdot x)\, dx \rightarrow 2\frac{(n \cdot sin(\pi \cdot n) \cdot cos(\pi \cdot m) - m \cdot cos(\pi \cdot n) \cdot sin(\pi \cdot m))}{[(n - m) \cdot (n + m)]}$$

$$\text{für n , m = ganzzahlig } \text{---}>$$

$$\int_{-\pi}^{\pi} cos(n \cdot x) \cdot cos(n \cdot x)\, dx = \pi \qquad \int_{-\pi}^{\pi} cos(0 \cdot x)\, dx \rightarrow 2 \cdot \pi \qquad \int_{-\pi}^{\pi} cos(n \cdot x) \cdot cos(m \cdot x)\, dx = 0$$

Damit erhält man für die Koeffizienten: n = 1, 2, 3, ...

$$a_n = \frac{1}{\pi} \cdot \int_{-\pi}^{+\pi} f(x) \cdot cos(nx)\, dx \qquad a_0 = \frac{1}{2\pi} \cdot \int_{-\pi}^{+\pi} f(x) \cdot 1\, dx$$

$$b_n = \frac{1}{\pi} \cdot \int_{-\pi}^{+\pi} f(x) \cdot sin(nx)\, dx$$

Wenn die Funktion f (x) *gerade* ist, sind die Werte $b_n = 0 \rightarrow f(x) = \sum_{n=0}^{\infty} a_n \cdot cos(nx)$

falls die Funktion f (x) *ungerade* ist, sind die Werte $a_n = 0 \rightarrow f(x) = \sum_{n=1}^{\infty} b_n \cdot sin(nx)$

7.6.2 Fourier - Entwicklungen

Ein erstes Beispiel: Rechteckkurve mit der Periode 2π

$$f(x,A) := \begin{vmatrix} (-A) & \text{if } -\pi \leq x \leq 0 \\ A & \text{if } 0 \leq x \leq \pi \end{vmatrix}$$

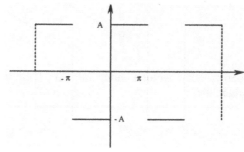

Fourier-Koeffizienten

$$a_n = \frac{1}{\pi} \int_{-\pi}^{\pi} f(x,A) \cdot \cos(n \cdot x) \, dx \qquad a(n) := \frac{2}{\pi} \cdot \int_0^{\pi} A \cdot \cos(n \cdot x) \, dx \rightarrow \frac{2}{\pi} \cdot \frac{\sin(\pi \cdot n)}{n} A \qquad a_n = 0$$

$$b(n) := \frac{2}{\pi} \cdot \int_0^{\pi} A \cdot \sin(n \cdot x) \, dx \rightarrow \frac{2}{\pi} \cdot \left(\frac{-\cos(\pi \cdot n)}{n} \cdot A + \frac{1}{n} \cdot A \right) \qquad b_n = \begin{vmatrix} 0 \\ \dfrac{4 \cdot A}{\pi} \end{vmatrix}$$

Fourier-Reihe bis zur Ordnung n:

$$a := -\pi \qquad b := \pi \qquad h := 0.05$$

$$x := a, a+h .. b+h \quad n := 7 \qquad FR(x,A,n) := \frac{4 \cdot A}{\pi} \cdot \sum_{k=0}^{n} \frac{1}{2 \cdot k + 1} \cdot \sin[(2 \cdot k + 1) \cdot x]$$

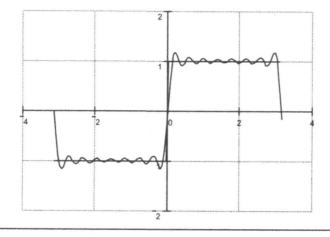

Ein zweites Beispiel: „Sägezahn-Kurve" mit beliebiger Periode T

$g(t) = \dfrac{A}{T} \cdot t$; *periodisch*

$0 \le t \le T \rightarrow \quad \omega = \dfrac{2\pi}{T}$

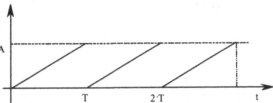

Die Fourier–Koeffizienten werden nun auf die Periodenlänge T bezogen und mit der Kreisfrequenz ω gebildet:

$$c(n) := \frac{2}{T} \cdot \int_0^T g(t) \cdot \cos(n \cdot \omega \cdot t)\, dt \qquad\qquad d(n) := \frac{2}{T} \cdot \int_0^T g(t) \cdot \sin(n \cdot \omega \cdot t)\, dt$$

$$c(n) \rightarrow \frac{2}{T}\left[\frac{1}{4} \cdot T \cdot A \cdot \frac{\left(2 \cdot \cos(\pi \cdot n)^2 - 1 + 4 \cdot \pi \cdot n \cdot \cos(\pi \cdot n) \cdot \sin(\pi \cdot n)\right)}{\left(n^2 \cdot \pi^2\right)} - \frac{1}{\left(4 \cdot n^2 \cdot \pi^2\right)} \cdot T \cdot A \right]$$

$$c_n = 0 \qquad c_0 := \frac{1}{T} \cdot \int_0^T g(t) \cdot \cos(0 \cdot \omega \cdot t)\, dt \rightarrow \frac{1}{2} \cdot A$$

$$d(n) \rightarrow -A \cdot \frac{\left(-\cos(\pi \cdot n) \cdot \sin(\pi \cdot n) + 2 \cdot \pi \cdot n \cdot \cos(\pi \cdot n)^2 - \pi \cdot n\right)}{\left(\pi^2 \cdot n^2\right)} \qquad d_n = -A \cdot \frac{1}{\pi \cdot n}$$

Reihe: $\qquad FR2(t, A) = \dfrac{1}{2} \cdot A - \dfrac{A}{\pi} \cdot \sum_{n=1}^{\infty} \dfrac{1}{n} \cdot \sin(n \cdot \omega \cdot t)$

$n := 12 \qquad T := 10 \qquad A := 2 \qquad \omega := \dfrac{2 \cdot \pi}{T} \qquad t := 0, 0.05 .. 2 \cdot T$

bis Ordnung n: $\qquad FR2(t, A, n) := \dfrac{1}{2} \cdot A - \dfrac{A}{\pi} \cdot \sum_{k=1}^{n} \dfrac{1}{k} \cdot \sin(k \cdot \omega \cdot t)$

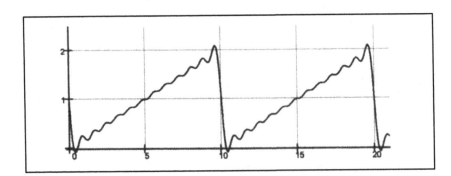

Ein drittes Beispiel: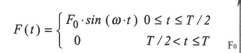

Periodische Krafteinwirkung mit Pause

$$F(t) = \begin{cases} F_0 \cdot sin\,(\omega \cdot t) & 0 \leq t \leq T/2 \\ 0 & T/2 < t \leq T \end{cases}$$

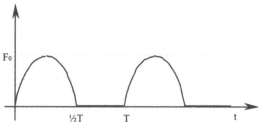

Anwendung: Schwingung von Bauteilen unter äußerer Kraft.[1]

Die zeitlich veränderliche Kraft F (t) wird in eine Fourier – Reihe entwickelt. Für die Koeffizienten
ist es günstig, Additionstheoreme anzuwenden:

$$sin\alpha \cdot cos\,\beta = \frac{1}{2} \cdot [sin(\alpha - \beta) + sin(\alpha + \beta)] \;\; ; \;\; sin\alpha \cdot sin\beta = \frac{1}{2} \cdot [cos(\alpha - \beta) - cos(\alpha + \beta)]$$

$$cos\alpha \cdot cos\beta = \frac{1}{2} \cdot [cos(\alpha - \beta) + cos(\alpha + \beta)] \;\; ; \;\; sin^2\,\alpha = \frac{1}{2} \cdot (1 - cos2\alpha) \;\; ; \;\; cos^2\,\alpha = \frac{1}{2} \cdot (1 + cos2\alpha)$$

Dann ergeben sich für die Koeffizienten folgende Formeln:

$$p_n := \frac{2}{T} \cdot \int_0^{T/2} F(t) \cdot cos(n \cdot \omega \cdot t)\, dt =$$

$$\frac{F_0\,\omega}{2\pi} \cdot \int_0^{T/2} sin\,(1-n)\,\omega \cdot t + sin\,(1+n)\,\omega \cdot t \;\; dt = \begin{cases} 0 & \text{für } n = 3,5,7,... \\ -\frac{2\,F_0}{\pi} \cdot \frac{1}{n^2 - 1} & \text{für } n = 2,4,6,... \end{cases}$$

$$p_0 := \frac{2}{T} \cdot \int_0^{T/2} F(t)\,dt = ... = \frac{F_0}{\pi} \;\; ; \;\; p_1 := \frac{2}{T} \cdot \int_0^{T/2} F(t) \cdot cos(\omega \cdot t)\,dt = ... = 0$$

$$q_n := \frac{2}{T} \cdot \int_0^{T/2} F(t) \cdot sin(n \cdot \omega \cdot t)\, dt = \frac{F_0\,\omega}{2\pi} \cdot \int_0^{T/2} cos(1-n)\,\omega \cdot t - cos(1+n)\,\omega \cdot t \;\; dt = 0$$

$$q_1 := \frac{F_0\,\omega}{2\pi} \cdot \int_0^{T/2} sin^2\,(\omega \cdot t)\, dt = \frac{F_0}{2}$$

Damit ergibt sich für die Fourier – Reihe:

$$F(t) = F_0 \cdot \left[\frac{1}{\pi} + \frac{1}{2} \cdot sin(\omega \cdot t) - \frac{2}{\pi} \cdot \sum_{n=1}^{\infty} \frac{1}{4 \cdot n^2 - 1} \cdot cos(2n\,\omega t) \right]$$

---

[1] Dieses Beispiel findet sich bei [S3] GREUEL: „Mathematische Ergänzungen.. für Elektrotechniker"

Die Darstellung der Näherung benutzt 5 Glieder der Reihe:

$$F_0 := 10 \qquad T_p := 10 \qquad \omega := \frac{2 \cdot \pi}{T_p} \qquad t := 0, 0.1 .. 3 \cdot T_p$$

$$FR3(t,n) := F_0 \left(\frac{1}{\pi} + \frac{1}{2} \cdot \sin(\omega \cdot t) - \frac{2}{\pi} \cdot \sum_{k=1}^{n} \frac{1}{4 \cdot k^2 - 1} \cdot \cos(2 \cdot k \cdot \omega \cdot t) \right)$$

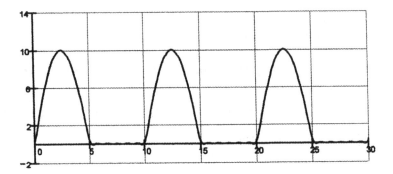

Zur Untersuchung der Schwingungen von Bauteilen werden später Differentialgleichungen benutzt. Die Belastungsfunktionen bilden die rechten Seiten dieser Gleichungen. Für komplizierte Belastungen können diese DGln. nicht gelöst werden.

Eine elegante Methode ist die Entwicklung dieser Funktionen in eine Fourier – Reihe, die dann einfache trigonometrische Glieder hat.

So kann man bei der Funktion $F(t) = \begin{cases} F_0 \cdot \sin(\omega \cdot t) & 0 \leq t \leq T/2 \\ 0 & T/2 < t \leq T \end{cases}$

die Näherung benutzen: $\quad F(t) \approx F_0 \cdot \left(\frac{1}{\pi} + \frac{1}{2} \cdot \sin(\omega \cdot t) - \frac{2}{3\pi} \cdot \cos(2\omega \cdot t) \right)$

und die DGl mit den „üblichen" Methoden relativ leicht lösen.

7.6.3 Numerische Auswertung

Fourier–Reihen kann man auch für numerische Anwendungen benutzen, es lassen sich Näherungsformeln für π aus den obigen Reihen gewinnen. So erhält man:

- aus der ersten Reihe zur Rechteck-Kurve für $\quad x = \dfrac{\pi}{2} \rightarrow FR(\dfrac{\pi}{2}) = A\quad$ und daraus

$$\pi = 4 \cdot \left(1 - \frac{1}{3} + \frac{1}{5} - \frac{1}{7} + - \ \dots \right) \qquad \text{- die bekannte LEIBNIZ – Reihe.}$$

- aus der 3. Reihe zur periodischen Kraft für $\quad t = \dfrac{T}{4} \rightarrow F(\dfrac{T}{4}) = F_0\quad$ und daraus

$$\boxed{\ \pi = 2 + 4 \cdot \sum_{n=1}^{\infty} (-1)^{n+1} \cdot \frac{1}{4 \cdot n^2 - 1}\ } \qquad \text{- mit guter Konvergenz.}$$

$$\text{Pi} := 2 + 4 \cdot \sum_{n=1}^{500} (-1)^{n+1} \cdot \frac{1}{4 \cdot n^2 - 1} \qquad \text{Pi gleit, } 10 \rightarrow 3.141590658 \qquad \pi = 3.14159265358979$$

Reihen mit hoher Konvergenzgeschwindigkeit:

Für die Berechnung von π wurden im Jahre 1995 Reihen mit sehr guter Konvergenz entdeckt. Von P. BORWEIN / D. BAILEY / S. PLOUFFE wurde diese Darstellung bewiesen: [1]

$$\boxed{\ \pi = \sum_{n=0}^{\infty} \frac{1}{16^n} \circ \left(\frac{4}{8 \cdot n + 1} - \frac{2}{8 \cdot n + 4} - \frac{1}{8 \cdot n + 5} - \frac{1}{8 \cdot n + 6} \right)\ }$$

Diese Reihe basiert ebenfalls auf der Auswertung von Integralen. Die Integrale sind:

$$I(k) = \int_{a}^{b} \frac{x^k}{1 - x^8} \, dx \quad \text{für } k = 0, 1, 2, \dots, 7 \ \text{ mit } \ a = 0 \ \text{ und } \ b = \frac{1}{\sqrt{2}}$$

Durch eine geschickte Kombination ergibt sich eine Darstellung für π.

$$4 \cdot \sqrt{2} \cdot I(0) - 8 \cdot I(3) - 4 \cdot I(4) - 8 \cdot I(5) = \pi$$

Andererseits wird der Integrand als geometrische Reihe für $|x| < 1$ entwickelt, woraus dann schließlich die „BBP –Reihe" folgt.

---

[1] siehe dazu [1] J. ARNDT / CH. HAENEL : „ PI – Algorithmen, Computer, Arithmetik" ; Springer – Verlag 1998

Nach diesem Prinzip lassen sich weitere Reihen entwickeln. Der Autor gibt zwei neue an.

Mit solchen Reihen kann man π auf viele Stellen genau berechnen.

$$\pi = 4 \circ \left[\frac{1}{8} \cdot \sum_{n=0}^{\infty} \frac{1}{16^n} \cdot \left(\frac{4}{4n+1} - \frac{1}{4n+3} \right) + \frac{1}{27} \cdot \sum_{n=0}^{\infty} \frac{1}{81^n} \cdot \left(\frac{9}{4n+1} - \frac{1}{4n+3} \right) \right]$$

$$\pi = \frac{\sqrt{3}}{32} \circ \sum_{n=0}^{\infty} \frac{1}{64^n} \cdot \left(\frac{48}{6n+1} + \frac{24}{6n+2} - \frac{6}{6n+4} - \frac{3}{6n+5} \right)$$

Berechnung von π mit 1000 Ziffern :

3.

141592653589793238462643383279502884197169399375105820974944592307816406286
208998628034825342117067982148086513282306647093844609550582231725359408128 48
111174502841027019385211055596446229489549303819644288109756659334461284756 48
233786783165271201909145648566923460348610454326648213393607260249141273724 5
870066063155881748815209209628292540917153643678925903600113305305488204665 2
138414695194151160943305727036575959195309218611738193261179310511854807446 2
379962749567351885752724891227938183011949129833673362440656643086021394946 3
952247371907021798609437027705392171762931767523846748184676694051320005681 2
714526356082778577134275778960917363717872146844090122495343014654958537105 0
792279689258923542019956112129021960864034418159813629774771309960518707211 3
499999983729780499510597317328160963185950244594553469083026425223082533446 8
503526193118817101000313783875288658753320838142061717766914730359825349042 8
755468731159562863882353787593751957781857780532171226806613001927876611195 9
09216420199

8. Auswertung von Daten

8.1 Beschreibende Statistik

8.1.1 Zielstellung

Die Erfassung von Daten durch Messen oder Zählen und ihre anschließende Aufbereitung und Auswertung ist eine wesentliche Seite ingenieurtechnischer Arbeit. Ihre Ziele sind die Kontrolle der Einhaltung vorgeschriebener Qualitätsmerkmale oder Schranken, die Prüfung von Materialeigenschaften und die Ermittlung von Gesetzmäßigkeiten und Zusammenhängen. Die geeignete Aufbereitung des Datenmaterials ist Voraussetzung für die nachfolgenden Auswertungen, sie ist Gegenstand der beschreibenden Statistik.

Die schließende Statistik liefert aus dem aufbereiteten Datenmaterial Aussagen über Grundgesamtheiten. Da die Daten in der Regel nur Stichproben aus der weit größeren Grundgesamtheit sind, tragen die Schlussfolgerungen für diese Gesamtheit nur Wahrscheinlichkeitscharakter. Weiterhin unterliegen die Messwerte, auch bei dem Versuch die Messbedingungen genau einzuhalten, stets zufälligen Einflüssen. Diese zufälligen Messfehler folgen ebenfalls statistischen Gesetzmäßigkeiten. Die schließende Statistik beruht damit wesentlich auf der Wahrscheinlichkeitsrechnung speziell über Zufallsgrößen. Die **Abschnitte 8.2-5** führen in diese Thematik ein. Dabei steht der praktikable Einsatz unter Verwendung von Mathcadfunktionen im Vordergrund. Aus dem sehr umfangreichen Literaturangebot mit ausführlichen Darstellungen nennen wir STORM[27], PAPULA[21], Band 3 oder LEHN/WEGMANN[30]. Für die praktische Arbeit ist das Taschenbuch für Verkehrsplaner HERZ/SCHLICHTER/SIEGENER[S4] zu empfehlen.

Der **Abschnitt 8.6** befasst sich im Anschluss an **8.5** mit allgemeinen Ausgleichsfunktionen für zufallsbehaftete Funktionswerte und **8.7** gibt einen Ausblick auf die Interpolation. Auch hier werden unterschiedliche Mathcadfunktionen eingesetzt. Zu diesen Abschnitten seien speziell LUDWIG[17] und ROOS/SCHWETLICK[24] genannt.

8.1.2. Primäre Auswertung eines Datensatzes

8.1.2.1 Datensatz und statistische Maßzahlen

An einer Menge von n Objekten oder Personen wird ein Merkmal untersucht. Die erfassten Merkmalsdaten bilden einen Datensatz vom Umfang n. Dabei kann das Merkmal qualitativ beschrieben werden, z. B. die Farbe des PKW, oder quantitativ gezählt bzw. gemessen werden, z. B. die Anzahl der Insassen bzw. die Geschwindigkeit des PKW. Im Folgenden werden nur quantifizierbare Merkmale untersucht. Diese werden in diskrete und stetige Merkmale eingeteilt. Diskrete Merkmale haben nur getrennt liegende, in der Regel ganzzahlige Messwerte; stetige Merkmale können beliebige Werte aus einem reellen Intervall annehmen. Der Datensatz, - auch Messreihe, Urliste oder Stichprobe genannt -, wird dargestellt als

Datenvektor $\mathbf{x} = (x_1 \quad x_2 \quad x_3 \quad \cdots \quad x_n)^T$ mit den Messwerten x_i .

Diesen Datenvektor versucht man durch statistische Maßzahlen zu charakterisieren, wobei unter Verzicht auf die einzelnen Messwerte eine Verdichtung auf wesentliche und vergleichbare Daten erfolgt. Diese Maßzahlen verwendet man neben der primären Beschreibung des Datensatzes als Eingangsparameter für die schließende Statistik.

8.1.2.2 Lageparameter

Der wichtigste Lageparameter ist das <u>arithmetische Mittel</u> (Mittelwert) der Messwerte

$$\bar{x} = \frac{1}{n} \cdot (x_1 + x_2 + \cdots + x_n) = \frac{1}{n} \cdot \sum_{i=1}^{n} x_i .$$

Dieser ergibt sich aus der Forderung der „Methode der kleinsten Quadrate", einen Wert a derart zu bestimmen, dass die Summe der Quadrate der Abweichungen der Messwerte von a minimal wird:

$$f(a) = \sum_i (a - x_i)^2 \Rightarrow min!$$

Die notwendigen Bedingung $\frac{1}{2} \cdot f'(a) = \frac{2}{2} \cdot \sum_i (a - x_i) = \sum_i a - \sum_i x_i = n \cdot a - \sum_i x_i = 0$ und der

Nachweis $f''(a) = 2 \cdot \sum_i 1 = 2 \cdot n > 0$ ergeben $a = \bar{x}$.

Der Herleitung entnimmt man die Schwerpunkt- und Minimaleigenschaft des Mittelwertes

$$\sum_i (\bar{x} - x_i) = 0 \quad , \quad \sum_i (\bar{x} - x_i)^2 \leq \sum_i (c - x_i)^2 \text{ für beliebige } c.$$

Ein weiterer Lageparameter ist der <u>Modalwert (Mode)</u> M. Das ist der am häufigsten auftretende Messwert im Datensatz.

Wird der Datensatz der Größe nach geordnet, so entsteht ein aufsteigend

geordneter Datenvektor $\mathbf{z} = (z_1 \quad z_2 \quad z_3 \quad \cdots \quad z_n)^T$ mit $z_1 \leq z_2 \leq \cdots \leq z_n$.

Der <u>Median</u> (mittlerer oder Zentralwert) ist für einen geordneten Datenvektor wie folgt definiert:

$$\tilde{z} = \begin{cases} z_m & \text{für } n = 2 \cdot m \\ \dfrac{z_m + z_{m+1}}{2} & \text{für } n = 2m+1 \end{cases}.$$

Das (untere) <u>p-Quantil</u> (p-Quartil) z_p $(0 < p < 1)$ des geordneten Datenvektors z ist der Messwert z_k für $k-1 < n \cdot p \leq k$. Der Datenabschnitt $(z_1, z_2, \cdots, z_k)$ umfasst maximal $p \cdot 100\%$ der Messwerte. Für geraden Datenumfang n ist der Median das 50%-Quantil des Datenvektors.

8.1.2.3 Streuungsparameter

Die Messwerte von zwei Datensätze mit gleichem Mittelwert können sehr unterschiedlich um diesen Wert „streuen". Zur Beschreibung dieser Eigenschaft sind Streuungsparameter definiert.

Ein ganz grober Parameter ist die <u>Spannweite</u> $R = x_{max} - x_{min}$.

Die wichtigsten Streuungsparameter sind die empirische <u>Streuung</u> (oder Varianz) s^2, welche auf die Minimaleigenschaft des Mittelwertes Bezug nimmt und den Datenumfang n berücksichtigt, und die <u>Standardabweichung</u> s :

$$s^2 = \frac{1}{n-1} \cdot \sum_{i=1}^{n} (x_i - \overline{x})^2 = \frac{1}{n-1} \cdot \left(\sum_i x_i^2 - n \cdot \overline{x}^2 \right), \qquad s = \sqrt{s^2}.$$

Der zweite Ausdruck für s^2 folgt aus der Umformung

$$\sum_i \left(x_i^2 - 2 \cdot x_i \cdot \overline{x} + \overline{x}^2 \right) = \sum_i x_i^2 - 2 \cdot \overline{x} \cdot \sum_i x_i + \sum_i \overline{x}^2 = \sum_i x_i^2 - 2 \cdot \overline{x} \cdot \left(n \cdot \overline{x} \right) + n \cdot \overline{x}^2 .$$

Die Division durch $(n-1)$ statt n ist eine Forderung der schließenden Statistik, damit der Stichprobenwert s^2 eine „erwartungstreue" Schätzung für die Streuung der Grundgesamtheit ist.

Die Standardabweichung kann anschaulich interpretiert werden, wenn man voraussetzt, dass die Stichprobe annähernd normalverteilt ist, (siehe **Abschnitt 8.3.3**):

Standardintervalle	$\overline{x} \pm s$	$\overline{x} \pm 2 \cdot s$	$\overline{x} \pm 3 \cdot s$
Anteil der Messwerte im Intervall ca.	68,3 %	95,5 %	99,7 %

Der <u>Variationskoeffizient</u> $\boxed{v = \dfrac{s}{\overline{x}} \cdot 100\%}$ gibt das prozentuale Verhältnis von Standardabweichung zum Mittelwert an und dient zum Vergleich verschiedener Datensätze. Zum Beispiel ist bei gleichen Standardabweichungen $s_1 = s_2 = 2{,}5$ cm aber Mittelwerten $\overline{x}_1 = 25$ cm , $\overline{x}_2 = 58$ cm die Variation der Werte des ersten Datensatzes erheblich größer: $v_1 = 10\%$, $v_2 = 4{,}3\%$.

Die Datei STATISTIK.MCD enthält ein Beispiel, in dem auch die von Mathcad angebotenen statistischen Funktionen eingesetzt werden.

---

1. Auswertung eines Datensatzes   ORIGIN = 1

a) Dateneingabe als Datenvektor x

$i := 1..5 \quad j := 6..10 \quad k := 11..15 \quad l := 16..20 \qquad x_i := \quad x_j := \quad x_k := \quad x_l :=$

Gezählt wird an einer Kreuzung
die Anzahl der Rechtsabbieger je Minute

$\begin{array}{cccc} 2 & 3 & 3 & 3 \\ 4 & 2 & 6 & 2 \\ 3 & 5 & 5 & 5 \\ 4 & 1 & 3 & \\ 2 & 3 & 1 & \end{array}$

Werte durch Komma trennen

b) Datenvektor und geordneter Datenvektor

$x^T = (2 \ 4 \ 3 \ 4 \ 2 \ 3 \ 2 \ 5 \ 1 \ 3 \ 3 \ 6 \ 5 \ 3 \ 1 \ 3 \ 2 \ 5)$

$z := \text{sort}(x) \qquad z^T = (1 \ 1 \ 2 \ 2 \ 2 \ 2 \ 3 \ 3 \ 3 \ 3 \ 3 \ 3 \ 4 \ 4 \ 5 \ 5 \ 5 \ 6)$

c) Statistische Maßzahlen   (Mathcadfunktionen eingerahmt)   *überstrichene Größen nicht möglich*

Datenumfang	$\boxed{n := \text{länge}(x)}$	$n = 18$	$i := 1..n$

Mittelwert $x_m := \dfrac{1}{n} \cdot \sum_i x_i \qquad x_m = 3.17 \qquad \boxed{\text{mittelwert}(x) = 3.17}$

Modalwert $\boxed{M := \text{mode}(x)} \qquad M = 3$

Median $x_{med} := z_{\frac{n}{2}} \qquad x_{med} = 3 \qquad \boxed{\text{median}(x) = 3}$

Spannweite $R := z_n - z_1 \qquad R = 5 \qquad \boxed{\max(x) - \min(x) = 5}$

Streuung $s2 := \dfrac{1}{n-1} \cdot \sum_i (x_i - x_m)^2 \qquad s2 = 2.03$

Standardabweichung $s := \sqrt{s2} \qquad s = 1.42 \qquad \boxed{\text{Stdev}(x) = 1.42}$

Standardintervall $(x_m - s \quad x_m + s) = (1.74 \quad 4.59) \qquad$ enthält 2/3 der Meßwerte

Variationskoeffizient $v := \dfrac{s}{x_m} \cdot 100\% \qquad v = 44.99\%$

p-Quantil $\text{quantil}(z,p) := \begin{vmatrix} m \leftarrow p \cdot \text{länge}(z) \\ \text{for } i \in 1..\text{länge}(z) \\ \quad \text{break if } i \geq m \\ z_i \end{vmatrix}$

$\text{quantil}(z, 10\%) = 1$

$\text{quantil}(z, 50\%) = 3$

8.1.2.4 Der mittlere Fehler des Mittelwertes, Fehlerfortpflanzung

In der Fehlerrechnung wird durch wiederholte Messung einer Größe eine Messreihe aufgestellt, deren Messwerte mit zufälligen Fehlern behaftet sind. Der Mittelwert $\bar{x}$ der Messwerte wird als Schätzwert dieser Größe angesehen. Die Standardabweichung s erweist sich als mittlerer Fehler jeder Einzelmessung. Aus dem <u>Gaußschen Fehlerfortpflanzungsgesetz</u> der mittleren Fehler erhält man mit

$$\frac{\partial}{\partial x_i}\bar{x} = \frac{\partial}{\partial x_i}\frac{1}{n}\cdot(x_1 + x_2 + \cdots + x_n) = \frac{1}{n}\cdot 1$$

$$s_{\bar{x}}^2 = \left(\frac{\partial \bar{x}}{\partial x_1}\cdot s\right)^2 + \left(\frac{\partial \bar{x}}{\partial x_2}\cdot s\right)^2 + \cdots + \left(\frac{\partial \bar{x}}{\partial x_n}\cdot s\right)^2 = n\cdot\frac{1}{n^2}\cdot s^2 = \frac{1}{n}\cdot s^2$$

den <u>mittleren Fehler des Mittelwertes</u> $\boxed{s_{\bar{x}} = \frac{1}{\sqrt{n}}\cdot s}$.

Analog zur Fortpflanzung des Maximalfehlers (als Anwendung des totalen Differentials) wird die Fortpflanzung des mittleren Fehlers berechnet. Statt der Beträge der Fehler werden die Fehlerquadrate verwendet.

Für die gesuchte Größe $z = f(x_1, x_2, \cdots, x_m)$ wird das Intervall $\bar{z}\pm s_{\bar{z}}$ angegeben

mit $\quad s_{\bar{z}} = \sqrt{\left(\frac{\partial z}{\partial x_1}\cdot s_{\bar{x}_1}\right)^2 + \left(\frac{\partial z}{\partial x_2}\cdot s_{\bar{x}_2}\right)^2 + \cdots + \left(\frac{\partial z}{\partial x_m}\cdot s_{\bar{x}_m}\right)^2}\quad$ und $\quad \bar{z} = f(\bar{x}_1,\bar{x}_2,\cdots,\bar{x}_m).$

Beispiel aus der Datei MITTFEHL.MCD.

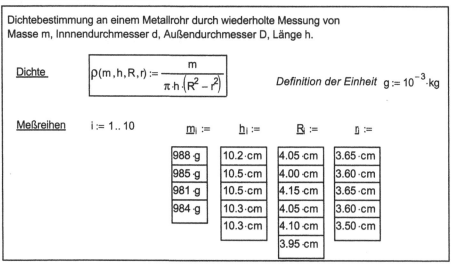

Dichtebestimmung an einem Metallrohr durch wiederholte Messung von Masse m, Innnendurchmesser d, Außendurchmesser D, Länge h.

Dichte $\quad \rho(m,h,R,r) := \dfrac{m}{\pi\cdot h\cdot\left(R^2 - r^2\right)}\quad$ Definition der Einheit $\quad g := 10^{-3}\cdot kg$

Meßreihen $\quad i := 1..10$

$m_i :=$	$h_i :=$	$R_i :=$	$r_i :=$
$988\cdot g$	$10.2\cdot cm$	$4.05\cdot cm$	$3.65\cdot cm$
$985\cdot g$	$10.5\cdot cm$	$4.00\cdot cm$	$3.60\cdot cm$
$981\cdot g$	$10.5\cdot cm$	$4.15\cdot cm$	$3.65\cdot cm$
$984\cdot g$	$10.3\cdot cm$	$4.05\cdot cm$	$3.60\cdot cm$
	$10.3\cdot cm$	$4.10\cdot cm$	$3.50\cdot cm$
		$3.95\cdot cm$	

Mittelwerte und mittlere Fehler der Mittelwerte

$m :=$ mittelwert $(\underline{m})$ $h :=$ mittelwert $(\underline{h})$ $R :=$ mittelwert $(\underline{R})$ $r :=$ mittelwert $(\underline{r})$

$m = 984.5$ g $h = 10.36$ cm $R = 4.05$ cm $r = 3.6$ cm

$$s_m := \frac{\text{Stdev}(\underline{m})}{\sqrt{\text{länge}(\underline{m})}} \qquad s_h := \frac{\text{Stdev}(\underline{h})}{\sqrt{\text{länge}(\underline{h})}} \qquad s_R := \frac{\text{Stdev}(\underline{R})}{\sqrt{\text{länge}(\underline{R})}} \qquad s_r := \frac{\text{Stdev}(\underline{r})}{\sqrt{\text{länge}(\underline{r})}}$$

$s_m = 1.44$ g $s_h = 0.06$ cm $s_R = 0.029$ cm $s_r = 0.027$ cm

Zwischensummen = partielle Ableitungen im Punkt (m,h,R,r) mal Fehler

$$s1 := \frac{\partial}{\partial m}\rho(m,h,R,r) \cdot s_m \qquad\qquad s2 := \frac{\partial}{\partial h}\rho(m,h,R,r)\, s_h$$

$$s3 := \frac{\partial}{\partial R}\rho(m,h,R,r) \cdot s_R \qquad\qquad s4 := \frac{\partial}{\partial r}\rho(m,h,R,r)\, s_r$$

$s1 = 0.013$ g$\cdot$cm^{-3} $s2 = -0.051$ g$\cdot$cm^{-3} $s3 = -0.597$ g cm^{-3} $s4 = 0.503$ g cm^{-3}

größter Fehlereinfluß !!

Fehlerfortpflanzungsgesetz $s_\rho := \sqrt{s1^2 + s2^2 + s3^2 + s4^2}$

Mittelwert der Dichte $\rho(m,h,R,r) = 8.79$ g$\cdot$cm^{-3} Mittlerer Fehler $s_\rho = 0.78$ g$\cdot$cm^{-3}

8.1.2.5 Weitere Mittelwerte

Das arithmetische Mittel ist nicht in allen Fällen ein dem Problem angemessener Mittelwert. An zwei Beispielen sei dies belegt.

<u>Beispiel 1</u>. Ein Fahrzeug fährt auf einer Strecke s mit der Geschwindigkeit $v_1 = 40$ km/h und anschließend auf einer gleich langen Strecke mit $v_2 = 80$ km/h. Wie groß ist die mittlere Geschwindigkeit v_m auf der Gesamtstrecke?

Offensichtlich gilt wegen $v_1 = \dfrac{s}{t_1}$, $v_2 = \dfrac{s}{t_2}$, $v_m = \dfrac{2 \cdot s}{t_1 + t_2}$ die Beziehung $\dfrac{2 \cdot s}{v_m} = t_1 + t_2 = \dfrac{s}{v_1} + \dfrac{s}{v_2}$,

d.h. $v_m = \dfrac{2}{\dfrac{1}{v_1} + \dfrac{1}{v_2}} = 53{,}3$ km/h .

Der Wert ist entgegen häufigem Trugschluss kleiner als das arithmetische Mittel $\bar{v} = 60$ km/h.

Das zu verwendende Mittel heißt <u>harmonisches Mittel</u> $\boxed{\,x_H = \dfrac{n}{\dfrac{1}{x_1} + \dfrac{1}{x_2} + \cdots \dfrac{1}{x_n}} \quad x_i > 0\,}$.

<u>Beispiel 2.</u> Die Produktionsmenge wächst in den vier Quartalen (jeweils zum Vorquartal) auf 110%, 140%, 105%, 125%. Wie groß ist das mittlere prozentuale Wachstums je Quartal?

Ist P die Produktionsmenge zum Jahresanfang, so steigt diese auf $P \cdot 1{,}10 \cdot 1{,}40 \cdot 1{,}05 \cdot 1{,}25$ an. Mit einem mittleren Wachstum x_m gilt $P \cdot x_m^4 = P \cdot 1{,}10 \cdot 1{,}40 \cdot 1{,}05 \cdot 1{,}25$, d. h.

$x_m = \sqrt[4]{1{,}10 \cdot 1{,}40 \cdot 1{,}05 \cdot 1{,}25} \approx 1{,}1924$. Im Mittel steigt die Produktion pro Quartal auf 119,24%. Der Wert liegt unter dem arithmetischen Mittel von 120%.

Das zu verwendende Mittel heißt <u>geometrisches Mittel</u> $\boxed{x_G = \sqrt[n]{x_1 \cdot x_2 \cdot \ldots \cdot x_n} \qquad x_i \geq 0}$

Zwischen den drei Mittelwerten besteht die Ungleichung $x_H \leq x_G \leq \overline{x}$. Die Gleichheitszeichen gelten nur, wenn alle x_i gleich sind.

Mathcad biete auch für diese Mittelwerte Funktionen an.

$$x^T = (2\ \ 4\ \ 3\ \ 4\ \ 2\ \ 3\ \ 2\ \ 5\ \ 1\ \ 3\ \ 3\ \ 6\ \ 5\ \ 3\ \ 1\ \ 3\ \ 2\ \ 5)$$

Arithmetische Mittel	$x_m := \dfrac{1}{n} \cdot \sum_i x_i$	$x_m = 3.17$	mittelwert $(x) = 3.17$
Geometrisches Mittel	$x_G := \sqrt[n]{\prod_i x_i}$	$x_G = 2.84$	gmean $(x) = 2.84$
Harmonisches Mittel	$x_H := \dfrac{n}{\sum_i \dfrac{1}{x_i}}$	$x_H = 2.48$	hmean $(x) = 2.48$

8.1.3. Häufigkeitsverteilungen, Summenhäufigkeit

8.1.3.1 Diskrete Merkmale

In einem diskreten Datensatz kann die Häufigkeit h_j für gleiche Messwerte x_j ermittelt werden, so dass die Urliste durch eine <u>Häufigkeitsverteilung</u> (x_j, h_j), $j = 1 \ldots k$, mit k Messpunkten ersetzt wird. Zur Beschreibung der Verteilung verwendet man auch die relativen Häufigkeiten $f_j = \dfrac{1}{n} \cdot h_j$

und die Summenhäufigkeit $F_j = \displaystyle\sum_{i=1}^{j} f_i$.

Mittelwert und Streuung ergeben sich dann aus den mit h_j gewichteten Messwerten

$$\overline{x} = \frac{1}{n} \cdot \sum_{j=1}^{k} h_j \cdot x_j = \sum_j f_j \cdot x_j \qquad s^2 = \frac{1}{n-1} \cdot \sum_{j=1}^{k} h_j \cdot \left(x_j - \overline{x}\right)^2 \qquad n = \sum_{j=1}^{k} h_j.$$

Der Datenvektor **x** aus der Datei STATISTIK.MCD liefert dann folgende Häufigkeitstabelle

j	x_j	h_j	f_j in %	F_j in %	$h_j \cdot x_j$	$h_j \cdot (x_j - \bar{x})^2$
1	1	2	11.11	11.11	2	9.418
2	2	4	22.22	33.33	8	5.476
3	3	6	33.33	66.67	18	0.173
4	4	2	11.11	77.78	8	1.378
5	5	3	16.67	94.44	15	10.047
6	6	1	5.56	100.00	6	8.009
		$n = 18$	$\Sigma = 100$		$\Sigma_1 = 57$	$\Sigma_2 = 34.501$

$$\bar{x} = \frac{\Sigma_1}{n} = \frac{57}{18} \approx 3.17 \qquad s^2 = \frac{\Sigma_2}{n-1} = \frac{34.501}{17} \approx 2.03 \qquad s = \sqrt{2.03} \approx 1.42$$

Der Tabelle sind Auswertungsspalten angefügt, die eine „manuelle" Berechnung von Mittelwert und Streuung erleichtern. Durch den Einsatz von Mathcad wird dieser Aufwand überflüssig.

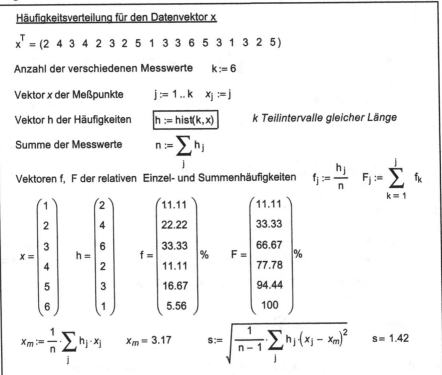

Die Funktion hist (k, x) zerlegt den Bereich von $[x_{min}]$ bis $[x_{max}+1]$ in k gleich große (und rechts offene) Intervalle und ermittelt den Vektor der Häufigkeiten der Messwerte in diesen Intervallen.

Die Häufigkeitsverteilung wird durch das Häufigkeitsdiagramm (Stabdiagramm) veranschaulicht. Die Darstellung der Summenhäufigkeit im Summendiagramm (Treppendiagramm) ermöglicht u. a. das Ablesen von Quantilwerten.

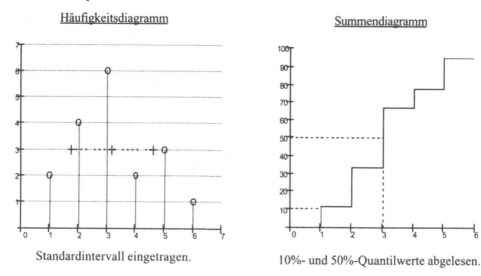

Häufigkeitsdiagramm   Summendiagramm

Standardintervall eingetragen.   10%- und 50%-Quantilwerte abgelesen.

Die Treppenkurve ist das Bild der empirischen <u>Verteilungsfunktion</u> $F(x) = \sum\limits_{x_j \le x} f_j$. Diese liefert die relative Häufigkeit $h_r(x_i \le x)$ der Messwerte $\le x$, wobei x eine reelle Zahl ist.

8.1.3.2 Stetige Merkmale

Bei stetigen Merkmalen können die Daten beliebige reelle Werte aus einem Messbereichs annehmen, so dass es sinnvoll ist, diesen Bereich in Intervalle (meist gleicher Breite) zu zerlegen und die Häufigkeit der in diese Intervalle fallenden Werte zu ermitteln. Diese Intervalle werden Klassen genannt. Unter der Annahme, dass die Messwerte in der Klasse gleichverteilt liegen, ist die Klassenmitte deren Mittelwert und wird wie der Messwert eines diskreten Merkmals behandelt. Um den Fehler bei dieser Annahme so gering wie möglich zu halten und anderseits eine aussagefähige Klasseneinteilung zu sichern, wird eine optimale Klassenzahl angestrebt.

Als Erfahrungswert wählt man für den Stichprobenumfang n und die Spannweite R die Anzahl der Klassen $k \approx 5 \cdot log(n)$ und die Klassenbreite $d \approx \dfrac{R}{k}$. Die rechts offenen Klassen $\lfloor l_j, r_j \rfloor$ mit $r_j = l_{j+1}$ (gelesen „von l_j bis unter r_j ") haben die Klassenmitten $m_j = l_j + \dfrac{d}{2}$.

Die Formeln für Mittelwert und Streuung sind analog zu **8.1.3.1** mit den Häufigkeiten h_j zu wichten und x_i ist durch m_j zu ersetzen. Diese aus der Klasseneinteilung berechneten Parameter weichen in der Regel in geringem Maße von den aus der Urliste gewonnenen ab.

In vielen Fällen verzichtet man ganz auf die Erfassung in einer Urliste, sondern gewinnt die Häufigkeiten mittels einer Strichliste, die nur die Zugehörigkeit des Messwertes zur Klasse festhält.

Folgendes Beispiel ist der Datei STATISTIK.MCD entnommen.

Der Datensatz der Betondruckfestigkeiten $f_c = x$ N/mm² einer längeren Güteüberwachung ist statistisch auszuwerten. Der Mittelwert und das 5%-Quantil sind mit der <u>charakteristischen Festigkeit</u> $f_{ck} = 25$ N/mm² zu vergleichen, d. i. das erwartete 5%-Quantil der Grundgesamtheit!

Es erfolgt eine Klasseneinteilung nach obigen Kriterien. Der Vektor g der Klassengrenzen $(k+1$ Werte) wird zur Berechnung des Vektors h der Häufigkeiten in der Funktion hist(g, X) benutzt.

Datenfeld (Matrix)

$$X = \begin{array}{|c|c|c|c|c|c|c|c|c|c|}
\hline
30 & 36 & 36.5 & 26 & 30 & 29.5 & 35 & 41 & 33.5 & 29 \\
\hline
38.5 & 40.5 & 34 & 31.4 & 23.5 & 33 & 29 & 27 & 28 & 32.5 \\
\hline
38.5 & 31.5 & 41.5 & 33.5 & 28 & 39.5 & 36.5 & 38 & 33 & 23 \\
\hline
31 & 37 & 30.5 & 34 & 29 & 25.5 & 31.5 & 45 & 30.5 & 34.5 \\
\hline
29.5 & 37.5 & 31 & 27 & 28 & 28 & 32 & 33.5 & 42.5 & 26 \\
\hline
30.5 & 37 & 36.5 & 31 & 34.5 & 29.5 & 23.5 & 26 & 36.5 & 39 \\
\hline
\end{array}$$

Anzahl der Messwerte $n := \text{spalten}(X) \cdot \text{zeilen}(X)$ $n = 60$

Spannweite $\max(X) = 45$ $\min(X) = 23$ $R := \max(X) - \min(X)$ $R = 22$

Klasseneinteilung $5 \cdot \log(n) = 8.89$ Anzahl der Klassen $k := 9$

$\dfrac{R}{k} = 2.44$ Klassenbreite $d := 2.5$

Vektor g der Klassengrenzen $j := 1 .. k$ $g_1 := \min(X) - 0.25$ $g_{j+1} := g_j + d$

Vektor m der Klassenmitten $m_j := g_j + \dfrac{d}{2}$

Vektor h der Häufigkeiten $\boxed{h := \text{hist}(g, X)}$

Vektoren f, F der relativen Einzel- und Summenhäufigkeiten $f := \dfrac{1}{n} \cdot h$ $F_j := \displaystyle\sum_{s=1}^{j} f_s$

Mittelwert $x_m := \dfrac{1}{n} \cdot \displaystyle\sum_j h_j \cdot m_j$ $\boxed{x_m = 32.71}$

Standardabweichung $s := \sqrt{\dfrac{1}{(n-1)} \cdot \displaystyle\sum_j h_j \cdot (m_j - x_m)^2}$ $\boxed{s = 4.88}$

Zum Vergleich die Werte der Urliste $\boxed{\text{mittelwert}(X) = 32.57 \qquad \text{Stdev}(X) = 5.04}$

Die aus der Klasseneinteilung berechneten Parameter der Stichprobe sind die mittlere Druckfestigkeit $f_{cm} = 32.71$ N/mm² und die Standardabweichung $s = 4.88$ N/mm².

Die Häufigkeitsverteilung wird als Histogramm (Säulendiagramm) dargestellt.

Zum Vergleich für manuelle Berechnungen geben wir zusätzlich die Häufigkeitstabelle an.

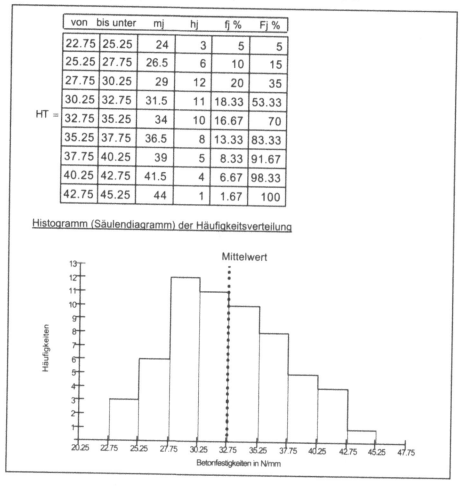

	von	bis unter	mj	hj	fj %	Fj %
	22.75	25.25	24	3	5	5
	25.25	27.75	26.5	6	10	15
	27.75	30.25	29	12	20	35
	30.25	32.75	31.5	11	18.33	53.33
HT =	32.75	35.25	34	10	16.67	70
	35.25	37.75	36.5	8	13.33	83.33
	37.75	40.25	39	5	8.33	91.67
	40.25	42.75	41.5	4	6.67	98.33
	42.75	45.25	44	1	1.67	100

Histogramm (Säulendiagramm) der Häufigkeitsverteilung

Der Flächeninhalt A_j der Säulen ist den Häufigkeiten proportional, denn es gilt $A_j = d \cdot h_j$.

Das führt auf eine Analogie zur Statik. Der Mittelwert ist die x-Koordinate des Flächenschwerpunktes der Histogrammfläche. Die Streuung s^2 ist mit dem Flächenträgheitsmoment bzgl. der Schwerpunktachse vergleichbar. Nach dem Satz von Steiner ist dieses Moment gegenüber den Momenten bzgl. paralleler Achsen minimal.

Aus der Annahme, dass in den Klassen die Messwerte gleich verteilt sind, kann man durch lineare Interpolation der Summenhäufigkeiten F_j eine

Verteilungsfunktion $\qquad F(x) = h_r(x_i \le x)$

bilden, welche die relative Häufigkeit der Messwerte $\le x$ für beliebig reelles x angibt.

Die Umkehrfunktion liefert dann die unteren Quantilwerte $x_p = F^{-1}(p)$ mit $F(x_p) = p$.

Mathcad stellt die lineare Interpolationsfunktion $f(t) = \text{linterp}(\mathbf{x}, \mathbf{y}, t)$ bereit. Die Vektoren $\mathbf{x}$, $\mathbf{y}$ enthalten die Koordinaten der Stützstellen. Näheres im Abschnitt **8.7**.

<u>Verteilungsfunktion und Quantilwerte</u>   Linear interpolierte Summenhäufigkeit.

Die Funktion $F(\mathbf{x}) = h(x_i \leq \mathbf{x})$ liefert die relative Häufigkeit von Messwerten $x_i \leq \mathbf{x}$.

$$F1 := \text{stapeln}(0, F) \qquad F(\mathbf{x}) := \begin{cases} 0 & \text{if } \mathbf{x} < g_1 \\ 1 & \text{if } \mathbf{x} > g_{k+1} \\ \text{linterp}(g, F1, \mathbf{x}) & \text{otherwise} \end{cases}$$

Die Umkehrfunktion   Quantil $(p) := \text{linterp}(F1, g, p)$ liefert die Quantilwerte $\mathbf{x} = x_p$.

Quantil $(50\%) = 32.3$ $F(32.3) = 0.5$ Quantil $(5\%) = 25.25$ $F(25.25) = 0.05$

F(x)

Der 5%-Quantilwert der Stichprobe $= 25.25$ N/mm² ist größer als $f_{ck} = 25$ N/mm² , d. h. unterhalb f_{ck} liegen weniger Stichprobenwerte als die zulässigen 5%. Dieser Vergleich ist aber laut Vorschrift[1] nicht zu verwenden. Der mit f_{ck} zu vergleichende Quantilwert für die <u>Grundgesamtheit</u> ergibt sich aus $f_{5\%} = f_{cm} - 1.645 \cdot s = 24.68$ N/mm² und ist kleiner als f_{ck}.

Diese Ermittlung des 5%-Quantils setzt voraus, dass die Grundgesamtheit normalverteilt ist und deren Mittelwert und Standardabweichung mit den Stichprobenwerten übereinstimmt. Das ist statistisch aber nachzuweisen ; vgl. Abschnitt **8.4.3**.

---

[1]Näheres zur Betonfestigkeitsprüfung in DIN EN 206-1, DIN 1045 u.a.

8.2 Zufällige Ereignisse, Wahrscheinlichkeit

8.2.1 Zufällige Ereignisse und klassische Wahrscheinlichkeit

Die im vorigen Abschnitt ermittelten Datensätze wurden unter der Voraussetzung gewonnen, dass der „Versuch", d. h. die Datenerhebung, unter gleichen Bedingungen beliebig oft wiederholt werden kann, wobei das Versuchsergebnis jedoch ungewiss ist. Das Ergebnis eines derartigen Versuchs nennt man ein zufälliges Ereignis.

Ein einfaches Beispiel eines Versuchs ist das einmalige Werfen eines Würfels. Zur Menge der zufällige Ereignisse gehören z.B. die Ereignisse

A_i das Werfen der Augenzahl i (i = 1, ...,6),

G   das Werfen einer geraden Zahl,

U   das Werfen einer ungeraden Zahl,

P   das Werfen einer Primzahl.

Zur Ereignismenge zählt man auch das sichere Ereignis E, das bei jedem Versuch eintritt und das unmögliche Ereignis $\emptyset$, das bei keinem Versuch eintreten kann. Die Ereignisse A_i nennt man Elementarereignisse. Das System der Elementarereignisse heißt vollständig, weil bei jedem Versuch genau eines dieser Ereignisse eintritt. In unserem Beispiel ist weiterhin jedes Ereignis A_i gleich möglich.

Die Ereignisse G, U, P heißen zusammengesetzte Ereignisse. Beispielsweise tritt das Ereignis P ein, wenn A_2, A_3 oder A_5 eintritt. Diese drei Elementarereignisse heißen günstig Fälle für P. Zusammengesetzte Ereignisse entstehen durch die logischen Verknüpfungen von Ereignissen: Summe $A \cup B$ = „A oder B", Produkt $A \cap B$ = „A und B" und Komplement $\overline{A}$ = „nicht A".

Einige zusammengesetzte Ereignisse des Würfelbeispiels sind $P = A_2 \cup A_3 \cup A_5$, $P \cap G = A_2$ und $\overline{G} = U$. Die Beziehung $E = A_1 \cup A_2 \cup A_3 \cup A_4 \cup A_5 \cup A_6$ mit $A_i \cap A_k = \emptyset$ (i ≠ k) charakterisiert ein vollständiges System paarweise unvereinbarer Elementarereignisse.

Aus der Erfahrung, dass die relative Häufigkeit des Eintreten eines Ereignisses für genügend viele Versuche dem Verhältnis der Anzahl g(A) der für A günstigen Fälle zur Anzahl m der möglichen Fälle (= Anzahl der Elementarereignisse) nahe kommt (vgl. **8.2.3**), definiert man die klassische Wahrscheinlichkeit $P(A)$ eines Ereignisses A

$$P(A) = \frac{g(A)}{m} = \frac{\text{Anzahl der günstigen Fälle für A}}{\text{Anzahl der möglichen Fälle}}.$$

Die Definition setzt voraus, dass ein vollständiges System endlich vieler gleichwahrscheinlicher Elementarereignisse vorliegt.

Im Würfelbeispiel gilt $P(A_i) = \dfrac{1}{6}$, $P(E) = \dfrac{6}{6} = 1$, $P(\varnothing) = \dfrac{0}{6} = 0$, $P(P) = \dfrac{3}{6} = \dfrac{1}{2}$.

8.2.2. Wahrscheinlichkeitsgesetze

Der eingeführte Wahrscheinlichkeitsbegriff besitzt folgende Eigenschaften

(1) $0 \le P(A) \le 1$ (2) $P(E) = 1$

(3) $P(A \cup B) = P(A) + P(B)$ für $A \cap B = \varnothing$

         Additionssatz unvereinbarer Ereignisse.

Aus diesen Eigenschaften folgen

(4) $P(\overline{A}) = 1 - P(A)$ (5) $P(\varnothing) = 0$

(6) $P(A \cup B) = P(A) + P(B) - P(A \cap B)$

         Allgemeiner Additionssatz.

Am Würfelbeispiel lassen sich diese Gesetze nachvollziehen. So ergibt sich z. B. nach (6) die Beziehung $P(P \cup U) = P(P) + P(U) - P(P \cap U) = \dfrac{3}{6} + \dfrac{3}{6} - \dfrac{2}{6} = \dfrac{2}{3}$.

Ein weiterer Begriff ist die bedingte Wahrscheinlichkeit

$$P(B/A) = \frac{P(B \cap A)}{P(A)}.$$

Dies ist die Wahrscheinlichkeit dafür, dass B eintritt, wenn A eingetreten ist.

Im Würfelbeispiel erhält man die Wahrscheinlichkeit dafür, dass eine geworfene ungerade Zahl auch Primzahl ist, aus $P(P/U) = \dfrac{P(P \cap U)}{P(U)} = \dfrac{2}{6} : \dfrac{3}{6} = \dfrac{2}{3}$. Das entspricht nach der klassischen

Definition dem Verhältnis von zwei günstigen Fällen (A_3, A_5) zu drei möglichen (A_1, A_3, A_5).

Unter den veränderten Versuchsbedingungen von zwei Würfen wäre die Wahrscheinlichkeit, im zweiten Versuch eine Primzahl zu werfen, wenn im ersten eine ungerade Zahl geworfen wurde, unverändert $P(P \mid U) = P(P) = 1/3$. Die Versuche sind offensichtlich unabhängig voneinander.

Man nennt zwei Ereignisse A, B unabhängig, wenn $P(B/A) = P(B)$ ist.

Es gelten die Produktsätze

(7) $P(A \cap B) = P(B \mid A) \cdot P(A) = P(A \mid B) \cdot P(B)$

(8) $P(A \cap B) = P(A) \cdot P(B)$ für unabhängige Ereignisse.

Ist das vollständige Ereignissystem nicht gegeben oder sehr umfangreich, so ist die klassische Definition der Wahrscheinlichkeit nicht anwendbar. Mit den Wahrscheinlichkeitsgesetzen können aber unter Kenntnis der Wahrscheinlichkeiten ausgewählter Ereignisse die Wahrscheinlichkeiten für zusammengesetzte Ereignisse berechnet werden. Der Wahrscheinlichkeitsbegriff wird offensichtlich durch diese Gesetze charakterisiert.

Hierzu noch ein Beispiel.

Ein System enthält drei Baugruppen. (Siehe Bild).

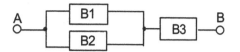

Das System fällt aus, wenn die Verbindung zwischen A und B durch den Ausfall von Baugruppen unterbrochen ist. Die Wahrscheinlichkeiten (eigentlich relative Häufigkeiten!) dafür, dass die Baugruppen Bi ausfallen, betragen $P(B1) = P(B2) = 20 \%$, $P(B3) = 5 \%$.

Unter der Annahme, dass der Ausfall der Baugruppen voneinander unabhängig ist, werden die Wahrscheinlichkeiten dafür gesucht, dass

a) das System ausfällt,

b) beim Ausfall des System die Baugruppe B3 ausgefallen ist.

Sei S das Ereignis für den Ausfall des Systems, dann folgt aus (6)

a) $P(S) = P[B3 \cup (B1 \cap B2)] = P(B3) + P(B1 \cap B2) - P[B3 \cap (B1 \cap B2)]$

$\quad = P(B3) + P(B1) \cdot P(B2) - P(B3) \cdot P(B1) \cdot P(B2) = 0{,}05 + 0{,}04 - 0{,}002 = 8{,}8 \%$

oder mit (4) und (8) gilt

$$P(S) = 1 - P(\overline{S}) = 1 - P(\overline{B3} \cap \overline{B1 \cap B2}) = 1 - P(\overline{B3}) \cdot P(\overline{B1 \cap B2}) = 1 - 0{,}95 \cdot 0{,}96 = 0{,}088.$$

b) aus (7) folgt $P(B3/S) = \dfrac{P(S/B3) \cdot P(B3)}{P(S)} = \dfrac{1 \cdot 0{,}05}{0{,}088} \approx 56{,}8 \%$.

8.2.3 Axiomatischer Wahrscheinlichkeitsbegriff und relative Häufigkeit

Die oben genannten Mängel des klassischen Wahrscheinlichkeitsbegriffs und sein prinzipielles Versagen bei unendlich vielen Elementarereignissen einerseits und anderseits die Tatsache, dass die relativen Häufigkeiten den gleichen Gesetzen wie die Wahrscheinlichkeiten folgen, führte dazu, diese Gesetze an den Anfang des Aufbaus einer Wahrscheinlichkeitstheorie zu stellen. Dieses axiomatische Vorgehen wurde 1933 von A. N. KOLMOGOROFF publiziert.[1]

Vorgegeben wird ein Ereignisfeld. Das ist eine Menge von Ereignissen, die das vollständige System aller Elementarereignisse und die aus ihnen zusammengesetzten Ereignisse enthält, wobei auch die Summe abzählbar unendlich vieler Ereignisse eingeschlossen wird. Enthalten ist das sichere Ereignis E als Summe aller (nicht notwendig gleichmöglichen) Elementarereignisse. Jedem Ereignis A wird eine reelle Zahl $P(A)$ als seine Wahrscheinlichkeit zugeordnet. Diese Wahrscheinlichkeiten müssen die drei Gesetze (Axiome) (1), (2), (3) erfüllen. Das Axiom (3) ist auf abzählbar viele paarweise unvereinbare Ereignisse erweitert. Alle anderen Wahrscheinlichkeitsgesetze lassen sich daraus folgern.

Die klassische Wahrscheinlichkeit ist dann ein spezielles Modell dieses allgemeinen Wahrscheinlichkeitsbegriffs. Je nach praktischem Bedürfnis können weitere Modelle aufgestellt werden. Entscheidend ist, dass sie die Axiome erfüllen und dem Problem angepasst sind. Insbesondere liefern Häufigkeitsverteilungen wie in **8.1.3** die Hinweise auf Verteilungsmodelle.

---

[1] A. N. KOLMOGOROFF (1903 – 1987)

Mit dem Wahrscheinlichkeitsbegriff kann nun auch die Erfahrung, dass die relative Häufigkeit $h(A)/n$ des Eintretens eines Ereignisses A sich seiner definierten Wahrscheinlichkeit $P(A)$ mit wachsender Zahl n der Versuche „immer besser" annähert, genauer beschrieben werden.

Das nach JAKOB BERNOULLI [1] benannte <u>Gesetz der großen Zahlen</u> lautet

$$P\left(\left|\frac{h(A)}{n} - P(A)\right| \geq \varepsilon\right) \leq \frac{1}{4 \cdot n \cdot \varepsilon^2} \; .$$

Diese Ungleichung besagt, dass die <u>Wahrscheinlichkeit</u> für eine Abweichung der relativen Häufigkeit von der Vorhersagewahrscheinlichkeit mit wachsender Anzahl der Versuche gegen Null geht. Sie wird jedoch für beliebig große Stichproben nicht Null, so dass selbst eine große Abweichung stets möglich aber praktisch nicht zu erwarten ist.

Aus der Ungleichung kann ein notwendiger Stichprobenumfang n abgeschätzt werden.

Beispiel: Beim Werfen eines Würfels wird die relative Häufigkeit des Auftretens einer geraden Zahl ermittelt. Wie viele Würfe sind notwendig, wenn die Wahrscheinlichkeit dafür, dass mehr als 51% gerade Zahlen auftreten, höchstens 5 % betragen soll?

$$\varepsilon = 0,01 \, , P = 0,05 \, , \; n = \frac{1}{4 \cdot \varepsilon^2 \cdot P} = 50\,000 \; !!$$

Aus dem Gesetz der großen Zahlen folgt insbesondere, dass die manchmal verwendete Definition der Wahrscheinlichkeit als Grenzwert der relativen Häufigkeit $\lim\limits_{n\to\infty} \dfrac{h(A)}{n} = P(A)$ nur unter Vorbehalt zu verwenden ist.

8.3 Wahrscheinlichkeitsverteilungen

8.3.1. Zufallsgröße und Verteilungsfunktion

In Anlehnung an die empirischen Häufigkeitsverteilungen (vgl. **8.1.3**) werden Wahrscheinlichkeitsverteilungen eingeführt, die auf theoretischen Verteilungsmodellen beruhen. Grundlegend ist der Begriff der <u>Zufallsgröße</u> (Zufallsvariablen) X. Das ist eine Größe, die aus einer Menge reeller Zahlen zufällig bestimmte Werte x annehmen kann; diese heißen Realisierungen von X. Jeder Zufallsgröße wird ihre <u>Verteilungsfunktion</u> $F(x)$ zugeordnet, die angibt, mit welcher Wahrscheinlichkeit P die Realisierungen von X in das reelle Intervall $-\infty < X \leq x$ fallen,

$$F(x) = P(X \leq x).$$

---

[1] J. BERNOULLI (1654 – 1705)

Für die Verteilungsfunktion gilt entsprechend den Wahrscheinlichkeitsgesetzen

$$0 = F(-\infty) \leq F(x) \leq F(\infty) = 1 \text{ und } P(x_1 < X \leq x_2) = F(x_2) - F(x_1).{}^{[1]}$$

Diskrete Zufallsgrößen.

Eine Zufallsgröße heißt diskret, wenn sie endlich oder abzählbar unendliche viele verschiedene Werte x_i annehmen kann. Die Verteilungsfunktion ist bekannt, wenn die Einzelwahrscheinlichkeiten gegeben sind.

$$\text{Mit } p_i = P(X = x_i) \text{ gilt } F(x) = \sum_{x_i \leq x} p_i.$$

Die Verteilungsparameter sind der Erwartungswert (Mittelwert) $EX = \mu$, die Varianz (Streuung, Dispersion) $D^2X = \sigma^2$ und die Standardabweichung σ.

$$EX = \mu = \sum_i p_i \cdot x_i, \quad D^2X = \sigma^2 = \sum_i p_i \cdot (x_i - \mu)^2, \quad \sigma = \sqrt{\sigma^2}.$$

Ein Beispiel einer diskreten Zufallsgröße liefert der Wurf mit einem Würfel:

$X(A_i) = x_i$	1	2	3	4	5	6
$P(X = x_i) = p_i$	1/6	1/6	1/6	1/6	1/6	1/6
$F(x) = P(X \leq x)$	1/6	2/6	3/6	4/6	5/6	6/6

$$F(4{,}5) = p_1 + \dots + p_4 = 4/6$$
$$P(1 < X \leq 5) = F(5) - F(1) = 4/6$$
$$P(X = 2) = F(2) - F(1) = 1/6$$

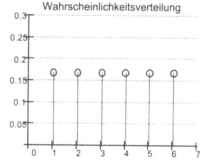

Wahrscheinlichkeitsverteilung

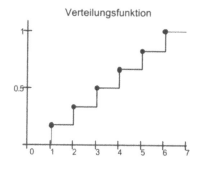

Verteilungsfunktion

$$\mu = \sum_i p_i \cdot x_i \quad \sigma^2 := \sum_i p_i \cdot (x_i - \mu)^2 \quad \sigma = \sqrt{\sigma^2}$$

$$\mu = 3.5 \quad \sigma^2 = 2.92 \quad \sigma = 1.71 \quad F(4) = F(4.5) = 0.67$$

Die Menge der paarweise unvereinbaren x_i mit $\sum_i p_i = 1$ ist ein vollständiges Ereignissystem.

---

[1] In der Literatur wird häufig $F(x) = P(X < x)$ definiert. Abkürzend gilt $F(\pm\infty) = F(x \to \pm\infty)$.

Stetige Zufallgrößen.

Eine Zufallsgröße heißt stetig, wenn sie jeden Wert x innerhalb reeller Intervalle annehmen kann. Die Wahrscheinlichkeit dafür, dass die Realisierungen von X innerhalb eines Intervalls liegen, wird durch die Fläche unterhalb einer Kurve $f(x) \geq 0$ dargestellt. Diese Funktion $f(x)$ heißt Wahrscheinlichkeitsdichte von X. Die Verteilungsfunktion ist das Integral über $f(x)$.

$$F(x) = P(X \leq x) = \int_{-\infty}^{x} f(t)\, dt \quad \text{mit} \quad \int_{-\infty}^{\infty} f(t)\, dt = 1 \; .$$

Die Parameter werden durch Integration ermittelt

$$EX = \mu = \int_{-\infty}^{\infty} x \cdot f(x)\, dx \; , \qquad D^2 X = \sigma^2 = \int_{-\infty}^{\infty} (x-\mu)^2 \cdot f(x)\, dx \; .$$

Ein Beispiel einer stetigen Verteilung ist die Exponentialverteilung mit dem Parameter λ. Die Wahrscheinlichkeitsdichte ist

$$f(x) = \begin{cases} \lambda \cdot e^{-\lambda \cdot x} & x \geq 0 \\ 0 & x < 0 \end{cases} \; .$$

Die Grafiken verdeutlichen die Intervallwahrscheinlichkeit als Flächeninhalt unter $f(x)$ oder als Funktionswert der Integralkurve $F(x)$.

Wahrscheinlichkeitsdichte $f(x) = \lambda \cdot e^{-\lambda \cdot x}$ Verteilungsfunktion $F(x) = 1 - e^{-\lambda \cdot x}$

Mittelwert $\mu = 1/\lambda = \sigma$ $0 = F(0) \leq F(x) \leq F(\infty) = 1$

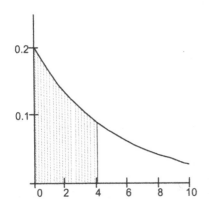
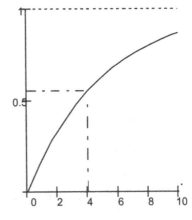

Intervallwahrscheinlichkeit $(\lambda = 0.2)$: $P(X \leq 4) = \int_{0}^{4} f(t)\, dt = F(4) = 0.55$.

Mittels Mathcad erhält man die Verteilungsfunktion, Erwartungswert und Standardabweichung:

$$f(x,\lambda) := \lambda \cdot e^{-\lambda \cdot x} \qquad F(x,\lambda) := \int_0^x \lambda \cdot e^{-\lambda \cdot t}\, dt \to -\exp(-x \cdot \lambda) + 1 \qquad F(x,\lambda) := 1 + e^{-\lambda \cdot x}$$

$$\int_0^u x \cdot \lambda \cdot e^{-\lambda \cdot x}\, dx \to \frac{(-u \cdot \lambda - 1)}{\lambda} \cdot \exp(-u \cdot \lambda) + \frac{1}{\lambda}$$

$$\lim_{z \to \infty} \frac{(-z-1)}{\lambda} \cdot \exp(-z) \to 0 \qquad\qquad \mu(\lambda) := \frac{1}{\lambda}$$

$$\int_0^u \left(x - \frac{1}{\lambda}\right)^2 \cdot \lambda \cdot e^{-\lambda \cdot x}\, dx \to \frac{\left(-\lambda^2 \cdot u^2 - 1\right)}{\lambda^2} \cdot \exp(-u \cdot \lambda) + \frac{1}{\lambda^2}$$

$$\lim_{z \to \infty} \frac{\left(-z^2 - 1\right)}{\lambda^2} \cdot \exp(-z) \to 0 \qquad\qquad \sigma(\lambda) := \frac{1}{\lambda}$$

8.3.2 Binomial- und Poissonverteilung

8.3.2.1 Bernoullisches Versuchsschema; Binomialkoeffizienten

Ein Beispiel. Auf einem Glücksrad befinden sich 3 rote Felder (Gewinne G) und 7 weiße Felder (Nieten N). Das Rad wird $n = 5$ mal gedreht. Mit welcher Wahrscheinlichkeit erhält man genau $k = 2$ Gewinne?

Das Ereignis A des zweifachen Gewinns kann durch eines der m unvereinbaren Drehergebnisse erzielt werden:

$A1 = G \cap G \cap N \cap N \cap N$, $A2 = G \cap N \cap G \cap N \cap N$, ... , $Am = N \cap N \cap N \cap G \cap G$, wobei m die Anzahl der verschiedenen Anordnungen der Ereignisse G, N ist. Durch Aufschreiben der Anordnungen findet man für das Beispiel $m = 10$.

Die Wahrscheinlichkeit beim einmaligen Drehen ist für einen Gewinn $p = P(G) = 0.3$ und für eine Niete $q = P(N) = 1 - p = 0.7$. Die Drehversuche sind unabhängig und aus dem Produktsatz folgt $P(A1) = P(A2) = ... = P(Am) = p \cdot p \cdot q \cdot q \cdot q = p^k \cdot q^{n-k}$.

Mit dem Additionssatz für unvereinbare Ereignisse erhält man

$$P(A) = P(A1) + P(A2) + ... + P(Am) = m \cdot p^k \cdot q^{n-k} = 10 \cdot 0.3^2 \cdot 0.7^3 = 0.3087 \approx 30.9\,\%.$$

Die Anzahl m kann allgemein aus folgender Überlegung gewonnen werden.

Die Anzahl der Anordnungen („Permutationen") von n <u>verschiedenen</u> Elementen beträgt

$\qquad n! := n \cdot (n-1) \cdot ... \cdot 2 \cdot 1 \qquad$ („n-Fakultät"),

denn das erste Element hat n frei wählbare Plätze, das zweite $(n-1)$, usw. Ausgehend von einer Anordnung der n Elemente mit k roten und $(n-k)$ weißen Elementen führen die $k!$ Permutationen der roten Elemente unter sich und die $(n-k)!$ Permutationen der weißen Elemente unter sich auf das gleiche Ereignis, so dass die Anzahl m der „Kombinationen"

$$m = \binom{n}{k} := \frac{n!}{k! \cdot (n-k)!} = \frac{n \cdot (n-1) \cdot (n-2) \cdot \ldots \cdot (n-k+1)}{1 \cdot 2 \cdot \ldots \cdot k} = \binom{n}{n-k} \quad \text{beträgt.}$$

Der Ausdruck $\binom{n}{k}$ („n über k") heißt <u>Binomialkoeffizient</u>. Man setzt $0! := 0$, $\binom{n}{0} := 1$.

Beispielsweise gilt $\binom{10}{8} = \binom{10}{2} = \frac{10 \cdot 9}{1 \cdot 2} = 45$, $\binom{5}{2} = \frac{5!}{2! \cdot 3!} = \frac{120}{2 \cdot 6} = 10$ (s. o.), $\binom{3}{0} = \binom{3}{3} = 1$.

Allgemein wird eine Versuchsanordnung <u>Bernoulli-Schema</u> genannt, wenn

a) eine Grundgesamtheit mit der Wahrscheinlichkeit p speziell markierte Elemente enthält,

b) eine Stichprobe vom Umfang n gebildet wird, ohne dass sich p ändert und

c) die Wahrscheinlichkeit p_k dafür gesucht wird, dass die Stichprobe genau k markierte Elemente enthält.

Es gilt $\quad p_k = \binom{n}{k} \cdot p^k \cdot q^{n-k}$, $\quad q = 1 - p$.

Das historische Beispiel ist die Entnahme von Kugeln aus einer Urne mit roten und weißen Kugeln (mit Registrieren und Zurücklegen nach jeder Entnahme). Die praktische Bedeutung liegt in der Qualitätskontrolle (Ausschussprodukt = markiertes Element) und in der Zuverlässigkeitstheorie.

Mathcad liefert die Funktionen

Fakultät	$5! = 120$	$25! \rightarrow 15511210043330985984000000$	
Binomialkoeffizient	combin $(10, 8) = 45$	combin $(5, 2) = 10$	combin $(3, 0) = 1$
Wkt. p_k des Bernoulli_Experiments		dbinom $(2, 5, 0.3) = 30.87\,\%$	

8.3.2.2 Binomialverteilung

In dem Bernoulli-Schema mit einer Stichprobe vom Umfang n bildet die Anzahl der gekennzeichneten Elemente eine Zufallsgröße X mit den möglichen Realisierungen $x_k = k = 0, 1, \ldots, n$ und den zugehörigen Einzelwahrscheinlichkeiten

$$P(X = k) = p_k = \binom{n}{k} \cdot p^k \cdot q^{n-k}, \quad q = 1 - p.$$

Diese Verteilung heißt Binomialverteilung. Die p_k sind die Summanden in der <u>binomischen</u> Entwicklung

$$(p + q)^n = \binom{n}{0} \cdot p^0 \cdot q^n + \binom{n}{1} \cdot p \cdot q^{n-1} + \binom{n}{2} \cdot p^2 \cdot q^{n-2} + \cdots + \binom{n}{n} \cdot p^n \cdot q^0 = p_0 + p_1 + \cdots + p_n.$$

Die Binomialkoeffizienten können also auch aus dem zugehörigen Pascalschen Dreieck ermittelt werden. Wegen $(p + q) = 1$ bilden die x_k ein vollständiges Ereignissystem.

Die Binomialverteilung hat die Parameter

$$\boxed{EX = \mu = n \cdot p} \qquad \boxed{D^2 X = \sigma^2 = n \cdot p \cdot q}.$$

Die erste Formel sagt aus, dass im Mittel in den Stichproben der gleiche Anteil markierte Elemente wie in der Grundgesamtheit zu erwarten ist. Ihre Herleitung ist relativ einfach:

$$\mu = \sum_{k=0}^{n} k \cdot p_k = \sum_{k=1}^{n} k \cdot \binom{n}{k} \cdot p^k \cdot q^{n-k} = n \cdot p \cdot \sum_{k=1}^{n} \binom{n-1}{k-1} \cdot p^{k-1} \cdot q^{n-k} = n \cdot p \cdot (p+q)^{n-1} = n \cdot p \cdot 1.$$

In den Beispielen der Datei VERTEILUNGEN.MCD werden Mathcadfunktionen benutzt.

Beispiel 1. $n = 5 \quad p = 0.3$

Die Zeilen der Matrix enthalten :

1) $x_k = k$

2) $P(X = k) = p_k := \text{dbinom}(k,n,p)$

3) $P(X \le k) = \sum_{i=0}^{k} p_k := \text{pbinom}(k,n,p)$

$\mu = 5 \cdot 0.3 = 1.5$

$\sigma = \sqrt{5 \cdot 0.3 \cdot 0.7} \approx 0.561$

$P(1 < X \le 4) = p_2 + p_3 + p_4 = 0.4694$

$\qquad = F(4) - F(1)$

$\qquad = 0.9976 - 0.5282 = 0.4694$

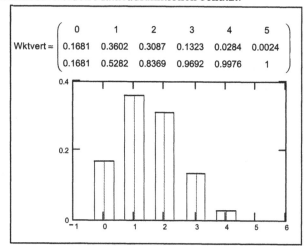

$$\text{Wktvert} = \begin{pmatrix} 0 & 1 & 2 & 3 & 4 & 5 \\ 0.1681 & 0.3602 & 0.3087 & 0.1323 & 0.0284 & 0.0024 \\ 0.1681 & 0.5282 & 0.8369 & 0.9692 & 0.9976 & 1 \end{pmatrix}$$

Beispiel 2.

40% produzierter Gehwegplatten sind von sehr guter Qualität.

Mit welcher Wkt. sind in einem Satz von 10 willkürlich herausgegriffenen Platten a) genau 2, b) höchstens 2 und c) mindestens 2 sehr guter Qualität?

$n = 10 \quad p = 0.4$

a) $P(X = 2) = \binom{10}{2} \cdot 0.4^2 \cdot 0.6^8 = 12,1\%$

b) $P(X \le 2) = F(2) = 16.7\%$

c) $P(X \ge 2) = 1 - P(X \le 1)$

$\qquad = 1 - 0.046 = 95.4\%$

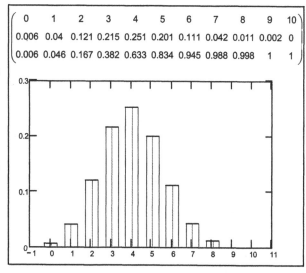

$$\begin{pmatrix} 0 & 1 & 2 & 3 & 4 & 5 & 6 & 7 & 8 & 9 & 10 \\ 0.006 & 0.04 & 0.121 & 0.215 & 0.251 & 0.201 & 0.111 & 0.042 & 0.011 & 0.002 & 0 \\ 0.006 & 0.046 & 0.167 & 0.382 & 0.633 & 0.834 & 0.945 & 0.988 & 0.998 & 1 & 1 \end{pmatrix}$$

8.3.2.3 Poissonverteilung

Eine diskrete Zufallsgröße X mit den möglichen Realisierungen $x_k = k = 0, 1, 2, ...$ besitzt eine Poissonverteilung[1] mit dem Parameter λ, wenn für die Einzelwahrscheinlichkeiten gilt

$$P(X = k) = p_k = \frac{\lambda^k}{k!} \cdot e^{-\lambda}$$. Die Parameter der Verteilung sind $\boxed{\mu = \sigma^2 = \lambda}$.

Die Parameter können mit Mathcad ermittelt werden:

$$\mu = \sum_{k=0}^{\infty} k \cdot \left(\frac{\lambda^k}{k!} \cdot e^{-\lambda} \right) \text{vereinfachen} \to \mu = \lambda \qquad \sigma \cdot \sigma = \sum_{k=0}^{\infty} (k - \lambda)^2 \cdot \left(\frac{\lambda^k}{k!} \cdot e^{-\lambda} \right) \text{vereinfachen} \to \sigma^2 = \lambda$$

Die Poissonverteilung zeichnet sich durch schnell fallende p_k aus. Die großen k-Werte sind also seltene Ereignisse. In der Praxis sind u. a. die in einem festen (und relativ kleinen) Zeitintervall auftretenden Vorgänge (Telefonate, Verkehrsströme, Unfälle, ...) poissonverteilt.

Ein Beispiel. An einer Kreuzung wird der Hauptverkehrsstrom der bevorrechtigten Straße gemessen. Im Mittel wurden 1,5 Fahrzeuge in 30 s gezählt. Unter der Annahme einer Poissonverteilung stelle man die Wahrscheinlichkeitsverteilung dar und berechne die Wahrscheinlichkeiten dafür, dass a) kein Fahrzeug und b) mehr als 2 Fahrzeuge in 30 s die Kreuzung passieren.

Die Lösung mittels Mathcadfunktionen ist der Datei VERTEILUNGEN.MCD entnommen.

$\Delta t = 30 \text{ s}$ $\mu = \lambda = 1.5$

$\sigma^2 = 1.5$ $\sigma \approx 1.225$

a) $P(X = 0) = \frac{1.5^0}{0!} \cdot e^{-1.5} = 22.3\%$

b) $P(X > 2) = 1 - P(X \leq 2) = 1 - 0.809$
$= 19.1\%$

Die Zeilen der Matrix enthalten :

1) $x_k = k$

2) $P(X = k) = p_k := \text{dpois}(k, \lambda)$

3) $P(X \leq k) = \sum_{i=0}^{k} p_k := \text{ppois}(k, \lambda)$

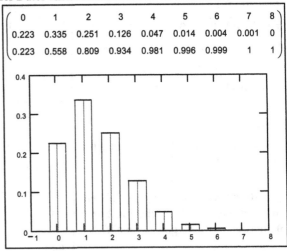

$$\begin{pmatrix} 0 & 1 & 2 & 3 & 4 & 5 & 6 & 7 & 8 \\ 0.223 & 0.335 & 0.251 & 0.126 & 0.047 & 0.014 & 0.004 & 0.001 & 0 \\ 0.223 & 0.558 & 0.809 & 0.934 & 0.981 & 0.996 & 0.999 & 1 & 1 \end{pmatrix}$$

Wird das Zeitintervall Δt durch den Zeitraum t ersetzt, so ändert sich der Mittelwert auf $\mu \cdot t/\Delta t$. Die Wahrscheinlichkeit für eine Verkehrslücke $L > t$ ist dann die Wahrscheinlichkeit dafür, dass

kein Fahrzeug passiert: $P(L > t) = P(X = 0) = e^{-\mu \cdot \frac{t}{\Delta t}}$. Es folgt $F(t) = P(L \leq t) = 1 - e^{-\frac{\mu}{\Delta t} \cdot t}$.

---

[1] Siméon D. POISSON (1781 – 1840)

Das Ergebnis besagt: Die zeitlichen Verkehrslücken $L = t$ eines poissonverteilten Verkehrstroms mit dem Parameter λ sind exponentialverteilt mit dem Parameter $\lambda/\Delta t$!

Zusatzfrage. Die Zeit eines Fahrzeugs für die Durchquerung des Hauptstroms beträgt $t = 12$ s. Mit welcher Wahrscheinlichkeit treten Verkehrslücken $L > 12$ s auf? Wie viele Durchquerungen des Hauptstroms sind in 60 min mö glich?

$$\lambda/\Delta t = 1.5/30s = 0.05/s. \qquad P(L > 12\ s) = 1 - P(L \le 12\ s) = 1 - \left(1 - e^{-0.05 \cdot 12}\right) = e^{-0.6} = 54.9\% \ .$$

Die Anzahl der Durchquerungen beträgt (60 min / 30 s)·0.549 ≈ 65. Das ist ein unterer Wert. Es können Lücken für mehr als eine Durchquerung auftreten.[1]

8.3.3 Normalverteilung

8.3.3.1 Normalverteilte Zufallsgrößen

Eine stetige Zufallsgröße X ist normalverteilt $N(\mu, \sigma^2)$ mit den Parametern $EX = \mu$, $D^2X = \sigma^2$, wenn ihre Wahrscheinlichkeitsdichte φ und Verteilungsfunktion Φ wie folgt definiert sind:

$$\varphi(x; \mu, s) = \frac{1}{\sqrt{2 \cdot \pi} \cdot \sigma} \cdot e^{-\frac{(x-\mu)^2}{2 \cdot \sigma^2}} \quad , \quad F(x; \mu, s) = \int_{-\infty}^{x} \varphi(t; \mu, s)\, dt$$

Das Bild von φ ist die bekannte <u>Gaußsche Glockenkurve</u>. Sie ist symmetrisch zur Achse $x = \mu$ mit dem Extrempunkt $(\mu, 0.4/\sigma)$ und den Wendepunkten $(\mu \pm \sigma, 0.24/\sigma)$.

Die Grafik zeigt $\varphi(x; 4, 6)$ und $\varphi(x; 10, 4)$, berechnet mit der Mathcadfunktion dnorm(x, μ, σ).

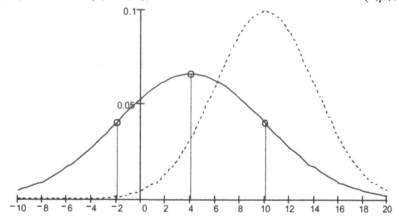

---

[1] Vgl. HERZ/SCHLICHTER/SIEGENER [S4]

Mit den Mathcadfunktionen pnorm(x, μ, σ) und qnorm(p, μ, σ) können die Intervallwahrscheinlichkeiten und Quantilwerte für normalverteilte Größen berechnet werden, wie der folgende Ausschnitt aus der Datei VERTEILUNGEN.MCD zeigt.

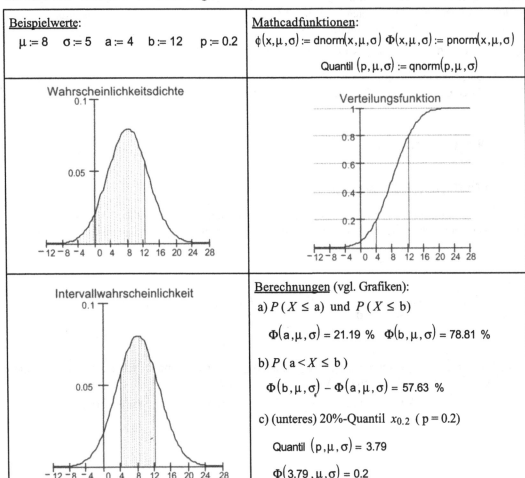

Beispielwerte:	Mathcadfunktionen:
$\mu := 8 \quad \sigma := 5 \quad a := 4 \quad b := 12 \quad p := 0.2$	$\phi(x, \mu, \sigma) := dnorm(x, \mu, \sigma) \quad \Phi(x, \mu, \sigma) := pnorm(x, \mu, \sigma)$
	Quantil $(p, \mu, \sigma) := qnorm(p, \mu, \sigma)$

Wahrscheinlichkeitsdichte

Verteilungsfunktion

Intervallwahrscheinlichkeit

Berechnungen (vgl. Grafiken):

a) $P(X \le a)$ und $P(X \le b)$

$\Phi(a, \mu, \sigma) = 21.19 \%$ $\Phi(b, \mu, \sigma) = 78.81 \%$

b) $P(a < X \le b)$

$\Phi(b, \mu, \sigma) - \Phi(a, \mu, \sigma) = 57.63 \%$

c) (unteres) 20%-Quantil $x_{0.2}$ ($p = 0.2$)

Quantil $(p, \mu, \sigma) = 3.79$

$\Phi(3.79, \mu, \sigma) = 0.2$

Speziell lassen sich die Wahrscheinlichkeiten für die k-fachen Standardintervalle berechnen:

$$P(|X - \mu| < k\sigma) = P(\mu - k\sigma < X \le \mu + k\sigma) = \Phi(\mu + k\sigma; \mu, \sigma) - \Phi(\mu - k\sigma; \mu, \sigma)$$

Standardintervalle	$\mu \pm \sigma$	$\mu \pm 2 \cdot \sigma$	$\mu \pm 3 \cdot \sigma$
$P(|X - \mu| < k\sigma)$	68,27 %	95,45 %	99,73 %

(Vgl. auch Abschnitt **8.1.2.3**.)

Die für <u>beliebige</u> Verteilungen geltende Ungleichung von Tschebyschew[1]

$$P\left(\left|X-\mu\right| < k\cdot\sigma\right) > 1-\frac{1}{k^2}$$

liefert für die Normalverteilung gröbere Abschätzungen, z. B. ist $P\left(\left|X-\mu\right|<2\sigma\right) > 75\%$.

8.3.3.2 Standardisierte Normalverteilung

Jede beliebige Normalverteilung $N(\mu, \sigma^2)$ lässt sich durch eine Variablentransformation auf die standardisiert Normalverteilung $N(0,1)$ zurückführen.

Mit $\boxed{z = \dfrac{x-\mu}{\sigma}}$ gilt $\varphi(z) = \dfrac{1}{\sqrt{2\cdot\pi}}\cdot e^{-\frac{1}{2}z^2}$, $\Phi(z) = \displaystyle\int_{-\infty}^{z}\varphi(u)\,du$.

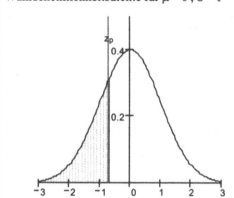

Wahrscheinlichkeitsdichte für $\mu=0$, $\sigma=1$	Symmetrieeigenschaften:

Symmetrieeigenschaften:

$$\varphi(-z) = \varphi(z) \ , \ \Phi(-z) = 1-\Phi(z)$$

Intervallwahrscheinlichkeit:

$$p = P\left(Z \le z_p\right) = \Phi\left(z_p\right)$$

Unterer Quantilwert:[2]

$$z_p = \Phi^{-1}(p) \ , \ z_{1-p} = -z_p$$

Spezielle Quantile:

p =	0.005	0.01	0.025	0.05
z_p =	-2.576	-2.326	-1.96	-1.645

Für eine normalverteilte Größe X mit $N(\mu, \sigma^2)$ gelten nun die grundlegenden Formeln

$$P\left(X \le x\right) = P\left(X < x\right) = \Phi\left(\frac{x-\mu}{\sigma}\right) \ , \ x_p = \mu + \sigma\cdot z_p .$$

Aufgrund der Eigenschaften der standardisierten Normalverteilung genügt für die manuellen Berechnungen eine Wertetabelle von $\Phi(z)$ für positive z. Derartige Tabellen sind in den einschlägigen Tafelwerken enthalten. Die TABELLE_NORMALVERTEILUNG im FORMELANHANG ist für einfache Anwendungen hinreichend.

---

[1] Pafnuti L. Tschebyschew (1821 – 1894)

[2] Häufig wird der <u>Betrag</u> des Quantilwertes mit z_p bezeichnet. Das ist in den verwendeten Formeln zu beachten.

Für Berechnungen mit Mathcad können z.B. folgende Funktionen. definiert werden:

$\varphi(z) := \text{dnorm}(z, 0, 1)$, $\Phi(z) := \text{pnorm}(z, 0, 1)$ *und Quantil* $(p) := \text{qnorm}(p, 0, 1)$.

Für das Beispiel aus Abschnitt **8.3.3.1** verlaufen die Berechnungen mittels Tabelle wie folgt:

a) $P(X \leq 12) = \Phi\left(\dfrac{12-8}{5}\right) = \Phi(0.8) = 0.7881 \qquad P(X \leq 4) = \Phi(-0.8) = 1 - \Phi(0.8) = 0.2119$

b) $P(4 < X \leq 12) = \Phi(0.8) - \Phi(-0.8) = 2 \cdot \Phi(0.8) - 1 = 0.5762$

c) $x_{0.2} = 8 + 5 \cdot z_{0.2} = 8 + 5 \cdot (-z_{0.8}) \approx 8 - 5 \cdot 0.84 \approx 3.8$.

8.3.3.3 Bedeutung der Normalverteilung

Die fundamentale Bedeutung der Normalverteilung in der Praxis beruht auf der Tatsache, dass Zufallserscheinungen, die sich aus der Überlagerung einer Vielzahl zufälliger und voneinander unabhängiger Einflüsse ergeben, annähernd normalverteilt sind. Dabei wird vorausgesetzt, dass keiner der Einflüsse die anderen dominiert. Dies ist auch im Wesentlichen der Inhalt des zentralen Grenzwertsatzes der Wahrscheinlichkeitsrechnung, in dem unter sehr allgemeinen Voraussetzungen die Konvergenz der Summe einer Folge unabhängiger Zufallsgrößen gegen die Normalverteilung bewiesen wird. Schon GAUß hat für die Theorie der zufälligen Fehler die Bedeutung der Normalverteilung (in Form des „Fehlerintegrals") hervorgehoben. Vor ihm hatten MOIVRE[1] und LAPLACE in einem ersten Grenzwertsatz gezeigt, dass die Binomialverteilung mit wachsendem n gegen die Normalverteilung konvergiert.

In der Praxis wird die (oft ungeprüfte) Annahme einer Normalverteilung durch obige Aussagen gerechtfertigt. Im Zweifel ist jedoch ein Anpassungstest (Abschnitt **8.4.3**) durchzuführen.

1. Beispiel

Der Toleranzbereich einer Abfüllmenge beträgt 24.9 kg < m < 25,5 kg. Er darf in jeweils 5% der Abfüllungen unterschritten bzw. überschritten werden. Für die Abfüllanlage wurde durch Kontrollmessungen der Mittelwert $\mu = 25{,}1$ kg mit einer Standardabweichung $\sigma = 0{,}2$ kg ermittelt. Unter Annahme (!) einer Normalverteilung berechne man die Wahrscheinlichkeiten für

a) die Unterschreitung der Toleranz, b) die Einhaltung der Toleranz.

c) Auf welchen Wert σ_0 ist die Standardabweichung bei gleichem Mittelwert zu verbessern, damit maximal 5% Toleranzunterschreitung auftreten? Wie viel Prozent beträgt in diesem Fall die Toleranzüberschreitung?

2. Beispiel

Eine Taktstraße liefert 12% fehlerhafte Elemente.

Mit welcher Wahrscheinlichkeit befinden sich in einem Los von 25 Elementen

a) genau 5 und b) höchstens 5 fehlerhafte Elemente?

Ab welcher Losgröße ist mit 99% Wahrscheinlichkeit mindestens ein fehlerhaftes Element im Los enthalten?

---

[1] Abraham de MOIVRE (1667-1754)

Die Aufgabe ist mit der Binomialverteilung und für a) und b) mit der Normalverteilung zu lösen.

Lösungen aus NV_BEISPIELE.MCD

---

1. Lösung (mit der standardisierten NV in Mathcad)   Abfüllmenge = x kg.

$\Phi(z) := \text{pnorm}(z, 0, 1)$ Quantil $(p) := \text{qnorm}(p, 0, 1)$

a) $P(x < 24.9) = \Phi\left(\dfrac{24.9 - 25.1}{0.2}\right) = 15.87\,\%$ Toleranzunterschreitung

b) $P(24.9 < x < 25.5) = \Phi\left(\dfrac{25.5 - 25.1}{0.2}\right) - \Phi\left(\dfrac{24.9 - 25.1}{0.2}\right) = 81.86\,\%$ Einhaltung

c) $x_{5\%} = \mu + \sigma_0 \cdot z_{5\%}$ $x_{5\%} := 24.9$ $\mu := 25.1$ $z_{5\%} := \text{Quantil}(0.05)$ $z_{5\%} = -1.645$

$\sigma_0 := \dfrac{x_{5\%} - 25.1}{z_{5\%}}$ $\sigma_0 = 0.122$ $P(x < 24.9) = \Phi\left(\dfrac{24.9 - 25.1}{\sigma_0}\right) = 5\,\%$

$P(25.5 < x) = 1 - \Phi\left(\dfrac{25.5 - 25.1}{\sigma_0}\right) = 0.05\,\%$ Überschreitungen

---

2. Lösung (mit der Binomialverteilung)

Losgröße $n := 25$ Anteil fehlerhafter Elemente $p := 0.12$ $q := 1 - p$ $q = 0.88$

$k := 0, 1 .. n$ Einzelwahrscheinlichkeit $P_k := \text{dbinom}(k, n, p)$

Summenwahrscheinlichkeit $F_k := \text{pbinom}(k, n, p)$

a) $P(k = 5) = P_5 = 10.25\,\%$

b) $P(k \leq 5) = F_5 = 92.91\,\%$ oder $P(k \leq 5) = \displaystyle\sum_{i=0}^{5} P_i = 92.91\,\%$

c) Gesuchte Losgröße $= n_0$

$P(k > 0) = 1 - P(k = 0) = 0.99$, d.h. $P_0 = \dbinom{n_0}{0} \cdot p^0 \cdot q^{n_0} = 0.01$ $n_0 := \dfrac{\ln(0.01)}{\ln(q)}$

Die Losgröße beträgt $n_0 = 36.0$

---

2. Lösung (mit der Normalverteilung)

Parameter $\mu := n \cdot p$ $\sigma := \sqrt{n \cdot p \cdot q}$ $\mu = 3$ $\sigma = 1.625$ $\Phi(x) := \text{pnorm}(x, \mu, \sigma)$

a) $P(k = 5) = P(4.5 < x \leq 5.5) = \Phi(5.5) - \Phi(4.5) = 11.60\,\%$

Anmerkung: Die Fläche unter der NV-Kurve im Intervall (4.5, 5.5) approximiert den Inhalt des Rechtecks mit der Breite 1 und der Höhe P(k=5) im Säulendiagramm der BV.

b) $P(k \leq 5) = P(-0.5 < x \leq 5.5) = \Phi(5.5) - \Phi(-0.5) = 92.24\,\%$

Die 2. Lösung mit der Normalverteilung ist eine gute Näherung für die Binomialverteilung insbesondere für Wahrscheinlichkeiten von größeren Intervallen der Zufallsvariablen.

8.4. Schätzungen und Prüfverfahren

8.4.1 Zielstellung und allgemeines Vorgehen

Das Ziel der schließenden Statistik ist es, aus einer Stichprobe Aussagen über die Eigenschaften der Grundgesamtheit zu gewinnen. Dies erfolgt durch Schätzmethoden und Prüfverfahren. Im Folgenden wird an einigen ausgewählten Beispielen das generelle Vorgehen erläutert.

Parameterschätzungen.

Die statistischen Maßzahlen der Stichprobe dienen als Schätzungen der unbekannten Parameter der Grundgesamtheit. Die als Schätzungen ausgewählten Stichprobenparameter sollten zumindest folgende Kriterien erfüllen.

1. Konsistenz. Die Wahrscheinlichkeit für die Abweichung des Stichprobenparameters von dem Parameter der Grundgesamtheit geht mit wachsendem Stichprobenumfang n gegen Null. (Vergleiche mit dem Gesetz der großen Zahlen im Abschnitt **8.2.3**.)

2. Erwartungstreue. Der Erwartungswert der Schätzung ist gleich dem Parameter der Grundgesamtheit.

Diese Kriterien erfüllen das Stichprobenmittel $\bar{x}$ und die Stichprobenstreuung s^2 als Schätzungen für den Erwartungswert μ und die Varianz σ^2 der Grundgesamtheit.

Prüfverfahren, (statistische Tests).

Für die Grundgesamtheit werden Hypothesen (z. B. über ihre Parameter oder/und Verteilungsfunktion) aufgestellt. Mit Hilfe der Stichprobendaten wird entschieden, ob die Hypothesen angenommen oder abgelehnt werden müssen. Die Entscheidung ist nie ganz sicher, sie gilt nur mit einer gewissen (vorgegebenen) Irrtumswahrscheinlichkeit.

8.4.2 Parametertests, Konfidenzintervalle

8.4.2.1 Genereller Aufbau eines Tests

Das Muster eines Tests entwickeln wir an folgendem Beispiel 1. Aus einer normalverteilten Grundgesamtheit mit bekannter Standardabweichung $\sigma = 1,4$ wird eine Stichprobe vom Umfang $n = 10$ mit dem Mittelwert $\bar{x} = 4,2$ entnommen. Es ist zu prüfen, ob die Hypothese H_0 dafür, dass die Grundgesamtheit den Erwartungswert $\mu_0 = 5,0$ besitzt, angenommen werden kann.

Der Mittelwert $\bar{x}$ der Stichprobe ist eine Realisierung der normalverteilten Zufallsgröße $\bar{X}$ der Stichprobenmittelwerte wiederholter Stichproben. Der Erwartungswert von $\bar{X}$ stimmt mit dem Erwartungswert μ der normalverteilten Grundgesamtheit überein und die Standardabweichung ist $\sigma/\sqrt{n}$. Dies ist eine Aussage der mathematischen Statistik (vgl. auch Abschnitt **8.1.2.4**).

Die „Testgröße" $z = \dfrac{\bar{x} - \mu}{\sigma/\sqrt{n}} = \dfrac{\bar{x} - \mu}{\sigma} \cdot \sqrt{n}$ hat demnach eine standardisierte Normalverteilung.

In Beispiel 1 ist für die Hypothese H_0: $\mu = \mu_0 = 5{,}0$ der Testwert $z \approx -1{,}807$ und liegt unter dem 5%-Quantilwert $z_{0{,}05} = -1{,}645$. Wenn H_0 gilt, dann tritt der Stichprobenmittelwert $\bar{x} = 4{,}2$ nur mit einer Wahrscheinlichkeit unter 5% auf. Offensichtlich sollte man H_0 ablehnen und die Alternative H_1: $\mu < 5{,}0$ annehmen. Die „Irrtumswahrscheinlichkeit" α dieser Entscheidung ist 5%.

Zusammenfassend verläuft ein Test nach folgendem Muster:

1. Aufstellen der Hypothese H_0 und der Alternative H_1.

2. Festlegung der Testgröße (mit bekannter Verteilung).

3. Vorgabe der Irrtumswahrscheinlichkeit α.

4. Berechnung der Testgröße mit Hilfe der Stichprobenwerte.

5. Vergleich mit dem α-Quantilwert. (Lage bezüglich des „kritischen Bereichs" bestimmen.)

6. Entscheidung: Liegt die Testgröße im kritischen Bereich, wird H_0 mit der Irrtumswahrscheinlichkeit α abgelehnt und H_1 angenommen. Andernfalls gilt H_0.

In der Datei TEST .MCD wird das Beispiel 1 mittels Mathcad behandelt.

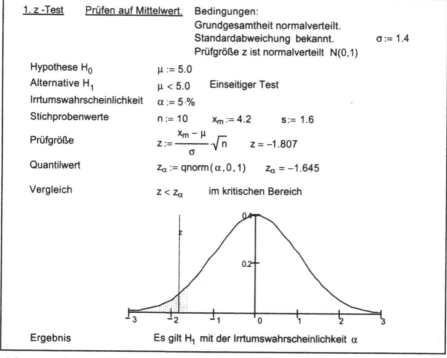

Ein Vergleich von z mit dem 1%-Quantilwert $z_{0{,}01} = -2{,}326$ führt zum Ergebnis, dass z nicht im kritischen Bereich unterhalb $z_{0{,}01}$ liegt. Man kann H_0 nicht mit der (kleineren) Irrtumswahrscheinlichkeit von 1% ablehnen. Die Hypothese H_0 wird nicht mit 99% Sicherheit statistisch widerlegt. Gewissermaßen erfolgt ein „Freispruch aus Mangel an Beweisen".

8.4.2.2 Der t-Test

Die im Beispiel 1 angenommene Kenntnis der Standardabweichung σ der Grundgesamtheit ist in der Regel nicht gegeben. Dafür ist aber aus der Stichprobe die Standardabweichung s bekannt. Ersetzt man in der Testgröße z den Wert σ durch s, so entsteht die Testgröße

$$t = \frac{\overline{x} - \mu}{s} \cdot \sqrt{n} \ .$$

Diese ist nicht mehr normalverteilt N(0,1), sondern besitzt eine von n abhängige <u>t-Verteilung</u> (Student-Verteilung). Deren Quantilwerte sind (für ausgewählte α) in Tafelwerken tabelliert. Sie können aber auch in Mathcad mittels der Funktion qt(α, n) abgerufen werden. Für wachsendes n konvergiert die t-Verteilung gegen N(0,1).

Aus der Datei TEST.MCD fügen wir einige Beispiele zum t-Test ein.

<u>Beispiel 2.</u> Wie Beispiel 1 aber σ unbekannt, dafür wurde in der Stichprobe $s = 1.6$ ermittelt.

<u>2. t - Test</u> <u>Prüfen auf Mittelwert.</u>	Bedingungen:	
	Grundgesamtheit normalverteilt.	
	Standardabweichung nicht bekannt.	
	Prüfgröße ist t-verteilt mit dem Parameter n-1	
Hypothese H_0	$\mu := 5.0$	
Alternative H_1	$\mu < 5.0$	Einseitiger Test
Irrtumswahrscheinlichkeit	$\alpha := 5 \cdot \%$	
Stichprobenwerte	$n := 10 \qquad x_m := 4.2$	$s := 1.6$
Prüfgröße	$t := \dfrac{x_m - \mu}{s} \sqrt{n}$	$t = -1.581$
Quantilwert	$t_\alpha := \mathrm{qt}(\alpha, n-1)$	$t_\alpha = -1.833$
Vergleich	$t > t_\alpha$	<u>nicht</u> im kritischen Bereich
Ergebnis	Es gilt H_0	

Im Gegensatz zum Beispiel 1 kann die Annahme $\mu = 5{,}0$ nicht signifikant (statistisch gesichert) widerlegt werden.

<u>Beispiel 3.</u> Bei Geschwindigkeitsmessungen wurden für 25 PKW eine mittlere Geschwindigkeit von 83,8 km/h und eine Standardabweichung von 8,5 km/h ermittelt. Unter Voraussetzung normalverteilter Geschwindigkeiten prüfe man, ob für den gesamten Fahrzeugstrom eine Durchschnittsgeschwindigkeit von 80 km/h angenommen werden kann.

Der Hypothese H_0 $\mu = 80$ km/h stellen wir die Alternative H_1 $\mu \neq 80$ km/h gegenüber. Es liegt ein zweiseitiger Test vor. Der zur Irrtumswahrscheinlichkeit α gehörende kritische Bereich liegt zur Hälfte unter dem $\alpha/2$-Quantil und zur Hälfte über dem $(1-\alpha/2)$-Quantil der t-Verteilung. Es werden die Beträge von t und $t_{\alpha/2} = \mathrm{qt}(\alpha/2, n-1)$ verglichen. Für $|t| \geq |t_{\alpha/2}|$ wird H_0 mit der Irrtumswahrscheinlichkeit α abgelehnt. Man sagt dann auch „H_1 gilt mit der statistischen Sicherheit $1-\alpha$" oder „μ weicht signifikant von 80 km/h ab". α wird Signifikanzniveau genannt. In der Praxis werden abhängig von der Zielstellung für α die Werte 5%, 1%, 0,1% gewählt.

Test für Beispiel 3.

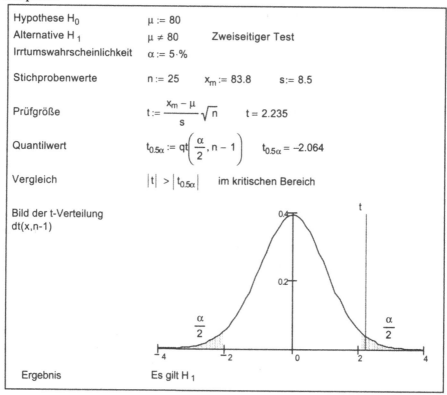

Mit einer statistischen Sicherheit von 95 % weicht die Durchschnittsgeschwindigkeit vom angenommenen Wert 80 km/h ab.

8.4.2.3 Konfidenzintervalle

Aus dem Vergleich des Testwertes mit dem Quantilwert im Beispiel 3 lässt sich ein Intervall schätzen, das mit der statistischen Sicherheit $1-\alpha$ den Mittelwert der Grundgesamtheit überdeckt. Dieses Intervall heißt <u>Konfidenzintervall</u> (Vertrauensintervall) und ist eine Verallgemeinerung des Standardintervalls des Mittelwertes.

Es gilt $\mu_0 = \mu$ für der Vergleich $\left| t \right| < \left| t_{\alpha/2} \right|$ oder ausgeschrieben $t_{\alpha/2} < \dfrac{\bar{x} - \mu}{s} \cdot \sqrt{n} < -t_{\alpha/2}$. Nach μ aufgelöst folgt

$$\bar{x} + \frac{s}{\sqrt{n}} \cdot t_{\alpha/2} < \mu < \bar{x} - \frac{s}{\sqrt{n}} \cdot t_{\alpha/2} \quad \text{mit } t_{\alpha/2} = \operatorname{qt}\left(\frac{\alpha}{2}, n-1\right) < 0 \ .$$

Kürzer schreibt man $\mu = \bar{x} \mp \dfrac{s}{\sqrt{n}} \cdot t_{\alpha/2}$.

Im Beispiel 3 überdeckt das Vertrauensintervall $\mu = (83,8 \pm 3,5)$ km/h mit 95% Sicherheit das Geschwindigkeitsmittel.

$\mu_0 = 80,0$ km/h liegt außerhalb!

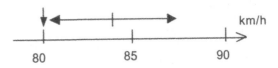

8.4.3 Der Chi-Quadrat-Anpassungstest

Der t-Test ist ein Beispiel eines Parametertests. Für die Grundgesamtheit wird dabei häufig eine Verteilungsfunktion, in der Regel die Normalverteilung, vorausgesetzt. Der χ^2-Anpassungstest ermöglicht es, die Annahme einer Verteilungsfunktion für die Grundgesamtheit zu prüfen.

Ist die Stichprobe als Histogramm gegeben, so dienen die Stichprobenparameter als Schätzwerte für die vermutete Verteilungsfunktion der Grundgesamtheit. Die Intervallwahrscheinlichkeiten der Verteilungsfunktion und die relativen Häufigkeiten für die Klassen werden verglichen, indem die Summe ihrer Abweichungsquadrate gebildet wird. Eine große Summe lässt dann darauf schließen, dass die gewählte Verteilungsfunktion falsch ist.

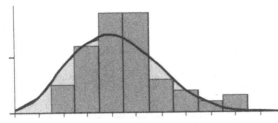

Trägt man die Wahrscheinlichkeitsdichte mit dem Histogramm gemeinsam auf, so wird deutlich: Weichen in den Klassen die Flächen der Säulen von den Flächen unter der Wahrscheinlichkeitsdichte stark ab, dann ist die ausgewählte Verteilungsfunktion anzuzweifeln.

Die nach diese Ansatz gebildete Testgröße

$$\chi^2 = \sum_j \frac{\left(h_j - n \cdot p_j\right)^2}{n \cdot p_j}$$

mit den absoluten Häufigkeiten h_j der Stichprobe (vom Umfang n) und den Intervallwahrscheinlichkeiten p_j je Klasse j hat eine von der Klassenzahl k abhängige χ^2-Verteilung. Die Quantilwerte können Tafelwerken entnommen oder mit der Mathcadfunktion qchisq(α, $k-r-1$) berechnet werden. Darin ist r die Anzahl der geschätzten Parameter der Verteilung.

Die gewählte Verteilung wird mit einer Irrtumswahrscheinlichkeit α abgelehnt, wenn

$$\chi^2 \geq \chi^2_{(1-\alpha)} = \text{qchisq}\left(1-\alpha,\ k-r-1\right)$$

ist.

Man beachte, dass der kritische Bereich großer Abweichung oberhalb des $(1-\alpha)$-Quantils liegt!

χ^2-Verteilung

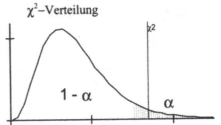

Im <u>Beispiel 4</u> wird geprüft, ob der Datensatz der Betondruckfestigkeiten aus dem Beispiel im Abschnitt **8.1.3.2** einer normalverteilten Grundgesamtheit entnommen ist.

Auszug aus der Datei TEST .MCD.

---

4. Chi-Quadrat-Anpassungstest   Prüfen auf Normalverteilung

Gegeben ist das Histogramm einer Stichprobe von Betondruckfestigkeiten (in N/mm).
Ist die Stichprobe einer normalverteilten Grundgesamtheit entnommen?

 Vgl. Datei STATISTIK.MCD

Gegeben: Anzahl der Klassen $k := 9$ Klassenbreite $d := 2.5$ $j := 1 .. k$

Vektor l der unteren Klassengrenzen $i := 1 .. k - 1$ $l_1 := 22.75$ $l_{i+1} := l_i + d$

Vektor r der oberen Klassengrenzen $r_j := l_j + d$

Vektor m der Klassenmitten $m_j := l_j + \dfrac{d}{2}$

Vektor h der Häufigkeiten $h := (3 \quad 6 \quad 12 \quad 11 \quad 10 \quad 8 \quad 5 \quad 4 \quad 1)^T$

Stichprobenumfang $n := \displaystyle\sum_j h_j$ $n = 60$

Mittelwert $x_m := \dfrac{1}{n} \cdot \displaystyle\sum_j h_j \cdot m_j$ $x_m = 32.71$

Standardabweichung $s := \sqrt{\dfrac{1}{(n-1)} \cdot \displaystyle\sum_j h_j \cdot (m_j - x_m)^2}$ $s = 4.88$

....

Hypothese H_0 Die Grundgesamtheit ist normalverteilt mit $\mu = x_m$ und $\sigma = s$.

Alternative H_1 Die Grundgesamtheit ist nicht normalverteilt

Irrtumswahrscheinlichkeit $\alpha := 0.05$

Ermittlung der Testgröße: Verteilungsfunktion $\Phi(x) := pnorm(x, x_m, s)$

Vektor der Intervallwahrscheinlichkeiten $p_j := \Phi(r_j) - \Phi(l_j)$

$q_j := \dfrac{(h_j - n \cdot p_j)^2}{n \cdot p_j}$ $\chi 2 := \displaystyle\sum_j q_j$ $\chi 2 = 2.406$

Quantilwert $\chi 2_{1\_\alpha} := qchisq(1 - \alpha, k - 2 - 1)$ $\chi 2_{1\_\alpha} = 12.592$

Vergleich $\chi 2 < \chi 2_{1\_\alpha}$ Es gilt H_0
=========

Die Annahme einer Normalverteilung für die Grundgesamtheit ist nicht widerlegt.

Ergänzend fügen wir aus der Datei TEST .MCD die Wertetabelle und Grafik ein.

j	l_j	r_j	h_j	p_j	$n \cdot p_j$	q_j
1	22.75	25.25	3	0.04	2.56	0.08
2	25.25	27.75	6	0.09	5.5	0.05
3	27.75	30.25	12	0.15	9.14	0.89
4	30.25	32.75	11	0.2	11.77	0.05
5	32.75	35.25	10	0.2	11.72	0.25
6	35.25	37.75	8	0.15	9.03	0.12
7	37.75	40.25	5	0.09	5.38	0.03
8	40.25	42.75	4	0.04	2.48	0.93
9	42.75	45.25	1	0.01	0.88	0.01

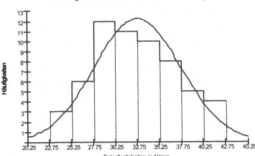
Histogramm und Normalverteilung

In der Literatur wird empfohlen, für Klassen mit $n \cdot p_j < 5$ die h_j und $n \cdot p_j$ zur Nachbarklasse zu addieren. Dies würde die Klassen 1+2 bzw. 7+8+9 betreffen. Die neue Tabelle hat 6 Klassen und führt zum dem Vergleich

$$\chi^2 = \sum q_j = (0.11) + 0.89 + \cdots + 0.12 + (0.18) = 1.60 < \chi^2_{(1-\alpha)} = \text{qchisq}(1 - \alpha, 6 - 2 - 1) \approx 7.82 \ .$$

Dieser kurze Einblick in die schließende Statistik muss genügen. Wir verweisen auf die im Abschnitt **8.1.1** genannte Literatur. Das Tafelwerk MÜLLER/NEUMANN/STORM [F8] enthält neben umfangreichen Tabellen auch Beispiele zu vielen Prüfverfahren.

8.5. Lineare Regression und Korrelation

8.5.1. Lineare Regression

Gegeben ist eine Messreihe von n Wertepaaren (x_i, y_i), die sich in Form einer Punktwolke in der Koordinatenebene darstellen lässt. Das Ziel der linearen Regressionsrechnung ist die „bestmögliche" Anpassung dieser Punktwolke durch eine Gerade mit der <u>Regressionsgleichung</u>

$$\tilde{y} = f(x) = a_1 \cdot x + a_0$$

Die Parameter a_1 und a_0 gewinnt man mit der Methode der kleinsten Quadrate durch den Ansatz

$$\sum_{i=1}^{n} (\tilde{y}_i - y_i)^2 \Rightarrow min!$$

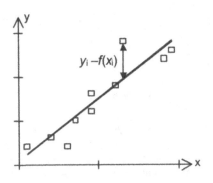

Aus den notwendigen Bedingungen

$$\frac{\partial}{\partial a_1} \sum_{i=1}^{n} (a_1 \cdot x_i + a_0 - y_i)^2 = 0 \quad , \quad \frac{\partial}{\partial a_0} \sum_{i=1}^{n} (a_1 \cdot x_i + a_0 - y_i)^2 = 0$$

erhält man das Gleichungssystem

$$a_1 \cdot \sum_i x_i^2 + a_0 \cdot \sum_i x_i = \sum_i x_i \cdot y_i \quad , \quad a_1 \cdot \sum_i x_i + a_0 \cdot n = \sum_i y_i . \qquad (*)$$

Das sind die Gaußschen Normalgleichungen wie im Abschnitt **8.6.1** näher ausgeführt wird.

Aufgelöst erhält man aus (*) die Regressionskoeffizienten

$$a_1 = \frac{n \cdot \sum x_i \cdot y_i - \sum x_i \cdot \sum y_i}{n \cdot \sum x_i^2 - \sum x_i \cdot \sum x_i} \quad , \quad a_0 = \frac{\sum y_i}{n} - a_1 \cdot \frac{\sum x_i}{n} = \overline{y} - a_1 \cdot \overline{x} .$$

Die zweite Gleichung besagt, dass die Gerade durch den Schwerpunkt $S(\overline{x}, \overline{y})$ der Punktwolke geht: $f(\overline{x}) = a_1 \cdot \overline{x} + (\overline{y} - a_1 \cdot \overline{x}) = \overline{y}$.

Die Güte der Anpassung wird mit dem Standardfehler $\tilde{s}$ gemessen, der die Quadratwurzel der

„Reststreuung" $\tilde{s}^2 = \frac{1}{n-2} \cdot \sum_{i=1}^{n} (\tilde{y}_i - y_i)^2$ ist.

Die Regressionsgleichung wird benutzt, um für ausgewählte x-Werte zugehörige Regressionswerte $f(x)$ zu berechnen. Dabei ist jedoch zu beachten, dass die Regressionskoeffizienten nur Schätzwerte des angenommenen linearen Zusammenhangs in der Grundgesamtheit sind und x nicht außerhalb des Messintervalls der Stichprobenwerte gewählt wird.

Die manuellen Berechnungen sind aufwendig. Mathcad bietet aber geeignete Funktionen an.

Mit den Datenvektoren $\mathbf{x} = (x_i)^T$ und $\mathbf{y} = (y_i)^T$ gilt

$a_1 = \text{neigung}(\mathbf{x}, \mathbf{y})$, $a_0 = \text{achsenabschn}(\mathbf{x}, \mathbf{y})$, $\tilde{s} = \text{stdfeh}(\mathbf{x}, \mathbf{y})$.

Dazu ein Beispiel aus der Datei REGRESSION.MCD.

Bei der Entwicklung von zerstörungsfreien Messmethoden wurde u. a. der Zusammenhang zwischen Ultraschallgeschwindigkeit v und Betondruckfestigkeit β von Betonelementen gemessen.

$x = v / \text{kms}^{-1}$	4.30	4.34	4.46	4.07	4.18	4.14	4.32	4.43
$y = \beta / \text{Nmm}^{-2}$	28.4	29.4	33.4	23.5	22.0	27.0	30.4	34.8

Es sind a) die Regressionskoeffizienten zu ermitteln und die Regressionsgleichung aufzustellen,

b) die Regressionswerte für alle Messwerte und $x = 4.4$ zu berechnen,

c) der Standardfehler anzugeben,

c) die Punktwolke, der Schwerpunkt und die Regressionsgerade darzustellen.

Beispiel . Zusammenhang zwischen Ultraschallgeschwindigkeit und Druckfestigkeit.

Datenvektoren

Ultraschallgeschwindigkeit in km/s $x := (4.30 \quad 4.34 \quad 4.46 \quad 4.07 \quad 4.18 \quad 4.14 \quad 4.32 \quad 4.43)^T$

Druckfestigkeit in N/mm $y := (28.4 \quad 29.4 \quad 33.4 \quad 23.5 \quad 22.0 \quad 27.0 \quad 30.4 \quad 34.8)^T$

Anzahl der Messwerte $n := \text{länge}(x)$ $n = 8$ Kontrolle $\text{länge}(y) = 8$

Mittelwerte $x_m := \text{mittelwert}(x)$ $y_m := \text{mittelwert}(y)$

                           $x_m = 4.28$ $y_m = 28.61$

Regressionskoeffizienten $a_1 := \text{neigung}(x,y)$ $a_0 := \text{achsenabschn}(x,y)$

                           $a_1 = 28.8$ $a_0 = -94.65$

                           _____

Regressionsgleichung $f(x) := a_1 \cdot x + a_0$

                           _____

Regressionswerte $f(4.4) = 32.1$ $f(x_m) = 28.6$ $\overrightarrow{y_r := f(x)}$

                           $y_r^T = (29.2 \quad 30.3 \quad 33.8 \quad 22.6 \quad 25.7 \quad 24.6 \quad 29.8 \quad 32.9)$

Standardfehler $s := \text{stdfehl}(x,y)$ $s = 2.09$

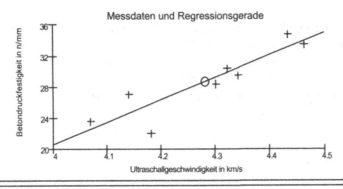

Messdaten und Regressionsgerade

Rechnungen mit den Formeln $n = 8$ $i := 1 .. n$

$$\Sigma_x := \sum_i x_i \quad \Sigma_y := \sum_i y_i \quad \Sigma_{xx} := \sum_i (x_i)^2 \quad \Sigma_{xy} := \sum_i x_i \cdot y_i \quad xm := \frac{\Sigma_x}{n} \quad ym := \frac{\Sigma_y}{n}$$

$\Sigma_x = 34.24$ $\Sigma_y = 228.9$ $\Sigma_{xx} = 146.68$ $\Sigma_{xy} = 983.56$ $xm = 4.28$ $ym = 28.61$

$$a1 := \frac{n \cdot \Sigma_{xy} - \Sigma_x \cdot \Sigma_y}{n \cdot \Sigma_{xx} - \Sigma_x \cdot \Sigma_x}$$ $a0 := ym - a1 \cdot xm$ $a1 = 28.8$ $a0 = -94.65$

- -

                           $g(x) := a1 \cdot x + a0$

$$s := \sqrt{\frac{1}{n-2} \sum_i (g(x_i) - y_i)^2}$$ $s = 2.09$

8.5.2 Lineare Korrelation

Häufig ist aus der Form der Punktwolke nicht sicher zu ersehen, ob in der Grundgesamtheit ein linearer Zusammenhang vorliegt. Dies lässt sich prüfen mit dem <u>Korrelationskoeffizienten</u>

$$r_{xy} = \frac{n \cdot \sum x_i \cdot y_i - \sum x_i \cdot \sum y_i}{\sqrt{n \cdot \sum x_i^2 - \sum x_i \cdot \sum x_i} \cdot \sqrt{n \cdot \sum y_i^2 - \sum y_i \cdot \sum y_i}} \qquad , \quad -1 \le r_{xy} \le +1 ,$$

als Testgröße.

Die Vergleichsgröße ist der „Zufallshöchstwert" $r(\alpha, n) = \dfrac{|t|}{\sqrt{t^2 + n - 2}}$ mit $t = \mathrm{qt}(\alpha/2, n-2)$.

Für $|r_{xy}| \ge r(\alpha, n)$ existiert mit der statistischen Sicherheit $1-\alpha$ eine lineare Korrelation.

Für das obige Beispiel gilt mit der Mathcadfunktion $r_{xy} = \mathrm{korr}(x,y)$

Korrelationskoeffizient	$r_{xy} := \mathrm{korr}(\mathbf{x}, \mathbf{y})$		$r_{xy} = 0.90$	
Zufallshöchstwert	$\alpha := 0.05$	$t := \mathrm{qt}\left(\dfrac{\alpha}{2}, n-2\right)$	$r(\alpha) := \dfrac{|t|}{\sqrt{t^2 + n - 2}}$	$r(\alpha) = 0.71$
Vergleich	$|r_{xy}| \ge r(\alpha)$	Mit 95% Sicherheit existiert ein linearer Zusammenhang.		
$\Sigma_{yy} := \sum\limits_i (y_i)^2$	$r := \dfrac{n \cdot \Sigma_{xy} - \Sigma_x \Sigma_y}{\sqrt{n \cdot \Sigma_{xx} - \Sigma_x \Sigma_x} \sqrt{n \cdot \Sigma_{yy} - \Sigma_y \cdot \Sigma_y}}$		$r = 0.90$	

Der Korrelationskoeffizient ist in x und y symmetrisch ($r_{xy} = r_{yx}$). Das gilt nicht für den Regressionskoeffizienten. Die Regressionsrechung für die Wertepaare (y_i, x_i) führt auf die Funktion

$$\tilde{x} = h(y) = b_1 \cdot y + b_0 .$$

Die Koeffizienten b_1, b_0 erhält man durch das Vertauschen der Bezeichnungen x und y in den betreffenden Formeln für a_1, a_0. Die Gerade geht durch den Schwerpunkt der Punktwolke, hat aber in der Regel eine andere Neigung als $f(x)$. Es gilt offensichtlich die bemerkenswerte Beziehung für die Regressionsgeraden f und h

$$tan(\alpha) \cdot cot(\beta) = a_1 \cdot b_1 = r_{xy}^2 \ge 0$$

mit den Neigungswinkeln α, β bzgl. der x-Achse und bei gleichem Maßstab für die Achsen. Fallen die Geraden zusammen, so ist $\alpha = \beta$ d. h. $r_{xy}^2 = 1$ und die Korrelation ist streng linear. Die Vorzeichen von r, a_1, b_1 sind gleich (da die Zähler gleich sind und die Nenner positiv), d. h. für $r_{xy} \le 0$ ist die Regressionsgerade fallend. Aus der für die Reststreuung geltenden Beziehung

$$\tilde{s}^2 = \frac{1}{n-1} \cdot \sum_i (y_i - \bar{y})^2 \cdot \left(1 - r_{xy}^2\right)$$

folgt $|r_{xy}| \leq 1$ und für $r_{xy} = 0$ die Unabhängigkeit der Streuung von den x-Werten.

Das folgende „Musterbeispiel" wird uns in den nächsten Abschnitten begleiten.

Kann aus dem Datensatz ein linearer Zusammenhang gefolgert werden?

X	0.1	1.0	2.2	3.1	4.0	4.8	5.8	7.2	8.1	8.5	9.0	9.8
Y	1.45	1.15	0.40	0.10	0.05	0.25	0.55	0.75	0.65	0.60	0.50	0.40

Lösung aus der Datei REGRESSION.MCD.

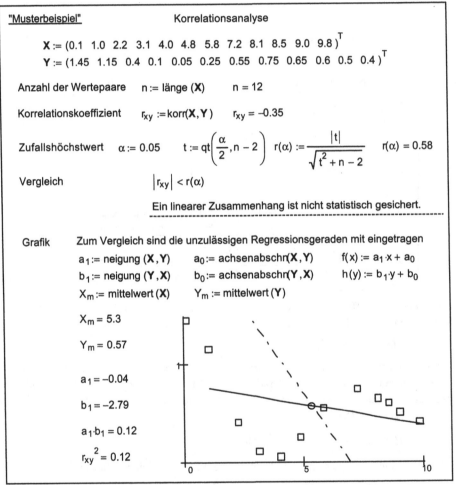

Die Grafik zeigt deutlich einen <u>nichtlinearen</u> funktionellen Zusammenhang $y = f(x)$. Dieser kann durch Ausgleichsfunktionen beschrieben werden. Dies ist die Zielstellung der Ausgleichsrechnung, in die der folgende Abschnitt **8.6** einführt.

Modifizierte Formeln und weitere Ausführungen zur Korrelation und Regression findet man in der TABELLE_REGRESSION im FORMELANHANG.

8.6 Ausgleichsrechnung

8.6.1 Lineare Ausgleichung

Das Ziel der Ausgleichsrechnung ist die Gewinnung einer (stetigen) Ausgleichskurve mit möglichst einfacher Funktionsgleichung $y = f(x)$, die sich einer gegebenen Messreihe (x_i, y_i) mit n Wertepaaren „bestmöglich" anpasst, d. h. die Ungenauigkeiten der Messungen „ausgleicht". Das Grundprinzip ist die im Abschnitt **5.1.5** behandelte Methode der kleinsten Quadrate.

Für den „linearen" Ausgleich macht man einen Ansatz durch eine Linearkombination von m gewählten und möglichst einfachen Funktionen $\varphi_k(x)$

$$f(x) = c_1 \cdot \varphi_1(x) + c_2 \cdot \varphi_2(x) + \cdots + c_m \cdot \varphi_m(x)$$

und stellt n Gleichungen für die m gesuchten Parameter c_k durch Einsetzen der Messwerte auf:

$$c_1 \cdot \varphi_1(x_i) + c_2 \cdot \varphi_2(x_i) + \cdots + c_m \cdot \varphi_m(x_i) = y_i \qquad k = 1, \ldots, m \ , \ i = 1, \ldots, n \ .$$

In der entsprechenden Matrizengleichung

$$\mathbf{A} \cdot \mathbf{c} = \mathbf{y}$$

sind $\mathbf{c} = (c_k)$ der Parametervektor, $\mathbf{y} = (y_i)$ der Datenvektor und die Matrix $\mathbf{A}$ enthält in der k-ten Spalte den mit dem Datenvektor $\mathbf{x} = (x_i)$ gebildeten Vektor $(\varphi_k(x_i))$ der Funktionswerte von φ_k.

Diese Matrizengleichung ist überbestimmt ($n > m$) und entsprechend Abschnitt **5.1.5** wird aus den Normalgleichungen eine Näherungslösung ermittelt.

Mit $\mathbf{N} = \mathbf{A}^T \cdot \mathbf{A}$ gilt $\boxed{\mathbf{N} \cdot \mathbf{c} = \mathbf{A}^T \cdot \mathbf{y}}$ und $\mathbf{c} = \mathbf{N}^{-1} \cdot \mathbf{A}^T \cdot \mathbf{y} = \mathbf{A_L} \cdot \mathbf{y}$ bzw. $\underline{\mathbf{c} = \text{geninv}(\mathbf{A}) \cdot \mathbf{y}}$.

Dieses Verfahren führen wir an einigen Beispielen durch.

1. Beispiel. Die lineare Regression ist ein Spezialfall mit dem linearen Ansatz $f(x) = c_1 + c_2 \boxdot$.
Man erhält

$$\mathbf{A} = \begin{bmatrix} 1 & x_1 \\ 1 & x_2 \\ \vdots & \vdots \\ 1 & x_n \end{bmatrix}, \ \mathbf{N} = \begin{bmatrix} 1 & 1 & \cdots & 1 \\ x_1 & x_2 & \cdots & x_n \end{bmatrix} \cdot \begin{bmatrix} 1 & x_1 \\ 1 & x_2 \\ \vdots & \vdots \\ 1 & x_n \end{bmatrix} = \begin{bmatrix} n & \sum x_i \\ \sum x_i & \sum x_i^2 \end{bmatrix}, \ \mathbf{A}^T \cdot \mathbf{y} = \begin{bmatrix} \sum y_i \\ \sum x_i \cdot y_i \end{bmatrix}.$$

Die Normalgleichungen $\begin{bmatrix} n & \sum x_i \\ \sum x_i & \sum x_i^2 \end{bmatrix} \cdot \begin{bmatrix} c_1 \\ c_2 \end{bmatrix} = \begin{bmatrix} \sum y_i \\ \sum x_i \cdot y_i \end{bmatrix}$ stimmen für $c_1 = a_0, c_2 = a_1$ mit den im

Abschnitt **8.5.1** hergeleiteten Gleichungen (*) überein.

Die Regressionskoeffizienten im dort behandelte Beispiel ließen sich also wie folgt ermitteln (alle folgenden Auszüge aus der Datei AUSGLEICH.MCD):

Lineare Ausgleichsfunktion $y = c_1 \cdot 1 + c_2 \cdot x$

Datenvektoren $x := (4.30 \quad 4.34 \quad 4.46 \quad 4.07 \quad 4.18 \quad 4.14 \quad 4.32 \quad 4.43)^T$

$y := (28.4 \quad 29.4 \quad 33.4 \quad 23.5 \quad 22.0 \quad 27.0 \quad 30.4 \quad 34.8)^T$

Einsvektor $i := 1..8$ $e_i := 1$ $e^T = (1 \ 1 \ 1 \ 1 \ 1 \ 1 \ 1 \ 1)$

Koeffizientenmatrix $A := \text{erweitern}(e, x)$ Gleichungssystem $A \cdot c = y$

Lösung $c := \text{geninv}(A) \cdot y$ $c_1 = -94.65$ $c_2 = 28.8$

In Mathcad wird eine eigene Funktion linanp(xs, ys, fu) für den linearen Ausgleich bereitgestellt. Sie ermittelt den Vektor c. Der Vektor xs muss aufsteigend sortiert sein! fu ist der Vektor der Funktionen φ_k.

Anwendung von linanp

Die Matrix "erweitern (x, y)" wird nach der 1. Spalte aufsteigend sortiert.

$xs := \text{spsort}\left(\text{erweitern}(x, y), 1\right)^{\langle 1 \rangle}$ $ys := \text{spsort}\left(\text{erweitern}(x, y), 1\right)^{\langle 2 \rangle}$

$xs^T = (4.07 \quad 4.14 \quad 4.18 \quad 4.3 \quad 4.32 \quad 4.34 \quad 4.43 \quad 4.46)$

$ys^T = (23.5 \quad 27 \quad 22 \quad 28.4 \quad 30.4 \quad 29.4 \quad 34.8 \quad 33.4)$

Vektor der Funktionen $fu(x) := \begin{pmatrix} 1 \\ x \end{pmatrix}$ $\text{linanp}(xs, ys, fu) = \begin{pmatrix} -94.65 \\ 28.8 \end{pmatrix}$

---

2. Beispiel. Das Musterbeispiel lässt aus dem Verlauf der Messdaten auf eine kubische Funktion schließen. In dem Mathcadblatt werden noch einmal die verschiedenen Möglichkeiten für die Ermittlung der Koeffizienten c_i dargestellt.

Anmerkung zum Aufstellen der Matrix A in Mathcad. Für die Ermittlung der Spalten verwendet man allgemein den Vektorisierungsoperator: $A = \text{erweitern}\left(\varphi_1(x), \varphi_2(x), ..., \varphi_m(x)\right)$. *Für die Potenzen von x ist dies nicht notwendig:* $x^k = (x_i^k)$.

Da für die nichtlineare Ausgleichsfunktion $f(x)$ kein Korrelationskoeffizient existiert, mit dem der angenommene funktionale Zusammenhang getestet werden kann, wird als Güte der Anpassung der Standardfehler $\tilde{s}$ verwendet. Er ist als mittlerer Fehler der Einzelmessung interpretierbar. In die Formel für die Reststreuung geht die Anzahl m der gesuchten Parameter ein,

$$\tilde{s}^2 = \frac{1}{n-m} \cdot \sum_{i=1}^{n} (y_i - f(x_i))^2 .$$

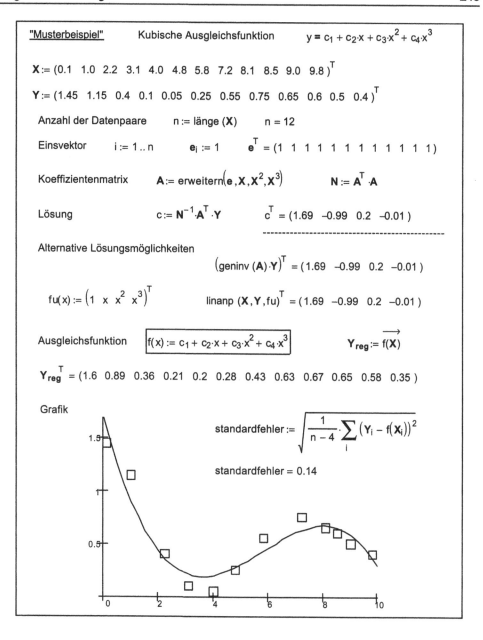

"Musterbeispiel" Kubische Ausgleichsfunktion $y = c_1 + c_2 \cdot x + c_3 \cdot x^2 + c_4 \cdot x^3$

$\mathbf{X} := (0.1 \quad 1.0 \quad 2.2 \quad 3.1 \quad 4.0 \quad 4.8 \quad 5.8 \quad 7.2 \quad 8.1 \quad 8.5 \quad 9.0 \quad 9.8)^T$

$\mathbf{Y} := (1.45 \quad 1.15 \quad 0.4 \quad 0.1 \quad 0.05 \quad 0.25 \quad 0.55 \quad 0.75 \quad 0.65 \quad 0.6 \quad 0.5 \quad 0.4)^T$

Anzahl der Datenpaare $n := $ länge $(\mathbf{X})$ $n = 12$

Einsvektor $i := 1 .. n$ $e_i := 1$ $\mathbf{e}^T = (1 \ 1 \ 1 \ 1 \ 1 \ 1 \ 1 \ 1 \ 1 \ 1 \ 1 \ 1)$

Koeffizientenmatrix $\mathbf{A} := $ erweitern$(\mathbf{e}, \mathbf{X}, \mathbf{X}^2, \mathbf{X}^3)$ $\mathbf{N} := \mathbf{A}^T \cdot \mathbf{A}$

Lösung $\mathbf{c} := \mathbf{N}^{-1} \cdot \mathbf{A}^T \cdot \mathbf{Y}$ $\mathbf{c}^T = (1.69 \quad -0.99 \quad 0.2 \quad -0.01)$

Alternative Lösungsmöglichkeiten

$(\text{geninv}(\mathbf{A}) \cdot \mathbf{Y})^T = (1.69 \quad -0.99 \quad 0.2 \quad -0.01)$

$\text{fu}(x) := (1 \quad x \quad x^2 \quad x^3)^T$ $\text{linanp}(\mathbf{X}, \mathbf{Y}, \text{fu})^T = (1.69 \quad -0.99 \quad 0.2 \quad -0.01)$

Ausgleichsfunktion $\boxed{f(x) := c_1 + c_2 \cdot x + c_3 \cdot x^2 + c_4 \cdot x^3}$ $\mathbf{Y}_{reg} := \overrightarrow{f(\mathbf{X})}$

$\mathbf{Y}_{reg}^T = (1.6 \quad 0.89 \quad 0.36 \quad 0.21 \quad 0.2 \quad 0.28 \quad 0.43 \quad 0.63 \quad 0.67 \quad 0.65 \quad 0.58 \quad 0.35)$

Grafik

standardfehler $:= \sqrt{\dfrac{1}{n-4} \cdot \sum_i (Y_i - f(X_i))^2}$

standardfehler $= 0.14$

Die folgenden zwei Beispiele stammen aus dem Baustoffpraktikum des Bauingenieurstudiums.[1]

Im Beispiel 3 wird die Schüttdicht-Feuchte-Beziehung von Kiessanden zur Ermittlung der minimalen Schüttdichte benutzt. Im Beispiel 4 wird mittels einer langfristigen Auswertung die Druckfestigkeitsentwicklung von Zement durch eine Ausgleichsfunktion beschrieben.

---

[1] Wir danken Herrn Diplomchemiker P. BLAUSCHMIDT (FH Neubrandenburg) für die Bereitstellung der Beispiele.

Datei SCHÜTTDICHTE.MCD

Zusammenhang zwischen Feuchtegehalt und Schüttdichte von Kiessand 0/8

Messreihen   *Dateneingabe außerhalb der Seite*

Feuchtegehalt f in % $f^T = (0\ \ 2\ \ 4\ \ 6\ \ 8\ \ 10)$

Schüttdichte ρ in kg/dm^3 $\rho^T = (1.713\ \ 1.249\ \ 1.236\ \ 1.278\ \ 1.309\ \ 1.333)$

Regressionsansatz: $d := 0.4$ $\rho_{reg}(x) = a \cdot (x + d) + b + \dfrac{c}{x + d}$

Gleichungssystem $A := \text{erweitern}\left(\overrightarrow{(f + d)}, \overrightarrow{f^0}, \overrightarrow{(f + d)^{-1}}\right)$, $A \cdot \begin{pmatrix} a \\ b \\ c \end{pmatrix} = \rho$

Lösung $\begin{pmatrix} a \\ b \\ c \end{pmatrix} := \text{geninv}(A) \cdot \rho$ $a = 0.021$ $b = 1.096$ $c = 0.243$ $d = 0.4$

$\_\!=$

Regressionsgleichung $\boxed{\rho_{reg}(x) := a \cdot (x + d) + b + \dfrac{c}{x + d}}$

Minimale Schüttdichte: $f_{min} := \sqrt{\dfrac{c}{a}} - d$ $\rho_{min} := \rho_{reg}(f_{min})$

Stelle: $f_{min} = 2.99$ %   Minimum: $\rho_{min} = 1.24$ kg/dm^3

$=\!=\!=\!=\!=\!=\!=\!=\!=\!=\!=\!=$ $=\!=\!=\!=\!=\!=\!=\!=\!=\!=\!=\!=\!=\!=\!=\!=\!=$

standardfehler = 0.009

Datei DRUCKFESTIGKEIT.MCD

<u>Druckfestigkeitsentwicklung von Zement CEM I</u>

<u>Messreihen</u>   *Dateneinbgabe außerhalb der Seite*

Erhärtungszeit t in Tagen (d)   Durckfestigkeit β in N/mm

$t^T = (0 \ 1 \ 2 \ 7 \ 14 \ 28 \ 56 \ 90 \ 184 \ 271 \ 360)$

$\beta^T = (0 \ 14.5 \ 29.2 \ 41.6 \ 47.7 \ 51.4 \ 53.8 \ 59.3 \ 66.4 \ 63.3 \ 67)$

<u>Regressionsansatz:</u> $\beta_{reg}(t) = a + b \cdot \ln(1 + t) + \dfrac{c}{1 + t}$

<u>Gleichungssystem</u> $A := \text{erweitern}\left(\overrightarrow{t^0}, \overrightarrow{\ln(1 + t)}, \overrightarrow{(1 + t)^{-1}}\right)$ $A \cdot \begin{pmatrix} a \\ b \end{pmatrix} = \beta$

<u>Lösung</u> $\begin{pmatrix} a \\ b \\ c \end{pmatrix} := \text{geninv}(A) \cdot \beta$ $a = 32.3$ $b = 5.97$ $c = -34$

================================

<u>Regressionsgleichung</u> $\boxed{\beta_{reg}(t) := a + b \cdot \ln(t + 1) + \dfrac{c}{t + 1}}$

$\beta^T = (0.00 \ 14.50 \ 29.20 \ 41.60 \ 47.70 \ 51.40 \ 53.80 \ 59.30 \ 66.40 \ 63.30 \ 67.00)$

$\left(\overrightarrow{\beta_{reg}(t)}\right)^T = (-1.69 \ 19.44 \ 27.53 \ 40.47 \ 46.21 \ 51.24 \ 55.85 \ 58.86 \ 63.29 \ 65.65 \ 67.37)$

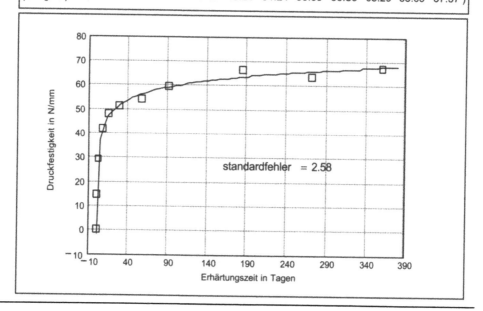

standardfehler = 2.58

8.6.2 Nichtlineare Ausgleichung

Vielfach ist der Ansatz der Ausgleichsfunktion als Linearkombination nicht ausreichend. Treten in der Ausgleichsfunktion $f(x, u_k)$ die gesuchten Parameter u_k in nichtlinearen Beziehungen auf, so führt die Methode der kleinsten Quadrate mit dem Nullsetzen der partiellen Ableitungen und dem Einsetzen der Messwerte auf ein nichtlineares Gleichungssystem, das nach den im Abschnitt **5.3** beschriebenen Näherungsverfahren gelöst werden kann. Hier bietet Mathcad eine spezielle Funktion $u = \text{genanp}(x, y, u0, fu)$. Dabei ist ein Startvektor $u0$ für die gesuchten Parameter u_k vorzugeben. Der Vektor fu enthält die Funktion f und deren partiellen Ableitungen $\partial f / \partial u_k$.

Wir wenden die nichtlineare Ausgleichung auf das Musterbeispiel an. Wenn bekannt ist, dass die Messreihe das Ergebnis gedämpfter Schwingungen ist, dann wird aus der Theorie folgender Ansatz sinnvoll $f(x, \mathbf{u}) = e^{u_1 \cdot x} \cdot \sin(u_2 \cdot x + u_3) + u_4$ mit $\mathbf{u}^T = (u_1, u_{2,} u_{3,} u_4)$.

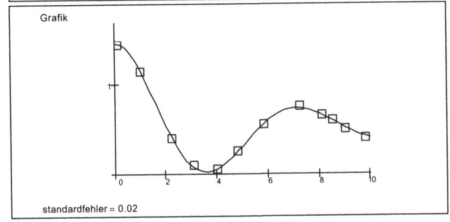

Zur Vereinfachung der Rechnungen bietet Mathcad für spezielle nichtlineare Ansätze Lösungen an. In der TABELLE_REGRESSION sind die wichtigsten aufgeführt. Neben Mathcadfunktionen für den Ausgleich mit allgemeinen Exponential-, Potenz-, Logarithmus- und Sinuskurven existiert z. B. auch eine Funktion lgsanp für die <u>logistische Kurve</u>

$$y = f(x) = \frac{a}{1 + b \cdot e^{-c \cdot x}} \ .$$

Diese logistische Funktion ist die Lösung der linearen Differentialgleichung $y' = K \cdot y \cdot (a - y)$, welche bei Problemen auftritt, in denen der Zuwachs dy sowohl der Änderung dx, dem Bestand y und dem Bedarf $a-y$ proportional ist. Dabei ist a ein Sättigungswert.

Beispiel. Der Ausstattungsgrad der Haushalte einer Stadt mit einem speziellen TV-Zusatzgerät ist über mehrere Jahre analysiert worden. Wie fällt die Prognose für die nächsten drei Jahre aus?

Jahr x nach Einführung	1	2	3	4	5	6	7	8	9
Ausstattung y in %	2	3	6	18	24	31	37	43	46

Lösung aus der Datei AUSGLEICH.MCD

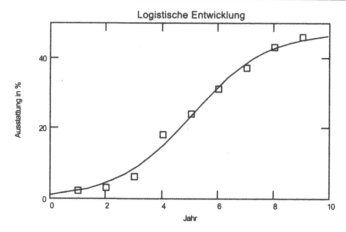

Prognosen (<u>Trendwerte</u>) sind Extrapolationen der Datenreihe und nur unter der Voraussetzung zulässig, dass sich die Bedingungen in dem erweiterten Datenbereich nicht wesentlich ändern.

8.7 Interpolation

8.7.1 Interpolation mit Polynomen

Die Interpolationsrechnung hat das Ziel, eine möglichst einfach strukturierte („glättende") Funktion zu ermitteln, die vorgegebene n Punkte (x_i, y_i) verbindet und zur Berechnung von Zwischenwerten geeignet ist. Die Punkte können einer Messreihe entnommen sein aber auch zu einer bekannten Funktion mit komplizierter Struktur gehören. Im zweiten Fall ist die Interpolationsfunktion eine Ersatzfunktion für die Zwischenwerte. Die Interpolationsfunktion geht im Unterschied zu der Ausgleichsfunktion stets durch die vorgegebenen Punkte. Die x_i heißen Stützstellen mit den Stützwerten y_i. Wir setzten voraus, dass die x_i paarweise verschieden sind.

Ein bekannter Ansatz einer Interpolationsfunktion ist das <u>Interpolationspolynom</u>

$$p_m(x) = a_1 + a_2 \cdot x + a_3 \cdot x^2 + \cdots + a_m \cdot x^{m-1} \quad \text{mit} \quad p_m(x_i) = y_i.$$

Für $m = n$ sind die Koeffizienten a_k eindeutig bestimmt. Das analog zum Abschnitt **8.6.1** aufgestellte Gleichungssystem

$$\mathbf{A} \cdot \mathbf{a} = \mathbf{y} \quad \text{oder ausführlicher} \quad \begin{bmatrix} 1 & x_1 & x_1^2 & \cdots & x_1^{n-1} \\ 1 & x_2 & x_2^2 & \cdots & x_2^{n-1} \\ \vdots & \vdots & \vdots & \cdots & \vdots \\ 1 & x_n & x_n^2 & \cdots & x_n^{n-1} \end{bmatrix} \cdot \begin{bmatrix} a_1 \\ a_2 \\ \vdots \\ a_n \end{bmatrix} = \begin{bmatrix} y_1 \\ y_2 \\ \vdots \\ y_n \end{bmatrix}$$

ist nach $\mathbf{a}$ auflösbar, da die „VANDERMONDEsche Determinante" $\mathbf{A}$ regulär ist.

Wir geben ein Beispiel für diesen „direkten Ansatz".

Gegeben ist die Wertetabelle

x_i	-2	4	6	0	2
y_i	1	6.4	-1.4	-2	-1

Die Interpolation ist sowohl für die ersten 4 als auch für alle 5 Punkte durchzuführen.

Lösungen aus der Datei INTERPOL.MCD.

---

1. Interpolationspolynom   Direkte Methode $\boxed{\mathbf{A} \cdot \mathbf{a} = \mathbf{y}}$

1. Fall   4 Datenpunkte $\mathbf{x} := (-2\ \ 4\ \ 6\ \ 0)^T \quad \mathbf{y} := (1\ \ 6.4\ \ -1.4\ \ -2)^T$

Gleichung $\mathbf{A} := \text{erweitern}(\mathbf{x}^0, \mathbf{x}^1, \mathbf{x}^2, \mathbf{x}^3) \qquad \mathbf{a} := \mathbf{A}^{-1} \cdot \mathbf{y}$

Polynom $a_1 = -2.00 \qquad a_2 = 1.30 \qquad a_3 = 1.00 \qquad a_4 = -0.20$

$$p_4(x) := a_1 + a_2 \cdot x + a_3 \cdot x^2 + a_4 \cdot x^3 \qquad p_4(2) = 3.00$$

2. Fall   5 Datenpunkte $xe := x$ $ye := y$ $xe_5 := 2$ $ye_5 := -1$

$$xe^T = (-2 \ 4 \ 6 \ 0 \ 2) \qquad ye^T = (1 \ 6.4 \ -1.4 \ -2 \ -1)$$

Gleichung $Ae := \text{erweitern}(xe^0, xe, xe^2, xe^3, xe^4)$ $ae := Ae^{-1} \cdot ye$

Polynom $ae_1 = -2$ $ae_2 = -1.7$ $ae_3 = 0.75$ $ae_4 = 0.3$ $ae_5 = -0.0625$

$$p_5(x) := ae_1 + ae_2 \cdot x + ae_3 \cdot x^2 + ae_4 \cdot x^3 + ae_5 \cdot x^4$$

Grafik

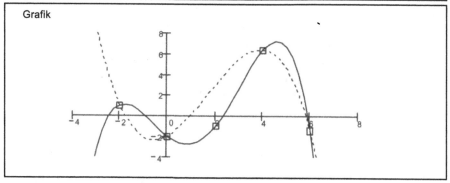

Beim Hinzufügen eines Punkte ändern die Koeffizienten (bis auf a_1) in der Regel ihre Werte.

Zu den klassischen Ansätzen gehört die <u>Interpolationsformel von NEWTON</u>

$$p_m(x) = c_1 + c_2 \cdot (x - x_1) + c_3 \cdot (x - x_1) \cdot (x - x_2) + \ldots$$
$$\ldots + c_m \cdot (x - x_1) \cdot (x - x_2) \cdot \ldots \cdot (x - x_{m-1})$$

mit $p_m(x_i) = y_i$ für $i \leq m$.

Sie gestattet die sukzessive Berechnung der Koeffizienten c_k durch schrittweises Einsetzen der Punkte. Bricht man die Berechnung im k-ten Punkt ab, so ist $p_k(x)$ das Interpolationspolynom der bisher eingesetzten k Punkte.

Für das obige Beispiel sei $p_4(x)$ schon ermittelt. Dann erhält man $p_5(x)$ wie folgt.

$p_4(x) := 1 + \dfrac{9}{10} \cdot (x+2) - \dfrac{3}{5}(x+2) \cdot (x-4) - \dfrac{1}{5}(x+2) \cdot (x-4) \cdot (x-6)$ vereinfachen $\rightarrow -2 + \dfrac{13}{10} \cdot x + x^2 - \dfrac{1}{5} \cdot x^3$

$x = 2, y = -1$ einsetzen in $p_5(x) = p_4(x) + c_5 \cdot (x+2) \cdot (x-4) \cdot (x-6) \cdot x = y$

$c_5 := \dfrac{-1 - p_4(2)}{(2+2) \cdot (2-4) \cdot (2-6) \cdot (2-0)}$ $c_5 \rightarrow \dfrac{-1}{16}$

$p_5(x) = p_4(x) + \dfrac{-1}{16} \cdot (x+2)(x-4) \cdot (x-6) \cdot x$ vereinfachen $\rightarrow p_5(x) = -2 - \dfrac{17}{10} \cdot x + \dfrac{3}{4} \cdot x^2 + \dfrac{3}{10} \cdot x^3 - \dfrac{1}{16} \cdot x^4$

Mit der Anweisung „vereinfachen" erhält man die „Normalform" des direkten Ansatzes.

8.7.2 Interpolation mit Splines

Aus der Grafik in **8.7.1** ist ersichtlich, dass Interpolationspolynome für eine große Anzahl von Punkten aufgrund der Werteschwankungen nicht geeignet sind. Dieses Problem umgeht man durch <u>stückweise Interpolation</u> für wenige benachbarte Stützstellen mit gewissen Stetigkeitsanforderungen an den Stellen. Die derart stückweise definierte Interpolationsfunktion heißt <u>Spline</u>.

Ohne auf die mathematischen Einzelheiten einzugehen[1] geben wir nur zwei Beispiele an. Die Punkte sind nach steigenden paarweise verschiedenen x-Werten geordnet ($x_i < x_{i+1}$).

<u>1. Linearer Spline</u>. Durch lineare Interpolation benachbarter Stützpunkte entsteht ein Polygonzug. Die Stützpunkte sind durch Strecken stetig verbunden. Die Ableitungen an den Stützstellen sind in der Regel unstetig („Knick"). Die lineare Interpolation wird bekanntlich beim Ablesen von Tabellenzwischenwerten angewendet. Die Mathcadfunktion lautet linterp.

<u>2. Kubischer Spline</u>. Durch Interpolation mit Polynomen dritten Grades für jeweils drei benachbarte Stützpunkte und unter Einhaltung der Forderung, dass zumindest auch die 1. Ableitung an allen Stellen stetig ist, entsteht eine „geglättete" Kurve durch die Stützpunkte. Eine der angebotenen Mathcadfunktionen lautet kspline (zur Berechnung der Parameter der stückweisen Polynome), mit interp werden die interpolierten Werte ausgegeben.

Musterbeispiel.

Spline-Interpolation   Musterbeispiel   Datenreihe für **X** aufsteigend geordnet.

$\mathbf{X} := (0.10 \quad 1.00 \quad 2.20 \quad 3.10 \quad 4.00 \quad 4.80 \quad 5.80 \quad 7.20 \quad 8.10 \quad 8.50 \quad 9.00 \quad 9.80)^{\mathsf{T}}$

$\mathbf{Y} := (1.45 \quad 1.15 \quad 0.40 \quad 0.10 \quad 0.05 \quad 0.25 \quad 0.55 \quad 0.75 \quad 0.65 \quad 0.60 \quad 0.50 \quad 0.40)^{\mathsf{T}}$

Linearer Spline

$\mathrm{Sl}(x) := \mathrm{linterp}\,(\mathbf{X}, \mathbf{Y}, x)$ Interpolierte Werte $\mathrm{Sl}(2.2) = 0.40$ $\mathrm{Sl}(6) = 0.58$

Kubischer Spline   Koeffizentenvektor des Splines $\mathbf{S} := \mathrm{kspline}(\mathbf{X}, \mathbf{Y})$

$\mathrm{Sk}(x) := \mathrm{interp}\,(\mathbf{S}, \mathbf{X}, \mathbf{Y}, x)$ Interpolierte Werte $\mathrm{Sk}(2.2) = 0.40$ $\mathrm{Sk}(6) = 0.60$

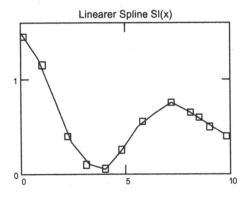

Linearer Spline Sl(x)

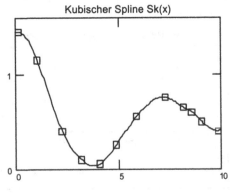

Kubischer Spline Sk(x)

---

[1] Siehe z. B. ROOS/SCHWETLICK [24] Kapitel 5.

9 Differentialgleichungen

In diesem Kapitel werden wichtige Typen gewöhnlicher Differentialgleichungen (DGLn) sowie Randwertwertprobleme bei diesen Differentialgleichungen besprochen.

Mit DGLn können technische Probleme in sehr konzentrierter Form beschrieben werden. Die Auswahl der Typen erfolgt nach den für einen Bauingenieur wichtigen Anwendungen. Dadurch kann er schwierige technische Probleme in eleganter Art lösen. Bei den Lösungsmethoden stehen die klassischen geschlossenen Verfahren im Vordergrund, aber auch Näherungsverfahren werden dargestellt.

Eine Schwierigkeit besteht darin, diese Verfahren in Mathcad umzusetzen, denn es bietet keine allgemeinen Verfahren für die Lösung von DGLn an. Damit muss der Anwender sehr viele Kenntnisse aus der mathematischen Theorie besitzen. In den zugehörigen Mathcad-Dokumenten werden Algorithmen für die einzelnen Typen dargestellt.

In bewährter Weise wird die Gliederung nach der Ordnung durchgeführt. Für die technischen Anwendungen spielen DGLn erster, zweiter und vierter Ordnung eine wichtige Rolle.

Bei den Näherungsverfahren stehen ein graphisches Verfahren, das Mathcad anbietet, und das Differenzenverfahren im Vordergrund.

9.1 Differentialgleichungen 1. Ordnung

Die DGLn 1. Ordnung enthalten die unbekannte Funktion $y(x)$ und ihre erste Ableitung $y'(x)$ sowie weitere bekannte Funktionen. Nach ihrer Bauart werden sie unterteilt.

Folgende Typen werden besprochen:

$$y' = f(x,y) \qquad \text{- mit einem grafischen Verfahren;}$$

$$y' = f(x) \cdot g(y) \qquad \text{- mit einem klassischen Verfahren;}$$

$$y' + g(x) \cdot y + h(x) = 0 \quad \text{- als inhomogene DGL.}$$

9.1.1 Das Isoklinenverfahren

Diese Methode ist ein graphisches Verfahren. Die DGL hat die Form $y' = f(x,y)$.

Man interpretiert sie als Vorschrift zur Berechnung des Tangentenanstiegs im Punkt P(x,y). Wenn ein ganzer Bereich $\{a \le x \le b \, ; \, c \le y \le d\}$ berechnet wird, entsteht ein Feld von „Linienelementen". Kurven, die Punkte mit gleichem Anstieg verbinden, heißen „Isoklinen". Die Lösungsfunktionen der DGL erhält man als Kurven, die die Linienelemente als Tangenten besitzen. Mathcad bietet eine Möglichkeit, die Linienelemente als Richtungsfeld darzustellen. Die Isoklinen lassen sich ebenfalls gut in eine Grafik einfügen.

Eine Reihe technischer Vorkehrungen ist zu treffen, um die Grafik zu erzeugen.

Als Beispiel wird die einfache DGL $y' = x + y$ gewählt.

Das Isoklinenverfahren für DGLn

Anzahl der Punkte   ORIGIN := 0 $i := 0..20$ $k := 0..20$
(Zeilen / Spalten)

Koordinaten der ausgewählten Punkte $x_i := \dfrac{i-10}{10}$ $y_k := \dfrac{k-10}{10}$
für das Punkt - Richtungsfeld :

DGL : $y' = x + y$

Anstieg der Vektoren
bei den ausgewählten Punkten $yk(x,y) := x + y$ $ykn(x,y) := \dfrac{yk(x,y)}{\sqrt{1 + yk(x,y)^2}}$
normierte Werte:

Komponenten an Matrizen übergeben :

$X_{i,k} := \dfrac{1}{\sqrt{1 + yk(x_i,y_k)^2}}$ $YN_{i,k} := ykn(x_i,y_k)$ $Y_{i,k} := yk(x_i,y_k)$

In die Grafik wird eine Lösungskurve eingezeichnet. Sie erhält später die Gleichung

$$f(x,C) = C \cdot e^x - x - 1 \quad \text{mit } C = 0{,}8 \,.$$

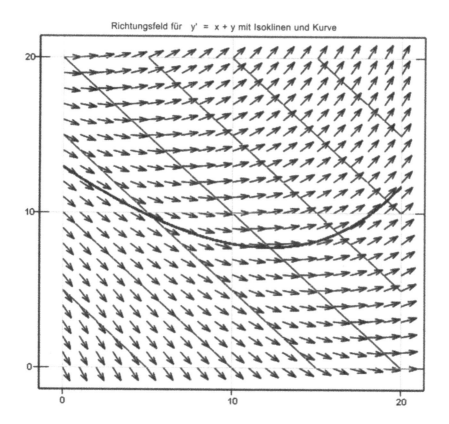

Richtungsfeld für $y' = x + y$ mit Isoklinen und Kurve

9.1.2 Die Methode der Trennung der Variablen

Diese Methode ist ein analytisches Verfahren. Die Grundlage ist eine DGL, bei der die rechte Seite die Form eines Produkts hat, deren Faktoren nur von x oder y abhängen:

$$y' = f(x) \cdot g(y) \text{ mit } y' = \frac{dy}{dx}$$

Man stellt daraus eine Zwischenform her: $\int \frac{1}{g(y)}\, dy = \int f(x)\, dx$. Nach Ermittlung der Integrale kann daraus die allgemeine Lösung $y = h(x, C)$ gefunden werden. Diese Methode eignet sich für Mathcad sehr gut, da die Integrationen symbolisch ausgeführt werden.

Einige Beispiele zeigt das folgende Arbeitsblatt.

1. Beispiel: $y' = x \cdot y$

$\frac{d}{dx} y = x \cdot y$ Trennung: $\int \frac{1}{y} dy = \int x \, dx$

$\int \frac{1}{y} dy \rightarrow \ln(y)$ $\int x \, dx + C \rightarrow \frac{1}{2} x^2 + C$

$\ln(y) = \frac{1}{2} x^2 + C$ auflösen, $y \rightarrow \exp\left(\frac{1}{2} x^2 + C\right)$ $y(x) = K \cdot \exp\left(\frac{1}{2} \cdot x^2\right)$

2. Beispiel: $y' = (x + 1) \cdot y$

$\frac{d}{dx} y = (x^2 + 1) \cdot y$ Trennung: $\int \frac{1}{y} dy = \int x^2 + 1 \, dx$

$\int \frac{1}{y} dy = \int x^2 + 1 \, dx + C$ auflösen, $y \rightarrow \exp\left(x + \frac{1}{3} x^3 + C\right)$ $y(x) = K \cdot \exp\left(\frac{1}{3} \cdot x^3 + x\right)$

3. Beispiel: $y' = \sin(x) \cdot y$

$\frac{d}{dx} y = \sin(x) \cdot y$ Trennung: $\int \frac{1}{y} dy = \int \sin(x) \, dx$

$\int \frac{1}{y} dy = \int \sin(x) \, dx + C$ auflösen, $y \rightarrow \exp(-\cos(x) + C)$ $y(x) = K \cdot e^{-\cos(x)}$

9.1.3 Inhomogene Differentialgleichungen 1. Ordnung

Lineare inhomogene DGLn 1. Ordnung haben die folgende Bauart :

$$y'(x) + g(x) \cdot y(x) + h(x) = 0$$

Für diese DGLn kann man eine Lösungsformel entwickeln, die komplizierte Integrale enthält. Sie lautet:

$$y(x) = e^{-u(x)} \cdot \left(C - \int h(x) \cdot e^{u(x)} \, dx \right) \text{ mit } u(x) = \int g(x) \, dx.$$

Diese Lösungsformel eignet sich für Mathcad sehr gut, denn mit dem Pfeil ? und der Anweisung „vereinfachen" werden die Integrale im Hintergrund ausgewertet.

---

1. Beispiel : $\dfrac{d}{dx} y - 1 \cdot y = x$ $g(x) := -1$ $h(x) := -x$

$$u(x) := \int g(x) \, dx \qquad y(x) := e^{-u(x)} \cdot \left(C - \int h(x) \cdot e^{u(x)} \, dx \right)$$

$y(x)$ vereinfachen $\rightarrow C \cdot \exp(x) - x - 1$ $y(x, C) := C \cdot e^x - x - 1$

Das folgende Arbeitsblatt zeigt das Beispiel : $y' - y = x$

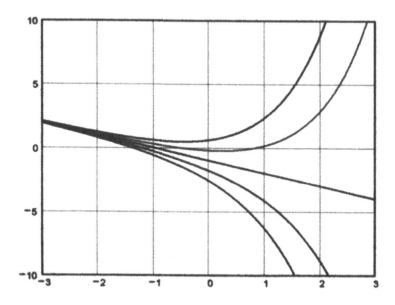

Die allgemeine Lösung ist eine Kurvenschar. Für einige Werte des Parameters C wurden die entsprechenden Kurven gezeichnet.

Bei der Lösung einer DGL per Hand ist es besser, schrittweise vorzugehen. Dabei helfen uns folgende Grundsätze:

1. Grundsatz:

    Die allgemeine Lösung einer *inhomogenen* DGL erhält man aus der allgemeinen Lösung der homogenen DGL plus einer speziellen Lösung der inhomogenen $Y(x) = y_h(x) + y_s(x)$

2. Grundsatz:

    Die spezielle Lösung $y_s(x)$ der inhomogenen DGL ergibt sich in der Regel aus einem entsprechenden Ansatz, der sich an der „Störfunktion" h(x) orientiert, mit sogenanntem „Koeffizientenvergleich".

Das folgende Arbeitsblatt zeigt das Beispiel : $y' - y = x^2$

---

2. Beispiel: $y' - y = x$

Homogene DGL: $\dfrac{d}{dx} y = y$ $\displaystyle\int \dfrac{1}{y}\, dy = \int 1\, dx + C \to \ln(y) = x + C$

$\ln(y) = 1 \cdot x + C$ auflösen, $y \to \exp(x + C)$ $y_h(x) := K \cdot e^x$

Ansatz: $y_s(x) := a \cdot x^2 + b \cdot x + c$ $\dfrac{d}{dx} y_s(x) \to 2 \cdot a \cdot x + b$

$(2 \cdot a \cdot x + b) - \left(a \cdot x^2 + b \cdot x + c\right) = x^2$ Koeffizientenvergleich liefert das Gleichungssysten

$\begin{pmatrix} -a = 1 \\ 2 \cdot a - b = 0 \\ b - c = 0 \end{pmatrix}$ auflösen, $\begin{pmatrix} a \\ b \\ c \end{pmatrix} \to (-1 \;\; -2 \;\; -2)$ $y_s(x) := -1 \cdot x^2 - 2 \cdot x - 2$

allgemeine Lösung: $y(x) := y_h(x) + y_s(x)$ $y(x) \to K \cdot \exp(x) - x^2 - 2 \cdot x - 2$

Probe durch Einsetzen: $\dfrac{d}{dx} y(x) - y(x) \to x^2$

Der gewählte Ansatz führt zu einem Ergebnis. Man kann ihn verallgemeinern auf ein Polynom vom Grad n. Das entstehende Gleichungssystem berechnet nach der Anweisung „auflösen" die freien Koeffizienten in der Ansatzfunktion.

9.2 DGLn 2. Ordnung

DGln 2. Ordnung enthalten die unbekannte Funktion y(x) mit der ersten und zweiten Ableitung y'(x) sowie y''(x) und weitere bekannte Funktionen. Hier gibt es eine Fülle von Möglichkeiten für den Aufbau solcher DGLn. Es werden die Typen besprochen, die für einen Ingenieur wichtig sind.

In jedem Abschnitt wird die Bauart der DGL und ein klassisches Verfahren dargestellt. An Hand von Beispielen wird der Lösungsweg erläutert. Dieser Weg wird dann mit Mathcad abgearbeitet. Die Lösungen sind Funktionen y (x, C_1, C_2), typische Kurven dazu werden gezeichnet.

9.2.1 Homogene DGLn mit konstanten Koeffizienten

Diese DGLn 2. Ordnung enthalten die unbekannte Funktion y(x) und ihre erste und zweite Ableitung y'(x) und y''(x). Sie haben einen *linearen* Aufbau mit konstanten Koeffizienten, also

$$y''(x) + a_1 \cdot y'(x) + a_0 \cdot y(x) = 0$$ (homogene Form)

Solche DGLn werden zum Beispiel zur Beschreibung von Schwingungen benutzt, ihre Lösungen geben Auskunft über wichtige Eigenschaften und Erscheinungen.

Für die Lösungen wählt man den berühmten „e–Ansatz", der für alle DGLn beliebiger Ordnung mit konstanten Koeffizienten gilt:

$$y(x) = e^{k \cdot x} \quad \text{dann ist} \quad y'(x) = k \cdot e^{k \cdot x} \quad ; \quad y''(x) = k^2 \cdot e^{k \cdot x} .$$

Man erhält dann die „Charakteristische Gleichung" $k^2 + a_1 \cdot k + a_0 = 0$.

Diese quadratische Gleichung hat die beiden Lösungen:

$$k_{1/2} = -\frac{1}{2} \cdot a_1 \pm \sqrt{D} , \text{ mit der Diskriminante} \quad D = \left(\frac{a_1}{2}\right)^2 - a_0 ,$$

k_1 und k_2 bestimmen $y_1(x)$ und $y_2(x)$, das sogenannte „Fundamentalsystem".

Die quadratische Gleichung kann bekanntlich 3 verschiedene Lösungsfälle haben:

Diskriminante   D > 0;   D = 0;   D < 0;   →

die Lösungen k_1, k_2 sind: verschieden, reell ; gleich, reell; konjugiert komplex.

Diese unterschiedlichen Lösungen spiegeln sich entsprechend im Fundamentalsystem wieder.

Für komplexe Werte wird die bekannte Formel $e^{i\varphi} = \cos\varphi + i \cdot \sin\varphi$ benutzt.

Die folgende Tabelle gibt die Übersicht.

Das Fundamentalsystem ist im

<u>Fall 1)</u> $D > 0 \rightarrow \quad k_1 \ne k_2 \quad \rightarrow \quad y_1(x) = e^{k_1 \cdot x} \quad ; \quad y_2(x) = e^{k_2 \cdot x}$

<u>Fall 2)</u> $D = 0 \rightarrow \quad k_1 = k_2 \quad \rightarrow \quad y_1(x) = e^{k_1 \cdot x} \quad ; \quad y_2(x) = x \cdot e^{k_1 \cdot x}$

<u>Fall 3)</u> $D < 0 \rightarrow k_{1/2} = a \pm b \cdot i \quad \rightarrow \quad y_1(x) = e^{a \cdot x} \cdot \cos(b \cdot x) ; \quad y_2(x) = e^{a \cdot x} \cdot \sin(b \cdot x)$

Die allgemeine Lösung ergibt sich in allen 3 Fällen zu: $y(x) = C_1 \cdot y_1(x) + C_2 \cdot y_2(x)$

<u>1. Beispiel:</u> $y'' - 2 \cdot y' - 8 \cdot y = 0$

$a_1 := -2 \qquad a_0 := -8 \qquad k^2 + a_1 \cdot k + a_0 = 0 \text{ auflösen}, k \ \rightarrow \begin{pmatrix} -2 \\ 4 \end{pmatrix} \qquad k_1 := -2 \qquad k_2 := 4$

Lösung Fall I: $y(x, C_1, C_2) := C_1 \cdot e^{k_1 \cdot x} + C_2 \cdot e^{k_2 \cdot x}$

Darstellung für $C_1 := 1 \qquad\qquad C_2 := 0.3 \qquad\qquad \text{im Bereich} \qquad\qquad x := -3, -2.99 .. 2$

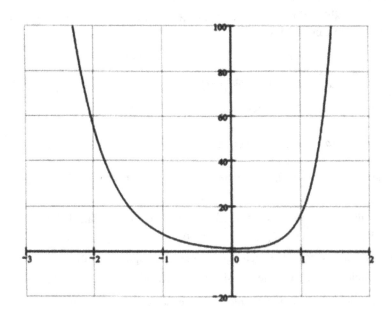

2. Beispiel: $y'' + 2 \cdot y' + 10 \cdot y = 0$

$a_1 := 2$ $a_0 := 10$ $k^2 + a_1 \cdot k + a_0 = 0$ auflösen, $k \rightarrow \begin{pmatrix} -1 + 3 \cdot i \\ -1 - 3 \cdot i \end{pmatrix}$ $k_1 := -1 + 3i$

$k_2 := -1 - 3i$

$y(x, C_1, C_2) := \left(C_1 \cdot e^{k_1 \cdot x} + C_2 \cdot e^{k_2 \cdot x} \right) \rightarrow C_1 \cdot \exp[(-1 + 3 \cdot i) \cdot x] + C_2 \cdot \exp[(-1 - 3 \cdot i) \cdot x]$

reelle Funktion, Fall III: $Y(x, K_1, K_2) := e^{-1 \cdot x} \cdot (K_1 \cdot \cos(3 \cdot x) + K_2 \cdot \sin(3 \cdot x))$

Darstellung für $K_1 := 1.7$ $K_2 := 1$ im Bereich $x := -5, -4.99 .. 3$

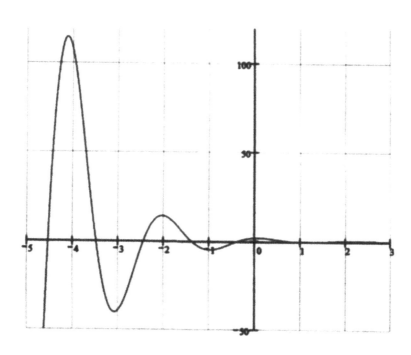

<u>3. Beispiel:</u> $y'' - 6 \cdot y' + 9 \cdot y = 0$

$a_1 := -6$ $\qquad a_0 := 9$ $\qquad k^2 + a_1 \cdot k + a_0 = 0$ auflösen, $k \to \begin{pmatrix} 3 \\ 3 \end{pmatrix}$ $\qquad k_1 := 3$ $\qquad k_2 := 3$

Lösung Fall II: $\qquad y(x, C_1, C_2) := C_1 \cdot e^{k_1 \cdot x} + C_2 \cdot x \cdot e^{k_1 \cdot x}$

Darstellung für $\qquad C_1 := 0.5$ $\qquad C_2 := -0.2$ $\qquad$ im Bereich $\qquad x := -2, -1.99 .. 5$

Extrempunkt für $\qquad x_E = \dfrac{C_1}{C_2} - \dfrac{1}{3}$ $\qquad x_E = 2.17$

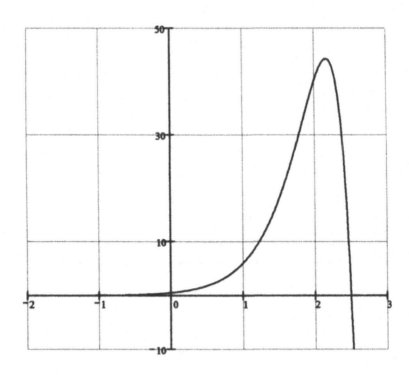

<u>4. Beispiel:</u> DGL mit Anfangsbedingung $y'' - 4 \cdot y' + 10 \cdot y = 0 \, ; \; y(0) = 4 \, , \; y'(0) = 5$

Anfangsbedingungen

für $x = 0 :$ $y(0) = 4$ $\dfrac{d}{dx} y(0) = 5$

Bedingungen ergeben ein
Gleichungssystem für C_1 und C_2

$$y(x) := e^{2 \cdot x} \cdot \left(C_1 \cdot \cos\!\left(\sqrt{6} \cdot x\right) + C_2 \cdot \sin\!\left(\sqrt{6} \cdot x\right) \right) \qquad g(x) := \dfrac{d}{dx} y(x)$$

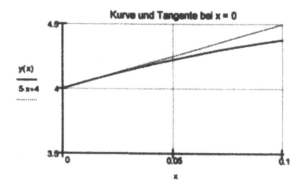

$$\begin{pmatrix} y(0) = 4 \\ g(0) = 5 \end{pmatrix} \text{auflösen,} \begin{pmatrix} C_1 \\ C_2 \end{pmatrix} \rightarrow \left(4 \quad \dfrac{-1}{2}\sqrt{6} \right) \qquad C_1 := 4 \qquad C_2 := \dfrac{-1}{2}\sqrt{6}$$

$$y(x) := e^{2 \cdot x} \cdot \left(C_1 \cdot \cos\!\left(\sqrt{6} \cdot x\right) + C_2 \cdot \sin\!\left(\sqrt{6} \cdot x\right) \right) \rightarrow \exp(2 \cdot x) \cdot \left(4 \cdot \cos\!\left(\sqrt{6} \cdot x\right) - \dfrac{1}{2}\sqrt{6} \cdot \sin\!\left(\sqrt{6} \cdot x\right) \right)$$

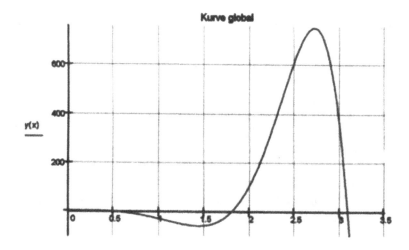

Zeichenbereich: $x := 0, 0.01 .. 1 \cdot \pi$

9.2.2 Inhomogene DGln 2.Ordnung

5. Beispiel: $y'' - 4 \cdot y' + 10 \cdot y = x^3 + 3 \cdot x - 12$

Ansatz für die inhomogene Lösung: $y_s(x) := A \cdot x^3 + B \cdot x^2 + C \cdot x + D$

$\dfrac{d}{dx} y_s(x) \rightarrow 3 \cdot A \cdot x^2 + 2 \cdot B \cdot x + C$ $\dfrac{d^2}{dx^2} y_s(x) \rightarrow 6 \cdot A \cdot x + 2 \cdot B$

Einsetzen in die DGL:

$(6 \cdot A \cdot x + 2 \cdot B) - 4 \cdot (3 \cdot A \cdot x^2 + 2 \cdot B \cdot x + C) + 10 \cdot (A \cdot x^3 + B \cdot x^2 + C \cdot x + D) = x^3 + 0 \cdot x^2 + 3 \cdot x - 12$

liefert das Gleichungssystem: $GS := \begin{pmatrix} 10 \cdot A = 1 \\ -12 \cdot A + 10 \cdot B = 0 \\ 6 \cdot A - 8 \cdot B + 10 \cdot C = 3 \\ 2 \cdot B - 4 \cdot C + 10 \cdot D = -12 \end{pmatrix}$

GS auflösen, $\begin{pmatrix} A \\ B \\ C \\ D \end{pmatrix} \rightarrow \begin{pmatrix} \dfrac{1}{10} & \dfrac{3}{25} & \dfrac{42}{125} & \dfrac{-681}{625} \end{pmatrix}$

Spezielle inhomogene Lösung: $y_s(x) := \dfrac{1}{10} \cdot x^3 + \dfrac{3}{25} \cdot x^2 + \dfrac{42}{125} \cdot x - \dfrac{681}{625}$

Probe: $\dfrac{d^2}{dx^2} y_s(x) - 4 \cdot \dfrac{d}{dx} y_s(x) + 10 \cdot y_s(x) \rightarrow 3 \cdot x - 12 + x^3$

Allgemeine Lösung der DGL (homogene Lösung ist bekannt):

$Y(x) := e^{2 \cdot x} \left[C_1 \cdot \left(\cos\left(\sqrt{6} \cdot x \right) \right) + C_2 \cdot \sin\left(\sqrt{6} \cdot x \right) \right] + \left(\dfrac{1}{10} \cdot x^3 + \dfrac{3}{25} \cdot x^2 + \dfrac{42}{125} \cdot x - \dfrac{681}{625} \right)$

Der schwierige Teil in der Lösung einer inhomogenen DGL 2.Ordnung ist das Ermitteln eines partikulären Lösungsanteils. Gesucht ist *eine* Funktion $y_p(x)$, die die DGL erfüllt. Aus der Bauart der rechten Seite, der Störfunktion, kann man auf einen Ansatz schließen. Allerdings muß dieser Ansatz „gezielt" gewählt werden, nicht zu eng und nicht zu weit, in manchen Lehrbüchern gibt es Vorschläge dazu. Eine weitere Schwierigkeit ist der hohe Rechenaufwand.

Die *allgemeine* Lösung $Y(x)$ der DGL ist die Summe aus der partikulären Lösung $y_p(x)$ und der allgemeinen Lösung $y_h(x)$ der homogenen DGl: $Y(x) = y_p(x) + y_h(x)$.

Einige Computer-Algebra-Systeme bieten umfangreiche Möglichkeiten zur Lösung von DGLn mit der Anweisung „Dsolve(...)". Da Mathcad diese Möglichkeiten nicht besitzt, muss man sie schaffen. Dazu kann man auf der Grundlage der Theorie ein Mathcad-Programm entwickeln.

Die Grundsätze der Programmierung werden im Kapitel 11 entwickelt. Dieses Programm wird über eine Programm-Bibliothek eingebunden und kann dann als Anweisung genutzt werden, diese Technik wird ebenfalls später erläutert.

Die nächsten Beispiele werden nach dieser Art gelöst.

Ermittlung einer partikulären Lösung der inhomogenen linearen DGl
2. Ordnung mit konst. Koeffizienten für ausgewählte Störglieder

Gegeben $\quad y'' + a \cdot y' + b \cdot y = g(x)$ $\qquad$ gesucht $\quad y_p = f(x, A, B)$

Fall 1: $\qquad g(x) = r \cdot x^2 + p \cdot x + q$ $\qquad$ mit $\quad |a| + |b| \neq 0$

Programm als Anweisung: $\qquad \text{LinDGLp1}(x, a, b, r, p, q)$

1. Beispiel $\qquad y'' + 2 \cdot y' + 5 \cdot y = x^2 + 5$

Partikuläre Lösung $\qquad y_p(x) := \text{LinDGLp1}(x, 2, 5, 1, 0, 5) \rightarrow \dfrac{1}{5} \cdot x^2 - \dfrac{4}{25} \cdot x + \dfrac{123}{125}$

Allgemeine Lösung $\qquad Y(x, C_1, C_2) = y_h(x) + y_p(x)$

2. Beispiel $\qquad y'' + 3 \cdot y' = x^2 + x$

Partikuläre Lösung $\qquad y_p(x) := \text{LinDGLp1}(x, 3, 0, 1, 1, 0) \rightarrow \dfrac{1}{9} \cdot x^3 + \dfrac{1}{18} \cdot x^2 - \dfrac{1}{27} \cdot x$

Probe $\qquad \dfrac{d^2}{dx^2} y_p(x) + 3 \cdot \dfrac{d}{dx} y_p(x) \rightarrow x + x^2$

Allgemeine Lösung $\qquad Y(x, C_1, C_2) = y_h(x) + y_p(x)$

3. Beispiel $\qquad y'' + y' + \dfrac{2}{3} \cdot y = x$

Partikuläre Lösung $\qquad y_p(x) := \text{LinDGLp1}\left(x, 1, \dfrac{2}{3}, 0, 1, 0\right) \rightarrow \dfrac{3}{2} \cdot x - \dfrac{9}{4}$

Allgemeine Lösung $\qquad Y(x, C_1, C_2) = y_h(x) + y_p(x)$

<u>Fall 2:</u> $g(x) = \left(r \cdot x^2 + p \cdot x + q\right) \cdot e^{c \cdot x} \cdot \sin(\beta \cdot x + \alpha)$ mit $\beta \neq 0$

Programm als Anweisung: $LinDGLp2(x, a, b, r, p, q, c, \beta, \alpha)$

4. Beispiel: $y'' + 4 \cdot y = e^{-3x} \cdot \sin(x)$

Partikuläre Lösung $y_p(x) := LinDGLp2(x, 0, 4, 0, 0, 1, -3, 1, 0)$

$$y_p(x) := \exp(-3 \cdot x) \cdot \left(\frac{1}{15} \cdot \sin(x) + \frac{1}{30} \cdot \cos(x) \right)$$

Probe: $\dfrac{d^2}{dx^2} y_p(x) + 4 \cdot y_p(x)$ sammeln, $e^{-3x} \rightarrow \sin(x) \cdot \exp(-3 \cdot x)$

homogene Lösung: $y_h\left(x, C_1, C_2\right) := C_1 \cdot \cos(2 \cdot x) + C_2 \cdot \sin(2 \cdot x)$

allgemeine Lösung: $Y\left(x, C_1, C_2\right) := y_p(x) + y_h\left(x, C_1, C_2\right)$

Eine Darstellung: $C_1 := 0.01$ $C_2 := 0.02$ $x := 0, 0.1 .. 3 \cdot \pi$

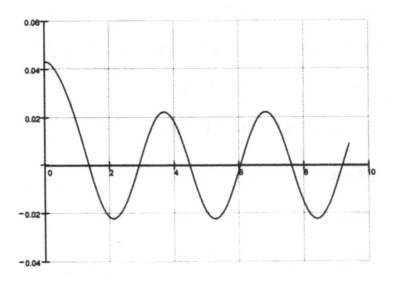

9.2.3. DGLn der Seillinie und Kettenlinie

Diese DGLn. 2. Ordnung haben eine besondere Bauart. Sie treten bei Anwendungen auf und werden deshalb in diesem Abschnitt behandelt. Für die Anwendungen kann man dann mit der fertigen allgemeinen Lösung y(x) arbeiten und sie an die Gegebenheiten anpassen.

Die Seillinien und Kettenlinien sind idealisierte Tragelemente, sie unterscheiden sich in der Berücksichtigung des Eigengewichts q_0.

Bei der **Seilkurve,** *ohne* Berücksichtigung des Eigengewichts q_0, tritt für den Fall der konstanten Streckenlast q diese DGL 2. Ordnung auf:

$$y''(x) = \frac{q}{H} \qquad H - \text{„Horizontalzug“}$$

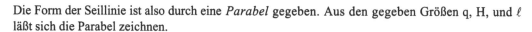

Diese DGL läßt sich leicht durch zweifache Integration lösen. Die Berücksichtigung der Randbedingungen ergibt als konkrete Lösung:

$$y(x) = \frac{q}{2 \cdot H} \cdot \left(x^2 - \ell \cdot x \right)$$

Die Form der Seillinie ist also durch eine *Parabel* gegeben. Aus den gegeben Größen q, H, und ℓ läßt sich die Parabel zeichnen.

Dabei wird die Größe f benutzt, der y-Wert bei x = ½·ℓ. Damit ist: $\qquad H = \dfrac{q \cdot \ell^2}{8 \cdot f}$

Die Skizze zeigt eine Brückenkonstruktion, die Brücke kann auch als Bogenbrücke ausgebildet sein.

Bei der **Kettenlinie,** *mit* Berücksichtigung der Eigenlast q_0, tritt diese DGL 2. Ordnung auf

$$y''(x) = \frac{q_0}{H} \cdot \sqrt{1 + \left(y' \right)^2}$$

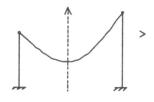

Diese DGL wird durch Substitution und Trennung der Variablen gelöst. Durch geeignete Wahl der Konstanten ergibt sich die Gleichung der Kettenlinie

$$y(x) = \frac{1}{a} \cdot cosh\left(a \cdot x \right)$$

Die Lösungswege werden mit Mathcad so dargestellt:

DGL Typ - Seillinie
(mit konstanter Linienlast q,
  ohne Eigengewicht) :

$$y''(x) := \frac{q}{H}$$

$$y'(x) := \int y''(x)\,dx + C_1 \rightarrow \frac{q}{H}\cdot x + C_1$$

$$y(x) := \int y'(x)\,dx + C_2 \rightarrow \frac{1}{2}\cdot\frac{q}{H}\cdot x^2 + C_1\cdot x + C_2$$

Randbedingungen: $y(0) = 0$ $C_2 := 0$ $y(\ell) = 0$ $C_1 := \dfrac{-q\cdot\ell}{2\cdot H}$

$$y(x) = \frac{q}{2\cdot H}\cdot\left(x^2 - \ell\cdot x\right)$$

DGL Typ - Kettenlinie
(mit Eigengewicht)

$$y''(x) = \frac{q_e}{H}\cdot\sqrt{1 + (y')^2}$$

Substitution : $z = y'$ $\dfrac{1}{\sqrt{1 + z^2}}\cdot\dfrac{d}{dx}z = \dfrac{q_e}{H}$

$$\int \frac{1}{\sqrt{1 + z^2}}\,dz = \int \frac{q_e}{H}\,dx + K_1 \rightarrow \operatorname{arsinh}(z) = \frac{q_e}{H}\cdot x + K_1 \qquad y'(x) := \sinh\left(\frac{q_e}{H}\cdot x + K_1\right)$$

$$y(x) := \int y'(x)\,dx + K_2 \rightarrow \frac{\cosh\left(\dfrac{q_e}{H}\cdot x + K_1\right)}{q_e}\cdot H + K_2$$

$$y(x) := \frac{H}{q_e}\cdot\cosh\left(\frac{q_e}{H} + K_1\right) + K_2$$

Verschiebung des Systems
und $a := \dfrac{q_e}{H}$ ergeben:

$$y_K(x) = \frac{1}{a}\cdot\cosh(a\cdot x)$$

Ein Verfahren für die Kettenlinie:

Das Tragelement ist ein Seil mit Eigengewicht q_0 und Horizontalzug H, eine „Kette".

Bekannt sind Stützweite 2·s, Seillänge 2·L und die Höhendifferenz h.

Gesucht ist die Gleichung y(x).

Die DGL für die Kettenlinie war:
$$y''(x) = \frac{q_0}{H} \cdot \sqrt{1 + \left(y'\right)^2}$$

mit der Lösung: $y(x) = \frac{1}{a} \cdot \cosh(a \cdot x)$ - das ist eine Hyperbelfunktion, für Berechnungen braucht man den Parameter a. Es gibt zwei Wege, um a zu ermitteln.

1. Weg: aus der Stützweite 2·s, der Höhendifferenz h und dem Horizontalzug H über ein kompliziertes *Gleichungssystem* erhält man a und x_0, die tiefste Stelle der Kettenlinie.

Das Gleichungssystem lässt sich in Mathcad näherungsweise schnell lösen.

2. Weg: aus einer *transzendenten Gleichung*, der „Schlüsselgleichung":

Es bedeuten L = halbe Seillänge, s = halbe Stützweite, h = halbe Höhendifferenz

$$\boxed{\frac{\sinh(z)}{z} = \frac{\sqrt{L^2 - h^2}}{s}} \quad \text{mit} \quad s = a \cdot z$$

Diese Gleichung ist mit den symbolischen Auswertungen in Mathcad hergeleitet worden. Die Schlüsselgleichung kann durch Zeichnung und die „wurzel"-Anweisung elegant gelöst werden, aus der Lösung z hat man sofort den Parameter a und damit die Gleichung der Kettenlinie:

$$\boxed{y(x) = \frac{1}{a} \cdot \cosh(a \cdot x)}$$

Die Zeichnung erfordert den Wert x_0 für die Lage der y-Achse. Der Verlauf der Kettenlinie kann nun exakt gezeichnet werden. Die Höhendifferenz zwischen dem Anfangspunkt A und dem Endpunkt B dient als Kontrolle.

Beide Wege für die Ermittlung der Gleichung einer Kettenlinie werden an einem Beispiel mit Mathcad ausführlich dargestellt, außerdem die zugehörigen Zeichnungen und die Herleitung der Schlüsselgleichung. Einige wichtige Zwischenschritte werden abgedruckt.

Herleitung der Schlüsselgleichung :

Die Seillängen:

$$S_1 = a \cdot \sinh\left(\frac{\ell_1}{a}\right) \qquad S_2 = a \cdot \sinh\left(\frac{\ell_2}{a}\right) \qquad 2 \cdot L = a \cdot \left(\sinh\left(\frac{\ell_1}{a}\right) + \sinh\left(\frac{\ell_2}{a}\right)\right)$$

Additionstheorem anwenden:

$$L = a \cdot \sinh\left(\frac{\ell_1}{a}\right) \cdot \cosh\left(\frac{\ell_1 - \ell_2}{2 \cdot a}\right)$$

Die Höhen:

$$h_1 = a \cdot \cosh\left(\frac{\ell_1}{a}\right) \qquad h_2 = a \cdot \cosh\left(\frac{\ell_1}{a}\right) \qquad 2 \cdot h = h_1 - h_2 = a \cdot \left(\cosh\left(\frac{\ell_1}{a}\right) - \cosh\left(\frac{\ell_2}{a}\right)\right)$$

Additionstheorem anwenden:

$$h = a \cdot \sinh\left(\frac{\ell_1}{a}\right) \cdot \sinh\left(\frac{\ell_1 - \ell_2}{2 \cdot a}\right)$$

$L^2 - h^2$ bilden und beachten: $\cosh^2(x) - \sinh^2(x) = 1$ damit $L^2 - h^2 = a^2 \cdot \sinh^2\left(\frac{\ell}{a}\right)$

$z = \dfrac{\ell}{a}$ setzen, ergibt die Schlüsselgleichung: $\boxed{\dfrac{\sinh(z)}{z} = \dfrac{\sqrt{L^2 - h^2}}{\ell}}$

Berechnung einer *Kettenlinie*

$$\ell := 1000 \cdot m \qquad h := 100 \cdot m \qquad kp := 10 \cdot N \qquad q := 2.9 \frac{kp}{m} \qquad \sigma_0 := 1200 \frac{kp}{cm^2}$$

$$A := 4.5 \cdot cm^2 \qquad S_0 := \sigma_0 \cdot A \qquad S_0 = 5.4 \times 10^4 N \qquad \frac{S_0}{q} = 1.86 \times 10^3 m$$

Gesucht: Charakteristische Größen a und b für die Kettenlinie

Kompliziertes Gleichungssystem transzendenter Gleichungen

Schätzwerte : $a := 100 \cdot m \qquad b := 100 \cdot m$

Gleichungen: Vorgabe

$$a \cdot \cosh\left(\frac{b}{a}\right) = \frac{S_0}{q} \qquad\qquad a \cdot \cosh\left(\frac{b}{a}\right) - a \cdot \cosh\left(\frac{b - \ell}{a}\right) = h$$

Lösungen: $\begin{pmatrix} awert \\ bwert \end{pmatrix} := suchen(a, b) \qquad awert = 1730.59 \, m \qquad bwert = 670.4 \, m$

Ergebnisse: $a := awert \qquad b := bwert \qquad\qquad x_B := b$

$$x_0 := a \cdot \operatorname{arsinh}\left(\frac{h}{\ell}\right) \qquad x_0 = 172.77 \, m \qquad\qquad x_A := -(\ell - b)$$

Gleichung der Kettenlinie: $K(x) := a \cdot \cosh\left(\frac{x}{a}\right)$

2. Weg: aus der Seillänge L über die Schlüsselgleichung Parameter a berechnen:

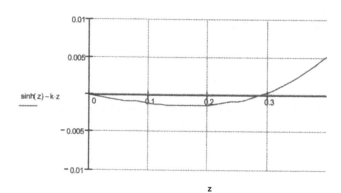

$$\frac{\sinh(z)}{z} = \frac{1}{s}\sqrt{L^2 - h^2} \qquad\qquad z = \frac{a}{s}$$

$$L := \frac{1}{2} \cdot 1018.9 \cdot m \qquad\qquad h := \frac{1}{2} \cdot 100 \cdot m \qquad\qquad s := \frac{1}{2} \cdot 1000 \cdot m$$

rechte Seite $\qquad k := \frac{1}{s}\sqrt{L^2 - h^2} \qquad\qquad k = 1.01$

transzendente Gleichung: $\qquad \sinh(z) = k \cdot z \qquad$ Lösung im Bereich $z := 0, 0.01 .. 1$:

Näherungslösung : $\qquad z := 0.5 \qquad\qquad\qquad z_0 := \text{wurzel}(\sinh(z) - k \cdot z, z)$

$z_0 = 0.2914 \qquad a := \frac{s}{z_0} \qquad\qquad\qquad a = 1715.83\,m$

Gleichung der Seillinie : $\qquad \boxed{s(x) := a \cdot \cosh\left(\frac{x}{a}\right)}$

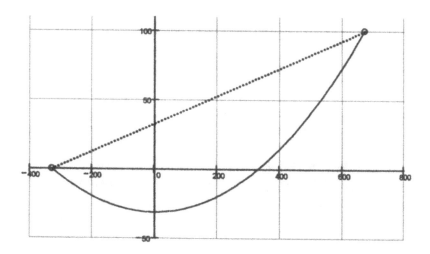

9.2.4 DGLn der Schwingungen

9.2.4.1 Freie Schwingungen

Ein Körper mit der Masse m führt freie Schwingungen
unter Dämpfung aus. Gesucht ist die Form der Schwingung abhängig von den gegebenen Größen.

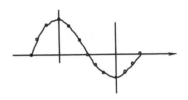

Die allgemeine DGL der freien Schwingung lautet:

$$m \cdot \ddot{x}(t) + k \cdot \dot{x}(t) + c \cdot x(t) = 0$$

Sie ist eine DGL mit konstanten Koeffizienten und kann damit nach den bekannten Verfahren gelöst werden. Grundlage ist die „Charakteristische Gleichung", in die die Größen m, k und c eingehen: $\lambda^2 + \dfrac{k}{m} \cdot \lambda + \dfrac{c}{m} = 0$

Sie bestimmt über den Lösungsfall und das zugehörige Fundamentalsystem.

Für die technische Aussage bildet man das Dämpfungsmaß D: $D = \dfrac{k}{2 \cdot \sqrt{m \cdot c}}$

Die folgende Übersicht gibt die 3 möglichen Fälle einer freien Schwingung wieder.

$$D < 1: \quad \lambda_{1/2} = komplex \rightarrow x(t) = e^{a \cdot t} \cdot (K_1 \cdot \cos(\omega_d \cdot t) + K_2 \cdot \sin(\omega_d \cdot t))$$

$$D = 1: \quad \lambda_1 = \lambda_2 = reell \rightarrow x(t) = e^{a \cdot t} \cdot (K_1 + K_2 \cdot t)$$

$$D > 1: \quad \lambda_{1/2} = reell \rightarrow x(t) = e^{a \cdot t} \cdot \left(K_1 \cdot e^{\lambda_1 \cdot t} + K_2 \cdot e^{\lambda_2 \cdot t}\right)$$

$$\text{mit} \quad a = -\frac{k}{2 \cdot m} \quad \omega_d = \omega \cdot \sqrt{1 - D^2}$$

Anhand des Dämpfungsmaßes D kann man die Fälle gut unterscheiden:

    - Schwingung mit Dämpfung, - Aperiodischer Grenzfall, - Kriechfall.

Es folgen drei typische Kurven für die jeweiligen Situationen.

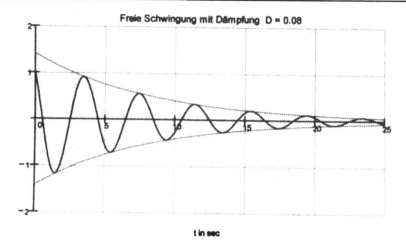

Freie Schwingung mit Dämpfung D = 0.08

t in sec

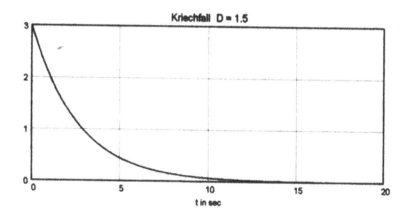

Kriechfall D = 1.5

t in sec

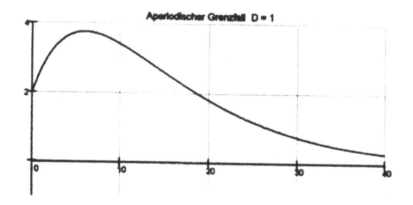

Aperiodischer Grenzfall D = 1

9.2.4.2 Erzwungene Schwingungen

Ein Körper mit der Masse m führt Schwingungen unter periodischer Anregung durch eine äußere Kraft F (t) aus.

Gesucht ist die Amplitudenfunktion V, die das Resonanzverhalten beschreibt.

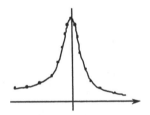

Die DGL für die Schwingung unter Einwirkung einer periodischen äußeren Kraft ist:

$$m \cdot \ddot{x}(t) + k \cdot \dot{x}(t) + c \cdot x(t) = F_0 \cdot \cos(\Omega \cdot t)$$

Ansatz für eine spezielle Lösung: $x_p(t) = A \cdot \cos(\Omega \cdot t) + B \cdot \sin(\Omega \cdot t)$.

Durch Einsetzen und Koeffizientenvergleich ergibt sich ein Gleichungssystem, aus dem man A und B bestimmen kann. Für die weitere Arbeit wird $x_p(t)$ in eine allgemeine Sinusfunktion umgewandelt: $x_p(t) = C \cdot \cos(\Omega \cdot t + \phi)$.

Dabei gelten für C und ϕ folgende Formeln:

$$\tan(\phi) = -\frac{B}{A} = \frac{2 \cdot \omega \cdot D}{\omega^2 - \Omega^2} \quad \text{und} \quad C = \frac{F_o}{c} \cdot V(\eta, D) \quad \text{mit} \quad \eta = \frac{\Omega}{\omega}.$$

Wichtig ist die Amplitudenfunktion V (η, D), die für den Resonanzeffekt verantwortlich ist.

$$V(\eta, D) = \frac{1}{\sqrt{(1 - \eta^2)^2 + 4 \cdot D^2 \cdot \eta^2}}$$

Die Herleitung kann komplett mit Mathcad erfolgen, dabei werden alle Hilfsmittel genutzt, die in den vergangenen Kapiteln bereit gestellt wurden.

Für einige Werte von D werden die entsprechenden Kurven im Bereich η = 0 ... 2 gezeichnet .

Die Extrempunkte liegen bei: $\eta_E(D) = \sqrt{1 - 2 \cdot D^2}$,

das heißt, für $D < \frac{1}{\sqrt{2}}$ tritt der Resonanzeffekt bei $\eta \cong \eta_E$ ein.

Differentialgleichung der erzwungenen Schwingung:

mathematische Form: $m\dfrac{d^2}{dt^2}x + k\dfrac{d}{dt}x + c \cdot x = F_0 \cdot \cos(\Omega \cdot t)$

$\omega = \sqrt{\dfrac{c}{m}}$ $\dfrac{c}{m} = \omega^2$ $m = \dfrac{c}{\omega^2}$ $D = \dfrac{k}{2\sqrt{m \cdot c}}$ $\dfrac{k}{m} = 2 \cdot D \cdot \omega$

technische Form: $\dfrac{d^2}{dt^2}x + 2 \cdot D \cdot \omega \dfrac{d}{dt}x + \omega^2 \cdot x = F_0 \dfrac{\omega^2}{c} \cdot \cos(\Omega \cdot t)$

Lösungsansatz
für spezielle Lösung: $x_p(t) := A \cdot \cos(\Omega \cdot t) + B \cdot \sin(\Omega \cdot t)$

$\dfrac{d^2}{dt^2}x_p + 2 \cdot D \cdot \omega \dfrac{d}{dt}x_p + \omega^2 \cdot x_p$ sammeln, $\sin(\Omega \cdot t), \cos(\Omega \cdot t)$

$\left(-B \cdot \Omega^2 - 2 \cdot D \cdot \omega \cdot A \cdot \Omega + \omega^2 \cdot B\right) \cdot \sin(\Omega \cdot t) + \left(-A \cdot \Omega^2 + 2 \cdot D \cdot \omega \cdot B \cdot \Omega + \omega^2 \cdot A\right) \cdot \cos(\Omega \cdot t)$

Koeffizientenvergleich ergibt folgendes Gleichungssystem:

$$\begin{bmatrix} \left(-B \cdot \Omega^2 - 2 \cdot D \cdot \omega \cdot A \cdot \Omega + \omega^2 \cdot B\right) = 0 \\ -A \cdot \Omega^2 + 2 \cdot D \cdot \omega \cdot B \cdot \Omega + \omega^2 \cdot A = F_0 \dfrac{\omega^2}{c} \end{bmatrix} \text{auflösen}(A\ \ B)$$

$$\left[\dfrac{-F_0\left[\omega^2 \cdot \left(\Omega^2 - \omega^2\right)\right]}{\left[c \cdot \left(4 \cdot D^2 \cdot \omega^2 \cdot \Omega^2 + \Omega^4 - 2 \cdot \Omega^2 \cdot \omega^2 + \omega^4\right)\right]} \quad \dfrac{2 \cdot F_0 \cdot \omega^3 \cdot D \cdot \Omega}{\left[c \cdot \left(4 \cdot D^2 \cdot \omega^2 \cdot \Omega^2 + \Omega^4 - 2 \cdot \Omega^2 \cdot \omega^2 + \omega^4\right)\right]} \right]$$

Lösung : $x_p(t) = A \cdot \cos(\Omega \cdot t) + B \cdot \sin(\Omega \cdot t)$

Umwandlung in
eine Cosinusfunktion: $A \cdot \cos(\Omega \cdot t) + B \cdot \cos\left(\Omega \cdot t - \dfrac{\pi}{2}\right) = C \cdot \cos(\Omega \cdot t + \phi)$

$\phi = \operatorname{atan}\left(\dfrac{-B}{A}\right)$ $\tan(\phi) = \dfrac{2 \cdot \omega \cdot D \cdot \Omega}{\omega^2 - \Omega^2}$ $C = \sqrt{A^2 + B^2}$

$\eta = \dfrac{\Omega}{\omega}$ $C = \dfrac{F_0}{c} \dfrac{1}{\sqrt{\left(1 - \eta^2\right)^2 + 4 \cdot D^2 \cdot \eta^2}}$

$$\boxed{V(\eta, D) := \dfrac{1}{\sqrt{\left(1 - \eta^2\right)^2 + 4 \cdot D^2 \cdot \eta^2}}}$$

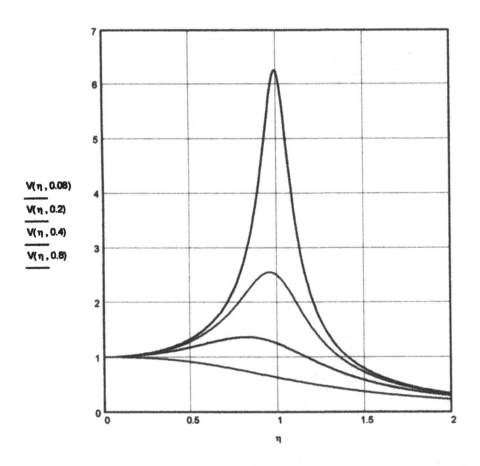

$\dfrac{V(\eta , 0.08)}{V(\eta , 0.2)}$

$V(\eta , 0.4)$

$V(\eta , 0.8)$

9.2.5 Die BESSELschen Differentialgleichungen

Diese DGLn zweiter Ordnung sind linear aufgebaut. Sie haben keine konstanten Koeffizienten sondern einfache Funktionen als Faktoren, außerdem enthalten sie einen Parameter n, der den Grad bestimmt.

Die allgemeine Form ist: $\boxed{x^2 \cdot y'' + x \cdot y' + (x^2 - n^2) \cdot y = 0}$ [1]

Diese DGLn treten bei Knickstäben auf, bei denen das Eigengewicht die Ursache für das Ausknik-ken ist, sowie bei Trägern, die unter äußerer Belastung „Kippen". Beispiele werden in späteren Abschnitten vorgestellt.

---

[1] FRIEDRICH WILHELM BESSEL (1784 – 1846) – Mathematiker und Astronom

Das Fundamentalsystem dieser DGLn wird durch die Bessel-Funktionen J(n,x) gebildet. Diese komplizierten Funktionen sind durch Reihenentwicklungen definiert.

Für n = ganze Zahl gilt: $$J(n,x) = \sum_{k=0}^{\infty} \frac{(-1)^k}{k! \cdot (n+k)!} \cdot \left(\frac{x}{2}\right)^{n+2k}$$

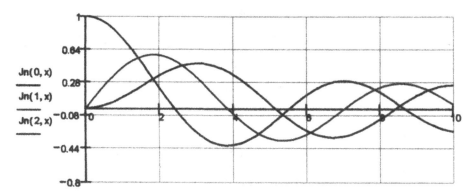

Für n = p = rational muss der Anwender eine eigene Funktion definieren. Als Muster dient die obige Reihenentwicklung mit zwei Veränderungen: (n + k)! wird ersetzt durch die Gamma-Funktion $\Gamma(x)$ mit $\Gamma(p+k+1)$. Für die Berechnung soll die obere Grenze eine natürliche Zahl sein, wegen der hohen Konvergenzgeschwindigkeit wird k = 10 gewählt.

Damit hat man: $$J_p(p,x) = \sum_{k=0}^{10} \frac{(-1)^k}{k! \cdot \Gamma(p+k+1)} \cdot \left(\frac{x}{2}\right)^{p+2k}$$

für p = +- 1/3:

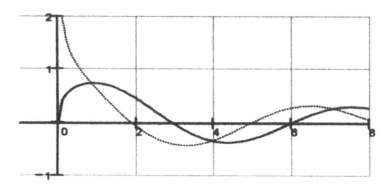

Kritische Werte der Bessel-Funktionen

Anwendung bei Knicklasten, Kipplasten und Schwingungen als kleinste positive

Lösung einer Gleichung   Bedingungen: $J_p(x) = 0$ $\dfrac{d}{dx}J_p(x) = 0$

benutzen "wurzel" mit Vorgabe eines Bereichs

$$\text{wurzel}(Jn(0,x),x,1,3) = 2.4048$$

$$\text{wurzel}\left(J_p\left(-\frac{1}{3},x\right),x,1,3\right) = 1.866 \qquad \text{wurzel}\left(\frac{d}{dx}J_p\left(-\frac{1}{3},x\right),x,2,4.5\right)\text{gleit},4 \;\rightarrow 3.275$$

$$\text{wurzel}\left(J_p\left(\frac{1}{3},x\right),x,1,3\right) = 2.903 \qquad \text{wurzel}\left(\frac{d}{dx}J_p\left(\frac{1}{3},x\right),x,2,4.5\right)\text{gleit},4 \;\rightarrow 4.353$$

Die BESSEL-DGLn treten in verschiedenen Varianten auf, die dann auch abgewandelte Fundamentalsysteme haben.

1. Variante : $\boxed{y'' + A \cdot x^m \cdot y = 0}$ $\rightarrow$ $p = \dfrac{1}{m+2}$

$$y(x) = \sqrt{x} \cdot J_p\left(2 \cdot p \cdot \sqrt{A} \cdot x^{1/2p}\right) \qquad \text{für} \quad \pm\, p$$

2. Variante : $\boxed{x^2 \cdot y'' + a \cdot x\, y' + (b \cdot x^m + c) \cdot y = 0}$ $\rightarrow$ $p = \dfrac{1}{m} \cdot \sqrt{(1-a)^2 - 4 \cdot c}$

$$y(x) = x^{\frac{1-a}{2}} \cdot J_p\left(\frac{2}{m} \cdot \sqrt{b} \cdot x^{m/2}\right) \qquad \text{für} \quad \pm\, p$$

Die allgemeine Lösung ist dann stets:

$$Y(x) = C_1 \cdot y_{+p}(x) + C_2 \cdot y_{-p}(x)$$

9.3 DGLn 4. Ordnung

9.3.1 DGln 4. Ordnung mit konstanten Koeffizienten

Die DGLn 4. Ordnung spielen eine wichtige Rolle bei den technischen Anwendungen. Probleme aus dem Bereich der Biegung, Knickung und Schwingung führen auf solche DGLn, im ein-fachen Fall mit konstanten Koeffizienten. Die allgemeine Form lautet:

$$y^{(4)} + a_3 \cdot y^{(3)} + a_2 \cdot y'' + a_1 \cdot y' + a_0 \cdot y = 0$$

Für die Lösung wird der „e-Ansatz" gemacht $y(x) = e^{k \, x}$, woraus dann die charakteristische Gleichung entsteht: $\quad k^4 + a_3 \cdot k^3 + a_2 \cdot k^2 + a_1 \cdot k + a_0 = 0$

Ihre 4 Lösungen k_1, k_2, k_3, k_4 bilden entsprechend der Fälle, die bei den DGLn 2. Ordnung besprochen wurden, ein Fundamentalsystem $y_1(x)$, $y_2(x)$, $y_3(x)$, $y_4(x)$. Die allgemeine Lösung erhält man dann wie üblich als Linearkombination:

$$Y(x) = C_1 \cdot y_1 + C_2 \cdot y_2 + C_3 \cdot y_3 + C_4 \cdot y_4 \; .$$

Ein Beispiel dazu:

DGL. 4. Ordnung: $y^{(4)} - 2 \cdot y''' - y'' - 4 \cdot y' + 12 \cdot y = 0$

Ansatz für die
Lösungsfunktion y(x): $y(x) := e^{kx}$ $\dfrac{d}{dx} y(x) \to k \cdot \exp(k \cdot x)$

$\dfrac{d^2}{dx^2} y(x) \to k^2 \cdot \exp(k \cdot x)$ $\dfrac{d^3}{dx^3} y(x) \to k^3 \cdot \exp(k \cdot x)$ $\dfrac{d^4}{dx^4} y(x) \to k^4 \cdot \exp(k \cdot x)$

Charakteristische Gleichung und ihre Lösungen:

$$k := k^4 - 2 \cdot k^3 - k^2 - 4 \cdot k + 12 = 0 \text{ auflösen, } k \to \begin{pmatrix} -1 + i \cdot \sqrt{2} \\ -1 - i \cdot \sqrt{2} \\ 2 \\ 2 \end{pmatrix}$$

(Fall III)

(Fall II)

Fundamentalsystem (Fall III): $a := Re(k_1)$ $a := -1$ $b := Im(k_1)$ $b := \sqrt{2}$

$$y_1(x) := e^{a \cdot x} \cdot \cos(b \cdot x) \qquad y_2(x) := e^{a \cdot x} \cdot \sin(b \cdot x)$$

Fundamentalsystem (Fall II): $k_3 := 2$ $y_3(x) := e^{k_3 \cdot x}$ $y_4(x) := x \cdot e^{k_3 \cdot x}$

allgemeine Lösung: $y(x) := C_1 \cdot y_1(x) + C_2 \cdot y_2(x) + C_3 \cdot y_3(x) + C_4 \cdot y_4(x)$

$$y(x) = \left(C_1 \cdot \cos\left(\sqrt{2} \cdot x\right) + C_2 \cdot \sin\left(\sqrt{2} \cdot x\right)\right) \cdot \exp(-x) + \left(C_3 + C_4 \cdot x\right) \cdot \exp(2 \cdot x)$$

Unter den DGLn 4. Ordnung gibt es einige Spezialfälle, die bei Anwendungen auftreten.

1. Typ: Knicken I $y'' + a \cdot y = 0$

Lösung: $y(x) = C_1 \cdot \cos(\sqrt{a} \cdot x) + C_2 \cdot \sin(\sqrt{a} \cdot x)$

2. Typ: Knicken II $y^{(4)} + b \cdot y'' = 0$

Lösung: $y(x) = C_1 + C_2 \cdot x + C_3 \cdot \cos(\sqrt{b} \cdot x) + C_4 \cdot \sin(\sqrt{b} \cdot x)$

3. Typ: Schwingung $y^{(4)} - c \cdot y = 0$

Lösung: $y(x) = C_1 \cdot \cosh(\sqrt[4]{c} \cdot x) + C_2 \cdot \sinh(\sqrt[4]{c} \cdot x) + C_3 \cdot \cos(\sqrt[4]{c} \cdot x) + C_4 \cdot \sin(\sqrt[4]{c} \cdot x)$

Die Herleitung der Lösungen der DGLn wird mit Mathcad vorgeführt.

3. Typ - Schwingung : $y''''(x) - c \cdot y(x) = 0$ $c > 0$

Ansatz: $y_{III}(x) := e^{p \cdot x}$ $\dfrac{d^4}{dx^4} y_{III}(x) \rightarrow p^4 \cdot \exp(p \cdot x)$

Charakteristische Gleichung : $p^4 - c = 0$

$p_1 = \sqrt[4]{c}$ $p_2 = -\sqrt[4]{c}$ $p_3 = i\sqrt[4]{c}$ $p_4 = -i\sqrt[4]{c}$

$\sinh(x) = \dfrac{1}{2}\left(e^x - e^{-x}\right)$ $\cosh(x) = \dfrac{1}{2}\left(e^x + e^{-x}\right)$ $e^{i \cdot x} = \cos(x) + i \cdot \sin(x)$

$y_{III}(x) = C_1 \cdot \cosh\left(\sqrt[4]{c} \cdot x\right) + C_2 \cdot \sinh\left(\sqrt[4]{c} \cdot x\right) + C_3 \cdot \cos\left(\sqrt[4]{c} \cdot x\right) + C_4 \cdot \sin\left(\sqrt[4]{c} \cdot x\right)$

Für spätere Anwendungen kann damit auf diese Funktionen zurück gegriffen werden. Es müssen dann nur noch die Konstanten $C_1,...,C_4$ für den jeweiligen Fall bestimmt werden.

9.3.2 Die Biegelinie eines Trägers

In diesem Kapitel werden Träger in verschiedenen Situationen vorgegeben und jeweils die Gleichung w(x) für die sogenannte Biegelinie hergeleitet. Die Situationen teilen sich nach folgenden Gesichtspunkten auf:

Anzahl der Felder (Einfeld-Träger, Träger mit zwei Feldern)

Art der Lagerung an den Trägerenden (gestützt, eingespannt, frei, Bettung)

Art des Trägers (Material E; Querschnitt J, konstant oder variabel)

Art der Belastung (Einzelkraft F; Streckenlast q(x), konstant, Dreieck,...)

Die Differentialgleichung der Biegelinie[1] für kleine Verformungen lautet:

$$\left[E \cdot J \cdot w''(x) \right]'' = q(x)$$

Falls die Biegesteifigkeit E·J konstant ist, vereinfacht sich diese DGL weiter zu

$$E \cdot J \cdot w^{(4)} = q(x)$$

Die Situationen bestimmen über die Auswahl der Verfahren. Hier kommen drei große Verfahren zum Einsatz:

Die Lösung der DGL durch Integrationen,

Die Lösung der DGL durch grafische Näherung,

Die Lösung der DGL durch das Differenzenverfahren.

9.3.2.1 Biegelinie für einen einfachen Träger

Gegeben ist ein Träger mit einem Feld, konstanter Biegesteifigkeit EJ und stetiger Belastung q(x).

Bekannt sind die Lagerungen am linken Ende bei x = 0 und am rechten Ende bei x = ℓ .

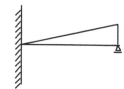

Die DGL der Biegelinie lautet also in diesem einfachen Fall:

$$E \cdot J \cdot w^{(4)} = q(x)$$

Durch vierfache Integration erhält man die allgemeine Lösung. Die Lagerungen ergeben 4 Randbedingungen, aus denen man die allgemeinen Konstanten C_1,..., C_4 festlegen kann.

Dieser Ablauf wird in dem folgenden Mathcad-Dokument vorgeführt an dem Beispiel eines Trägers mit Dreieckslast, der links eingespannt und rechts gestützt ist.

---

[1] nach LEONHARD EULER (1707 – 1783)

Querkraft Q(x) $Q(x) := \int q(x)\,dx + C_1$ $Q(x) \to \dfrac{1}{2}\cdot\dfrac{q_b}{\ell}\cdot x^2 + C_1$

Moment M(x) $M(x) := -\int Q(x)\,dx + C_2$ $M(x) \to \dfrac{-1}{6}\cdot\dfrac{q_b}{\ell}\cdot x^3 - C_1\cdot x + C_2$

Biegewinkel ϕ (x) $\phi(x) := \dfrac{1}{E\cdot J}\cdot\int M(x)\,dx + C_3$

$$\phi(x) \to \frac{1}{(E\cdot J)}\cdot\left(\frac{-1}{24}\cdot\frac{q_b}{\ell}\cdot x^4 - \frac{1}{2}\cdot C_1\cdot x^2 + C_2\cdot x\right) + C_3$$

Biegelinie w(x) $w(x) := -\int \phi(x)\,dx + C_4$

$$w(x) \to \frac{-1}{(E\cdot J)}\cdot\left(\frac{-1}{120}\cdot\frac{q_b}{\ell}\cdot x^5 - \frac{1}{6}\cdot C_1\cdot x^3 + \frac{1}{2}\cdot C_2\cdot x^2\right) - C_3\cdot x + C_4$$

Randbedingungen :

links *Einspannung* $\longrightarrow$ w (0) = 0 $C_4 := 0$ $\phi(\ell) = w'(\ell) = 0 \longrightarrow$ $C_3 := 0$

rechts *Stütze* $\longrightarrow$ $M(\ell) = w''(\ell) = 0$ und $w(\ell) = 0 \longrightarrow$

$$\left(\begin{array}{l} \dfrac{-1}{6}\cdot q_b\cdot\ell^2 - C_1\cdot\ell + C_2 = 0 \\[2mm] \dfrac{-1}{120}\cdot q_b\cdot\ell^4 - \dfrac{1}{6}\cdot C_1\cdot\ell^3 + \dfrac{1}{2}\cdot C_2\cdot\ell^2 = 0 \end{array}\right) \text{auflösen,} \binom{C_1}{C_2} \to \left(\dfrac{-9}{40}\cdot q_b\cdot\ell \quad \dfrac{-7}{120}\cdot q_b\cdot\ell^2\right)$$

Gleichung der Biegelinie aufstellen $C_1 = \dfrac{-9}{40}\cdot q_b\cdot\ell$ $C_2 = \dfrac{-7}{120}\cdot q_b\cdot\ell^2$

$$w(x) = \frac{q_b\cdot\ell^4}{240\cdot E\cdot J}\left[2\cdot\left(\frac{x}{\ell}\right)^5 - 9\cdot\left(\frac{x}{\ell}\right)^3 + 7\cdot\left(\frac{x}{\ell}\right)^2\right]$$

9.3.2.2 Biegelinie eines 2 - Feld – Trägers

Gegeben ist ein Freiträger von konstanter Biegesteifigkeit EJ mit einer Kraft F an der Stelle a, wo-
durch der Träger in zwei Felder zerlegt wird.

Die Randbedingungen bei $x = 0$ und $x = \ell$ sind
bekannt.

Die DGL der Biegelinie wird für beide Felder I und II getrennt angesetzt, die Lasten q_1 bzw. q_2 sind
Null. Die Integration ergibt zwei allgemeine Lösungen mit 8 Konstanten $C_1, ..., C_8$.

Durch die bekannten 4 Randbedingungen lassen sich 4 Konstanten festlegen.

Man benötigt außerdem 4 „Übergangsbedingungen" an der Stelle $x = a$.

Das sind 3 Stetigkeitsbedingungen für die Biegelinie, die Tangente und das Moment und eine
Sprungbedingung für die Querkraft Q(x).

Die Gleichung der Biegelinie wird für jedes Feld einzeln angegeben und lautet:

$$w_I(x) = \frac{F}{6 \cdot E \cdot J} \cdot \left(x^3 - 3 \cdot a \cdot x^2 \right) \qquad 0 \leq x \leq a$$

$$w_{II}(x) = \frac{F}{6 \cdot E \cdot J} \cdot \left(a^3 - 3 \cdot a^2 \cdot x \right) \qquad a \leq x \leq \ell$$

Die Herleitung der Gleichung w(x) für diesen Fall ist in dem folgenden Blatt dargestellt:

$E \cdot J \cdot w''''_I(x) = q_1 = 0$	$E \cdot J \cdot w''''_{II}(x) = q_2 = 0$
$E \cdot J \cdot w'''_I(x) = C_1$	$E \cdot J \cdot w'''_{II}(x) = C_5$
$E \cdot J \cdot w''_I(x) = C_1 \cdot x + C_2$	$E \cdot J \cdot w''_{II}(x) = C_5 \cdot x + C_6$
$E \cdot J \cdot w'_I(x) = C_1 \cdot \dfrac{x^2}{2} + C_2 \cdot x + C_3$	$E \cdot J \cdot w'_{II}(x) = C_5 \cdot \dfrac{x^2}{2} + C_6 \cdot x + C_7$
$E \cdot J \cdot w_I(x) = C_1 \cdot \dfrac{x^3}{6} + C_2 \cdot \dfrac{x^2}{2} + C_3 \cdot x + C_4$	$E \cdot J \cdot w_{II}(x) = C_5 \cdot \dfrac{x^3}{6} + C_6 \cdot \dfrac{x^2}{2} + C_7 \cdot x + C_8$
Randbedingungen auswerten	
$w_I(0) = 0 \qquad\qquad C_4 := 0$	$w''_{II}(\ell) = 0 \qquad\qquad C_6 := 0$
$w'_I(0) = 0 \qquad\qquad C_3 := 0$	$w'''_{II}(\ell) = 0 \qquad\qquad C_5 := 0$

Übergangsbedingungen bei $x = a$:

Biegelinie stetig: $w_I(a) = w_{II}(a)$ $C_1 \cdot \dfrac{a^3}{6} + C_2 \cdot \dfrac{a^2}{2} = C_7 \cdot a + C_8$

Tangente stetig: $w'_I(a) = w'_{II}(a)$ $C_1 \cdot \dfrac{a^2}{2} + C_2 \cdot a = C_7$

Moment stetig: $w''_{II}(a) = w''_{II}(a)$ $C_1 \cdot a + C_2 = 0$

Querkraft-Sprung: $E \cdot J \cdot w'''_I(a) - F = E \cdot J \cdot w'''_{II}(a)$ $C_1 - F = 0$ $C_1 := F$

weitere Konstanten: $C_2 = -F \cdot a$ $C_7 = \dfrac{-1}{2} \cdot F \cdot a^2$ $C_8 = \dfrac{1}{6} \cdot F \cdot a^3$

Gleichungen
der Biegelinie:

$$w_I(x,a) = \frac{F}{6 \cdot E \cdot J} \cdot \left(x^3 - 3 \cdot a \cdot x^2\right) \qquad 0 \le x \le a$$

$$w_{II}(x,a) = \frac{F}{6 \cdot E \cdot J} \cdot \left(a^3 - 3 \cdot a^2 \cdot x\right) \qquad a \le x \le \ell$$

9.3.2.3 Biegelinie für einen Träger mit variablem Querschnitt

Gegeben ist ein Träger mit einem Feld und konstanter
Biegesteifigkeit EJ.

Der Rechteck-Querschnitt soll sich in der Höhe linear
verändern, also J als Funktion $J = J(x)$.

Gesucht ist die Gleichung der Biegelinie $w(x) = ?$

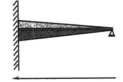

Für diesen Fall kann man die DGL der Biegelinie ebenfalls integrieren,

allerdings lautet sie nun $[E \cdot J\, w''(x)]'' = q(x)$

Die Integration erfolgt in zwei Schritten:

- 2-malige Integration ergibt $E\, J(x) \cdot w''(x)$ und damit M(x),

- dann wird w(x) durch ein kompliziertes Integral aus w"(x) ermittelt.

Die Gleichung der Biegelinie ist dann: $w(x) = \dfrac{p \cdot \ell^2}{12 \cdot E \cdot J_B} \cdot (x - \ell)^2$

Beispiel: Träger mit Rechteckquerschnitt und veränderlicher Höhe h(x);
rechts eingespannt, links frei; mit Eigenlast und Dreieckslast

$$h(\ell) = h_B \qquad J_B = \frac{1}{12} \cdot b \cdot h_B{}^3 \qquad h(x) := \frac{h_B}{\ell} \cdot x \qquad J(x) := J_B \cdot \frac{x^3}{\ell^3}$$

$$q_e(x) = \frac{q_0}{\ell} \cdot x \qquad q_a(x) = \frac{q_B}{\ell} \cdot x \qquad p = q_0 + q_B \qquad q(x) := \frac{p}{\ell} \cdot x$$

$$Q(0) = 0 \qquad M(0) = 0 \qquad \phi(\ell) = 0 \qquad w(\ell) = 0$$

Integration der DGL
1. Schritt:

$$E \cdot J(x) \cdot w''(x) = \int \int q(x)\,dx\,dx + C_1 \cdot x + C_2$$

$$\int \int q(x)\,dx\,dx + C_1 \cdot x + C_2 \rightarrow \frac{1}{6}\frac{p}{\ell} \cdot x^3 + C_1 \cdot x + C_2 \qquad M(x) := \frac{1}{6}\frac{p}{\ell} \cdot x^3 + C_1 \cdot x + C_2$$

$$M(0) = 0 \quad C_2 := 0 \qquad Q(0) = 0 \qquad C_1 := 0 \qquad M(x) := \frac{1}{6}\frac{p}{\ell} \cdot x^3$$

$$Q(x) := \frac{d}{dx} M(x) \qquad Q(x) \rightarrow \frac{1}{2}\frac{p}{\ell} \cdot x^2 \qquad Q(x) := \frac{1}{2}\frac{p}{\ell} \cdot x^2$$

Integration der DGL
2. Schritt:

$$w''(x) = \frac{1}{E \cdot J(x)} \cdot M(x)$$

$$\int \int \frac{1}{E \cdot J(x)} \cdot M(x)\,dx\,dx + C_3 \cdot x + C_4 \rightarrow \frac{1}{(12 \cdot E \cdot J_B)} \cdot \ell^2 \cdot p \cdot x^2 + C_3 \cdot x + C_4$$

$$w(x) := \left(\frac{p \cdot \ell^2}{12 \cdot E \cdot J_B} \cdot x^2 + C_3 \cdot x + C_4 \right) \qquad \phi(x) := \frac{d}{dx} w(x) \qquad \phi(x) \rightarrow \frac{1}{(6 \cdot E \cdot J_B)} \cdot \ell^2 \cdot p \cdot x + C_3$$

$$\phi(\ell) = 0 \text{ auflösen}, C_3 \rightarrow \frac{-1}{(6 \cdot E \cdot J_B)} \cdot \ell^3 \cdot p \qquad C_3 := \frac{-p \cdot \ell^3}{6 \cdot E \cdot J_B} \qquad w(x) := \frac{p \cdot \ell^2}{12 \cdot E \cdot J_B} \cdot x^2 + C_3 \cdot x + C_4$$

$$w(\ell) = 0 \text{ auflösen}, C_4 \rightarrow \frac{1}{(12 \cdot E \cdot J_B)} \cdot \ell^4 \cdot p \qquad C_4 := \frac{p \cdot \ell^4}{12 \cdot E \cdot J_B}$$

$$w(x) := \frac{p \cdot \ell^2}{12 \cdot E \cdot J_B} \cdot x^2 + C_3 \cdot x + C_4 \qquad w(x) \begin{array}{|l} \text{vereinfachen} \\ \text{faktor} \end{array} \rightarrow \frac{1}{12} \cdot p \cdot \ell^2 \frac{(x-\ell)^2}{(E \cdot J_B)}$$

Gleichung der Biegelinie:

$$w(x) = \frac{p \cdot \ell^2}{12 \cdot E \cdot J_B} \cdot (x - \ell)^2$$

Zahlenbeispiel: $\quad\quad \ell := 1.50 \cdot m \quad\quad\quad b := 8 \cdot cm \quad\quad\quad h_B := 15 \cdot cm$

$kN := 10^3 \cdot N \quad\quad\quad E := 21000 \cdot kN \cdot cm^{-2} \quad q_B := 8 \dfrac{kN}{m} \quad\quad\quad q_0 := 0.92 \dfrac{kN}{m}$

$J_B := \dfrac{1}{12} \cdot b \cdot h_B{}^3 \quad\quad J_B = 2.25 \times 10^3 cm^4 \quad h(x) := \dfrac{h_B}{\ell} \cdot x \quad\quad J(x) := J_B \dfrac{x^3}{\ell^3}$

$p := q_0 + q_B \quad\quad\quad\quad p = 8.92 \dfrac{kN}{m} \quad\quad\quad\quad q(x) := \dfrac{p}{\ell} \cdot x$

$w(x) := \dfrac{p \cdot \ell^2}{12 \cdot E \cdot J_B} \cdot (x - \ell)^2 \quad\quad w_{max} := w(0) \quad\quad\quad w_{max} = 0.08 \, cm$

Darstellung von Träger, Belastung und Biegelinie :

$\quad\quad xT := 0 \cdot m, 0.1 \cdot m .. \ell \quad\quad x := 0 \cdot m, 0.1 \cdot m .. \ell \quad\quad z := 0 \cdot m, 0.05 \cdot m .. \ell$

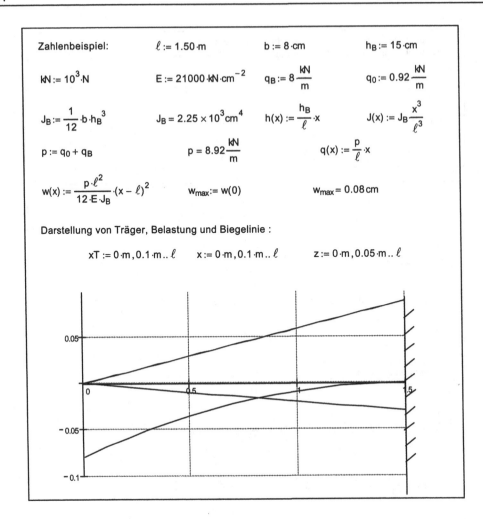

9.3.3 Näherungsverfahren für Differentialgleichungen

In den vorigen Abschnitten wurden typische Formen von DGLn und die zugehörigen Verfahren vorgestellt. Selbst bei relativ einfacher Bauart ist der Aufwand erheblich. Daher ist es erforderlich, auch über Näherungsverfahren nachzudenken. Die zentrale Idee ist, die Ableitungen durch Differenzenquotienten zu ersetzen. Von gegebenen Randwerten aus kann man dann in verschiedener Art Näherungen für die Funktionswerte der Lösungen rekursiv oder über ein Gleichungssystem berechnen. Im folgenden werden zwei Verfahren vorgestellt, zuerst die graphische Methode, die in Mathcad angeboten wird und auf dem Runge-Kutta-Verfahren beruht. Danach wird das Differenzenverfahren dargestellt, das auf ein Gleichungssystem führt und mit Mathcad sehr elegant zu berechnen ist.

9.3.3.1 Das grafische Verfahren – die Anweisung „gdglösen"

In den neueren Versionen von Mathcad steht die Anweisung „gdglösen" zur Verfügung. Der Anwender schreibt eine gewöhnliche DGL auf, die eine (fast) beliebige Bauart haben kann.

Die DGL kann homogen (d. h. rechte Seite = 0) oder inhomogen (rechte Seite = f(x)) sein. Die Ableitungen werden über $\frac{dy}{dx}$ oder y' dargestellt. Es muss sich um ein Anfangs- oder Randwertproblem handeln, d. h. es liegen Bedingungen für die Funktion y(x) und ihre Ableitungen vor.

Um dieses Problem grafisch zu lösen, wird ein Block gebildet, der durch das Schlüsselwort „Vorgabe" eingeleitet und die Anweisung „gdglösen(...)" abgeschlossen wird. Es wird eine Funktion y übergeben, deren diskrete Werte in einen Intervall ermittelt wurden. Diese Werte können abgefragt oder zur Darstellung benutzt werden. Hier folgt ein Beispiel.

Beispiel	Vorgabe		
DGL. und RB. in y' - Notation durch [Strg]+[F7]	$y''(x) + 4 \cdot y'(x) + 10 \cdot y(x) = 0$		
	$y(0) = 4$		$y'(0) = -1$
	$y := \text{gdglösen}(x, 3, 10)$		
Funktionswerte	$y(0.5) = 1.51$	$y(2) = -0.03$	$y(3) = 0.01$

Die Näherungen werden für den Bereich [0, 3] in der Grafik dargestellt.

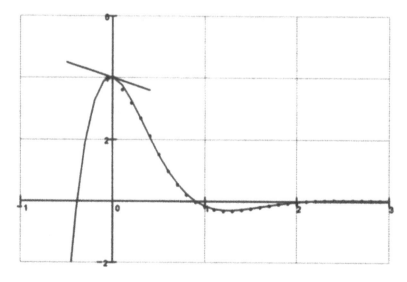

Es wurde auch die Kurve der exakten Lösung eingezeichnet

$$f(x) = e^{-2x} \cdot \left[4 \cdot \cos(\sqrt{6} \cdot x) + \frac{7}{6} \cdot \sqrt{6} \cdot \sin(\sqrt{6} \cdot x) \right]$$

Das folgende Beispiel zeigt den Einsatz der Anweisung „gdglösen" für die Zeichnung einer Biegelinie w(x). Man kann sehr leicht die Belastungsfunktion q(x) und die Randbedingungen sowie die
konkreten Angaben formulieren. Alle diese Vorgaben werden von der Anweisung aufgenommen
und in eine Zeichnung umgesetzt.

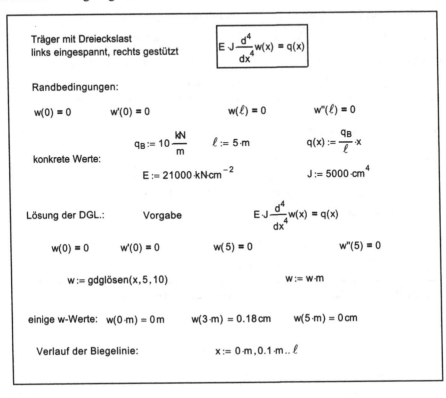

Träger mit Dreieckslast
links eingespannt, rechts gestützt

$$E \cdot J \frac{d^4}{dx^4} w(x) = q(x)$$

Randbedingungen:

$w(0) = 0$ $\qquad$ $w'(0) = 0$ $\qquad$ $w(\ell) = 0$ $\qquad$ $w''(\ell) = 0$

konkrete Werte:

$$q_B := 10 \frac{kN}{m} \qquad \ell := 5 \cdot m \qquad q(x) := \frac{q_B}{\ell} \cdot x$$

$$E := 21000 \cdot kN \cdot cm^{-2} \qquad J := 5000 \cdot cm^4$$

Lösung der DGL.: $\qquad$ Vorgabe $\qquad$ $E \cdot J \frac{d^4}{dx^4} w(x) = q(x)$

$w(0) = 0$ $\qquad$ $w'(0) = 0$ $\qquad$ $w(5) = 0$ $\qquad$ $w''(5) = 0$

$w := $ gdglösen$(x, 5, 10)$ $\qquad$ $w := w \cdot m$

einige w-Werte: $w(0 \cdot m) = 0 \, m$ $\qquad$ $w(3 \cdot m) = 0.18 \, cm$ $\qquad$ $w(5 \cdot m) = 0 \, cm$

Verlauf der Biegelinie: $\qquad$ $x := 0 \cdot m, 0.1 \cdot m .. \ell$

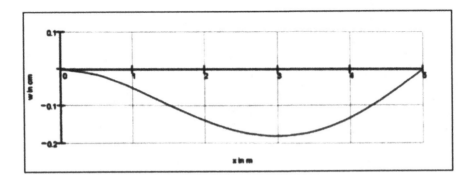

9.3.3.2 Das Differenzenverfahren

Bei diesem Verfahren wird eine Differentialgleichung in eine Differenzengleichung gleicher Bauart umgewandelt, dazu werden die zentralen Differenzenformeln verwendet.

$$y_i' \rightarrow \frac{1}{2 \cdot h} \cdot [-y_{i-1} + y_{i+1}] \qquad y_i'' \rightarrow \frac{1}{h^2} \cdot [y_{i-1} - 2 \cdot y_i + y_{i+1}]$$

$$y_i^{(3)} \rightarrow \frac{1}{2 \cdot h^3} \cdot [-y_{i-2} + 2 \cdot y_{i-1} - 2 \cdot y_{i+1} + y_{i+2}]$$

$$y_i^{(4)} \rightarrow \frac{1}{h^4} \cdot [y_{i-2} - 4 \cdot y_{i-1} + 6 \cdot y_i - 4 \cdot y_{i+1} + y_{i+1}]$$

Für ein Randwertproblem ist ein Intervall [a, b] vorgegeben. Dieses Intervall wird in n gleiche Teile der Schrittweite h geteilt → h = (b – a) / n. Die Teilungspunkte tragen die Nummern i = 0, 1, ..., n. Dann wird die Differenzengleichung für jeden Wert i angeschrieben, das führt zu einem Gleichungssystem. Dieses Gleichungssystem ist linear, aber noch nicht quadratisch. Die überzähligen y-Werte werden mit Hilfe der Randbedingungen ersetzt, es ergibt sich ein quadratisches System.

Es treten zwei verschiedene Situationen auf, die von den Gleichungssystemen bekannt sind.

Ist das System inhomogen, so kann es mit dem GAUSS-Algorithmus oder mit der inversen Matrix gelöst werden. Die Lösungen sind Funktionswerte an den ausgewählten Stellen i. Dieser Fall liegt bei der Berechnung einer Biegelinie vor.

Ist das System homogen, so muss die Koeffizientendeterminante = 0 sein. Dieser Fall ergibt sich bei der Berechnung von Knicklasten. Man erhält eine algebraische Gleichung, die Lösungen sind Näherungen für die ersten Knicklasten.

Numerisch ist das Differenzenverfahren sehr stabil, es lässt sich mit den Mitteln von Mathcad sehr gut behandeln, außerdem kann man über die Wahl von n den Rechenaufwand und die Genauigkeit steuern.

Dieses Verfahren gestattet auch komplizierte Situationen, etwa gemischte Belastungen eines Trägers, zu erfassen.

Der Aufbau der Koffizientenmatrix und des ganzen Systems erfolgt sehr formal, deshalb kann dafür ein Programm geschrieben werden. Dieses Programm lässt sich für verschiedene, auch sehr große Werte von n abarbeiten. Das ist ein Beispiel für den Einsatz der (bescheidenen) Programm-Elemente, die Mathcad anbietet.

9.3.3.3 Biegung mit Differenzenverfahren

Vorgabe eines Ein-Feld-Trägers mit beliebiger
Belastung und Lagerung.

Gesucht ist die Gleichung der Biegelinie w(x) nach
dem Differenzenverfahren.

Das Differenzenverfahren für DGLn ist im vorigen Abschnitt dargestellt worden. Der Grund-
gedanke ist, die Ableitungen durch Differenzenquotienten zu ersetzen.

Für die DGL der Biegelinie $\quad E \cdot J \cdot w^{(4)}(x) = q(x)$

ergibt sich damit:

$$w_{i-2} - 4 \cdot w_{i-1} + 6 \cdot w_i - 4 \cdot w_{i+1} + w_{i+2} = \frac{1}{E \cdot J} \cdot \frac{\ell^4}{n^4} \cdot q_i$$

Dieses inhomogene Gleichungssystem hat Bandstruktur, ist aber noch nicht quadratisch.

Es werden die Randbedingungen eingearbeitet. Eine einfache Form der Koeffizientenmatrix A erhält man, wenn man sich auf Stützen und Einspannungen beschränkt.

Das erste Element in der Hauptdiagonalen sei a, das letzte b. Es gilt:

- an der Stelle x = 0:   für eine Stütze a = 5, für eine Einspannung a = 7;
- an der Stelle x = ℓ: für eine Stütze b = 5, für eine Einspannung b = 7.

Damit ergibt sich ein sehr formaler Weg zur Aufstellung der Matrix A.

Der Belastungsvektor q = ($q_1, q_2, \ldots, q_n$) gibt die jeweilige Belastung an den ausgewählten Stützstellen an.

Die Lösung des Gleichungssystems erfolgt in Mathcad mit der Inversen Matrix A^{-1}. Die
Lösungen selbst stellen die Durchbiegungen im Trägerverlauf dar.

Die Genauigkeit des Verfahrens lässt sich einschätzen an einem Fall, für den die exakte Lösung
bekannt ist.

Träger auf 2 Stützen mit konstanter Streckenlast q

Vorgaben durch Stützen und Teilung: a := 5   b := 5   n := 6

Differenzengleichung der Biegung $w_{i-2} - 4 \cdot w_{i-1} + 6 \cdot w_i - 4 \cdot w_{i+1} + w_{i+2} = \frac{1}{E \cdot J} \cdot \frac{\ell^4}{n^4} \cdot q_i$

Zahlenwerte: $kN := 10^3 N$ $q_b := 0.1 \cdot \frac{kN}{cm}$

$\ell := 600 \cdot cm$ $E := 21000 \frac{kN}{cm^2}$ $J := 1940 \cdot cm^4$

$k := \frac{1}{E \cdot J} \cdot \frac{\ell^4}{n^4} \cdot q_b$ $k = 0.25 \, cm$

Feldmatrix:

$$A := \begin{pmatrix} a & -4 & 1 & 0 & 0 \\ -4 & 6 & -4 & 1 & 0 \\ 1 & -4 & 6 & -4 & 1 \\ 0 & 1 & -4 & 6 & -4 \\ 0 & 0 & 1 & -4 & b \end{pmatrix} \qquad A^{-1} = \begin{pmatrix} 55 & 80 & 81 & 64 & 35 \\ 80 & 136 & 144 & 116 & 64 \\ 81 & 144 & 171 & 144 & 81 \\ 64 & 116 & 144 & 136 & 80 \\ 35 & 64 & 81 & 80 & 55 \end{pmatrix} \frac{1}{|A|}$$

Belastungsvektor erstellen: $\quad q := (1 \;\; 1 \;\; 1 \;\; 1 \;\; 1)$

ORIGIN := 0

Durchbiegungen
im Trägerverlauf:
$$\begin{pmatrix} w_1 \\ w_2 \\ w_3 \\ w_4 \\ w_5 \end{pmatrix} := A^{-1} \cdot q^T \qquad \begin{pmatrix} w_1 \\ w_2 \\ w_3 \\ w_4 \\ w_5 \end{pmatrix} = \begin{pmatrix} 8.75 \\ 15 \\ 17.25 \\ 15 \\ 8.75 \end{pmatrix}$$

Randwerte: $\qquad w_0 := 0 \qquad\qquad w_n := 0$

konkrete w - Werte: $\qquad w := w \cdot k \qquad\qquad i := 0..n$

$$w^T = (0 \;\; 2.15 \;\; 3.68 \;\; 4.23 \;\; 3.68 \;\; 2.15 \;\; 0)\, cm$$

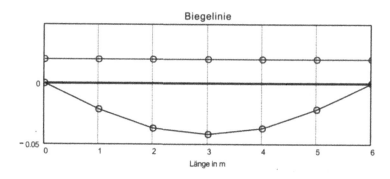

Biegelinie

Länge in m

Vergleich mit der exakten Biegelinie

$x := 0m, 1m .. \ell$
$$w\_ex(x) := \frac{q_b \cdot \ell^4}{24 \cdot E \cdot J} \left[\frac{x}{\ell} - 2 \cdot \left(\frac{x}{\ell}\right)^3 + \left(\frac{x}{\ell}\right)^4 \right]$$

$wex_i := w\_ex(i \cdot m)$ $\qquad wex^T = (0.00 \;\; 2.10 \;\; 3.60 \;\; 4.14 \;\; 3.60 \;\; 2.10 \;\; 0.00)\, cm$

Näherungen : $\qquad w^T = (0.00 \;\; 2.15 \;\; 3.68 \;\; 4.23 \;\; 3.68 \;\; 2.15 \;\; 0.00)\, cm$

Das Differenzenverfahren eignet sich gut zur Programmierung. Mit den Mitteln von Mathcad kann man ein solches Programm erstellen. Eine einfache Version des Programms zeigt dieser Ausschnitt:

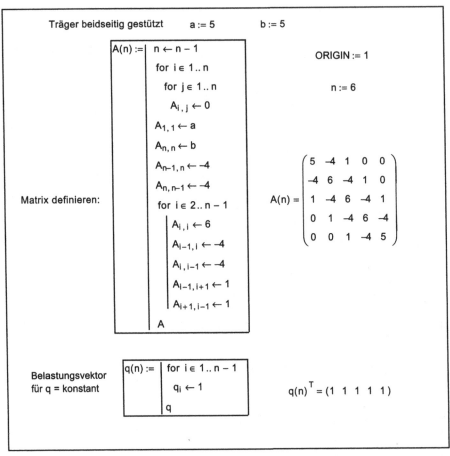

Träger beidseitig gestützt $a := 5$ $b := 5$

$ORIGIN := 1$

$n := 6$

$$A(n) := \begin{vmatrix} n \leftarrow n - 1 \\ \text{for } i \in 1..n \\ \quad \text{for } j \in 1..n \\ \quad\quad A_{i,j} \leftarrow 0 \\ A_{1,1} \leftarrow a \\ A_{n,n} \leftarrow b \\ A_{n-1,n} \leftarrow -4 \\ A_{n,n-1} \leftarrow -4 \\ \text{for } i \in 2..n-1 \\ \quad A_{i,i} \leftarrow 6 \\ \quad A_{i-1,i} \leftarrow -4 \\ \quad A_{i,i-1} \leftarrow -4 \\ \quad A_{i-1,i+1} \leftarrow 1 \\ \quad A_{i+1,i-1} \leftarrow 1 \\ A \end{vmatrix}$$

Matrix definieren:

$$A(n) = \begin{pmatrix} 5 & -4 & 1 & 0 & 0 \\ -4 & 6 & -4 & 1 & 0 \\ 1 & -4 & 6 & -4 & 1 \\ 0 & 1 & -4 & 6 & -4 \\ 0 & 0 & 1 & -4 & 5 \end{pmatrix}$$

Belastungsvektor
für q = konstant

$$q(n) := \begin{vmatrix} \text{for } i \in 1..n-1 \\ \quad q_i \leftarrow 1 \\ q \end{vmatrix}$$

$q(n)^T = (1 \ 1 \ 1 \ 1 \ 1)$

Bemerkungen:

mit dem Programm ist es möglich, das Beispiel für verschiedene Werte von n durchzurechnen, insbesondere können relativ große Werte verwendet werden, die zu einer hohen Genauigkeit der berechneten Durchbiegungen führen;

weiterhin können über den Belastungsvektor q(n) verschiedene Streckenlasten und Einzellasten berücksichtigt werden.

Ein konkretes Beispiel für einen Träger auf zwei Stützen mit konstanter Streckenlast und einer sehr feinen Unterteilung wird nun dargestellt und mit der exakten Lösung verglichen.

Durchbiegungen für ein konkretes Beispiel:

$$kN := 10^3 \cdot N \qquad q_b := 10 \frac{kN}{m} \qquad \ell := 6 \cdot m \qquad n := 60$$

$$E := 21000 \cdot kN \cdot cm^{-2} \quad J := 1940 \cdot cm^4 \qquad k := \frac{q_b \cdot \ell^4}{E \cdot J \cdot n^4} \qquad k = 2.45 \times 10^{-5} cm$$

$$w(n) := k \cdot A(n)^{-1} \cdot q(n) \qquad [\text{ inverse Matrix (59 x 59) notwendig ! }]$$

$w(n)^T =$

	1	2	3	4	5	6	7	8	9	10	cm
1	0.22	0.44	0.66	0.88	1.09	1.30	1.51	1.71	1.91	2.10	

(Laufleiste zeigt alle Werte !)

Zeichnung: $\qquad w := w(n)$

Randwerte
ergänzen: $\qquad ORIGIN := 0 \qquad i := 0 .. n \qquad w_0 := 0 \cdot cm \qquad w_n := 0 \cdot cm$

$$\text{max. w} \dashrightarrow \qquad w_{30} = 4.14 \, cm \qquad \text{(exakter Wert !)}$$

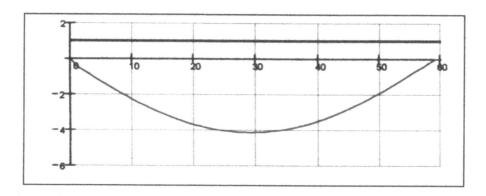

Bemerkung: Die Grafik zeigt bei n = 60 praktisch eine stetige Kurve und die exakte Biegelinie für einen Träger auf zwei Stützen mit konstanter Streckenlast.

9.4 DGLn höherer Ordnung

9.4.1 Inhomogene DGLn

In diesem Abschnitt wird nochmals das Problem der inhomogenen DGLn aufgegriffen. Jetzt geht es um lineare DGLn n-ter Ordnung:

$$a_n \cdot y^{(n)} + a_{n-1} \cdot y^{(n-1)} + \ldots + a_2 \cdot y'' + a_1 \cdot y' + a_0 \cdot y = r(x) \; ; \; y = y(x)$$

Bekannt sind die folgenden Grundsätze:

- die allgemeine Lösung Y(x) der *inhomogenen* DGL ergibt sich als Summe aus der allgemeinen Lösung der homogenen DGL und einer speziellen Lösung:

$$Y(x) = y_{hom}(x) + y_s(x)$$

- das Fundamentalsystem der *homogenen* DGL wird durch den „e- Ansatz" $y(x) = e^{k \cdot x}$ aus der Charakteristischen Gleichung gefunden:

$$a_n \cdot k^n + a_{n-1} \cdot k^{n-1} + \ldots + a_2 \cdot k^2 + a_1 \cdot k^1 + a_0 \cdot k^0 = 0$$

- dabei gibt es wieder drei unterschiedliche Fälle für die Lösungen k_i:
  verschieden und reell, konjugiert komplex und mehrfach reell.

Es ist nun in der Regel eine Charakteristische Gleichung n-ten Grades zu lösen. Die Möglichkeiten und Verfahren wurden ausführlich im Kapitel 3 besprochen.

Damit bleibt noch die Schwierigkeit, eine spezielle Lösung der inhomogenen DGL zu finden. Wenn die „Störfunktion" r(x) eine einfache Bauart hat, ist der Ansatz leicht, z. B.:

$$r(x) = x^2 + 3 \rightarrow y_s = a \cdot x^2 + b \cdot x + c \text{, analog für Polynome vom Grad m.}$$

Bei komplizierteren Funktionen r(x) und bei Sonderfällen treten Schwierigkeiten auf.

Eine neue Idee liegt in der „Reduktion auf eine homogene DGL höherer Ordnung"[1]:

Die entstehende homogene „Kern–DGL" hat ein Fundamentalsystem, das aus der „Strukturgleichung" entsteht. Dieses Fundamentalsystem gibt die vollständige Übersicht.

Die allgemeine Lösung der Kern-DGL wird in die gegebene inhomogene DGL eingesetzt, dann findet man über den Koeffizientenvergleich die Konstanten C_i und damit die allgemeine Lösung dieser DGL.

Es ist ersichtlich, welche Typen von Funktionen r(x) behandelt werden können.

Einige Beispiele veranschaulichen dieses Verfahren.

---

[1] GROBSTICH (1996) – nicht veröffentlicht

1. Beispiel: $y'' - 6 \cdot y' + 8 \cdot y = e^x$

1. Schritt: $y'' - 6 \cdot y' + 8 \cdot y = e^x \;|(1) \rightarrow Differenzieren \rightarrow y''' - 6 \cdot y'' + 8 \cdot y' = e^x \;|(2)$

2. Schritt: $Kern\text{-}DGL:$ $(2) - (1) \rightarrow \; y''' - 7 \cdot y'' + 14 \cdot y' - 8 \cdot y = 0$

3. Schritt: $e\text{-}Ansatz\; und\; Strukturgleichung:\; y(x) = e^{k \cdot x} \rightarrow k^3 - 7 \cdot k^2 + 14 \cdot k - 8 = 0$

4. Schritt: $k - Werte\; und\; Fundamentalsystem:$

$k_1 = 1, \quad k_2 = 2, \quad k_3 = 4 \rightarrow \qquad y_1 = e^{1 \cdot x}, \; y_2 = e^{2 \cdot x}, \; y_3 = e^{4 \cdot x}$

5. Schritt: $Lösung\; der\; Kern\text{-}DGL:$ $y(x) = C_1 \cdot e^{1 \cdot x} + C_2 \cdot e^{2 \cdot x} + C_3 \cdot e^{4 \cdot x}$

6. Schritt: $Lösung\; einsetzen\; in\; (1)\; und\; Koeffizientenvergleich:\; C_1 = \dfrac{1}{3}, \; C_2, \; C_3 = beliebig!$

7. Schritt: $allgemeine\; Lösung:\; Y(x) = \dfrac{1}{3} \cdot e^{1 \cdot x} + C_2 \cdot e^{2 \cdot x} + C_3 \cdot e^{4 \cdot x}$

2. Beispiel: $y''' + 8 \cdot y' = x^2$

1. Schritt: $y''' + 8 \cdot y' = x^2 \;|(1) \rightarrow 3 \times Differenzieren \rightarrow$

2. Schritt: $Kern\text{-}DGL:$ $y^{(6)} + 8 \cdot y^{(4)} = 0$

3. Schritt: $e\text{-}Ansatz\; und\; Strukturgleichung:\; y(x) = e^{k \cdot x} \rightarrow k^6 + 8 \cdot k^4 = 0$

4. Schritt: $k - Werte\; und\; Fundamentalsystem:$

$k_1 = k_2 = k_3 = k_4 = 0, \; \downarrow \qquad\qquad k_5 = +i \cdot \sqrt{8}, \quad k_6 = -i \cdot \sqrt{8} \; \downarrow$

$y_1 = e^{0 \cdot x}, \; y_2 = x \cdot e^{0 \cdot x}, \; y_3 = x^2 \cdot e^{0 \cdot x}, y_4 = x^3 \cdot e^{0 \cdot x}, \; y_5 = sin(\sqrt{8} \cdot x), \; y_6 = cos(\sqrt{8} \cdot x),$

5. Schritt: $Lösung\; der\; Kern\text{-}DGL:$

$y(x) = C_1 + C_2 \cdot x + C_3 \cdot x^2 + C_4 \cdot x^3 + C_5 \cdot sin(\sqrt{8} \cdot x) + C_6 \cdot cos(\sqrt{8} \cdot x),$

6. Schritt: $Lösung\; einsetzen\; in\; (1)\; und\; Koeffizientenvergleich:$

$C_2 = -\dfrac{1}{4}, \; C_3 = 0, \; C_4 = \dfrac{1}{24}, \; C_1, \; C_5, \; C_6 = beliebig!$

7. Schritt: $allgemeine\; Lösung:$

$Y(x) = -\dfrac{1}{4} \cdot x + \dfrac{1}{24} \cdot x^3 + C_1 + C_5 \cdot sin(\sqrt{8} \cdot x) + C_6 \cdot cos(\sqrt{8} \cdot x)$

3. Beispiel: Lineare DGL 2.Ordnung mit e-Funktion

$$y'' + a_1 \cdot y' + a_2 \cdot y = e^{c \cdot x}$$

1. Schritt:
$$y'' + a_1 \cdot y' + a_2 \cdot y = e^{c \cdot x} \mid (1) \to Differenzieren$$
$$y''' + a_1 \cdot y'' + a_2 \cdot y' = c \cdot e^{c \cdot x} \mid (2) \to (2) - c \cdot (1)$$

2. Schritt: *Kern - DGL:* $y''' + (a_1 - c) \cdot y'' + (a_2 - c \cdot a_1) \cdot y' - c \cdot a_2 \cdot y = 0$

3. Schritt: *e-Ansatz und Strukturgleichung:* $y(x) = e^{k \cdot x} \to$

$$(k - c) \cdot [k^2 + a_1 \cdot k + a_2] = 0$$

4. Schritt: *k – Werte:* $k_1 = c$; $k_{2/3} = -\dfrac{1}{2} \cdot a_1 \pm \sqrt{\dfrac{1}{4} \cdot a_1^2 - a_2}$

5. Schritt: *Lösung der Kern- DGL:*

1. Fall: $k_1 = c = $ reell, $k_{2/3} = $ komplex $\to y(x) = C_1 \cdot e^{c \cdot x} + e^{a \cdot x} \cdot (C_2 \cdot \sin(b \cdot x) + C_3 \cdot \cos(b \cdot x))$

2. Fall: $k_1 = c = $ reell, $k_2 \neq k_3$ reell $\neq k_1 \to$ $y(x) = C_1 \cdot e^{k_1 \cdot x} + C_2 \cdot e^{k_2 \cdot x} + C_3 \cdot e^{k_3 \cdot x}$

3. Fall: $k_1 = c = $ reell, $k_2 \neq k_3$ reell $= k_1 \to$ $y(x) = C_1 \cdot e^{k_1 \cdot x} + C_2 \cdot e^{k_2 \cdot x} + C_3 \cdot x \cdot e^{k_3 \cdot x}$

4. Fall: $k_1 = c = $ reell, $k_2 = k_3$ reell $= k_1 \to$ $y(x) = C_1 \cdot e^{k_1 \cdot x} + C_2 \cdot x \cdot e^{k_2 \cdot x} + C_3 \cdot x^2 \cdot e^{k_3 \cdot x}$

6. Schritt: *Lösung einsetzen und Koeffizientenvergleich:* $C_1 = \ldots$, $C_2 = \ldots$, $C_3 = \ldots$

7. Schritt: *allgemeine Lösung:* $Y(x) = \ldots\ldots$

4. Beispiel: $y'' - 6 \cdot y' + 9 \cdot y = e^{3 \cdot x}$

e-Ansatz und Strukturgleichung: $y(x) = e^{k \cdot x} \to$ $(k - 3) \cdot [k^2 - 6 \cdot k + 9] = 0$

$k_1 = 3 = $ reell, $k_2 = k_3 = k_1$ (4. Fall) $\to$ $y(x) = C_1 \cdot e^{3 \cdot x} + C_2 \cdot x \cdot e^{3 \cdot x} + C_3 \cdot x^2 \cdot e^{3 \cdot x}$

Lösung einsetzen und Koeffizientenvergleich: $C_3 = \dfrac{1}{2}$, C_1, C_2 beliebig!

allgemeine Lösung: $Y(x) = C_1 \cdot e^{3 \cdot x} + C_2 \cdot x \cdot e^{3 \cdot x} + \dfrac{1}{2} \cdot x^2 \cdot e^{3 \cdot x}$

5. Beispiel: $y'' + 1 \cdot y' + 1 \cdot y = e^x \cdot \sin(x)$

1. Schritt: $y'' + 1 \cdot y' + 1 \cdot y = e^x \cdot \sin(x) \mid (1) \to 4 \times \text{Differenzieren} \to$

$y^{(6)} + 1 \cdot y^{(5)} + 1 \cdot y^{(4)} = -4 \cdot e^x \cdot \sin(x) \mid (2)$

2. Schritt: $Kern\text{-}DGL$: $y^{(6)} + 1 \cdot y^{(5)} + 1 \cdot y^{(4)} + 4 \cdot y'' + 4 \cdot y' + 4 \cdot y = 0$

3. Schritt: $Strukturgleichung$: $k^6 + 1 \cdot k^5 + 1 \cdot k^4 + 4 \cdot k^2 + 4 \cdot k + 4 = 0$

4. Schritt: $k - Werte\ und\ Fundamentalsystem$:

$$\begin{pmatrix} \dfrac{-1}{2} + \dfrac{1}{2} \cdot i \cdot \sqrt{3} \\[2mm] \dfrac{-1}{2} - \dfrac{1}{2} \cdot i \cdot \sqrt{3} \\[2mm] -1 + i \\ -1 - i \\ 1 + i \\ 1 - i \end{pmatrix}$$

$y1(x) := e^{\frac{-1}{2} \cdot x} \cdot \left(C_1 \cdot \sin\left(\frac{1}{2} \cdot \sqrt{3} \cdot x\right) + C_2 \cdot \cos\left(\frac{1}{2} \cdot \sqrt{3} \cdot x\right)\right)$

$y3(x) := e^{-x} \cdot \left(C_5 \cdot \sin(x) + C_6 \cdot \cos(x)\right)$

$y2(x) := e^x \cdot \left(C_3 \cdot \sin(x) + C_4 \cdot \cos(x)\right)$

DGL: $y'' + y' + y = e^x \cdot \sin(x)$ Operator: $D(y) := \dfrac{d^2}{dx^2} y + \dfrac{d}{dx} y + y$

Einsetzen: $D(y1(x))$ vereinfachen $\to 0$ $C_1 = $ beliebig $C_2 = $ beliebig

$D(y2(x))$ sammeln, $e^x \to \left(2 \cdot C_3 \cdot \sin(x) + 2 \cdot C_4 \cdot \cos(x) + 3 \cdot C_3 \cdot \cos(x) - 3 \cdot C_4 \cdot \sin(x)\right) \cdot \exp(x)$

Vergleich: $\begin{pmatrix} 2 \cdot C_3 - 3 \cdot C_4 = 1 \\ 2 \cdot C_4 + 3 \cdot C_3 = 0 \end{pmatrix}$ auflösen, $\begin{pmatrix} C_3 \\ C_4 \end{pmatrix} \to \begin{pmatrix} \dfrac{2}{13} & \dfrac{-3}{13} \end{pmatrix}$ $C_3 := \dfrac{2}{13}$ $C_4 := \dfrac{-3}{13}$

$D(y3(x))$ sammeln, $e^{-x} \to \left(-C_5 \cdot \cos(x) + C_6 \cdot \sin(x)\right) \cdot \exp(-x)$ $C_5 := 0$ $C_6 := 0$

allgemeine Lösung: $Y(x) := y1(x) + y2(x) + y3(x)$

$Y(x) := e^{\frac{-1}{2} \cdot x} \cdot \left(C_1 \cdot \sin\left(\frac{1}{2} \cdot \sqrt{3} \cdot x\right) + C_2 \cdot \cos\left(\frac{1}{2} \cdot \sqrt{3} \cdot x\right)\right) + e^x \cdot \left(\frac{2}{13} \cdot \sin(x) - \frac{3}{13} \cdot \cos(x)\right)$

Probe: $D(Y(x))$ vereinfachen $\to \exp(x) \cdot \sin(x)$ $y'' + y' + y = e^x \cdot \sin(x)$

9.4.2 EULERsche DGLn

Eine wichtige Gruppe von linearen DGLn höherer Ordnung sind solche mit *konstanten* Koeffizienten. Hier gibt es einen einfachen Ansatz mit e – Funktionen und klare Lösungsfälle, so dass ein Fundamentalsystem angegeben werden kann. Die allgemeine Lösung ist dann eine Linearkombination daraus. Wichtige Anwendungen führen auf solche DGLn.

Einige Anwendungen führen aber auf DGLn, deren Koeffizienten nicht konstant sondern Funktionen sind. Wir wenden uns dem Fall zu, bei dem Potenzfunktionen auftreten.

Die allgemeine Form dieser EULERschen DGLn ist:

$$a_n \cdot x^n \cdot y^{(n)} + a_{n-1} \cdot x^{n-1} \cdot y^{(n-1)} + \ldots + a_2 \cdot x^2 \cdot y'' + a_1 \cdot x^1 \cdot y' + a_0 \cdot y = 0$$

Es gibt zwei verschiedene Wege, solche DGLn zu lösen:

- durch den Ansatz $\;y(x) = x^k$, der auf eine Charakteristische Gleichung für k mit komplizierten Lösungsfällen führt;

- durch die Substitution $\;x \Rightarrow e^t$, mit einem komplizierten Satz an Formeln, die auf eine DGL mit konstanten Koeffizienten führt.

Beide Wege haben Vorteile und Nachteile. Wir entscheiden uns für den zweiten Weg.

Substitution: $x \to e^t \Leftrightarrow t \to ln(x)$ bedeutet:

y (x) $\to$ y (t), aber auch y' (x) $\to \dot{y}(t) = \dfrac{dy}{dt}$, y'' (x) $\to \ddot{y}(t) = \dfrac{d^2 y}{dt^2}$ usw.

Den Zusammenhang stellt man über die Ketten – Regel her $y' = \dfrac{dy}{dx} = \dfrac{dy}{dt} \cdot \dfrac{dt}{dx}$

Damit leitet man ab $y' = \dfrac{dy}{dx} = \dfrac{dy}{dt} \cdot \dfrac{dt}{dx} = \dot{y} \cdot \dfrac{1}{x} \to x \cdot y' = \dot{y}$

Für die höheren Ableitungen benutzt man $y'' = \dfrac{d}{dx}(y')$ und die Produkt – Regel. Für die Anwendungen benötigt man die Substitutionen bis zur vierten Ableitung. Die folgende Tabelle stellt sie zur Verfügung.

$$\begin{array}{l} x \cdot y' = \dot{y} \\[4pt] x^2 \cdot y'' = \ddot{y} - \dot{y} \\[4pt] x^3 \cdot y''' = \dddot{y} - 3 \cdot \ddot{y} + 2 \cdot \dot{y} \\[4pt] x^4 \cdot y'''' = \ddddot{y} - 6 \cdot \dddot{y} + 11 \cdot \ddot{y} - 6 \cdot \dot{y} \end{array}$$

Damit führt jede Euler–DGL auf eine DGL mit konstanten Koeffizienten, die durch den e – Ansatz lösbar ist. Es folgen einige Beispiele.

<u>1. Beispiel</u>			$1 \cdot x^3 \cdot y''' + 4 \cdot x^2 \cdot y'' - 15 \cdot x \cdot y' + 10 \cdot y = 0$

Substitutionen:			$1 \cdot (\dddot{y} - 3 \cdot \ddot{y} + 2 \cdot \dot{y}) + 4 \cdot (\ddot{y} - \dot{y}) - 15 \cdot \dot{y} + 10 \cdot y = 0$

$\rightarrow \dddot{y} + 1 \cdot \ddot{y} - 17 \cdot \dot{y} + 10 \cdot y = 0$

Der Ansatz $y(t) = e^{k \cdot t}$ führt auf die Gleichung			$k^3 + 1 \cdot k^2 - 17 \cdot k + 10 = 0$

mit den Lösungen			$k_1 = -4.892 \; ; \quad k_2 = 0.626 \; ; \quad k_3 = 3.267$.

Das Fundamentalsystem ist			$y_1(t) = e^{-4.892 \cdot t} \; ; \; y_2(t) = e^{0.626 t} \; ; \; y_3(t) = e^{3.267 \cdot t}$

Substitution $e^t \Rightarrow x$			$y_1(x) = x^{-4.892} \; ; \; y_2(x) = x^{0.626} \; ; \; y_3(x) = x^{3.267}$

Allgemeine Lösung			$y(x) = C_1 \cdot y_1(x) + C_2 \cdot y_2(x) + C_3 \cdot y_3(x)$

<u>2. Beispiel:</u>			$x^3 \cdot y''' + 2 \cdot x^2 \cdot y'' - x \cdot y' + y = 0$

Substitutionen:			$1 \cdot (\dddot{y} - 3 \cdot \ddot{y} + 2 \cdot \dot{y}) + 2 \cdot (\ddot{y} - \dot{y}) - \dot{y} + y = 0$

$\rightarrow \dddot{y} - 1 \cdot \ddot{y} - 1 \cdot \dot{y} + 1 \cdot y = 0$

Der Ansatz $y(t) = e^{k \cdot t}$ führt auf die Gleichung			$k^3 - 1 \cdot k^2 - 1 \cdot k + 1 = 0$

mit den Lösungen			$k_1 = 1 \; ; \quad k_2 = 1 \; ; \quad k_3 = -1$.

Das Fundamentalsystem ist			$y_1(t) = e^{1 \cdot t} \; ; \; y_2(t) = t \cdot e^{1 \cdot t} \; ; \; y_3(t) = e^{-1 \cdot t}$

Substitution $x \rightarrow e^t \Leftrightarrow t \rightarrow ln(x)$			$y_1(x) = x^1 \; ; \; y_2(x) = x \cdot ln(x) \; ; \; y_3(x) = x^{-1}$

Allgemeine Lösung			$y(x) = C_1 \cdot y_1(x) + C_2 \cdot y_2(x) + C_3 \cdot y_3(x)$

Diese beiden Beispiele spiegeln die wichtigen Lösungsfälle 1) und 2) wieder. Wenn die charakteristische Gleichung komplexe k – Werte hat, dann enthält das Fundamentalsystem auch trigonometrische Funktionen.

Das nächste Beispiel ist eine inhomogene DGL 4. Ordnung und bereitet eine spätere Anwendung vor.

Zuerst wird die homogene DGL gelöst wie in den vorigen Beispielen gezeigt wurde. Danach ermittelt man durch Lösungsansatz und Koeffizientenvergleich eine spezielle Lösung Die allgemeine Lösung mit vier Konstanten C ergibt sich dann als Summe.

<u>3. Beispiel:</u> $1 \cdot x^4 \cdot y'''' + 2 \cdot x^3 \cdot y''' - 1 \cdot x^2 \cdot y'' + x \cdot y' = \dfrac{q}{N} \cdot x^4$

Allgemeine Lösung der homogenen DGL.

Substitutionen: $1 \cdot (\dddot{y} - 6 \cdot \ddot{y} + 11 \cdot \dot{y} - 6 \cdot \dot{y}) + 2 \cdot (\dddot{y} - 3 \cdot \ddot{y} + 2 \cdot \dot{y}) - 1 \cdot (\ddot{y} - \dot{y}) + \dot{y} = 0$

$$\rightarrow \ddddot{y} - 4 \cdot \dddot{y} + 4 \cdot \ddot{y} = 0$$

Der Ansatz $y(t) = e^{k \cdot t}$ führt auf die Gleichung $k^4 - 4 \cdot k^3 + 4 \cdot k^2 = 0$

mit den Lösungen $k_{1/2} = 0$; $k_{3/4} = 2$

Das Fundamentalsystem ist $y_1(t) = e^{0 \cdot t}$; $y_2(t) = t \cdot e^{0 \cdot t}$; $y_3(t) = e^{2 \cdot t}$; $y_4(t) = t \cdot e^{2 \cdot t}$

$x \rightarrow e^t \Leftrightarrow t \rightarrow \ln(x)$ $y_1(x) = 1$; $y_2(x) = \ln(x)$; $y_3(x) = x^2$; $y_3(x) = x^2 \cdot \ln(x)$

Allgemeine homogene Lösung $y_h(x) = C_1 + C_2 \cdot \ln(x) + C_3 \cdot x^2 + C_4 \cdot x^2 \cdot \ln(x)$

Der Leser möge die Lösung durch Einsetzen in die DGL bestätigen.

Lösung der inhomogenen DGL $\rightarrow \ddddot{y} - 4 \cdot \dddot{y} + 4 \cdot \ddot{y} = \dfrac{q}{N} e^{4 \cdot t}$

Ansatz für eine spezielle Lösung $y_s(t) = A \cdot e^{4 \cdot t}$, für A ergibt sich $A = \dfrac{q}{64 \cdot N}$, also lautet

die spezielle Lösung $y_s(t) = A \cdot e^{4 \cdot t} = \dfrac{q}{64 \cdot N} \cdot e^{4 \cdot t} \rightarrow y_s(x) = \dfrac{q}{64 \cdot N} \cdot x^4$

Damit erhalten wir nun als vollständige Lösung der obigen DGL

$$Y(x) = C_1 + C_2 \cdot \ln(x) + C_3 \cdot x^2 + C_4 \cdot x^2 \cdot \ln(x) + \dfrac{q}{64 \cdot N} \cdot x^4$$

Diese komplizierte DGL tritt in den Anwendungen bei der Biegung von Platten auf. Obwohl die Platten – DGL eine partielle Differentialgleichung ist, kann man sie unter bestimmten Bedingungen und mit geschickten Ansätzen auf gewöhnliche DGLn zurück führen.

Der Fall der Biegung einer Kreisplatte mit konstanter Flächenlast q wird durch diese EULERsche DGL beschrieben. Die Lagerungsart legt die Konstanten C fest. Die konkreten Zusammenhänge werden im nächsten Abschnitt dargestellt.

Für den Ingenieur ist wichtig, dass aus der Kenntnis der Funktion Y(x) die Berechnung der Durchbiegungen bei konkreten Vorgaben möglich ist. Aber er sollte auch die solide mathematische Basis dieser Funktionen kennen gelernt haben.

Bei Bedarf kann die Herleitung der Lösung auf neue Fälle übertragen werden. Dabei reicht es gelegentlich aus, sich auf Näherungen zu beschränken.

9.5 Die DGL der Plattenbiegung

9.5.1 Grundlagen

Die Untersuchung der Biegung dünner Platten spielt eine ähnliche Rolle wie die Biegung eines Trägers. Die Zusammenhänge lassen sich so darstellen[1]

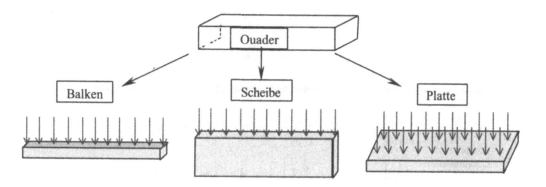

Ges.: $z = w(x) = ?$	Ges.: $\sigma = \sigma(x, z) = ?$	Ges.: $z = w(x, y) = ?$
DGL.: $(E \cdot J \cdot w'')'' = q(x)$	DGL: $\Delta(\Delta z) = 0$	DGL.: $\Delta(\Delta z) = \dfrac{1}{N} \cdot q(x, y)$
$w'' \equiv \dfrac{d^2 w}{d x^2}$	$\Delta z \equiv \dfrac{\partial^2 z}{\partial x^2} + \dfrac{\partial^2 z}{\partial y^2}$	$\dfrac{\partial^4 z}{\partial x^4} + 2 \cdot \dfrac{\partial^4 z}{\partial x^2 \partial y^2} + \dfrac{\partial^4 z}{\partial x^4} = \dfrac{1}{N} \cdot q(x, y)$
$E \cdot J = konstant \rightarrow$	$\Delta(\Delta z) \equiv$	
$(w'')'' = \dfrac{1}{E \cdot J} \cdot q(x)$	$\dfrac{\partial^4 z}{\partial x^4} + 2 \cdot \dfrac{\partial^4 z}{\partial x^2 \partial y^2} + \dfrac{\partial^4 z}{\partial x^4}$	$N = \dfrac{E \cdot h^3}{12 \cdot (1 - v^2)}$
Die Biegung des Balkens wurde im Kapitel 9.3 behandelt !	Dieser Fall wird in der Mechanik behandelt !	Die Biegung einer dünnen Platte wird an drei Fällen dargestellt !

Folgende drei Fälle werden ausgewählt:

Rechteck–Platte mit konstanter Streckenlast, an den Ecken gestützt, mit einer Näherungslösung;
Rechteck–Platte mit konstanter Streckenlast, Rand gelagert, Lösung mit dem Differenzenverfahren;
Kreisplattete mit konstanter Streckenlast, Rand gelagert, exakte Lösung.

---

[1] für eine umfassende Theorie sei auf das Buch verwiesen
  [S5] KARL GIRKMANN: „Flächentragwerke", Springer-Verlag Wien / New York; 6.Auflage, Nachdruck 1986

9.5.2 Rechteckplatte unter konstanter Flächenlast[1)]

Platte auf vier Stützen, konstante Flächenlast:

Partielle DGL der Plattenbiegung: $\Delta\Delta w = \dfrac{p}{N}$

Ansatz: $w := C_1 + C_2 \cdot x^2 + C_3 \cdot y^2 + C_4 \cdot x^4 + C_5 \cdot x^2 \cdot y^2 + C_6 \cdot y^4$

Delta-Operatoren: $\Delta w := \dfrac{d^2}{dx^2}w + \dfrac{d^2}{dy^2}w$ $\Delta\Delta w := \dfrac{d^4}{dx^4}w + 2 \cdot \dfrac{d^2}{dx^2}\left(\dfrac{d^2}{dy^2}w\right) + \dfrac{d^4}{dy^4}w$

$\Delta w \rightarrow 2 \cdot C_2 + 12 \cdot C_4 \cdot x^2 + 2 \cdot C_5 \cdot y^2 + 2 \cdot C_3 + 2 \cdot C_5 \cdot x^2 + 12 \cdot C_6 \cdot y^2$

$\Delta\Delta w \rightarrow 24 \cdot C_4 + 8 \cdot C_5 + 24 \cdot C_6$ Auswertung für Ansatz: $24 \cdot C_4 + 8 \cdot C_5 + 24 \cdot C_6 = \dfrac{p}{N}$

Rand-
Querkräfte:

$$\dfrac{d}{dx}\left[\dfrac{d^2}{dx^2}w + (2-v) \cdot \dfrac{d^2}{dy^2}w\right] \rightarrow 24 \cdot C_4 \cdot x + 4 \cdot (2-v) \cdot C_5 \cdot x$$

$$\dfrac{d}{dy}\left[\dfrac{d^2}{dy^2}w + (2-v) \cdot \dfrac{d^2}{dx^2}w\right] \rightarrow 24 \cdot C_6 \cdot y + 4 \cdot (2-v) \cdot C_5 \cdot y$$

Querkräfte = 0 auf dem Rand für x = -+a und y = -+b:

$6 \cdot C_4 + (2-v) \cdot C_5 = 0$ $6 \cdot C_6 + (2-v) \cdot C_5 = 0$

1. Gleichungssystem:

$$GLS := \begin{bmatrix} 24 \cdot C_4 + 8 \cdot C_5 + 24 \cdot C_6 = \dfrac{p}{N} \\ 6 \cdot C_4 + (2-v) \cdot C_5 = 0 \\ 6 \cdot C_6 + (2-v) \cdot C_5 = 0 \end{bmatrix}$$ gesuchte
Konstanten: $K := \begin{pmatrix} C_4 \\ C_5 \\ C_6 \end{pmatrix}$

GLS auflösen, K $\rightarrow \left[\dfrac{1}{48} \cdot p \cdot \dfrac{(-2+v)}{[N \cdot (-1+v)]} \quad \dfrac{1}{8} \cdot \dfrac{p}{[N \cdot (-1+v)]} \quad \dfrac{1}{48} \cdot p \cdot \dfrac{(-2+v)}{[N \cdot (-1+v)]} \right]$

$$C_4 := \dfrac{p}{48 \cdot N} \cdot \dfrac{2-v}{1-v} \qquad C_5 := \dfrac{-p}{8 \cdot N} \cdot \dfrac{1}{1-v} \qquad C_6 := \dfrac{p}{48 \cdot N} \cdot \dfrac{2-v}{1-v}$$

bisherige w- Funktion:

$$w(x,y,v) := C_1 + C_2 \cdot x^2 + C_3 \cdot y^2 + \dfrac{p}{48 \cdot N \cdot (1-v)}\left[(2-v) \cdot \left(x^4 + y^4\right) - 6 \cdot x^2 \cdot y^2\right]$$

[1)] [Z5] nach einem Artikel (Vorabdruck) von Herrn Prof. MATHIAK mit freundlicher Genehmigung.

Die Konstanten muss man festlegen über Gleichgewicht an den Eckpunkten und den Biegemomenten am Rand. Diese lassen sich nur im integralen Mittel = 0 fordern, daher liegt eine Näherungslösung vor.

Für die quadratische Platte ist die Grundlösung mit den Abkürzungen

$$K1(v) := 22 - 12 \cdot v - 2 \cdot v^2 \qquad K2(v) := -10 + 8 \cdot v + 2 \cdot v^2$$

$$K3(v) := -6 - 6 \cdot v \qquad K4(v) := 2 + 1 \cdot v - v^2$$

$$W(\xi, \eta, v) := \frac{1}{48 \cdot \left(1 - v^2\right)} \cdot \left\lceil K1(v) + K2(v) \cdot \left(\xi^2 + \eta^2\right) + K3(v) \cdot \xi^2 \cdot \eta^2 + K4(v) \cdot \left(\xi^4 + \eta^4\right) \right\rceil$$

$$W(0, 0, 0.2) = 0.424$$

Beispiel: $i := 0..20 \qquad \xi_i := -1 + 0.1 \cdot i \qquad j := 0..20 \qquad \eta_j := -1 + 0.1 \cdot j \qquad X_{i,j} := \xi_i \qquad Y_{i,j} := \eta_j$

$$v := 0.2 \qquad\qquad Z_{i,j} := -W\left(\xi_i, \eta_j, v\right) \qquad\qquad Z_{10,10} = -0.424$$

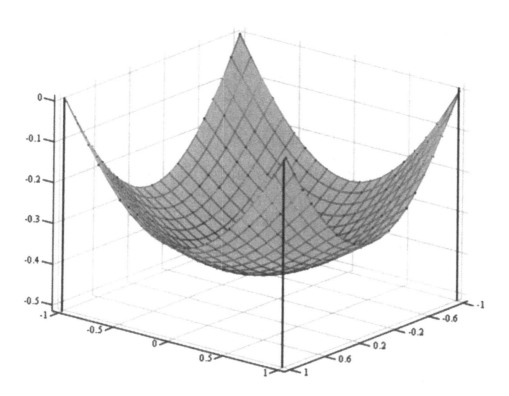

9.5.3 Das Differenzenverfahren für die Platte

Gegeben ist eine quadratische Platte mit der Seitenlänge a. Sie ist allseitig gelenkig gelagert und mit einer konstanten Flächenlast p_0 belastet.

Zu berechnen sind die Durchbiegungen an ausgewählten Punkten nach dem Differenzenverfahren.

Ansatz: Wahl eines geeigneten Koordinatensystems, wegen der Symmetrie muss nur ein Achtel der Platte berechnet werden mit der Schrittweite $h = k = a / n$. Gewählt wird im Beispiel n = 6.

Die DGL wird durch eine Differenzengleichung ersetzt und für die ausgewählten Punkte angeschrieben, dadurch entsteht ein Gleichungssystem für die gesuchten Durchbiegungen.

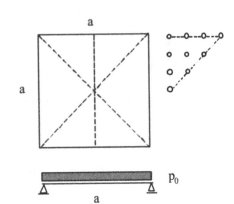

Dem Differentialoperator wird der Differenzenstern mit diesen „Gewichten" zugeordnet:

$$\frac{\partial^4 z}{\partial x^4} + 2 \cdot \frac{\partial^4 z}{\partial x^2 \partial y^2} + \frac{\partial^4 z}{\partial x^4} \Rightarrow \qquad \frac{1}{h^4} \circ$$

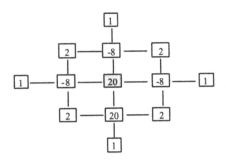

Dieser Stern wird für die Punkte P_1 bis P_6 und ihre jeweiligen Nachbarpunkte angewendet.

Das Gleichungssystem hat zunächst Rechteck–Format, durch Einarbeiten der Randbedingungen

Durchbiegung : $w\,(a) = 0 \rightarrow w_7 = w_8 = w_9 = w_{10} = 0$

Moment: $\qquad w''(a) = 0 \rightarrow w_{a-h} = -w_{a+h} \rightarrow w_{11} = -w_4 \,;\; w_{12} = -w_5 \,;\; w_{13} = -w_6$

entsteht ein quadratisches System.

Als Unbekannte werden $\underline{w_i} = \dfrac{N}{p_0 \cdot h^4} \cdot w_i$

angesetzt, dadurch ist die rechte Seite der Einheitsvektor!

Das Gleichungssystem lautet dann:

$$\begin{pmatrix} 20 & -32 & 8 & 4 & 0 & 0 \\ -8 & 25 & -16 & -8 & 6 & 0 \\ 2 & -16 & 22 & 4 & -16 & 2 \\ 1 & -8 & 4 & 19 & -16 & 2 \\ 0 & 3 & -8 & -8 & 22 & -8 \\ 0 & 0 & 2 & 2 & -16 & 18 \end{pmatrix} \cdot \begin{pmatrix} \underline{w_1} \\ \underline{w_2} \\ \underline{w_3} \\ \underline{w_4} \\ \underline{w_5} \\ \underline{w_6} \end{pmatrix} = \begin{pmatrix} 1 \\ 1 \\ 1 \\ 1 \\ 1 \\ 1 \end{pmatrix}$$

Bemerkung: Die Aufstellung des Systems erfolgte per Hand, das ist aufwendig und fehleranfällig. Günstig wäre, besonders für große Werte von n, ein Programm, das automatisch die Koeffizienten des Systems erzeugt.

Die Lösung des Gleichungssystems   Umsetzung in eine Matrix

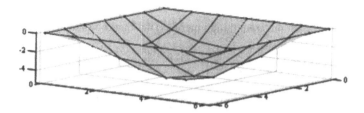

$$\begin{pmatrix} \underline{w}_1 \\ \underline{w}_2 \\ \underline{w}_3 \\ \underline{w}_4 \\ \underline{w}_5 \\ \underline{w}_6 \end{pmatrix} := \begin{pmatrix} 20 & -32 & 8 & 4 & 0 & 0 \\ -8 & 25 & -16 & -8 & 6 & 0 \\ 2 & -16 & 22 & 4 & -16 & 2 \\ 1 & -8 & 4 & 19 & -16 & 2 \\ 0 & 3 & -8 & -8 & 22 & -8 \\ 0 & 0 & 2 & 2 & -16 & 18 \end{pmatrix}^{-1} \cdot \begin{pmatrix} 1 \\ 1 \\ 1 \\ 1 \\ 1 \\ 1 \end{pmatrix} \underset{\text{gleit},4}{\longrightarrow} \begin{pmatrix} 5.247 \\ 4.598 \\ 4.031 \\ 2.735 \\ 2.402 \\ 1.439 \end{pmatrix}$$

$$W := \begin{pmatrix} w_{10} & w_9 & w_8 & w_7 & w_8 & w_9 & w_{10} \\ w_9 & w_6 & w_5 & w_4 & w_5 & w_6 & w_9 \\ w_8 & w_5 & w_3 & w_2 & w_3 & w_5 & w_8 \\ w_7 & w_4 & w_2 & w_1 & w_2 & w_4 & w_7 \\ w_8 & w_5 & w_3 & w_2 & w_3 & w_5 & w_8 \\ w_9 & w_6 & w_5 & w_4 & w_5 & w_6 & w_9 \\ w_{10} & w_9 & w_8 & w_7 & w_8 & w_9 & w_{10} \end{pmatrix}$$

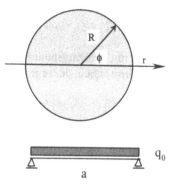

An diesem Beispiel ist der Ablauf des Differenzenverfahrens für die Berechnung von Platten gut zu erkennen. Die Vorteile sind neben der Ersetzung der partiellen DGL durch ein Gleichungs-system auch die Möglichkeiten, komplizierte Belastungen p (x, y) und verschiedene Randbedin-gungen zu erfassen. Die Lösung des Systems ist mit einem Computer leicht zu ermitteln. Eine 3- D- Grafik zeigt die ungefähre Durchbiegung der Platte.

9.5.4 Die Kreisplatte

Gegeben ist eine Kreis - Platte mit dem Radius R. Sie ist allseitig gelenkig gelagert und mit einer konstan-ten Flächenlast p_0 belastet.

Zu ermitteln sind die exakten Durchbiegungen w(r) für $0 \le r \le R$ in beliebiger Richtung ϕ.

Ansatz: Wahl eines Koordinaten-Systems, wegen der Symmetrie sind Polar – Koordinaten r und ϕ ge-eignet.

Die Platten-DGL kann für diesen Fall in eine gewöhnliche EULER –DGL umgewandelt und exakt gelöst werden.

Die DGL $\Delta \; (\Delta z) = \dfrac{1}{N} \cdot q(x, y)$ muss in die neuen Koordinaten umgeschrieben werden.

Man beginnt mit dem Δ- Operator $\quad \Delta z \equiv \dfrac{\partial^2 z}{\partial x^2} + \dfrac{\partial^2 z}{\partial y^2}$

Der Übergang von x-y-Koordinaten in r-ϕ-Koordinaten wurde schon besprochen. Die ersten Ableitungen sind: $\quad \dfrac{\partial z}{\partial x} = \dfrac{\partial z}{\partial r} \cdot cos(\varphi) - \dfrac{1}{r} \cdot \dfrac{\partial z}{\partial \varphi} \cdot sin(\varphi) \;\; ; \;\; \dfrac{\partial z}{\partial y} = \dfrac{\partial z}{\partial r} \cdot sin(\varphi) + \dfrac{1}{r} \cdot \dfrac{\partial z}{\partial \varphi} \cdot cos(\varphi)$

Wir setzen nun für die Kreisplatte voraus: z = w (r), unabhängig von ϕ, dann erhält man für die zweiten Ableitungen

$$\dfrac{\partial^2 w}{\partial x^2} = \dfrac{\partial^2 w}{\partial r^2} \cdot cos^2(\varphi) + \dfrac{1}{r} \cdot \dfrac{\partial w}{\partial r} \cdot sin^2(\varphi) \;\; ; \;\; \dfrac{\partial^2 w}{\partial y^2} = \dfrac{\partial^2 w}{\partial r^2} \cdot sin^2(\varphi) + \dfrac{1}{r} \cdot \dfrac{\partial w}{\partial r} \cdot cos^2(\varphi)$$

Damit wird $\quad \Delta z \equiv \dfrac{\partial^2 z}{\partial x^2} + \dfrac{\partial^2 z}{\partial y^2} = \dfrac{\partial^2 w}{\partial r^2} + \dfrac{1}{r} \cdot \dfrac{\partial w}{\partial r} \;\;$; allgemein noch der Anteil $+ \dfrac{1}{r^2} \cdot \dfrac{\partial^2 w}{\partial \varphi^2}$!

Der nächste große Schritt ist die Darstellung von $\Delta(\Delta z)$ in Polarkoordinaten (r variabel, ϕ fest !).

$$\Delta(\Delta w) = \left(\dfrac{\partial^2}{\partial r^2} + \dfrac{1}{r} \cdot \dfrac{\partial}{\partial r} \right) \circ \left(\dfrac{\partial^2 w}{\partial r^2} + \dfrac{1}{r} \cdot \dfrac{\partial w}{\partial r} \right) = \dfrac{\partial^2}{\partial r^2} \left(\dfrac{\partial^2 w}{\partial r^2} + \dfrac{1}{r} \cdot \dfrac{\partial w}{\partial r} \right) + \dfrac{1}{r} \cdot \dfrac{\partial}{\partial r} \left(\dfrac{\partial^2 w}{\partial r^2} + \dfrac{1}{r} \cdot \dfrac{\partial w}{\partial r} \right)$$

Anwenden der Operatoren, Auswerten nach Produktregel und Zusammenfassen ergibt

$$\boxed{\Delta(\Delta w(r)) = \dfrac{\partial^4 w}{\partial r^4} + \dfrac{2}{r} \cdot \dfrac{\partial^3 w}{\partial r^3} - \dfrac{1}{r^2} \cdot \dfrac{\partial^2 w}{\partial r^2} + \dfrac{1}{r^3} \cdot \dfrac{\partial w}{\partial r}}$$

Die DGL heißt dann für konstante Flächenlast q(x, y) = q_0 und nach Multiplikation mit r^4

$$r^4 \cdot \dfrac{d^4 w}{dr^4} + 2 \cdot r^3 \cdot \dfrac{d^3 w}{dr^3} - r^2 \cdot \dfrac{d^2 w}{dr^2} + r \cdot \dfrac{dw}{dr} = \dfrac{q_0}{N} \cdot r^4$$

Das ist eine EULERsche DGL, die schon im Abschnitt 9.3 ausführlich besprochen wurde, ihre allgemeine Lösung ist

$$w(r) = C_1 + C_2 \cdot ln(r) + C_3 \cdot r^2 + C_4 \cdot r^2 \cdot ln(r) + \dfrac{q_0}{64 \cdot N} \cdot r^4$$

In Verbindung mit der Kreisplatte müssen der Funktionswert w(r) und die Krümmung w''(r) bei r = 0 endliche Werte haben, das ergibt für $C_2 = 0$ und $C_4 = 0$. Also lautet die Lösung jetzt:

$$w(r) = C_1 + C_3 \cdot r^2 + \dfrac{q_0}{64 \cdot N} \cdot r^4$$

Die verbleibenden Konstanten werden durch die jeweiligen Lagerungsfälle bestimmt. Wir wählen zwei Fälle aus, für die jeweils die konkrete Lösung, die Formel für die maximale Durchbiegung w_{max} und die Kurve w(r) angegeben werden.[1]

Fall A) Eine Kreisplatte, die längs des Randes fest eingespannt ist:

---

[1] nach [S5] GIRKMANN: „Flächentragwerke", Abschnitt 98.

Ansatz: $w(r) = C_1 + C_3 \cdot r^2 + \dfrac{q_0}{64 \cdot N} \cdot r^4$, Randbedingungen $w(R) = 0$, $w'(R) = 0$

$$\left(\begin{array}{c} C_1 + C_3 \cdot R^2 + \dfrac{q}{64 \cdot N} \cdot R^4 = 0 \\[2mm] 2 \cdot C_3 \cdot R + \dfrac{q}{16 \cdot N} \cdot R^3 = 0 \end{array} \right) \text{auflösen}, \begin{pmatrix} C_1 \\ C_3 \end{pmatrix} \rightarrow \left(\dfrac{1}{64} \cdot \dfrac{q}{N} \cdot R^4 \quad \dfrac{-1}{32} \cdot q \cdot \dfrac{R^2}{N} \right)$$

$$w(r) = \dfrac{q_0}{64 \cdot N} \cdot \left(R^4 - 2 \cdot R^2 \cdot r^2 + r^4 \right) \quad \text{und} \quad w_{max} = \dfrac{1}{64} \cdot \dfrac{q_0}{N} \cdot R^4 .$$

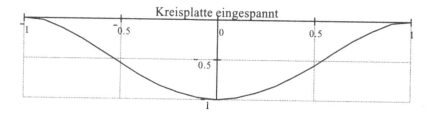

Fall B) Eine Kreisplatte, die längs des Randes frei drehbar aufgelagert ist:

Ansatz: $w(r) = C_1 + C_3 \cdot r^2 + \dfrac{q_0}{64 \cdot N} \cdot r^4$,

Randbedingungen $w(R) = 0$ und $M(R) = 0 \rightarrow w''(R) + \mu/R \cdot w'(R) = 0$,

Auflösen bringt C_1 und C_3 und damit

$$w(r) = \dfrac{q_0}{64 \cdot N} \cdot \left(\dfrac{5+\mu}{1+\mu} \cdot R^4 - 2 \cdot \dfrac{3+\mu}{1+\mu} R^2 \cdot r^2 + r^4 \right) \quad \text{und} \quad w_{max} = \dfrac{5+\mu}{1+\mu} \cdot \dfrac{q_0}{64 \cdot N} \cdot R^4$$

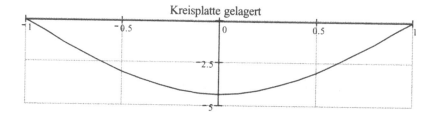

10 Eigenwertprobleme bei Differentialgleichungen

10.1 Grundlagen über EWP

Eine Reihe von Anwendungen führt auf gewöhnliche Differentialgleichungen einer besonderen Form, die neben den üblichen Ableitungen und Koeffizienten einen Parameter λ enthalten. Zu diesen DGLn gehören außerdem Randbedingungen. Diese Aufgabenstellungen heißen „Eigenwertprobleme" (EWP).

Die Frage ist, für welche Werte des Parameters λ hat die DGL eine Lösung, die gleichzeitig die Randbedingungen erfüllt. Werte von λ, für die eine Lösung existiert, heißen „Eigenwerte".

Die allgemeine Form eines Eigenwertproblems ist: $M[y] = \lambda \cdot N[y]$

mit den Differentialausdrücken

$$M[y] = \sum_{k=0}^{m} (-1)^k \cdot [f_k(x) \cdot y^{(k)}(x)]^{(k)} \quad \text{und} \quad N[y] = \sum_{k=0}^{n} (-1)^k \cdot [g_k(x) \cdot y^{(k)}(x)]^{(k)}$$

und dazu sind gegeben $2 \cdot m$ Randbedingungen für x = a bzw. x = b, m > n.

Unter gewissen Bedingungen sind alle Eigenwerte reell.

Funktionen y(x), welche die DGL und die Randbedingungen erfüllen, heißen „Eigenfunktionen".

Die klassische Methode, solche EWP zu lösen, besteht in folgenden Schritten:
- für die DGL ermittelt man nach den bekannten Verfahren die allgemeine Lösung y(x),
- die Funktion y(x) wird an die Randbedingungen angepasst, dadurch werden schrittweise die Konstanten C_i festgelegt,
- eine der Randbedingungen führt auf die sogenannte „Eigenwertgleichung",
- aus dieser *transzendenten* Gleichung werden die Eigenwerte λ_i berechnet,
- die Eigenformen y(x) können bis auf einen Faktor angegeben werden.

Für eine umfassende Darstellung über EWP sei der interessierte Leser auf das Buch von COLLATZ „Eigenwertprobleme mit technischen Anwendungen" hingewiesen.

Darstellung eines EWP am Beispiel der „Stabknickung":

Vorgegeben ist ein Stab von der Länge ℓ mit dem Modul E und dem Trägheitsmoment J. Dieser Stab ist an einem Ende eingespannt und am anderen frei beweglich.

Der Stab wird senkrecht belastet durch eine Kraft P.

Gesucht ist die kritische Last P_k bei der der Stab ausknickt.

Nach Wahl eines Koordinatensystems ergeben sich diese Randbedingungen:

$x = 0 \;\rightarrow\; y(0) = 0 \;;\; x = \ell \;\rightarrow\; y'(\ell) = 0$

Der Lösungsweg wird dargestellt.

Die DGL der elastischen Linie lautet: $\qquad -E \cdot J \cdot y''(x) = M(x)$

Das Moment an der Stelle x ist: $\qquad\qquad M(x) = P \cdot y(x)$

Mit der Abkürzung $\quad \lambda = \dfrac{P}{E \cdot J} \quad$ erhält man das folgende Eigenwertproblem:

$$y''(x) = -\lambda \cdot y(x) \;\; ; \;\; y(0) = 0 \, , \; y'(\ell) = 0$$

Die allgemeine Lösung der linearen DGL $\; y''(x) + \lambda \cdot y(x) = 0 \;$ mit konstanten Koeffizienten für den Fall III ist

$$y(x) = C_1 \cdot \cos(\sqrt{\lambda} \cdot x) + C_2 \cdot \sin(\sqrt{\lambda} \cdot x)$$

Die Randbedingung $\;y(0) = 0\;$ ergibt $C_1 = 0$, also $\quad y(x) = C_2 \cdot \sin(\sqrt{\lambda} \cdot x)$.

Die Randbedingung $\;y'(\ell) = 0\;$ erfordert $\qquad C_2 \cdot \sqrt{\lambda} \cdot \cos(\sqrt{\lambda} \cdot \ell) = 0$.

Für eine nichttriviale Lösung erhält man die Eigenwertgleichung:

$$\boxed{\cos(\sqrt{\lambda} \cdot \ell) = 0} \qquad \text{mit den Lösungen} \quad \sqrt{\lambda} \cdot \ell = \frac{\pi}{2} \, ; \, \frac{3}{2} \cdot \pi \, ; \, ...$$

Daraus ergibt sich die kleinste Knicklast mit: $\qquad \left| \; P_k = \frac{\pi^2}{4} \cdot \frac{E \cdot J}{\ell^2} \; \right|$

Nach LEONHARD EULER (1707 – 1783) : „Theorie der Knickung" (1744)

10.2 Anwendungen der EWP

Eigenwertprobleme treten in folgenden Aufgaben der Technischen Mechanik auf:

Berechnung der *Knicklasten* von Stäben,

Berechnung der *Kipplasten* von Trägern,

Berechnung der *Eigenfrequenzen* bei Schwingungen

von Trägern, Schornsteinen, Türmen und Brücken.

Diese EWP werden nach der klassischen Methode bearbeitet. Das Hauptproblem dabei ist die Suche nach den allgemeinen Lösungen der DGLn. Im vorigen Kapitel wurden alle wichtigen Typen von Differentialgleichungen mit ihren Fundamentalsystemen bereit gestellt.

Einige dieser EWP sind aber so kompliziert, dass sie nur durch Näherungsverfahren gelöst werden können. Die mathematische Theorie hat eine Reihe guter Verfahren entwickelt, die mit Mathcad elegant abgearbeitet werden können, sie werden in den folgenden Abschnitten vorgestellt.

10.2.1 Knicklasten von Stäben

10.2.1.1 Stab ohne Eigenlast

In den einfachen Fällen wird vorausgesetzt, dass der Stab homogen ist und einen konstanten Querschnitt hat, also E = konstant und J = konstant. Das Eigengewicht soll unberücksichtigt bleiben. Für einen solchen Stab gibt es 4 unterschiedliche Lagerungsfälle, die EULER-Fälle I – IV.

Der Fall I ist schon als Einführungsbeispiel behandelt worden. Stellvertretend für die verbleibenden Fälle wird nun der Fall III dargestellt. Der Stab ist bei x = 0 gelenkig gelagert und bei x = ℓ eingespannt. Das Eigenwertproblem lautet:

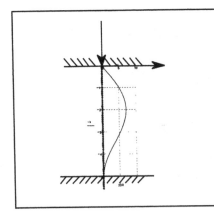

$$y^{(4)}(x) = -\lambda \cdot y''(x) \; ;$$
$$y(0) = y''(0) = 0 \; , \; y(\ell) = y'(\ell) = 0$$

$$\text{mit } \lambda = \frac{P}{E \cdot J}$$

$$\text{als DGL:} \quad y^{(4)}(x) + \lambda \cdot y''(x) = 0$$

Die DGL 4. Ordnung hat konstante Koeffizienten, das Fundamentalsystem wurde ebenfalls im Kapitel „Differentialgleichungen" hergeleitet.

Die allgemeine Lösung der DGL ist für diesen Fall:

$$y(x) = C_1 + C_2 \cdot x + C_3 \cdot cos(\sqrt{\lambda} \cdot x) + C_4 \cdot sin(\sqrt{\lambda} \cdot x)$$

mit den Ableitungen: $\quad y'(x) = \quad C_2 - C_3 \cdot \sqrt{\lambda} \cdot sin(\sqrt{\lambda} \cdot x) + C_4 \cdot \sqrt{\lambda} \cdot cos(\sqrt{\lambda} \cdot x)$

$$y''(x) = \quad - C_3 \cdot \lambda \cdot cos(\sqrt{\lambda} \cdot x) - C_4 \cdot \lambda \cdot sin(\sqrt{\lambda} \cdot x)$$

Aus den ersten beiden Randbedingungen ergeben sich C_1 und C_3 zu Null.

Die weiteren Randbedingungen bilden die „Eigenwertgleichung":

$$tan(\sqrt{\lambda} \cdot \ell) = \sqrt{\lambda} \cdot \ell \quad mit \quad z = \sqrt{\lambda} \cdot \ell$$

Mathcad gibt die kleinste Lösung dieser Gleichung mit $z = 4.4934$ an.

Damit erhalten wir als Knicklast $\quad \left| \quad P_k = 20.19 \cdot \dfrac{E \cdot J}{\ell^2} \quad \right| \quad$ für den EULER-Fall III.

Man kann sogar die Knickform angeben $\quad y(x) = C_2 \cdot x + C_4 \cdot sin(\sqrt{\lambda} \cdot x) \quad$ wobei ℓ, λ eingesetzt und C_2 gewählt werden.

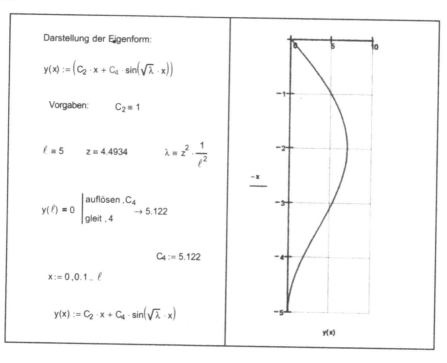

10.2.1.2 Stab unter Eigenlast

Hier wird der Fall untersucht, wie die eigene Last des Stabes zum Ausknicken führt.

Der Stab ist homogen mit dem Elastizitätsmodul E und hat einen konstanten Querschnitt mit dem Trägheitsmoment J, die Massenbelegung μ ist konstant. Diese Größen gehen ein in

den Eigenwert λ: $\lambda = \dfrac{\mu \cdot g}{E \cdot J}$

Der Stab sei eingespannt und frei.

Das Eigenwertproblem lautet dann:

$$w''(x) = -\lambda \cdot x \cdot w(x) \quad ; \quad w(\ell) = 0, \ w'(0) = 0$$

Für den klassischen Weg der Lösung eines EWPs braucht man zuerst die allgemeine Lösung der DGL $w''(x) + \lambda \cdot x \cdot w(x) = 0$. Diese DGL gehört zur ersten Variante[1] der BESSEL-DGL mit den Parametern $m = 1$, $p = 1/3$, $A = \lambda$. Sie hat die Lösung:

$$w(x) = C_1 \cdot \sqrt{x} \cdot J_{1/3}\left(\frac{2}{3} \cdot \sqrt{\lambda} \cdot x^{\frac{3}{2}}\right) + C_2 \cdot \sqrt{x} \cdot J_{-1/3}\left(\frac{2}{3} \cdot \sqrt{\lambda} \cdot x^{\frac{3}{2}}\right)$$

Die Anpassung an die Randbedingungen liefert $C_1 = 0$ und die „Eigenwertgleichung":

$$J_{-1/3}(z) = 0 \quad ; z = \frac{2}{3} \cdot \sqrt{\lambda} \cdot \ell^{\frac{3}{2}}$$

Diese transzendente Gleichung lässt sich mit der Mathcad-Anweisung „wurzel" lösen.

Man erhält als kleinste positive Lösung z_1:

$$J_p(p, x) := \sum_{k=0}^{10} \frac{(-1)^k}{k! \cdot \Gamma(p+k+1)} \cdot \left(\frac{x}{2}\right)^{p+2 \cdot k} \qquad \text{wurzel}\left(J_p\left(\frac{-1}{3}, z\right), z, 1, 3\right) = 1.866$$

Der kleinste Eigenwert ist dann: $\qquad \boxed{\lambda = \dfrac{\mu \cdot g}{E \cdot J} = \dfrac{7.834}{\ell^3}}$

Daraus könnte z. B. die kritische Länge ℓ berechnet werden.

---

[1] vgl. Abschnitt 9.2.5 über BESSELsche DGLn

10.2.2 Das Kippen eines Trägers unter Lasten

Die Erscheinung, dass ein Träger bei Belastung seine Sta-
bilität infolge seitlichen Ausweichens verliert, ist ein räumliches Problem. Zu diesem Problem gehört ein
System partieller DGLn, das aber unter gewissen technischen Annahmen auf eine gewöhnliche DGL führt.

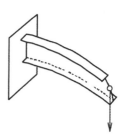

Gesucht sind die kritischen Einzel- bzw. Streckenlasten, bei
deren Erreichen der Träger seitlich ausweicht und sich
verformt.

Die Verformung sei wölbfrei und der Angriffspunkt der Last im Flächenschwerpunkt.

Folgende technische Größen gehen in die DGL ein:

die Module E und G sowie die Flächenmomente J_y und J_d.

Die konkrete Belastungssituation wird durch das Moment M(x) beschrieben.[1]

Die allgemeine DGL lautet:

$$E \cdot J_y \cdot G \cdot J_d \cdot y''(x) + [M(x)]^2 \cdot y(x) = 0$$

Diese Form der DGL führt für konkrete Fälle auf Varianten der BESSEL-DGL, die im Kapitel 9 ausführlich behandelt wurde.

Zwei wichtige Fälle für Belastungen eines Trägers, der auf Kippen untersucht wird, werden besprochen. Die Lösungswege sind kompliziert, sie werden mit Mathcad durchgeführt, hier werden
die wichtigen Zwischenergebnisse angegeben.

<u>Fall 1</u>: Einzelkraft am Ende bei einem Kragträger.

Die Gleichung der Momentenlinie ist: $\qquad M(x) = F \cdot x,$

mit den Abkürzungen $\quad A = E \cdot J_y \cdot G \cdot J_d \quad ; \quad b = \dfrac{F^2}{A}\quad$ ergibt sich die DGL

$$y''(x) + b \cdot x^2 \cdot y(x) = 0$$

Wir erhalten wieder eine Variante der BESSEL-DGL mit m = 2 und p = ¼ und der allgemeinen
Lösung:

$$y(x) = C_1 \cdot \sqrt{x} \cdot J_{1/4}(\frac{1}{2} \cdot \sqrt{b} \cdot x^2) + C_2 \cdot \sqrt{x} \cdot J_{-1/4}(\frac{1}{2} \cdot \sqrt{b} \cdot x^2) \quad .$$

---

[1] [S3] WLASSOW: „Dünnwandige elastische Stäbe"

1. Variante:

Freies Ende ist auch seitlich frei beweglich, das führt auf die Eigenwertgleichung:

$$J_{-1/4}(\xi) = 0 \; ; \;\; \xi = \frac{1}{2} \cdot \sqrt{b} \cdot \ell^2 \;\; \text{mit der Lösung} \;\; \xi_1 = 2.006 \,,$$

woraus dann die Kipplast folgt:
$$\boxed{F_{kipp} = 4.012 \cdot \frac{\sqrt{E \cdot J_y \cdot G \cdot J_d}}{\ell^2}}$$

2. Variante:

Freies Ende ist seitlich geführt, hier ist die Eigenwertgleichung:

$$J_{+1/4}(\xi) = 0 \; ; \;\; \xi = \frac{1}{2} \cdot \sqrt{b} \cdot \ell^2 \;\; \text{mit der Lösung} \;\; \xi_2 = 2.781 \,,$$

woraus dann die Kipplast folgt:
$$\boxed{F_{kipp} = 5.562 \cdot \frac{\sqrt{E \cdot J_y \cdot G \cdot J_d}}{\ell^2}}$$

Fall 2: konstante Streckenlast bei einem Kragträger:

Aus dem Momentenverlauf $M(x) = \frac{1}{2} \cdot q \cdot x$ folgt jetzt die DGL

$$\boxed{y''(x) + b \cdot x^4 \cdot y(x) = 0}$$

Wir erhalten wieder eine Variante der BESSEL-DGL mit $m = 4$ und $p = 1/6$ und der allgemeinen Lösung:

$$y(x) = C_1 \cdot \sqrt{x} \cdot J_{1/6}(\frac{1}{3} \cdot \sqrt{b} \cdot x^3) + C_2 \cdot \sqrt{x} \cdot J_{-1/6}(\frac{1}{3} \cdot \sqrt{b} \cdot x^3)$$

Es ergeben sich als Lösungen der Eigenwertgleichungen mit den zugehörigen Lasten:

$$\xi_3 = 2.142 \qquad q_{kipp} = 12.85 \cdot \frac{\sqrt{E \cdot J_y \cdot G \cdot J_d}}{\ell^3}$$

$$\xi_4 = 2.658 \qquad q_{kipp} = 15.95 \cdot \frac{\sqrt{E \cdot J_y \cdot G \cdot J_d}}{\ell^3} \qquad {}^{1)}$$

Bemerkung: die DGL und ihre allgemeinen Lösungen sowie die Eigenwertgleichungen sind recht kompliziert, deshalb entsteht die Frage nach guten Näherungslösungen. Man kann sie mit dem Rayleigh-Quotienten gewinnen wie es in einem späteren Abschnitt gezeigt wird. Die Integrale lassen sich einfach auswerten, die Fehler betragen etwa 8 – 20 % für einfache Ansätze.

---

[1] Vgl. Die Ergebnisse bei WLASSOW

10.2.3 Die Biegeschwingungen eines Trägers

10.2.3.1 Ein Träger nur mit Eigenmasse

Bei der Untersuchung der Biegeschwingungen von Trägern sind Formeln für die Berechnung der Eigenfrequenzen gesucht. Bekannt sind die Biegesteifigkeit E J, die konstant sein soll, die Dichte ρ und die Querschnittsfläche A.

Für vier Lagerungsfälle werden die Formeln für die kleinste Eigenfrequenz angegeben.

Zunächst ergibt sich für dieses Problem eine partielle DGL, die aber durch einen Produktansatz in ein EWP für gewöhnliche DGLn umgewandelt werden kann, es lautet:

$$y^{(4)}(x) = \lambda^4 \cdot y(x) \quad ; \quad 4 \; Randbedingungen$$

$$\lambda^4 = \frac{\rho \cdot A}{E \cdot J} \cdot \omega^2 \quad ; \quad \omega = 2 \cdot \pi \cdot f_e$$

Das EWP wird als DGL mit konstanten Koeffizienten behandelt $y^{(4)} - c \cdot y = 0 \; ; \; c = \lambda^4$,

deren Lösung ist[1]

$$y(x) = C_1 \cdot cosh(\lambda \cdot x) + C_2 \cdot sinh(\lambda \cdot x) + C_3 \cdot cos(\lambda \cdot x) + C_4 \cdot sin(\lambda \cdot x)$$

Die Auswertung der Randbedingungen legt schrittweise die Konstanten fest und führt dann im allgemeinen auf ein homogenes System. Aus der Forderung, dass die Determinante = 0 sein muss, folgt die Eigenwertgleichung.

Die Frequenzformel ist $\quad \omega = 2 \cdot \pi \cdot f = \dfrac{z^2}{\ell^2} \sqrt{\dfrac{E \cdot J}{\rho \cdot A}} \; ; \; z = \lambda \cdot \ell$.

Fall 1: *Träger auf 2 Stützen*

Die 4 Randbedingungen lauten $\quad y(0) = 0, \; y''(0) = 0 \; ; \; y(\ell) = 0, \; y''(\ell) = 0$.

Die Eigenwertgleichung erhält man zu $\quad sin(\lambda \cdot \ell) = 0$.

Die Lösungen dieser transzendenten Gleichung ergeben die Eigenwerte λ_i. Der kleinste Eigenwert ist $\lambda_1 = \dfrac{\pi}{\ell}$, er führt auf die Formel für die Eigenfrequenz

$$f_e = \frac{\pi}{2 \cdot \ell^2} \cdot \sqrt{\frac{E \cdot J}{\rho \cdot A}}$$

---

[1] vgl. Abschnitt 9.3.1 über DGLn 4. Ordnung mit konstanten Koeffizienten

In der folgenden Tabelle sind für weitere Fälle Ergebnisse zusammengestellt. Es werden jeweils angegeben die Situation des Trägers, die Eigenwertgleichung mit ihrer kleinsten positiven Lösung und daraus die Formel für die kleinste Eigenfrequenz f. Die transzendenten Gleichungen lassen sich für $z = \lambda \cdot \ell$ mit der Anweisung „wurzel (...)" lösen.

Tabelle der Formeln für die Frequenzen der Biegeschwingungen verschiedener Träger[1]	
Träger - Lagerung	Eigenwertgleichung / Frequenzformel
1. Fall _Träger auf zwei Stützen_	$\sin(\lambda \cdot \ell) = 0$ $z = \dfrac{\pi}{2}$ $f = \dfrac{\pi}{2 \cdot \ell^2} \cdot \sqrt{\dfrac{E \cdot J}{\rho \cdot A}}$
2. Fall: _links Stütze, rechts Einspannung_	$\tan(\lambda \cdot \ell) = \tanh(\lambda \cdot \ell)$ $\text{wurzel}(\tan(z) - \tanh(z), z, 2, 4) = 3.927$ $f = \dfrac{2{,}454}{\ell^2} \cdot \sqrt{\dfrac{E \cdot J}{\rho \cdot A}}$
3. Fall: _links Einspannung, rechts frei_	$\cos(\lambda \cdot \ell) \cdot \cosh(\lambda \cdot \ell) = -1$ $\text{wurzel}(\cos(z) \cdot \cosh(z) + 1, z, 0, 2) = 1.875$ $f = \dfrac{0{,}559}{\ell^2} \cdot \sqrt{\dfrac{E \cdot J}{\rho \cdot A}}$
4. Fall: _Einspannung beidseitig_	$\cos(\lambda \cdot \ell) \cdot \cosh(\lambda \cdot \ell) = +1$ $\text{wurzel}(\cos(z) \cdot \cosh(z) - 1, z, 3, 5) = 4.730$ $f = \dfrac{3{,}561}{\ell^2} \cdot \sqrt{\dfrac{E \cdot J}{\rho \cdot A}}$

[1] Eine umfangreiche Tabelle findet sich in [19] NATKE „Baudynamik", Kap. 4.2

10.2.3.2 Ein Träger mit Einzelmasse m

Bei der Untersuchung der Biegeschwingungen eines Trägers soll
in diesem Fall die Trägermasse m_T klein sein gegenüber einer
äußeren Masse m. Diese Masse sei an der Stelle c = x_M. Bekannt
sind die Biegesteifigkeit EJ und die Länge ℓ des Trägers sowie die
Lagerungsbedingungen.

Gesucht ist eine Formel für die Frequenz f.

Als allgemeinen Ansatz verwendet man hier das Modell eines Feder-Masse-Schwingers, dessen
Frequenz bekannt ist. Die DGL lautet $m \cdot \ddot{x}(t) + c \cdot x(t) = 0$, eine DGL mit konstanten Koeffizienten, die mit dem e- Ansatz zu lösen ist. Daraus entsteht die Frequenzformel

$$f = \frac{1}{2 \cdot \pi} \cdot \sqrt{\frac{c}{m}} \quad \text{mit c – Federkonstante, m – Masse.}$$

Übertragen auf einen *Träger* beschreibt die Konstante c den Zusammenhang zwischen der Kraft F
an der Stelle x und der elastischen Verformung, der Durchbiegung w(x). Dabei wird die Gleichung
der Biegelinie w(x) für den entsprechenden Fall benutzt. Im Abschnitt 9.3.2.2 wurde der Ablauf für
einen 2-Feld-Träger mit Einzelkraft an einem Freiträger dargestellt.

Ein Beispiel möge das erläutern.

Gegeben ist ein Träger auf zwei Stützen, die Masse m befinde bei sich bei $x_M = \frac{2}{3} \cdot \ell$.

Die Gleichung der Biegelinie mit einer Kraft F an der Stelle „a" wird nun gebraucht. In diesem Fall
erhält man für $a = \frac{2}{3} \cdot \ell$ $w_1(x) = \frac{F \cdot \ell^3}{162 \cdot E \cdot J} \cdot \left[-9 \cdot \frac{x^3}{\ell^3} + 8 \cdot \frac{x}{\ell} \right]$ im linken Feld[1].

Die Durchbiegung w unter der Kraft F ergibt sich zu: $w = \frac{4}{243} \cdot \frac{F \cdot \ell^3}{E \cdot J}$.

Aus dem Ansatz F = c · w erhält man $c \approx 61 \cdot \frac{E \cdot J}{\ell^3}$.

Das führt auf die Formel : $\boxed{f = \frac{1}{2 \cdot \pi} \cdot \sqrt{\frac{c}{m}} \approx \frac{1}{2 \cdot \pi} \cdot \sqrt{61 \cdot \frac{E \cdot J}{m \cdot \ell^3}}}$.

Diese Formel wurde gefunden, ohne eine DGL direkt zu lösen. Die Idee, ein Standardmodell für eine
komplizierte technische Situation zu verwenden, ist offensichtlich erfolgreich gewesen.

Die folgende Situation ist noch etwas komplizierter. Hier wird ein anderer Weg eingeschlagen, um
eine Näherung für die Frequenzformel zu erhalten.

---

[1] vgl. [7] Dankert „Technische Mechanik", Kap.17.4

10.2.3.3 Ein Träger mit Masse m_T und Einzelmasse m

Bei der Untersuchung der Biegeschwingungen des Trägers
werden in diesem Fall die Trägermasse m_T und die äußere
Masse m berücksichtigt.

Bekannt sind die Biegesteifigkeit E·J und die „Massenbelegung" μ.

Gesucht ist wieder eine Frequenzformel.

Für diesen Fall kann das EWP nicht exakt gelöst werden. Benutzt wird ein Näherungsverfahren,
das auf Energieausdrücken beruht, und später als Rayleigh -Verfahren besprochen wird. Für die
kinetische und die potentielle Energie werden die Integralausdrücke angeschrieben und für den
Träger und die Masse getrennt berücksichtigt. Man erhält für die kinetische Energie des Trägers

$$E_{kinT} = \frac{1}{2} \cdot \int_0^\ell \mu(x) \cdot w(x)^2 \, dx \quad \text{und der Masse m:} \quad E_{kinM} = \frac{1}{2} \cdot m \cdot w(x)^2.$$

Der RAYLEIGH-Quotient ist $\omega^2 \le \dfrac{E_{pot}}{E_{kin}}$, er wird für eine Vergleichsfunktion v(x) ausgewertet

und liefert eine obere Schranke für die kleinste Eigenkreisfrequenz ω_1 .

Biegeschwingungen eines Trägers mit Masse mT und Einzelmasse m

$$Ek_T(w) := \frac{1}{2} \cdot \int_0^\ell \mu(x) \cdot (w(x))^2 \, dx \quad Epot(w) := \frac{1}{2} \cdot E \cdot J \cdot \int_0^\ell \left(\frac{d^2}{dx^2} w(x) \right)^2 dx$$

$$Ek_M(w) := \frac{1}{2} \cdot m \cdot (w(x))^2 \quad Ekin(w) := Ek_T(w) + Ek_M(w)$$

Vergleichsfunktion: $v(x) \equiv \sin\left(\frac{\pi}{\ell} \cdot x \right)$ Fall: $a := \frac{\ell}{2}$

$$\frac{Epot(v)}{Ekin(v)} \text{ ersetzen ,x = a} \rightarrow \frac{1}{4} \cdot E \cdot J \frac{\pi^4}{\left[\ell^3 \left(\frac{1}{4} \cdot \ell \cdot \mu + \frac{1}{2} \cdot m \right) \right]}$$

Ersatzmasse $me = m + \frac{1}{2} \cdot m_T$ ergibt die Formel $\omega^2 \le \dfrac{Epot(v)}{Ekin(v)} = \dfrac{\pi^4}{2} \cdot \dfrac{E \cdot J}{me \cdot \ell^3}$

Die Näherungsformel für die Frequenz ist damit $f \le \dfrac{\pi}{2 \cdot \sqrt{2}} \cdot \sqrt{\dfrac{E \cdot J}{m_e \cdot \ell^3}}$.

10.3 Näherungsverfahren für EWP

Die klassische Methode ist nur dann erfolgreich, wenn ohne Schwierigkeiten die allgemeine Lösung der DGL angegeben werden kann. In allen anderen Fällen muss man auf Näherungsverfahren zurückgreifen.

Grundlage für diese Verfahren bildet die allgemeine Form des EWP:

$$M\,[y] \;=\; \lambda \cdot N\,[y] \quad \text{mit Randbedingungen.}$$

Dieses EWP sei selbstadjungiert und volldefinit, was im folgenden vorausgesetzt sei.

Den Ausgangspunkt der Verfahren bilden die sogenannten „Vergleichsfunktionen" u(x), die alle vorgegebenen Randbedingungen erfüllen.

10.3.1 Der RAYLEIGH - Quotient

Dieses Verfahren basiert auf dem RAYLEIGH-Quotienten[1]

Dabei ist u eine Funktion von x: $u = u(x)$.

Es gilt der Satz:

$$R\,[\,u\,] = \frac{\displaystyle\int_a^b u \cdot M\,[u]\,dx}{\displaystyle\int_a^b u \cdot N\,[u]\,dx}$$

Wenn u (x) den Bereich der Vergleichsfunktionen durchläuft
und der Quotient R[u] berechnet wird, dann führt die erste Eigenfunktion $y_1(x)$ zum Minimum des Quotienten, dabei ist Min (R[u]) = λ_1. Also gilt für eine beliebige Funktion u (x) stets $R[u] > \lambda$!

1. einfaches Beispiel: Anwendung auf den EULERschen Knickfall I

$$-\,y''\,(x) = \lambda \cdot y\,(x)\,; \quad y(0) = 0,\; y'(\ell) = 0$$

Eine *Vergleichsfunktion* $u(x, \ell) := 1 \cdot x^2 - 2 \cdot \ell \cdot x$

Differentialausdrücke :

$M(u) := -\dfrac{d^2}{dx^2} u(x, \ell)$ $M(u) \to -2$ $N(u) := u(x, \ell)$ $N(u) \to x^2 - 2 \cdot \ell \cdot x$

RAYLEIGH -Quotienten: $R(u) := \dfrac{\displaystyle\int_0^\ell u(x, \ell) \cdot M(u)\, dx}{\displaystyle\int_0^\ell u(x, \ell) \cdot N(u)\, dx}$ $R(u)$ gleit, 3 $\to \dfrac{2.50}{\ell^2}$

Zum Vergleich ist der exakte Eigenwert mit $\lambda_1 = \dfrac{\pi^2}{4} = 2.4674$ angegeben.

---

[1] J.W.S. RAYLEIGH (1842 –1919)

2. Beispiel: EULER-Fall III. Das zugehörige EWP ist

$$y^{(4)}(x) = -\lambda \cdot y''(x) \;;\quad y(0) = y''(0) = 0 \;,\quad y(\ell) = y'(\ell) = 0$$

Um die Randbedingungen zu erfüllen, wird als Vergleichsfunktion

gewählt $u(x,\ell) = 1 \cdot x^4 - \dfrac{3}{2} \cdot \ell \cdot x^3 + \dfrac{1}{2} \cdot \ell^3 \cdot x$. Aus dem EWP die

Differentialausdrücke $M[u] = u^{(4)}(x)$, $N[u] = -u''(x)$.

Die Auswertung des RAYLEIGH-Quotienten ergibt $R[u] = \dfrac{21}{\ell^2}$

und als Näherung für die kleinste Knicklast: $P_{k,III} = 21 \cdot \dfrac{E \cdot J}{\ell^2}$ mit einem Fehler von 4%.

Hier der kurze Lösungsweg mit Mathcad:

Eine zulässige *Vergleichsfunktion*,
sie erfüllt die Randbedingungen ! : $u(x,\ell) := 1 \cdot x^4 - \dfrac{3}{2} \cdot \ell \cdot x^3 + \dfrac{1}{2} \cdot \ell^3 \cdot x$

Differentialausdrücke :

$M(u) := \dfrac{d^4}{dx^4} u(x,\ell)$ $M(u) \rightarrow 24$ $N(u) := -\dfrac{d^2}{dx^2} u(x,\ell)$ $N(u) \rightarrow -12 \cdot x^2 + 9 \cdot \ell \cdot x$

Auswertung des RAYLEIGH -Quotienten:

$$\int_0^\ell u(x,\ell) \cdot M(u)\, dx \rightarrow \frac{9}{5} \cdot \ell^5$$

$$R(u) := \frac{\displaystyle\int_0^\ell u(x,\ell) \cdot M(u)\, dx}{\displaystyle\int_0^\ell u(x,\ell) \cdot N(u)\, dx}$$

$$\int_0^\ell u(x,\ell) \cdot N(u)\, dx \rightarrow \frac{3}{35} \cdot \ell^7$$

$R(u) \rightarrow \dfrac{21}{\ell^2}$ Vergleich mit exaktem Wert : $\dfrac{4.493^2}{\ell^2} \rightarrow \dfrac{20.187049}{\ell^2}$

Die Ermittlung von oberen Schranken für den ersten Eigenwert mit dem RAYLEIGH-Quotienten ist eine sehr elegante Methode. Voraussetzung ist die Aufstellung einer Vergleichsfunktion u(x), die der ersten Eigenfunktion ähnlich ist. Diese Methode kann ausgebaut werden, um auch Schranken für die weiteren Eigenwerte zu berechnen. Im nächsten Abschnitt wird das Verfahren vorgestellt. Für eine ausführliche Darstellung dieser und weiterer Verfahren sei der interessierte Leser nochmals auf das Buch [6b] L. COLLATZ „Eigenwertaufgaben mit technischen Anwendungen" hingewiesen.

3. Beispiel: Stab unter Eigenlast. Das zugehörige EWP ist

$$w''(x) = -\lambda \cdot x \cdot w(x) \quad ; \quad w(\ell) = 0,\ w'(0) = 0 \ .$$

Um die Randbedingungen zu erfüllen, wird als Vergleichsfunktion gewählt $u(x,\ell) = x^2 - \ell^2$. Aus dem EWP entnimmt man beide Differentialausdrücke $M[u] = u''(x)$ und $N[u] = -x \cdot u(x)$.

Die Auswertung des RAYLEIGH-Quotienten ergibt $R[u] = \dfrac{8}{\ell^3}$

und als Näherung für die kritische Gesamtmasse $\mu \cdot \ell \le 8 \cdot \dfrac{E \cdot J}{g \cdot \ell^2}$ mit einem Fehler von 2%.

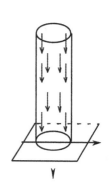

Hier der kurze Lösungsweg mit Mathcad:

$$w''(x) + \frac{\mu \cdot g}{E \cdot J} \cdot x \cdot w(x) = 0 \qquad w''(x) = -\lambda \cdot x \cdot w(x) \qquad M(w) = \lambda \cdot N(w)$$

Differentialoperatoren: $\qquad M(u) := \dfrac{d^2}{dx^2} u(x) \qquad N(u) := -x \cdot u(x)$

$w(\ell) = 0 \qquad w'(0) = 0 \qquad$ Vergleichsfunktion $\qquad u(x) := x^2 - \ell^2$

$$R(u) := \frac{\displaystyle\int_0^\ell u(x) \cdot M(u)\,dx}{\displaystyle\int_0^\ell u(x) \cdot N(u)\,dx} \qquad \int_0^\ell u(x) \cdot M(u)\,dx \to \frac{-4}{3} \cdot \ell^3 \qquad R(u) \to \frac{8}{\ell^3}$$

$$\int_0^\ell u(x) \cdot N(u)\,dx \to \frac{-1}{6} \cdot \ell^6$$

$\lambda = \dfrac{\mu \cdot g}{E \cdot J} \le \dfrac{8}{\ell^3} \qquad$ Vergleich mit exakter Lösung: $\lambda = \dfrac{7.834}{\ell^3} = \dfrac{\mu \cdot g}{E \cdot J}$

An diesem Beispiel werden die Vorteile des Näherungsverfahrens besonders deutlich. Die komplizierte DGL erfordert Bessel-Funktionen als Lösung. Die Lösung der Eigenwert-Gleichung führt auf die Nullstellen dieser Funktionen. Diese Schwierigkeiten werden vollständig umgangen. Der Lösungsweg verlagert sich auf bestimmte Integrale einfacher Bauart, die außerdem mit einem guten CAS-Programm ausgewertet werden können. Der Fehler der Näherung ist relativ klein.

Damit haben wir hier ein eindrucksvolles Beispiel für den Einsatz von Näherungsverfahren im Bereich der ingenieurtechnischen Berechnungen. Die weiteren Verfahren sind etwas aufwendiger aber auch noch leistungsfähiger.

10.3.2 Das Verfahren von RITZ und GALERKIN[1]

Die Idee dieses Verfahrens besteht darin, einen Rayleigh-Quotienten R[v] zu bilden mit einer Funktion v(x), die freie Parameter a_i enthält. Eine übersichtliche Form ergibt sich, wenn einige Vergleichsfunktionen $u_i(x)$ in linearer Form kombiniert werden: $v(x) = \sum\limits_{i=1}^{n} a_i \cdot u_i(x)$.

Die Funktion v(x) wird in R eingesetzt und ein Minimum gefordert.

Die partiellen Ableitungen ergeben ein homogenes Gleichungssystem, dessen Determinante = 0 sein muss.

Die Konstanten: $\qquad m_{ik} = \int\limits_a^b u_i \cdot M(u_k)\, dx \qquad\qquad n_{ik} = \int\limits_a^b u_i \cdot N(u_k)\, dx$

gehen in die Determinante ein: $\qquad \left| m_{ik} - \Lambda \cdot n_{ik} \right| = 0 .$

Damit erhält man eine *algebraische* Gleichung für die oberen Schranken Λ_i zu den ersten n Eigenwerten λ_i.

Als Beispiel wählen wir wieder den Knickfall I $-y''(x) = \lambda \cdot y(x)$; $y(0) = 0$, $y'(\ell) = 0$, $\ell = 1$:

$$M(u) := -\frac{d^2}{dx^2}u(x) \qquad N(u) := u(x) \qquad a := 0 \qquad b := 1$$

Vergleichsfunktionen: $\qquad\qquad v1(x) := x^3 - 3 \cdot x \qquad\qquad v2(x) := x^2 - 2 \cdot x$

$$m_{11} := \int_a^b v1(x) \cdot M(v1)\, dx \to \frac{24}{5} \qquad\qquad n_{11} := \int_a^b v1(x) \cdot N(v1)\, dx \to \frac{68}{35}$$

$$m_{12} := \int_a^b v1(x) \cdot M(v2)\, dx \to \frac{5}{2} \qquad\qquad n_{12} := \int_a^b v1(x) \cdot N(v2)\, dx \to \frac{61}{60}$$

$$m_{22} := \int_a^b v2(x) \cdot M(v2)\, dx \to \frac{4}{3} \qquad\qquad n_{22} := \int_a^b v2(x) \cdot N(v2)\, dx \to \frac{8}{15}$$

$$m_{21} := m_{12} \qquad\qquad\qquad\qquad\qquad n_{21} := n_{12}$$

$$\left| \begin{pmatrix} m_{11} - \Lambda \cdot n_{11} & m_{12} - \Lambda \cdot n_{12} \\ m_{21} - \Lambda \cdot n_{21} & m_{22} - \Lambda \cdot n_{22} \end{pmatrix} \right| \to \frac{3}{20} - \frac{47}{700} \cdot \Lambda + \frac{13}{5040} \cdot \Lambda^2$$

Eigenwertgleichung: $\quad \frac{3}{20} - \frac{47}{700} \cdot \Lambda + \frac{13}{5040} \cdot \Lambda^2 = 0 \left| \begin{array}{l} \text{auflösen, } \Lambda \\ \text{gleit, 5} \end{array} \to \begin{pmatrix} 23.562 \\ 2.468 \end{pmatrix} \right.$

Eigenwertschranken: $\qquad\qquad \Lambda_1 := 2.468 \qquad \Lambda_2 := 23.562$

---

[1] WALTER RITZ (1878 – 1909) und B. G. GALERKIN (1871 – 1945)

10.3.3 Das Aufspaltungsverfahren[1)]

Dieses Verfahren verwendet ebenfalls einen mehrgliedrigen Ansatz für v(x), der gewisse Bedingungen erfüllen muss und schrittweise aufgebaut wird. Jeder Schritt greift auf die Näherungen des vorhergehenden Schritts zurück und verbessert sie. Dabei liefert *eine* Näherung für den Eigenwert λ_k *zwei* neue für λ_k und λ_{k+1}, sie spaltet sich gleichsam auf, daher der Name „Aufspaltungsverfahren" oder „Splitting-Methode". Mit diesem Verfahren ist es möglich, einen bestimmten Eigenwert gezielt anzusteuern und die Näherungen zu verbessern. Der Startwert ist der Rayleigh-Quotient.

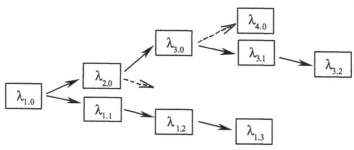

Das folgende Arbeitsblatt stellt die Formeln vor und demonstriert den Ablauf des Verfahrens an dem EWP

$$-y''(x) = \lambda \cdot (2 + \cos(x)) \cdot y(x) \; ; \quad y(-\pi) = 0 \, , \, y(\pi) = 0 .$$

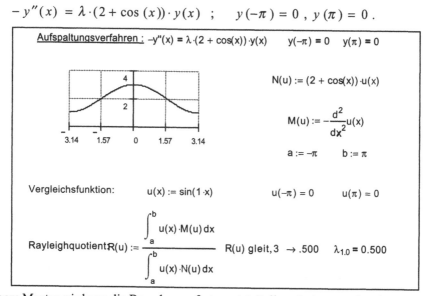

Nach obigem Muster wird nun die Berechnung fortgesetzt, Teilergebnisse werden dargestellt.

[1)] Das Verfahren ist eine Variante des Ritz-Verfahrens und wurde vom Autor im Jahre 1974 entwickelt, siehe [Z2]

<u>1. Stufe:</u> $v_1(x) = u(x) + a \cdot \sin(2 \cdot x)$ $u(x) := \sin(x)$ $u_2(x) := \sin(2 \cdot x)$

$$c_0 := \int_a^b u(x) \cdot M(u) \, dx \text{ gleit}, 5 \;\rightarrow 3.1416 \qquad\qquad d_0 := \int_a^b u(x) \cdot N(u) \, dx \text{ gleit}, 5 \;\rightarrow 6.2832$$

$$c_1 := \int_a^b u_2(x) \cdot M(u) \, dx \text{ gleit}, 5 \;\rightarrow 0 \qquad\qquad d_1 := \int_a^b u_2(x) \cdot N(u) \, dx \text{ gleit}, 5 \;\rightarrow 1.5708$$

$$c_2 := \int_a^b u_2(x) \cdot M(u_2) \, dx \text{ gleit}, 5 \;\rightarrow 12.566 \qquad\qquad d_2 := \int_a^b u_2(x) \cdot N(u_2) \, dx \text{ gleit}, 5 \;\rightarrow 6.2832$$

$m_{21} := c_2 \cdot d_1 - c_1 \cdot d_2$ $m_{20} := c_2 \cdot d_0 - c_0 \cdot d_2$ $m_{10} := c_1 \cdot d_0 - c_0 \cdot d_1$

$m_{21} = 19.74$ $m_{20} = 59.22$ $m_{10} = -4.93$

$$a_{11} := \frac{-\dfrac{1}{2} \cdot m_{20} + \sqrt{\dfrac{1}{4} \cdot m_{20}{}^2 - m_{21} \cdot m_{10}}}{m_{21}} \qquad\qquad a_{20} := \frac{-\dfrac{1}{2} \cdot m_{20} - \sqrt{\dfrac{1}{4} \cdot m_{20}{}^2 - m_{21} \cdot m_{10}}}{m_{21}}$$

$a_{11} = 0.08$ $a_{20} = -3.08$

$$R(p) := \frac{c_0 + 2 \cdot c_1 \cdot p + c_2 \cdot p^2}{d_0 + 2 \cdot d_1 \cdot p + d_2 \cdot p^2}$$

$R(a_{11}) = 0.4900589$ (1.Näherung zu λ_1) $R(a_{20}) = 2.17654$ (Start zu λ_2)

$v_{11}(x) := u(x) + a_{11} \cdot \sin(2 \cdot x)$ $v_{20}(x) := u(x) + a_{20} \cdot \sin(2 \cdot x)$

$v_{11}(x) := \sin(x) + 8.1142 \cdot 10^{-2} \cdot \sin(2. \cdot x)$ $v_{20}(x) := \sin(x) - 3.0811 \cdot \sin(2. \cdot x)$

2.Stufe: $v_2(x) = v_{11} + a \cdot u_3(x)$ $u_3(x) := \sin(3 \cdot x)$

▶ Näherung 2. Stufe --

$a_{12} = 2.48 \times 10^{-3}$ $a_{21} = -46$

$$R(p) := \frac{c_{02} + 2 \cdot c_{12} \cdot p + c_{22} \cdot p^2}{d_{02} + 2 \cdot d_{12} \cdot p + d_{22} \cdot p^2}$$

$R(a_{12}) = 0.490029$ (2. Näherung zu λ_1) $R(a_{21}) = 4.5$ (unbrauchbar)

$v_{11}(x) := \sin(x) + 8.1142 \cdot 10^{-2} \cdot \sin(2. \cdot x)$ $v_{12}(x) := v_{11}(x) + a_{12} \cdot u_3(x)$

$v_{12}(x) := \sin(x) + 8.1142 \cdot 10^{-2} \cdot \sin(2. \cdot x) + 2.4790 \cdot 10^{-3} \cdot \sin(3. \cdot x)$

Zusammenstellung der Ergebnisse für die Eigenwerte nach dem **Aufspaltungsverfahren**		
Rayleigh-Quotient	(Start zu λ_1)	R = 0.5000
1. EW λ_1 : 0.5000	0.4900589	0.490029
2. EW λ_2 : 2.1765	2.0612	....
3. EW λ_3 : 5.089	4.6682	4.65156
4. EW λ_4 : 9.321	8.317	......
5. EW λ_5 : 14.91...	.....	.....

10.3.4 Das Differenzenverfahren

Dieses Verfahren geht von der DGL aus und ersetzt sie durch eine Differenzengleichung wie es schon im Abschnitt 9.3.3.2 dargestellt wurde. Bei der Anwendung des Differenzenverfahrens auf die EWP gibt es einige Besonderheiten.

Durch die Bauart $M[\,y\,] = \lambda \cdot N[\,y\,]$ wird in der Differenzengleichung der Ausdruck der rechten Seite mit der linken Seite zusammengefasst. Dadurch tritt der Eigenwert Λ in den Koeffizienten des Gleichungssystem auf, außerdem entsteht ein homogenes System.

Durch die Wahl von n wird die Schrittweite h und die Ordnung des Systems festgelegt.

Zunächst hat das System unterschiedliche Anzahl von Zeilen und Spalten, durch Einarbeiten der Randbedingungen erreicht man ein quadratisches Format.

Die entscheidende Bedingung für das homogene System besteht darin, dass die Koeffizientendeterminante = 0 sein muss. Diese Bedingung führt auf eine *algebraische* Gleichung n-ten Grades für Λ. Die Lösungen dieser Gleichung stellen Näherungen für die ersten Eigenwerte dar.

Gezeigt wird der Ablauf des Verfahrens an dem EWP:

$$y''(x) = -\lambda \cdot y(x) \;\; ; \;\; y(0) = 0 \, , \, y'(\ell) = 0$$

Die Differenzengleichung lautet:

$$1 \cdot Y_{i-1} + (\mu - 2) \cdot Y_i + 1 \cdot Y_{i+1} = 0 \;\; ; \;\; \mu = \Lambda \cdot h^2$$

Bei n = 3 erhält man für die *erste* Knicklast den recht genauen Wert $\quad P_{k,1} = 2.41 \cdot \dfrac{E \cdot J}{\ell^2}$

Alle Berechnungen können sehr bequem mit dem Computer durchgeführt werden.

Gleichungssystem: $1 \cdot Y_{i-1} + (\mu - 2) \cdot Y_i + 1 \cdot Y_{i+1} = 0$

Randbedingungen: $y(0) = 0$ $Y_0 := 0$

$y' = \dfrac{1}{2 \cdot h} \cdot (Y_{i-1} - Y_{i+1})$ $y'(\ell) = 0$ $Y_{n+1} := Y_{n-1}$

Wahl: $n \equiv 3$ $i := 0 .. n$

Matrix A : $A_{i,\,i-1} := 1$ $A_{i,\,i} := (\mu - 2)$ $A_{i,\,i+1} := 1$

$\quad Y_{-1} \; Y_0 \;\; Y_1 \;\; Y_2 \;\; Y_3 \;\; Y_4$ Randbedingungen :

$$A \to \begin{pmatrix} 0 & 0 & 0 & 0 & 0 & 0 \\ 1 & \mu - 2 & 1 & 0 & 0 & 0 \\ 0 & 1 & \mu - 2 & 1 & 0 & 0 \\ 0 & 0 & 1 & \mu - 2 & 1 & 0 \\ 0 & 0 & 0 & 1 & \mu - 2 & 1 \end{pmatrix}$$

$Y_0 := 0$ $Y_{3+1} := Y_{3-1}$

$C := \text{erweitern}\left(A^{\langle -1 \rangle}, A^{\langle 1 \rangle}, A^{\langle 2 \rangle} + A^{\langle 4 \rangle}, A^{\langle 3 \rangle}\right)$

Neue Matrix B:

$B := \text{submatrix}(C, 0, 3, -1, 2)$

$$B \to \begin{pmatrix} 1 & 1 & 0 & 0 \\ 0 & \mu - 2 & 1 & 0 \\ 0 & 1 & \mu - 2 & 1 \\ 0 & 0 & 2 & \mu - 2 \end{pmatrix}$$

Determinante = 0 $|B| \to \mu^3 - 6 \cdot \mu^2 + 9 \cdot \mu - 2$

$\mu^3 - 6 \cdot \mu^2 + 9 \cdot \mu - 2 = 0 \; \text{auflösen}, \mu \; \to \begin{pmatrix} 2 \\ 2 + \sqrt{3} \\ 2 - \sqrt{3} \end{pmatrix}$ $\mu := \begin{pmatrix} 2 \\ 2 + \sqrt{3} \\ 2 - \sqrt{3} \end{pmatrix}$

$\mu = \Lambda \cdot h^2$ $h := \dfrac{\ell}{n}$ $\begin{pmatrix} \dfrac{18.}{\ell^2} \\[2mm] \dfrac{33.59}{\ell^2} \\[2mm] \dfrac{2.412}{\ell^2} \end{pmatrix}$ $\Lambda_3 := 33.59 \cdot \dfrac{1}{\ell^2}$

Näherungswerte: $\Lambda := \mu \cdot \dfrac{n^2}{\ell^2}$ $\Lambda \; \text{gleit}, 4 \; \to$ $\Lambda_2 := 18 \cdot \dfrac{1}{\ell^2}$

$\Lambda_1 := 2.41 \cdot \dfrac{1}{\ell^2}$

Knicklasten: $\lambda = \dfrac{P}{E \cdot J}$

$P_1 = 2.41 \cdot \dfrac{E \cdot J}{\ell^2}$ $P_2 = 18 \cdot \dfrac{E \cdot J}{\ell^2}$ $P_3 = 33.59 \cdot \dfrac{E \cdot J}{\ell^2}$

10.4 Schwingungen von Bauwerken

10.4.1 Schwingungen eines Schornsteins

Der Schornstein ist als Stahlrohr konstruiert. Er hat die
Höhe H, einen Durchmesser d und die Wandstärke s.

Bekannt sind Dichte ρ und E -Modul.

Gesucht sind Frequenzformeln und Schwingungsformen.
Für konkrete Angaben ist eine Berechnung durchzuführen.

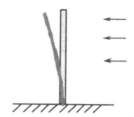

In diesem Fall ist ein komplettes Bauwerk auf Schwingungen zu untersuchen. Man muss ein Modell auswählen, nach dem die Berechnung durchgeführt werden soll. Ein Schornstein kann als Stab mit konstantem Querschnitt, der einseitig eingespannt ist, behandelt werden. Für diese Situation sind die Frequenzformeln bekannt (vgl. 10.2.3), für die kleinsten Eigenfrequenzen gelten:

$$f_1 = \frac{0.56}{\ell^2} \cdot \sqrt{\frac{E \cdot J}{\rho \cdot A}} \quad ; \quad f_2 = 6.3 \cdot f_1 \ .$$

Diese Formeln werden nochmals aus der Eigenwert- Gleichung abgeleitet.

Für einen Schornstein von 80 m Höhe, einen Durchmesser von 4 m und einer Wandstärke von 2 cm ergeben sich als Frequenzen: $f_1 = 0.64\,Hz$ und $f_2 = 4.02\,Hz$.

Um die Schwingungsformen zu ermitteln, muss man die allgemeine Lösung der zugehörigen DGL benutzen

$$y(x) = E_1 \cdot \left(\cosh(\lambda \cdot x) - \cos(\lambda \cdot x) \right) + E_2 \cdot \left(\sinh(\lambda \cdot x) - \sin(\lambda \cdot x) \right)$$

und die beiden ersten Eigenwerte verwenden. Das erfordert die Lösung eines homogenen Gleichungssystems. Die Determinante des Systems führt auf die Eigenwert-Gleichung. Aus der Lösungsschar wird ein Fall ausgewählt.

Die umfangreichen Rechnungen können mit dem Computer sehr kompakt durchgeführt werden.

Die Grafik gibt einen guten Eindruck von den beiden ersten Schwingungsformen.

Biegeschwingungen eines Schornsteins

$d := 4 \cdot m$ $\ell := 80 \cdot m$ $s := 2 \cdot cm$ $kN := 10^3 \cdot N$

$E := 21000 \cdot kN \cdot cm^{-2}$ $\rho := 7810 \cdot kg \cdot m^{-3}$

Hilfsgrößen: $J := \pi \cdot \left(\dfrac{d}{2}\right)^3 \cdot s$ $J = 0.503 \, m^4$ $A := \pi \cdot d \cdot s$ $A = 0.251 \, m^2$

Die Schwingungsformen und Eigenwerte :

$$y(x) := \left[E_1 \cdot (\cosh(\lambda \cdot x) - \cos(\lambda \cdot x)) + E_2 \cdot (\sinh(\lambda \cdot x) - \sin(\lambda \cdot x)) \right]$$

$$y'(x) := \lambda \cdot \left[E_1 \cdot (\sinh(\lambda \cdot x) + \sin(\lambda \cdot x)) + E_2 \cdot (\cosh(\lambda \cdot x) - \cos(\lambda \cdot x)) \right]$$

$$y''(x) := \lambda^2 \cdot \left[E_1 \cdot (\cosh(\lambda \cdot x) + \cos(\lambda \cdot x)) + E_2 \cdot (\sinh(\lambda \cdot x) + \sin(\lambda \cdot x)) \right]$$

$$y'''(x) := \lambda^3 \cdot \left[E_1 \cdot (\sinh(\lambda \cdot x) - \sin(\lambda \cdot x)) + E_2 \cdot (\cosh(\lambda \cdot x) + \cos(\lambda \cdot x)) \right]$$

Randbedingungen bilden homogenes Gleichungssystem !

$\begin{pmatrix} y''(\ell) = 0 \\ y'''(\ell) = 0 \end{pmatrix}$ $A(z) := \cosh(z) + \cos(z)$ $B(z) := \sinh(z) + \sin(z)$

$C(z) := \sinh(z) - \sin(z)$ $D(z) := \cosh(z) + \cos(z)$

$M(z) := \begin{pmatrix} A(z) & B(z) \\ C(z) & D(z) \end{pmatrix}$ $|M(z)|$ vereinfachen $\rightarrow 2 \cdot \cosh(z) \cdot \cos(z) + 2$

EW- Gleichung $\cosh(z) \cdot \cos(z) + 1 = 0$

$z_1 := \text{wurzel}(\cosh(z) \cdot \cos(z) + 1, z, 1, 3)$ $z_1 = 1.875$ $\lambda_1 := 1.875 \cdot \dfrac{1}{\ell}$

Formel für die kleinste Eigenfrequenz $f_{e1} := \dfrac{\lambda_1^2}{2 \cdot \pi} \cdot \sqrt{\dfrac{E \cdot J}{\rho \cdot A}}$ $f_{e1} = 0.641 \, Hz$

$E_1 := 1$ $E_2 := -E_1 \cdot \dfrac{A(z_1)}{B(z_1)}$ $E_2 = -0.734$ $x := 0 .. \ell$

$$y_I(x) := \left[E_1 \cdot (\cosh(\lambda_1 \cdot x) - \cos(\lambda_1 \cdot x)) + E_2 \cdot (\sinh(\lambda_1 \cdot x) - \sin(\lambda_1 \cdot x)) \right]$$

$z_2 := \text{wurzel}(\cosh(z) \cdot \cos(z) + 1, z, 4, 5)$ $z_2 = 4.694$ $\lambda_2 := 4.694 \cdot \dfrac{1}{\ell}$

Formel für die zweite Eigenfrequenz $f_{e2} := \dfrac{\lambda_2^2}{2 \cdot \pi} \cdot \sqrt{\dfrac{E \cdot J}{\rho \cdot A}}$ $f_{e2} = 4.018 \, Hz$

$E_1 := 1$ $E_2 := -E_1 \cdot \dfrac{A(z_2)}{B(z_2)}$ $E_2 = -1.018$ $x := 0 .. \ell$

$$y_{II}(x) := \left[E_1 \cdot (\cosh(\lambda_2 \cdot x) - \cos(\lambda_2 \cdot x)) + E_2 \cdot (\sinh(\lambda_2 \cdot x) - \sin(\lambda_2 \cdot x)) \right]$$

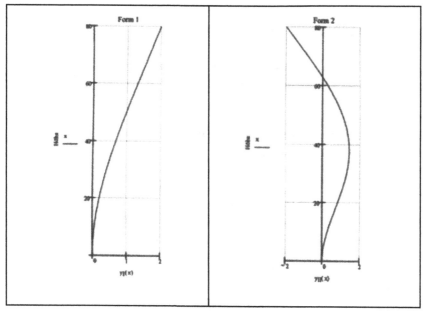

Schwingungsgleichungen:

$$y_1(x, t) = y_I(x) * \cos(\omega_1 t) \qquad y_2(x, t) = y_{II}(x) * \cos(\omega_2 t)$$

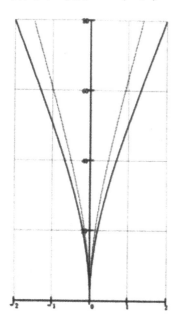 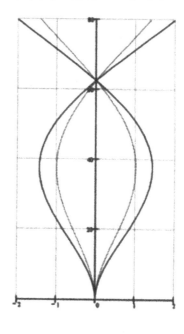

10.4.2 Schwingungen eines Fernsehturms

Der Fernsehturm ist ein Bauwerk mit sehr kompliziertem Quer- 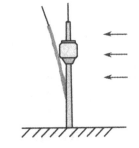 schnitt und zugehöriger Biegesteifigkeit E · J. Die Massenverteilung μ ist ebenfalls sehr ungleichmäßig. Bekannt sei eine Liste für Werte an ausgewählten Stellen.

Für den Münchener Fernsehturm soll eine grobe Näherung für die erste Eigenfrequenz angegeben werden.

Für dieses Bauwerk kann nur ein sehr grobes Modell gewählt werden, wenn es als Ganzes berechnet werden soll.
Man könnte eine feingliedrige Teilung bei der Anwendung des Differenzenverfahrens wählen oder gar mit einem FEM-Programm die Untersuchung durchführen, der Aufwand wäre aber sehr hoch.
Als Modell wird hier ein eingespannter Träger mit freiem Ende, geringer Eigenmasse m_T und einer Einzelmasse M an der Stelle a gewählt. Für diesen Träger wird nach der Methode vom Abschnitt 10.2.3 eine Formel hergeleitet:

Die Gleichung w (x) für die Biegelinie eines Kragträgers der Länge ℓ mit Einzelkraft an der Stelle x = a lautet für das linke Feld - vgl. Abschnitt 9.3.2.2 -

$$w_1(x) = \frac{F}{6 \cdot E \cdot J} \cdot (x^3 - 3 \cdot a \cdot x^2). \text{ Die Durchbiegung unter der Kraft F ist } w_1(a) = \frac{a^3}{3 \cdot E \cdot J} \cdot F,$$

damit hat man für die Federkonstante $c = 3 \cdot \dfrac{E \cdot J}{a^3}$.

Aus dem Ansatz der allgemeinen Frequenzgleichung $f = \dfrac{1}{2 \cdot \pi} \cdot \sqrt{\dfrac{c}{m}}$ leitet man als Gleichung

für die Schwingung des Fernsehturms ab: $\left| f_{FT} = \dfrac{1}{2 \cdot \pi} \cdot \sqrt{3 \cdot \dfrac{E \cdot J}{M \cdot a^3}} \right|$

Der Fernsehturm in München hat folgende grob geschätzten Werte[1]:

Höhe ohne Antennenmast ℓ = 250 m , Punktmasse M bei a = 160 m;

Masse M mit $M = 12 \cdot 10^6 \, kg$, mittlere Biegesteifigkeit mit $E \cdot J = 2 \cdot 10^{10} \, kN \cdot m^2$

Daraus ergibt sich als erste Eigenfrequenz $\left| \omega_1 = 1.2 \cdot \dfrac{1}{s} \; , \; f_1 = 0.2 \, Hz \right|$.

Vergleichswerte sind: $\omega_1 = 1.10 \cdot \dfrac{1}{s}$ (berechnet) b. z. w. $\omega_1 = 1.14 \cdot \dfrac{1}{s}$ (gemessen)!

Die Schwingungsformen stimmen mit denen des Schornsteins überein.

---

[1] vgl. [19] NATKE: „Baudynamik", genaue Angaben auf S.214

10.4.3 Biegeschwingungen von Schiffen

Ein Schiff kann als Balken, der beidseitig frei gelagert ist,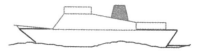
betrachtet werden. Die komplizierten Verteilungen von
Massen und Biegesteifigkeiten lassen sich gut approximie-
ren. Daher ist dieses Problem auch für einen Bauingenieur
interessant.

Gesucht sind Näherungsformeln für die kleinsten Eigenfrequenzen f_1 und f_2.

Als Ansatz für die Untersuchung der Biegeschwingungen dient die DGL:

$$[\alpha(x) \cdot y''(x)]'' = \lambda \cdot m(x) \cdot y(x) \quad \text{mit} \quad \lambda = \frac{\ell^4 \cdot \omega^2}{16 \cdot \pi^4} \qquad -\tfrac{1}{2} \cdot \ell \;=\; x \;=\; +\tfrac{1}{2} \cdot \ell$$

Für die Verteilungen der Biegesteifigkeit $\alpha(t)$ und der Masse $m(t)$ werden cos-Ansätze benutzt

$$\alpha(t) = c_0 \cdot (1 + \cos t) \quad ; \quad m(t) = m_0 \cdot (1 + \cos t) \; ; \; t = 2 \cdot \pi \cdot \frac{x}{\ell}; \; -\pi \leq t \leq +\pi$$

Dann lautet die endgültige DGL $\quad [(1 + \cos t) \cdot y''(t)]'' = \lambda \cdot (1 + \cos t) \cdot y(t)$

Mit $\quad \lambda = \dfrac{\ell^4 \cdot \omega^2 \cdot m_0}{16 \cdot \pi^4 \cdot c_0} \quad$ ist also die Frequenzformel $\quad f = \dfrac{2 \cdot \pi}{\ell^2} \cdot \sqrt{\lambda} \cdot \sqrt{\dfrac{c_0}{m_0}}$

Die Randbedingungen fordern Querkraft und Moment an beiden Enden gleich Null, d. h.

$$\alpha(t) \cdot y''(t) = 0; \; [\alpha(t) \cdot y''(t)]' = 0 \quad \text{für} \quad t = \pm\pi$$

Die Lösung dieses EWPs kann mit den bekannten Näherungsverfahren durchgeführt werden.
Es wird ein einstufiges Aufspaltungsverfahren benutzt. Die Berechnung ist auf der folgenden
Seite ausgeführt.

Der erste Eigenwert ergibt sich zu $\lambda_1 \leq 1.834$, daraus folgt $\quad f_1 \approx \dfrac{8{,}509}{\ell^2} \cdot \sqrt{\dfrac{c_0}{m_0}}$.

Der zweite Eigenwert ergibt sich zu $\lambda_2 \leq 26.2$, daraus folgt $\quad f_2 \approx \dfrac{32{,}1}{\ell^2} \cdot \sqrt{\dfrac{c_0}{m_0}}$.

In einer konkreten Situation müssen nur noch die Konstanten c_0 und m_0 ermittelt werden. Dazu
wird auch ein Beispiel angegeben.

Rayleigh - Verfahren :

Eine zulässige *Vergleichsfunktion*,
erfüllt die Randbedingungen !

$$u(t) := 1 - 2 \cdot \cos(t)$$

Differentialausdrücke :

$$M(u) := \frac{d^2}{dt^2}\left[(1 + \cos(t)) \cdot \frac{d^2}{dt^2}u(t)\right] \qquad N(u) := (1 + \cos(t)) \cdot u(t)$$

$$M(u) \rightarrow -2 \cdot \cos(t)^2 + 4 \cdot \sin(t)^2 - 2 \cdot (1 + \cos(t)) \cdot \cos(t) \qquad N(u) \rightarrow (1 + \cos(t)) \cdot (1 - 2 \cdot \cos(t))$$

$$RQ := \frac{\displaystyle\int_{-\pi}^{\pi} u(t) \cdot M(u)\, dt}{\displaystyle\int_{-\pi}^{\pi} u(t) \cdot N(u)\, dt} \qquad Z := \int_{-\pi}^{\pi} u(t) \cdot M(u)\, dt \qquad Z \rightarrow 4 \cdot \pi$$

$$Ne := \int_{-\pi}^{\pi} u(t) \cdot N(u)\, dt \qquad Ne \rightarrow 2 \cdot \pi$$

Näherung für den ersten Eigenwert $RQ \rightarrow 2$ $\lambda_1 := 2$

Verbesserte Vergleichsfunktion: $v(t) := 1 - 2 \cdot \cos(t) + b \cdot \cos(2 \cdot t)$

$$Z2 := \int_{-\pi}^{\pi} v(t) \cdot M(v)\, dt \qquad \text{Z2 vereinfachen} \rightarrow 4 \cdot \pi - 8 \cdot b \cdot \pi + 16 \cdot b^2 \cdot \pi$$

$$N2 := \int_{-\pi}^{\pi} v(t) \cdot N(v)\, dt \qquad \text{N2 vereinfachen} \rightarrow 2 \cdot \pi - 2 \cdot b \cdot \pi + b^2 \cdot \pi$$

$$R2(b) := \frac{4 \cdot \pi - 8 \cdot b \cdot \pi + 16 \cdot b^2 \cdot \pi}{2 \cdot \pi - 2 \cdot b \cdot \pi + b^2 \cdot \pi} \qquad \text{R2(b) vereinfachen} \rightarrow 4 \cdot \frac{\left(1 - 2 \cdot b + 4 \cdot b^2\right)}{\left(2 - 2 \cdot b + b^2\right)}$$

Minimum ermitteln : $\dfrac{d}{db}\text{R2(b) vereinfachen} \rightarrow -8 \cdot \dfrac{\left(1 - 7 \cdot b + 3 \cdot b^2\right)}{\left(2 - 2 \cdot b + b^2\right)^2}$

$$\left(1 - 7 \cdot b + 3 \cdot b^2\right) = 0 \quad \left|\begin{array}{l} \text{auflösen, b} \\ \text{gleit, 5} \end{array}\right. \rightarrow \begin{pmatrix} 2.1805 \\ .1529 \end{pmatrix} \qquad b := \begin{pmatrix} 2.1805 \\ .1529 \end{pmatrix}$$

2. Näherung für den ersten Eigenwert $R2(b_2) = 1.83447$ $\lambda_1 := 1.83447$

Näherung für den zweiten EW: $R2(b_1) = 26.17$

Zahlenbeispiel:

Als Beispiel werden für die „Ocean Vulcan" die ersten beiden Eigenfrequenzen berechnet[1].

Auf der Grundlage der bekannten Wertetabellen werden mit Mathcad lineare Anpassungen berechnet. Das geschieht über die Anweisung „linanp(x, y, F)" mit ausgewählten Basisfunktionen, die im Vektor F vorgegeben sind.

Die folgenden Darstellungen geben einen Eindruck von der Güte der Anpassungen.

Näherungsanpassung für E I - Verteilung

$$xt := (-1 \quad -0.8 \quad -0.6 \quad -0.4 \quad -0.2 \quad 0 \quad 0.2 \quad 0.4 \quad 0.6 \quad 0.8 \quad 1)^T$$

$$yt := (0 \quad 2.89 \quad 4.46 \quad 5.46 \quad 6.08 \quad 6.17 \quad 6.19 \quad 6.29 \quad 6.41 \quad 4.53 \quad 0)^T$$

$$F1(t) := \begin{pmatrix} 0 \\ 1 + \cos(\pi \cdot t) \end{pmatrix} \qquad s1 := linanp(xt, yt, F1) \qquad s1 = \begin{pmatrix} 0 \\ 3.923 \end{pmatrix}$$

$$ca(t) := F1(t) \cdot s1 \qquad t := -1, -0.95 .. 1$$

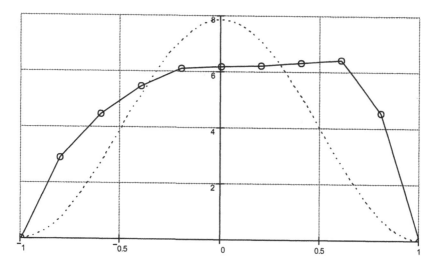

$$a(t) = 3.923 \cdot [1 + \cos(\pi \cdot t)] \qquad c_0 = 3.923 \cdot 10^9 \cdot kN \cdot m^2$$

---

[1] siehe STOLLE „Obere Schranken von Biegeeigenfrequenzen von Schiffskörpern"; Universität Rostock

Näherungsanpassung für die Massenverteilung

$$ym := (1.35 \quad 3.45 \quad 9.72 \quad 14.22 \quad 20.73 \quad 15.48 \quad 25.59 \quad 15.27 \quad 11.10 \quad 5.00 \quad 0)^T$$

$$s2 := linanp(xt, ym, F1) \qquad s2 = \begin{pmatrix} 0.000 \\ 11.290 \end{pmatrix} \qquad ma(t) := F1(t) \cdot s2$$

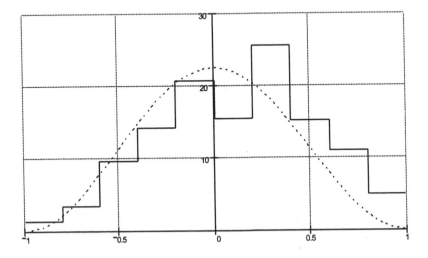

$$m(t) = 11.290 \cdot [1 + \cos(\pi \cdot t)] \qquad m_0 = 11.290 \cdot 10^5 \cdot kg \cdot m^{-1}$$

Mit den bekannten Werten c_0, m_0, ℓ und λ erhält man diese Näherungswerte:

Frequenzberechnung:	$c_0 = 3.923 \times 10^9 kN \cdot m^2$	$m_0 = 1.129 \times 10^5 \dfrac{kg}{m}$	$\ell := 134.57 \cdot m$
	$\dfrac{c_0}{m_0} = 3.475 \times 10^7 \dfrac{m^4}{s^2}$	$f1 := \dfrac{8.509}{\ell^2} \cdot \sqrt{\dfrac{c_0}{m_0}}$	$f1 = 2.8\,Hz$
		$f2 := \dfrac{32.1}{\ell^2} \cdot \sqrt{\dfrac{c_0}{m_0}}$	$f2 = 10\,Hz$

11 Mathcad: Weitere Techniken und Arbeitsblätter

11.1 Die Arbeitsblattsammlung

11.1.1 Hinweise zur Arbeitsblattsammlung

Die Mathcaddateien, aus denen Ausschnitte oder ganze Arbeitsblätter (meist eingerahmt) in den Text der Kapitel 0 bis 11 eingefügt sind, haben wir auf der mitgelieferten CD zu einer Arbeitsblatt-sammlung zusammengefasst. Da die Texteinfügungen aus Mathcad notwendigerweise nicht alle Editierungsschritte enthalten und auch gelegentlich Rechen- und Programmierteile verborgen bleiben, wird damit dem an der praktischen Arbeit mit Mathcad interessierten Leser der Zugriff auf die Arbeitsblattsammlung ermöglicht.

Die Dateien sind themenbezogen in den Ordnern KAPITEL_0 bis KAPITEL_11 abgelegt. Sie unterscheiden sich gelegentlich im Aufbau von den Texteinfügungen. Der Sammlung wurden weitere nicht im Text verwendete Dateien hinzugefügt. Entsprechend der Zielstellung gibt es reine Hilfs-dokumente, gestaltete Arbeitsblätter und auch (mit Editierungshinweisen versehene) Lehrbeispiele. Im Mittelpunkt steht die Verwendung des Computeralgebrasystems und nicht vordergründig die technisch perfekte Gestaltung der Arbeitsblätter. Trotz gewissenhafter Kontrolle können uns in den Arbeitsblättern Ungenauigkeiten und Editierungsfehler unterlaufen sein. Die Arbeitsblatt-sammlung ist in erster Linie als eine Anregung zu verstehen, den Lehrtext aktiv zu begleiten, die Dateien zu vervollkommnen oder auch eigene Arbeitsblätter zu entwerfen. Im Kapitel 11 werden unter diesem Gesichtspunkt einige spezielle Mathcadtechniken eingehender erläutert.

11.1.2 Die Arbeitsblattvorlage

Die Arbeitsblätter sind mit der Arbeitsblattvorlage VORLAGEAB.MCT erstellt worden. Diese Datei kann aus dem Ordner KAPITEL_0 in den TEMPLATE-Ordner von Mathcad 2000 kopiert werden und steht dann beim Dateiaufruf Datei/Neu... neben anderen Vorlagen zur Verfügung.

Der Anwender kann jede Mathcaddatei benutzen, um die Einstellungen für seine Arbeitsblätter zu fixieren. Häufig wählt man z. B. voreingestellte Kopf- und Fußzeilen, andere Schriftgrade oder für die Textbereiche eine anderer Farbe als visuelle Abhebung von den Rechenbereichen.

Die individuell konfigurierte Mathcaddatei wird mit der Dateierweiterung MCT versehen und als Vorlage gespeichert.

Die Voreinstellungen der VORLAGEAB.MCT können z. B. in der Datei ERSTE_SCHRITTE.MCD u. a. in folgenden Menüpunkten eingesehen werden:

- Datei/Seite einrichten ...,

- Ansicht/Einstellungen ...,

- Format/Gleichung ..., neben den <u>globalen</u> Konstanten- und Variablenformaten, deren Änderungen sich auf alle Konstanten und Variablen des Blattes auswirken, sind <u>lokale</u> Variablenformate (Zeichen fett, Zeichen groß, ...) festgelegt, die nur am betreffenden Symbol wirken,

- Format/Ergebnis ...,

- Format/Formatvorlage ..., für die Formatierung der Textbereiche,

- Format/Kopf- und Fußzeile ...,

- Rechnen/Automatisches Berechnen,

- Rechnen/Optionen ..., Einheitensystem SI, Startindex für Laufvariable ORIGIN = 1.

11.2 3D-Grafik und Animation

11.2.1 3D-Grafik

Für die räumliche Darstellung muss ein (x,y,z)-Koordinatenraster von Punkten des betreffenden Objekts in Form von Koordinatenmatrizen X, Y, Z bereitgestellt werden. Die Raumpunkte werden nach verschiedenen Gestaltungswünschen durch Interpolation verbunden. Die Grafik wird mit dem Menüpunkt Einfügen/Diagramm/... erstellt. Alternativ können aus der Rechenpalette die Diagrammschaltflächen benutzt werden. Dabei werden folgende 3D-Diagrammformen angeboten:

Flächendiagramme (speziell für Funktionen von zwei Variablen),

Umrissdiagramme = Höhenliniendarstellung einer Fläche,

Vektorfelddiagramme,

Streuungs- und Säulendiagramme (für statistische Daten).

Die letztgenannten Diagramme sind jedoch in ihrer Gestaltungsvielfalt nicht mit den Möglichkeiten spezieller Software (Excel, Axum, ...) vergleichbar.

Hilfen zur Erzeugung und Formatierung von 3D-Diagrammen bieten der 3D-Diagrammassistent aus dem Menü Einfügen/Diagramm/... , die Schaltflächen „Mathcad-Hilfe" und „Informationszentrum" sowie das Handbuch [0] an.

Verschiedenen Gestaltungsmöglichkeiten werden in folgenden Beispieldateien dargestellt:

1. FXY-FLÄCHE1.MCD. Darstellung einer Fläche $z = f(x,y)$ mit und ohne Achsenmaße.

2. FXY-FLÄCHE2.MCD. Darstellung von zwei Rotationsflächen in einem Diagramm.

3. FXY-FLÄCHE3.MCD. Darstellung einer Fläche mit Hilfe ihrer Parametergleichungen $x = x(u,v)$, $y = y(u,v)$, $z = z(u,v)$.

4. KANTENMODELL.MCD. Diese Verallgemeinerung der Darstellung ebener Polygone ist für die Veranschaulichung räumlicher Fachwerke geeignet, deren Knotenpunktkoordinaten und Kantenfolge bekannt sind. (Siehe Abschnitt **4.7.**)

5. RICHTUNGSFELD.MCD. Darstellung des Richtungsfeldes, der Isoklinen und ausgewählter Lösungskurven einer Differentialgleichung der Form $y'(x) = g(x,y)$. (Vgl. auch Abschnitt **9.1.1.**)

In den Beispielen 1 bis 4 werden Flächendiagramme gestaltet. Im Beispiel 5 wird die 3D-Darstellung benutzt, um mittels Kombination von Vektorfelddiagramm und Umrissdiagramm (in geeigneter Ansicht) eine ebene Darstellung zu gewinnen. Es empfiehlt sich, die Dateien der Beispiele zu studieren und insbesondere an den (durch Doppelklick) geöffneten Diagrammen mittels des Dialogfeldes 3D-Diagrammformat die Gestaltung nachzuvollziehen.

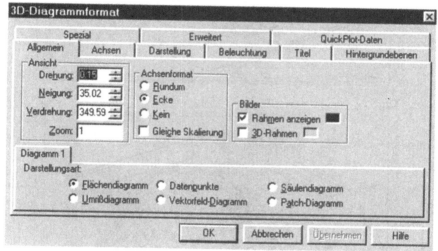

Die Ansicht der Grafik kann auch durch Ziehen mit der Maus geändert werden. Die Hintergrundfarbe des Gesamtobjekts ist mit einfachem Anklicken der rechter Maustaste (Eigenschaften...) formatierbar.

Beispiel 1. Datei FXY-FLÄCHE1.MCD

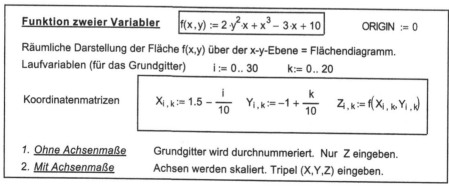

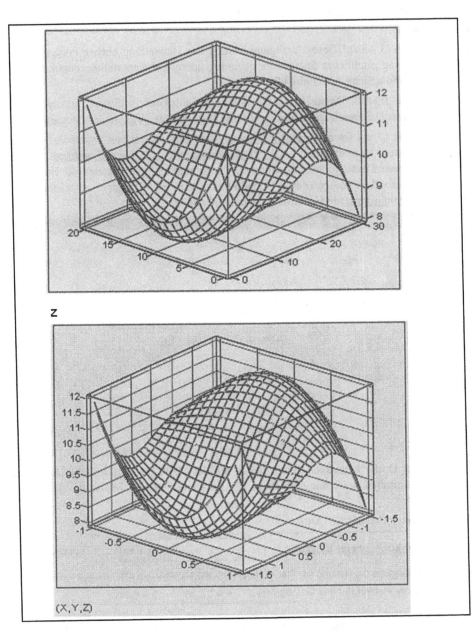

Farbgestaltung und Spezialeffekte der Grafiken können im Druckbild der Dateiausschnitte nicht dargestellt werden. Dies gilt auch für das folgende Beispiel 3.

Das Beispiel 2 übergehen wir; zum Beispiel 4 verweisen wir auf den Abschnitt **4.7**.

Beispiel 3. Datei FXY-FLÄCHE3.MCD.

Parameterflächen als Flächendiagramm $\qquad$ ORIGIN $:= 0$

Begrenzungsfläche in Parameterform

$X(u,v) := (11 + 7 \cdot \cos(v)) \cdot \cos(u)$ $\qquad$ $y(u,v) := (11 + 7 \cdot \cos(v)) \cdot \sin(u)$ $\qquad$ $Z(u,v) := 7 \cdot \sin(v)$

Grenzen: $\quad$ ua $:= 0$ $\quad$ ue $:= 1.5 \cdot \pi$ $\qquad$ va $:= 0$ $\quad$ ve $:= 2 \cdot \pi$

Laufvariable: $\quad$ n $:= 30$ $\qquad$ i $:= 0..n$ $\qquad$ $u_i := ua + (ue - ua)\dfrac{i}{n}$

$\qquad\qquad\qquad$ m $:= 25$ $\qquad$ j $:= 0..m$ $\qquad$ $v_j := va + (ve - va)\dfrac{j}{m}$

Grafikmatrizen: $\quad$ $X_{i,j} := x(u_i, v_j)$ $\qquad$ $Y_{i,j} := y(u_i, v_j)$ $\qquad$ $Z_{i,j} := z(u_i, v_j)$

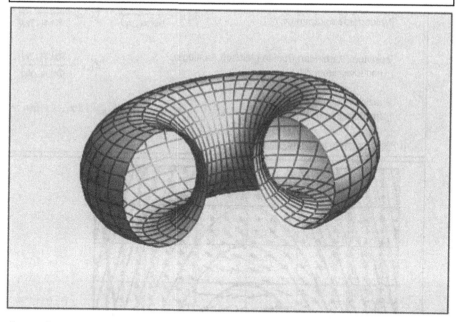

(X, Y, Z)

Im abschließenden Beispiel 5 werden mit Hilfe der 3D-Grafik für eine Differentialgleichung der Form $y'(x) = g(x,y)$ das Richtungsfeld (als Vektordiagramm), die Isoklinen und eine vom Parameter c abhängige Lösungskurve $y = f(x,c)$ (als Umrissdiagramme) dargestellt.

Beispiel 5. Datei RICHTUNGSFELD.MCD, SEITE 1.

Beispiel : Richtungsfeld der Differentialgleichung $\boxed{\dfrac{dy}{dx} = g(x,y)}$ ORIGIN := 0

Für $g(x,y) := x^2 + y$ sei die geschlossene Lösung $f(x,c) := c \cdot e^x - x^2 - 2 \cdot x - 2$
bekannt. Vgl. Datei *DGL_Programme.mcd*

Wähle die spezielle Lösung $c := 1$.

1. <u>Richtungspfeile</u>

$dx(x,y) := 1$ $dy(x,y) := g(x,y) \cdot dx(x,y)$ $ds(x,y) := \sqrt{dx(x,y)^2 + dy(x,y)^2}$

2. <u>Laufvariable und Bereiche</u>

$n := 20$ $min := -3$ $max := 3$ $d := max - min$

$i := 0 .. n$ $k := 0 .. n$ $\mathbf{x}_i := \dfrac{d}{n} \cdot i + min$ $\mathbf{y}_k := \dfrac{d}{n} \cdot k + min$

3. <u>Grafik-Matrizen</u>

Richtungspfeile(Tangentenanstiege)
[Vektorfelddiagramm (X,Y)] $X_{i,k} := \dfrac{dx(\mathbf{x}_i, \mathbf{y}_k)}{ds(\mathbf{x}_i, \mathbf{y}_k)}$ $Y_{i,k} := \dfrac{dy(\mathbf{x}_i, \mathbf{y}_k)}{ds(\mathbf{x}_i, \mathbf{y}_k)}$

Isoklinen (Verbinden Punkte gleichen Anstiegs)
[Umrißdiagramm Z] $Z_{i,k} := \dfrac{dy(\mathbf{x}_i, \mathbf{y}_k)}{dx(\mathbf{x}_i, \mathbf{y}_k)}$

Spezielle Lösungskurve
[Umrißdiagramm (U,W,V)] $U_{i,k} := i$ $V_{i,k} := k$ $W_{i,k} := (f(\mathbf{x}_i, c) - min) \dfrac{n}{d}$

4. <u>Richtungsfeld der Differentialgleichung</u>

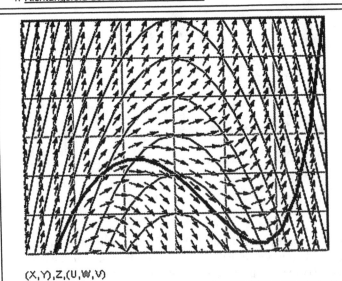

$(X,Y),Z,(U,W,V)$

11.2.2 Animation

Mathcad ermöglicht die Erzeugung einfacher <u>Animations-Clips</u> als Windows-AVI-Dateien. Die Bildfolge wird mit einer Zählvariablen FRAME gesteuert. Mit FRAME können Parameter für Grafikelemente bzw. Mathcad-Ausdrücke definiert werden, so dass deren Abhängigkeit von diesen Parametern veranschaulicht wird. Die Schritte für die Aufzeichnung und Wiedergabe eines Clips sind für das Beispiel 5 in der Datei RICHTUNGSFELD.MCD, SEITE 2 erläutert. Die zugehörigen Menüpunkte sind <u>Ansicht/Animieren/...</u> und <u>Ansicht/Wiedergeben/...</u>.

Die Seite 1 des Arbeitsblattes ist aktiv vorgelagert. Geändert wird die Vorschrift für den Parameter c, so dass in der Animation zu jedem FRAME-Wert eine Lösungskurve $f(x,c)$ im Richtungsfeld erscheint und c angezeigt wird. Das Animationsbild ist der gestrichelt umrahmte Bereich.

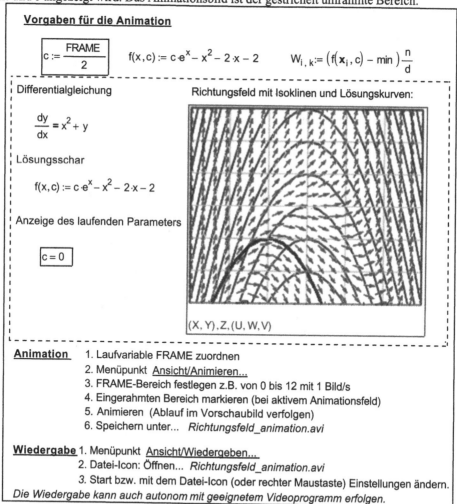

Vorgaben für die Animation

$$c := \frac{FRAME}{2} \qquad f(x,c) := c \cdot e^x - x^2 - 2 \cdot x - 2 \qquad W_{i,k} := \left(f(x_i, c) - \min \right) \frac{n}{d}$$

Differentialgleichung

$$\frac{dy}{dx} = x^2 + y$$

Lösungsschar

$$f(x,c) := c \cdot e^x - x^2 - 2 \cdot x - 2$$

Anzeige des laufenden Parameters

$c = 0$

Richtungsfeld mit Isoklinen und Lösungskurven:

$(X,Y),Z,(U,W,V)$

Animation
1. Laufvariable FRAME zuordnen
2. Menüpunkt <u>Ansicht/Animieren...</u>
3. FRAME-Bereich festlegen z.B. von 0 bis 12 mit 1 Bild/s
4. Eingerahmten Bereich markieren (bei aktivem Animationsfeld)
5. Animieren (Ablauf im Vorschaubild verfolgen)
6. Speichern unter... *Richtungsfeld_animation.avi*

Wiedergabe 1. Menüpunkt <u>Ansicht/Wiedergeben...</u>
2. Datei-Icon: Öffnen... *Richtungsfeld_animation.avi*
3. Start bzw. mit dem Datei-Icon (oder rechter Maustaste) Einstellungen ändern.
Die Wiedergabe kann auch autonom mit geeignetem Videoprogramm erfolgen.

Die erzeugte Datei RICHTUNGSFELD_ANIMATION.AVI kann in anderen Windows-Applikationen bzw. mit geeigneten Videoprogrammen abgespielt werden. Existieren derartige Programme, so genügt das Anklicken der Datei im Explorer.

Weitere Clips mit den betreffenden benannten Erzeugerdateien sind:

KANTENMODELL_ANIMATION.AVI zum schrittweisen Aufbau des Kantenmodells (Abschnitt **4.7**),

SCHORNSTEIN_ANIMATION.AVI zu den Eigenschwingungen eines Schornsteins (Abschnitt **10.4**),

NEWTONITERATIONEN_ANIMATION.MCD zum Tangentenverfahren (Abschnitt **3.5**).

Die folgenden Ausschnitte aus den Erzeugerdateien liefern "Standbilder" der Animation.

Animationsvorlage für Schornsteinschwingungen   Siehe Datei Schornstein.mcd

Schwingungsformen: $y = y_{II}(z)$ $z = \dfrac{x}{\ell}$ $z := 0, 0.05 .. 1$

$y_{III}(z) := \cosh(1.875 \cdot z) - \cos(1.875 \cdot z) - 0.734 \cdot \sinh(1.875 \cdot z) + 0.734 \cdot \sin(1.875 \cdot z)$

$y_{III.2}(z) := \cosh(4.694 \cdot z) - \cos(4.694 \cdot z) - 1.02 \cdot \sinh(4.694 \cdot z) + 1.02 \cdot \sin(4.694 \cdot z)$

Schwingungsfunktionen: $y_{III}(z,t) = y_{III}(z) \cos(2 \cdot \pi \cdot f_e \cdot t)$

$t := \dfrac{FRAME}{50}$ $0 \le FRAME \le 400$ mit 40 Bilder/s

- -

Frequenz der 1. Eigenschwingung   Frequenz der 2. Eigenschwingung
$f_{e1} := 0.64 \cdot Hz$ $f_{e2} := 4.04 \cdot Hz$

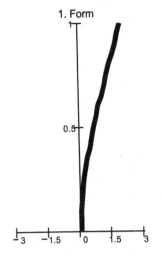

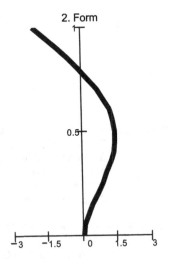

Der Schwingungsausschlag ist im Verhältnis zur Schornsteinlänge sehr stark überhöht!

- -

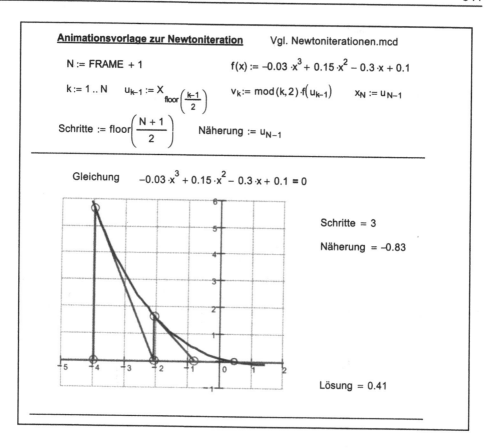

Animationsvorlage zur Newtoniteration   Vgl. Newtoniterationen.mcd

$N := FRAME + 1$ $f(x) := -0.03 \cdot x^3 + 0.15 \cdot x^2 - 0.3 \cdot x + 0.1$

$k := 1 .. N$ $u_{k-1} := X_{floor\left(\frac{k-1}{2}\right)}$ $v_k := mod(k, 2) \cdot f(u_{k-1})$ $x_N := u_{N-1}$

$Schritte := floor\left(\frac{N+1}{2}\right)$ $Näherung := u_{N-1}$

Gleichung $-0.03 \cdot x^3 + 0.15 \cdot x^2 - 0.3 \cdot x + 0.1 = 0$

Schritte = 3

Näherung = −0.83

Lösung = 0.41

11.3 Programmierung

11.3.1 Aufbau und Elemente eines Mathcad-Programms

In den Kapiteln **1** bis **10** sind in den Mathcaddateien nicht nur vordefinierte sondern auch vom Nutzer zielgerichtet programmierte Mathcadfunktionen verwendet worden.

Die Programmierung ermöglicht es dem Anwender, komplexe Ausdrücke und vor allem gesteuerte Abläufe als Variable oder Funktionen bereitzustellen. Ein Programm besteht aus einer Folge von Anweisungen, die in angegebener Reihenfolge in Abhängigkeit von den Bedingungen ein- oder mehrfach durchlaufen oder auch übergangen werden. Das Ergebnis ist in der Regel der mit der letzten Anweisung ermittelte Wert (Skalar, Vektor, Matrix, Zeichenfolge,...). Das Programm wird durch eine <u>vertikale Leiste</u> zusammengehalten und ist wie <u>ein</u> Ausdruck zu behandeln. Diesem wird ein vom Anwender gewählter Variablen- bzw. Funktionsname zugewiesen. Dabei steht der Name links vom Zuweisungszeichen :=.

Um ein Programm zu erstellen, werden aus der Rechenpalette die Symbolleisten „Programmierung" und „Boolesche Operatoren" geöffnet, (siehe Bild).

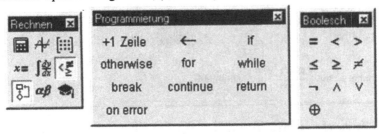

In der Leiste "Programmierung" sind die (wenigen) Programmierelemente aufgeführt. Diese sind von der Leiste abzurufen und nicht als Text einzugeben! Neben den aus den Programmiersprachen bekannten Anweisungen gibt es die Anweisung „+1 Zeile" zur schrittweisen Erzeugung der vertikalen Leiste. In komplexeren Programmen können mehrere vertikale Leisten ineinander geschachtelt sein. Man achte darauf, dass der Zuweisungspfeil ← das nicht erlaubte := ersetzt.

Zur Anschauung folgen zwei kleine Programme für die Umrechnung zwischen Polarkoordinaten (r, α) und kartesischen Koordinaten eines Punktes P(x, y). Der Winkel wird in Gradmaß gemessen. Die Ausgabe der Werte erfolgt in einem Zeilenvektor. PolarP enthält einen bedingten Abbruch.

$$\text{PolarP}(x,y) := \begin{vmatrix} r \leftarrow \sqrt{x^2 + y^2} \\ \text{return "Ursprung" if } r = 0 \\ \alpha \leftarrow \text{atan2}(x, y) \\ \alpha \leftarrow 2 \cdot \pi + \alpha \text{ if } \alpha < 0 \\ \left(r \quad \dfrac{\alpha}{\text{Grad}} \right) \end{vmatrix}$$

$$\text{KartP}(r, \alpha) := \begin{vmatrix} x \leftarrow r \cdot \cos(\alpha \cdot \text{Grad}) \\ y \leftarrow r \cdot \sin(\alpha \cdot \text{Grad}) \\ (x \quad y) \end{vmatrix}$$

$$\text{PolarP}(-3, 4) = (5 \quad 126.87)$$

$$\text{KartP}(5, 126.87) = (-3 \quad 4)$$

$$\text{PolarP}(0, 0) = \text{"Ursprung"}$$

Die Namen PolarP und KartP sollten mit keinem vordefinierten Funktionsnamen übereinstimmen.

Für numerische Auswertungen sind die in den Programmanweisungen verwendeten Variablen und Konstanten entweder im Programm selbst oder vor dem Programm zu definieren. Andernfalls sind sie in der Argumenteliste des Programmnamens aufzuführen. Das Programm ist (mit Einschränkungen) auch symbolisch auswertbar. Innerhalb des Programms sind grundsätzlich keine Operatoren des Symbolprozessors zugelassen. Über die Verwendung der Anweisungen gibt das Handbuch [0] mittels kleiner Programmbeispiele umfassend Auskunft. Zugehörige Quick-Sheets sind auch im Mathcad-Informationszentrum einzusehen. Dabei ist besonders darauf zu achten, wie das Problem der eingeschränkten Ausgabe (= Rückgabe eines Ergebnisses an nur einer Ausgabestelle im Programm) gelöst wird. Wichtig ist auch die exakte Formulierung von Bedingungen, die den Ablauf des Programms steuern.

Die in den Programmen verwendeten Bedingungen werden mit logischen Operatoren aus der Leiste „Boolesch" erzeugt. Dabei erhält eine Bedingung den Wert 1, wenn sie wahr (erfüllt) ist, und den Wert 0, wenn sie falsch ist. Bedingte Anweisungen werden dann ausgeführt, wenn die Bedingung wahr (= 1) ist. Bedingungen können logisch verknüpft werden. Die Wahrheitswerte der auf der Symbolleiste bereitgestellten Verknüpfungen sind der Tabelle zu entnehmen.

bed1	bed2	NICHT (NOT) $\neg$ bed1	UND (AND) bed1 $\wedge$ bed2	ODER (auch) (OR) bed1 $\vee$ bed2	ENTWEDER ODER (XOR) bed1 $\oplus$ bed2
1	1	0	1	1	0
1	0	0	0	1	1
0	1	1	0	1	1
0	0	1	0	0	0
andere Darstellung		(bed1=0)	(bed1)·(bed2)	(bed1)+(bed2)	

11.3.2 Beispielprogramme

In dem Ordner KAPITEL_11 sind mehrere Dateien mit Beispielprogrammen bereitgestellt. Sie dienen einerseits zur Vertiefung in programmtechnische Details, sind andererseits aber auch als Hilfen für praktische Probleme einsetzbar. Jedes Programm beinhaltet die Lösung eines mathematischen oder technischen Details.

1) NULLSTELLENSUCHE.MCD enthält das Programm suchnull zur schrittweisen Ermittlung von Nullstellen einer Funktion durch Bestimmung der Stellen mit Vorzeichenwechsel der Funktion im vorgegebenen Intervall.

2) Mit dem Programm bedwurzeln aus der Datei BED_WURZEL.MCD können Wurzeln von Polynomen ermittelt werden, die bestimmte Bedingungen erfüllen.

3) NEWTONITERATIONEN.MCD enthält das Programm newtoniterationen zur Ermittlung einer Nullstelle nach dem Newtonschen Tangentenverfahren mit Angabe aller schrittweisen Näherungswerte. Es dient gleichzeitig zur Erzeugung der zugehörigen im Abschnitt **11.2.2** behandelten Animation.

4) SCHRAFFUR.MCD und POLYFÜLL.MCD enthalten die Programme schraffur, füll1 und füll zur Schraffur und Färbung von Flächen zwischen zwei Kurven und spezieller Polygone im 2D-Diagramm. Mit den Programmen in FRAKTAL1.MCD und FRAKTAL2.MCD werden Fraktale erzeugt.

5) INTERPOLATION.MCD enthält die Programme Tafelwert und Index zur doppelten linearen Interpolation in einer Wertetabelle. Die Datei enthält mehrere OLE-Elemente (siehe **11.4**) und den Verweis auf die Datei ANPASSUNG.MCD, in der mittels verschiedener Anpassungskurven eine komplizierte Interpolationsfunktion für die betreffende Tabelle entwickelt wurde.

6) Die Datei DGL_PROGRAMME.MCD enthält die Programme VdK , TdV, LinDGL, LinDGLp1 und LinDGLp2 zur Ermittlung der analytischen Lösungen von Differentialgleichungen mittels Variation der Konstanten, Trennung der Variablen und der Verfahren für lineare DGL 2. Ordnung mit konstanten Koeffizienten. Diese Programme erleichtern wesentlich die analytische Lösung klassischer DGL-Typen und schließen eine Lücke im Angebot der Mathcad-Funktionen!

Auf einige Programme wird im Folgenden eingegangen.

1) Das Programm suchnull dient vorwiegend zur Demonstration verschiedener Programmierelemente und konkurriert nicht mit den von Mathcad bereitgestellten numerischen und symbolischen Lösungsmöglichkeiten, (vgl. Abschnitt **3.3**). Das Intervall [a,b] ist in n Teileintervalle zerlegt. Wird in einem Teilintervall ein Vorzeichenwechsel festgestellt, so dient das linke Intervallende als Näherung einer Nullstelle. Es wird eine stetige Funktion mit isolierten Schnittpunkten vorausgesetzt. Berührungspunkte werden aber nicht erkannt. Der Programmlösung ist in der Datei zum Vergleich die symbolische Lösung und eine interessante grafische Methode beigefügt. In der Datei ist auch die schrittweise Erzeugung des Programms dargestellt.

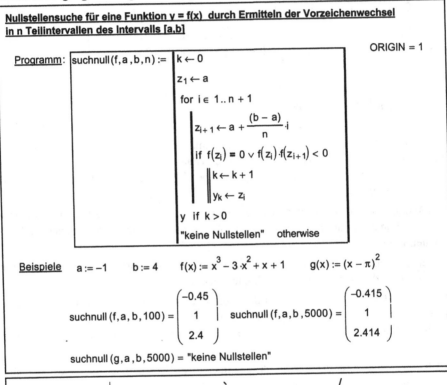

Nullstellensuche für eine Funktion y = f(x) durch Ermitteln der Vorzeichenwechsel in n Teilintervallen des Intervalls [a,b]

ORIGIN = 1

Programm: $\text{suchnull}(f,a,b,n) :=$
$$k \leftarrow 0$$
$$z_1 \leftarrow a$$
$$\text{for } i \in 1..n+1$$
$$\quad z_{i+1} \leftarrow a + \frac{(b-a)}{n} \cdot i$$
$$\quad \text{if } f(z_i) = 0 \vee f(z_i) \cdot f(z_{i+1}) < 0$$
$$\quad\quad k \leftarrow k+1$$
$$\quad\quad y_k \leftarrow z_i$$
$$y \text{ if } k > 0$$
$$\text{"keine Nullstellen"} \quad \text{otherwise}$$

Beispiele $\quad a := -1 \quad\quad b := 4 \quad\quad f(x) := x^3 - 3 \cdot x^2 + x + 1 \quad\quad g(x) := (x - \pi)^2$

$$\text{suchnull}(f,a,b,100) = \begin{pmatrix} -0.45 \\ 1 \\ 2.4 \end{pmatrix} \quad\quad \text{suchnull}(f,a,b,5000) = \begin{pmatrix} -0.415 \\ 1 \\ 2.414 \end{pmatrix}$$

$$\text{suchnull}(g,a,b,5000) = \text{"keine Nullstellen"}$$

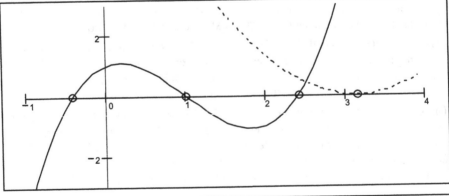

<u>*Grafische Nullstellensuche für f(x)*</u>

Grafik anklicken, rechte Maustaste: <u>Koordinaten ablesen...</u> , Suchkreuz ziehen,
X und Y kopieren und einfügen.

$x_1 := -0.415$ $\qquad$ $x_2 := 0.999$ $\qquad$ $x_3 := 2.425$

$y_1 := -0.0031484$ $\qquad$ $y_2 := 0.002$ $\qquad$ $y_3 := 0.043641$

<u>*Zum Vergleich*</u> $\qquad$ f(x) auflösen, x $\rightarrow \begin{pmatrix} 1 \\ \sqrt{2}+1 \\ 1-\sqrt{2} \end{pmatrix}$ $\qquad$ g(x) auflösen, x $\rightarrow \begin{pmatrix} \pi \\ \pi \end{pmatrix}$ **!!**

2) Aus der Menge der Wurzeln eines Polynoms erfolgt mit bedwurzeln eine Auswahl nach bestimmten Bedingungen. Dies ist ein Beispiel für die logische Verknüpfung von Bedingungen.

Ermittlung der Wurzeln eines Polynoms, die vorgegebene Bedingungen erfüllen

Programm $\qquad$ bedwurzeln(v, bed) := $\quad$ z ← nullstellen(v)

$\qquad\qquad\qquad\qquad\qquad\qquad\quad$ k ← 0

$\qquad\qquad\qquad\qquad\qquad\qquad\quad$ for i ∈ 1..länge(z)

$\qquad\qquad\qquad\qquad\qquad\qquad\qquad$ if bed(z_i)

$\qquad\qquad\qquad\qquad\qquad\qquad\qquad\qquad$ $y_{k+1} ← z_i$

$\qquad\qquad\qquad\qquad\qquad\qquad\qquad\qquad$ k ← k+1

$\qquad\qquad\qquad\qquad\qquad\qquad\quad$ "keine Wurzeln dieser Bedingung" $\quad$ if k = 0

$\qquad\qquad\qquad\qquad\qquad\qquad\quad$ y $\quad$ otherwise

<u>*Beispiel*</u> $\quad$ Polynom $\qquad$ $P(x) := 2 \cdot x^5 + 9 \cdot x^4 + 20 \cdot x^3 + 93 \cdot x^2 + 230 \cdot x + 150$

<u>Koeffizientenvektor</u> $\qquad\qquad\qquad$ <u>Bedingungen für die Wurzeln</u>

$v := P(x) \text{ koeff}, x \rightarrow \begin{pmatrix} 150 \\ 230 \\ 93 \\ 20 \\ 9 \\ 2 \end{pmatrix}$

reell(w) := Im(w) = 0 $\qquad$ kompl(w) := ¬reell(w)

ganz(w) := reell(w) ∧ $\left(\left|w - \text{rund}(w)\right| < 10^{-6}\right)$

$\qquad\qquad\qquad\qquad\qquad$ *Rechentoleranz*

positiv(w) := reell(w) ∧ (w > 0)

bed(w) := (Im(w) ≤ −2) ∨ (Re(w) ≤ −2)

<u>Ausgabe</u>

$\text{nullstellen}(v) = \begin{pmatrix} -3 \\ -2.5 \\ -1 \\ 1-3i \\ 1+3i \end{pmatrix}$

$\text{bedwurzeln}(v, \text{reell}) = \begin{pmatrix} -3 \\ -2.5 \\ -1 \end{pmatrix}$ $\quad$ $\text{bedwurzeln}(v, \text{kompl}) = \begin{pmatrix} 1-3i \\ 1+3i \end{pmatrix}$

$\text{bedwurzeln}(v, \text{ganz}) = \begin{pmatrix} -3 \\ -1 \end{pmatrix}$ $\quad$ $\text{bedwurzeln}(v, \text{bed}) = \begin{pmatrix} -3 \\ -2.5 \\ 1-3i \end{pmatrix}$

$\text{bedwurzeln}(v, \text{positiv}) = $ "keine Wurzeln dieser Bedingung"

3) Der für die Animation des Newtonverfahrens (Abschnitt **11.2.2**) benötigte Iterationenvektor X wurde mit dem Programm newtoniterationen aus der Datei NEWTONITERATIONEN.MCD erzeugt.

Newton-Iteration: Programm   ORIGIN:= 0

Gesucht werden die Iterationswerte x_k nach dem Newton-Verfahren mit $f(x_k) \to 0$.

1. <u>Gleichung</u> $f(x) := -0.03 \cdot x^3 + 0.15 \cdot x^2 - 0.3 \cdot x + 0.1$ 2. <u>Anfangswert</u> $x_{anfg} := -4$

3. <u>Maximale Zahl der Iterationen</u> $n := 10$ 3. <u>Genauigkeit</u> $eps := 10^{-4}$

---

5. Iterationsprogramm

$$\text{newtoniterationen}\left(f, x_{anfg}, n, eps\right) :=$$

$$z \leftarrow x_0 \leftarrow x_{anfg}$$

$$\text{return "neuer Anfangswert" if } \left| \frac{f(z) \cdot \frac{d^2}{dz^2} f(z)}{\left(\frac{d}{dz} f(z)\right)^2} \right| \geq 1$$

$$k \leftarrow 1$$

$$\text{while } k \leq n$$

$$z \leftarrow z - \frac{f(z)}{\frac{d}{dz} f(z)}$$

$$x_k \leftarrow z$$

$$\text{break if } |f(x_k)| < eps$$

$$k \leftarrow k + 1$$

$$x$$

6. Vektoren der Iterationen $X := \text{newtoniterationen}\left(f, x_{anfg}, n, eps\right)$

$$X = \begin{pmatrix} -4 \\ -2.088435 \\ -0.8345 \\ -0.064152 \\ 0.310894 \\ 0.405257 \\ 0.41075 \end{pmatrix} \qquad f(X) = \begin{pmatrix} 5.62 \\ 1.65403 \\ 0.472243 \\ 0.119871 \\ 0.020328 \\ 0.001061 \\ 0.000003 \end{pmatrix}$$

Achte auf Anfangswert: newtoniterationen $(f, 3, n, eps) = $ "neuer Anfangswert"

Der mathematische Hintergrund des Verfahrens ist im Abschnitt **3.5.2** dargelegt.

4) Schraffuren und farbige Ausfüllungen für ebene Figuren sind in Mathcad nicht vorgesehen. Dieser Mangel kann mit kleinen Programmen teilweise behoben werden. Mit schraffur wird zwischen zwei Kurven in Form eines Polygonzugs eine senkrechte Schraffur bestimmter Strichzahl hergestellt. Die begrenzenden „Kurven" können auch durch linterp erzeugte Polygonzüge sein, so dass die Schraffur auch für Polygonen möglich ist. Durch Drehung des Polygons sind schräge Schraffuren möglich.

Das Programm benutzt die Modulofunktion $\mod(x,y)$ zur Bestimmung des Rests bei der Ganzzahldivision x/y und die Bedingungsfunktion $\text{wenn}(bed,A,B)$, die für $bed = 1$ die Anweisung A ausführt und für $bed = 0$ die Anweisung B.

1. Beispiel aus der Datei SCHRAFFUR.MCD.

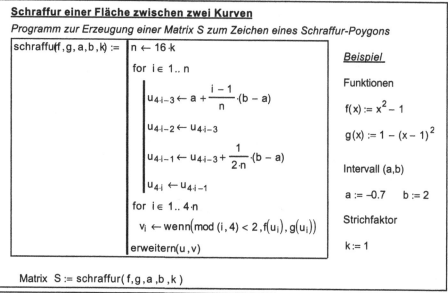

Schraffur einer Fläche zwischen zwei Kurven

Programm zur Erzeugung einer Matrix S zum Zeichnen eines Schraffur-Poygons

$\text{schraffu}(f,g,a,b,k) :=$

$\quad n \leftarrow 16 \cdot k$

$\quad \text{for } i \in 1..n$

$\qquad u_{4 \cdot i - 3} \leftarrow a + \dfrac{i-1}{n} \cdot (b-a)$

$\qquad u_{4 \cdot i - 2} \leftarrow u_{4 \cdot i - 3}$

$\qquad u_{4 \cdot i - 1} \leftarrow u_{4 \cdot i - 3} + \dfrac{1}{2 \cdot n} \cdot (b-a)$

$\qquad u_{4 \cdot i} \leftarrow u_{4 \cdot i - 1}$

$\quad \text{for } i \in 1..4 \cdot n$

$\qquad v_i \leftarrow \text{wenn}(\mod(i,4) < 2, f(u_i), g(u_i))$

$\quad \text{erweitern}(u,v)$

Beispiel

Funktionen

$f(x) := x^2 - 1$

$g(x) := 1 - (x-1)^2$

Intervall (a,b)

$a := -0.7 \qquad b := 2$

Strichfaktor

$k := 1$

Matrix $S := \text{schraffur}(f,g,a,b,k)$

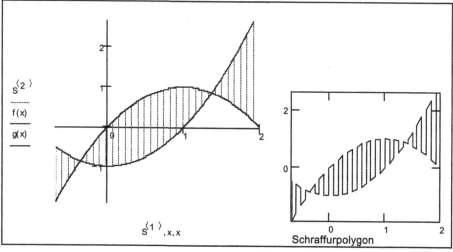

Schraffurpolygon

2. Beispiel aus der Datei SCHRAFFUR.MCD.

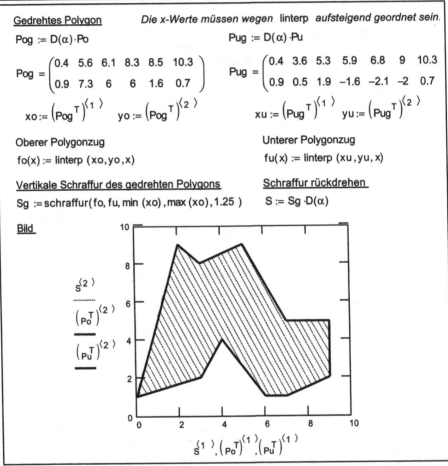

Schraffur nach Drehen einer Polygonfläche

Obere Punktematrix   Untere Punktematrix   Drehmatrix $\alpha := -25 \cdot$ Grad

$$Po := \begin{pmatrix} 0 & 2 & 3 & 5 & 7 & 9 \\ 1 & 9 & 8 & 9 & 5 & 5 \end{pmatrix} \qquad Pu := \begin{pmatrix} 0 & 3 & 4 & 6 & 7 & 9 & 9 \\ 1 & 2 & 4 & 1 & 1 & 2 & 5 \end{pmatrix} \qquad D(\alpha) := \begin{pmatrix} \cos(\alpha) & -\sin(\alpha) \\ \sin(\alpha) & \cos(\alpha) \end{pmatrix}$$

Gedrehtes Polygon   *Die x-Werte müssen wegen* linterp *aufsteigend geordnet sein.*

$Pog := D(\alpha) \cdot Po$ $Pug := D(\alpha) \cdot Pu$

$$Pog = \begin{pmatrix} 0.4 & 5.6 & 6.1 & 8.3 & 8.5 & 10.3 \\ 0.9 & 7.3 & 6 & 6 & 1.6 & 0.7 \end{pmatrix} \qquad Pug = \begin{pmatrix} 0.4 & 3.6 & 5.3 & 5.9 & 6.8 & 9 & 10.3 \\ 0.9 & 0.5 & 1.9 & -1.6 & -2.1 & -2 & 0.7 \end{pmatrix}$$

$xo := \left(Pog^T\right)^{\langle 1 \rangle} \qquad yo := \left(Pog^T\right)^{\langle 2 \rangle}$ $xu := \left(Pug^T\right)^{\langle 1 \rangle} \qquad yu := \left(Pug^T\right)^{\langle 2 \rangle}$

Oberer Polygonzug   Unterer Polygonzug

$fo(x) := $ linterp (xo, yo, x) $fu(x) := $ linterp (xu, yu, x)

Vertikale Schraffur des gedrehten Polygons   Schraffur rückdrehen

$Sg := $ schraffur$(fo, fu, \min(xo), \max(xo), 1.25)$ $S := Sg \cdot D(\alpha)$

Bild

5) An einer Bemessungstabelle[1] (M) zur Bestimmung des bezogenen Moments (ξ) aus Bewehrungsgehalt (x) und bezogener Normalkraft (y) wird die Funktion $z = $ Tafelwert(M,x,y) zur doppelten Interpolation demonstriert. Das Programm benutzt das Unterprogramm Index(M,x,y) für die Ermittlung der Spalten- und Zeileneingänge.

---

[1] SCHNEIDER, Bautabellen 9.Aufl., S. 5.127 Tafel IV,17

Der Dateiauszug von INTERPOLATION.MCD *enthält einige OLE-Elemente. Vgl. Abschnitt* **11.4.**

Tabellenwerte ablesen (mit doppelter linearer Interpolation)

Beispiel Ermittlung des bezogenen Moments zur Berechnung der Verformung von
Druckstäben   (**Tabelle** aus *Schneider; Bautabellen*)

Hyperlink zur Datei OLE-Tabelle.xls.

M :=

C:\..\OLE_Tabelle.xls   ◄── *Einlesen der Tabelle aus der Datei.*

<u>Auszug</u> aus der Tabelle M

Zeile1 = x-Wert   Spalte 1 = y-Wert   Tabellenwert = z
Bewehrungsgehalt   Bezogene Normalkraft   Bezogenes Moment

		0.1	0.2	0.3	0.4	0.5	0.6	0.7
	0	234	449	653	852	1046	1238	1426
	-0.02	314	522	722	917	1109	1297	1484
	-0.04	391	593	789	980	1168	1354	1540
M =	-0.06	463	660	851	1039	1225	1410	1595
	-0.08	531	723	910	1095	1280	1464	1649
	-0.1	594	780	965	1149	1333	1518	1698
	-0.15	726	906	1080	1251	1420	1588	1755

Verweis auf Programmbibliothek und Datei Anpassung.mcd

➡ Übersicht:C:\oledokumente\Programmbibliothek.mcd

➡ Übersicht:C:\oledokumente\Anpassung.mcd

<u>Ermittlung interpolierter Tafelwerte</u>

Tafelwert(M , 0.4 , –0.08) = 1095   Tafelwert(M , 0.6 , –0.12) = 1546
Tafelwert(M , 0.31 , 0) = 673   Tafelwert(M , 0.44 , –0.13) = 1280

Tafelwert(M , 0.31 , 0.2) = ▪▪   Tafelwert(M , 0.05 , –0.12) = ▪▪

[außerhalb]   [außerhalb]

Die in der Datei ANPASSUNG.MCD (als „Übung") entwickelte Interpolationsformel liefert folgende Näherungswerte.

$$z(x,y) = a(y) \cdot x^{b(y)} + c(y) \qquad a, b, c \text{ sind Polynome 3. Grades in y}$$

$$z(0.4 , –0.08) = 1111 \qquad z(0.6 , –0.12) = 1549$$
$$z(0.31 , 0) = 656 \qquad z(0.44 , –0.13) = 1286$$

Die zugehörigen Programme zur Tafelinterpolation:

$$
\begin{array}{l|l}
\text{Index}(M,x,y) := & i \leftarrow j \leftarrow 2 \\
& dx \leftarrow M_{1,3} - M_{1,2} \\
& dy \leftarrow M_{3,1} - M_{2,1} \\
& \text{while} \left[(x > M_{1,j}) \cdot (dx > 0) \vee (x < M_{1,j}) \cdot (dx < 0) \right] \\
& \quad j \leftarrow j + 1 \\
& \text{while} \left[(y > M_{i,1}) \cdot (dy > 0) \vee (y < M_{i,1}) \cdot (dy < 0) \right] \\
& \quad i \leftarrow i + 1 \\
& \begin{pmatrix} j - 1 \\ i - 1 \end{pmatrix}
\end{array}
$$

$$
\begin{array}{l|l}
\text{Tafelwert}(M,x,y) := & a \leftarrow \text{Index}(M,x,y)_1 \\
& b \leftarrow \text{Index}(M,x,y)_2 \\
& \text{Fehler}(\text{"außerhalb"}) \text{ if } (x \neq M_{1,2} \wedge a = 1) \vee (y \neq M_{2,1} \wedge b = 1) \\
& kx \leftarrow \dfrac{x - M_{1,a}}{M_{1,a+1} - M_{1,a}} \\
& ky \leftarrow \dfrac{y - M_{b,1}}{M_{b+1,1} - M_{b,1}} \\
& kx \leftarrow 1 \text{ if } a = 1 \\
& ky \leftarrow 1 \text{ if } b = 1 \\
& u \leftarrow M_{b,a} + (M_{b,a+1} - M_{b,a}) \cdot kx \\
& v \leftarrow M_{b+1,a} + (M_{b+1,a+1} - M_{b+1,a}) \cdot kx \\
& z \leftarrow u + (v - u) \cdot ky
\end{array}
$$

6) In der Datei DGL_PROGRAMME.MCD sind Programme vereint, die es ermöglichen für spezielle, in der Praxis häufig auftretende Differentialgleichungen (DGL) geschlossene analytische Lösungen zu ermitteln. Die mathematischen Grundlagen sind aus dem Kapitel **9** bekannt.

DGL 1. Ordnung.

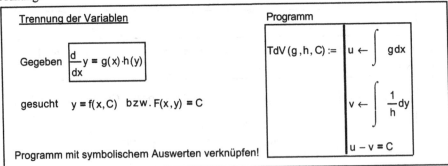

Variation der Konstanten　　　　　　　Programm

Gegeben　$\dfrac{d}{dx}y + g(x)\cdot y + h(x) = 0$　　　$VdK(g,h,C) := \begin{vmatrix} v \leftarrow e^{-\int g\,dx} \\[2ex] u \leftarrow -\int \dfrac{h}{v}\,dx \\[2ex] (u + C)\cdot v \end{vmatrix}$

gesucht　　$y = f(x,C)$

Programm mit symbolischem Auswerten verknüpfen!

Beispiele:

a)　$\dfrac{d}{dx}y = x\cdot y^2$　　$f_a(x,C) := TdV\big(x, y^2, C\big)$ auflösen, y　$\rightarrow \dfrac{-2}{\big(x^2 - 2\cdot C\big)}$　　$f_a(x,0) \rightarrow \dfrac{-2}{x^2}$

b)　$\dfrac{d}{dx}y = \dfrac{2\cdot a\cdot x}{-2\cdot b\cdot y}$　　$TdV\left(2\cdot a\cdot x, \dfrac{1}{-2\cdot b\cdot y}, C\right) \rightarrow a\cdot x^2 + b\cdot y^2 = C$　　Ellipse

c)　$\dfrac{d}{dx}y = K\cdot(y - a)\cdot y$　　$f_c(x,K,a,C) := TdV[1, K\cdot y\cdot(a - y), C]$　　Logistische DGL

　　$f_c(x,K,a,C) \begin{vmatrix} \text{auflösen, y} \\ \text{vereinfachen} \end{vmatrix} \rightarrow \dfrac{a}{[\,1 + \exp[K\cdot a\cdot(x - C)]\,]}\cdot \exp[K\cdot a\cdot(x - C)]$

　　Erweitere mit $\exp[-K\cdot a\cdot(x - C)]$, setze $\exp(K\cdot a\cdot C) = b$, $K\cdot a = c$ ---> Abschnitt 8.6.2.

d)　$\dfrac{d}{dx}y = \dfrac{x}{1 + y^4}$　　$TdV\left(x, \dfrac{1}{1 + y^4}, C\right) \rightarrow \dfrac{1}{2}x^2 - y - \dfrac{1}{5}\cdot y^5 = C$

　　　　　　　　　　　　　　　　　　　　　　　　　　Auflösen nach y versagt!

e)　$\dfrac{d}{dx}y + x\cdot y = 0$　　$TdV(-x, y, C)$ auflösen, y　$\rightarrow \exp\left(\dfrac{-1}{2}\cdot x^2 - C\right)$

　　　　　　oder

　　　　　$f_e(x,C) := VdK(x,0,C)$ vereinfachen　$\rightarrow C\cdot \exp\left(\dfrac{-1}{2}\cdot x^2\right)$

f)　$\dfrac{d}{dx}y + (-1)\cdot y - x^2 = 0$　　Vgl. Datei *Richtungsfeld.mcd* !

　　　　　$f(x,C) := VdK\big(-1, -x^2, C\big)$ faktor　$\rightarrow -x^2 - 2\cdot x - 2 + C\cdot \exp(x)$

Parameterabhängige
Lösungskurven

C = 0, 1, 2, 3

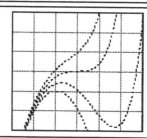

Lineare DGL 2. Ordnung mit konstanten Koeffizienten. (Programme am Ende des Abschnitts.)

<u>Gegeben</u> Inhomogene DGL $\boxed{\dfrac{d^2}{dx^2}y + a\cdot\left(\dfrac{d}{dx}y\right) + b\cdot y = g(x)}$ mit den Störgliedern

1) $\boxed{g(x) = r\cdot x^2 + p\cdot x + q}$ 2) $\boxed{g(x) = \left(r\cdot x^2 + p\cdot x + q\right)\cdot e^{c\cdot x}\cdot\sin(\beta\cdot x + \alpha)}$

<u>Gesucht</u> Lösung der homog. DGL $\boxed{y_h = f_h(x,A,B)}$ und partikuläre Lösung $\boxed{y_p = f p(x)}$

<u>Lösungsfunktionen</u>

$$y_h = \text{LinDGL}(x,a,b)$$

$$y_{p1} = \text{LinDGLp1}(x,a,b,r,p,q) \qquad y_{p2} = \text{LinDGLp2}(x,a,b,r,p,q,c,\beta,\alpha)$$

a) $\dfrac{d^2}{dx^2}y + 2\cdot\left(\dfrac{d}{dx}y\right) + 5\cdot y = 4\cdot e^{-x}\cdot\sin(2\cdot x)$

Homogene Lösung $h(x,A,B) := \text{LinDGL}(x,2,5) \rightarrow \exp(-x)\cdot(A\cdot\sin(2\cdot x) + B\cdot\cos(2\cdot x))$

Partikuläre Lösung $p(x) := \text{LinDGLp2}(x,2,5,0,0,4,-1,2,0) \rightarrow -x\cdot\exp(-x)\cdot\cos(2\cdot x)$

Allgemeine Lösung $fa(x,A,B) := h(x,A,B) + p(x)$

Spezielle Lösungskurven $A0 := 0.4 \qquad B0 := 0.3$

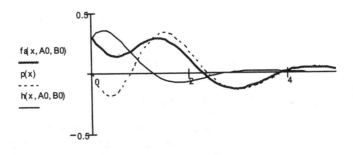

Proben $\dfrac{d^2}{dx^2}h(x,A,B) + 2\cdot\left(\dfrac{d}{dx}h(x,A,B)\right) + 5\cdot h(x,A,B)$ vereinfachen $\rightarrow 0$

$\dfrac{d^2}{dx^2}p(x) + 2\cdot\left(\dfrac{d}{dx}p(x)\right) + 5\cdot p(x)$ vereinfachen $\rightarrow 4\cdot\exp(-x)\cdot\sin(2\cdot x)$

b) $\dfrac{d^2}{dx^2}y + 4\cdot\left(\dfrac{d}{dx}y\right) + 4\cdot y = x^2 + 1$

$f_b(x,A,B) := \text{LinDGLp1}(x,4,4,1,0,1)\ \ldots \to \dfrac{1}{4}\cdot x^2 - \dfrac{1}{2}\cdot x + \dfrac{5}{8} + \exp(-2\cdot x)\cdot(A\cdot x + B)$
$\qquad\qquad\qquad + \text{LinDGL}(x,4,4)$

c) $\dfrac{d^2}{dx^2}y + 2\cdot\left(\dfrac{d}{dx}y\right) - 3\cdot y = \sin(x)$

$f_c(x,A,B) := \text{LinDGLp2}(x,2,-3,0,0,1,0,1,0)\ \ldots \to \dfrac{-1}{5}\cdot\sin(x) - \dfrac{1}{10}\cdot\cos(x)\ \ldots$
$\qquad\qquad\qquad + \text{LinDGL}(x,2,-3)$
$\qquad\qquad\qquad\qquad\qquad\qquad\qquad + A\cdot\exp(-3\cdot x) + B\cdot\exp(x)$

d) $\dfrac{d^2}{dx^2}y + 2\cdot\left(\dfrac{d}{dx}y\right) + y = 4\cdot e^{-x}$ $\qquad$ Setze $\sin\left(0\cdot x + \dfrac{\pi}{2}\right) = 1$.

$\text{LinDGL}(x,2,1) + \text{LinDGLp2}\left(x,2,1,0,0,4,-1,0,\dfrac{\pi}{2}\right) \to \exp(-x)\cdot(A\cdot x + B) + 2\cdot x^2\cdot\exp(-x)$

e) $\dfrac{d^2}{dx^2}y - \dfrac{d}{dx}y - 2\cdot y = 4\cdot x^2\cdot e^{-x}$

$\text{LinDGLp2}\left(x,-1,-2,4,0,0,-1,0,\dfrac{\pi}{2}\right) \to \left(\dfrac{-4}{9}\cdot x^3 - \dfrac{4}{9}\cdot x^2 - \dfrac{8}{27}\cdot x - \dfrac{1}{2}\right)\cdot\exp(-x)$

f) $\left(\dfrac{d^2}{dx^2}y\right) = x^2\cdot\cos(x)$

$\text{LinDGL}(x,0,0)\ \ldots$ $\qquad\qquad\qquad \to A\cdot x + B + \left(-x^2 + 6\right)\cdot\cos(x) + 4\cdot x\cdot\sin(x)$
$+ \text{LinDGLp2}\left(x,0,0,1,0,0,0,1,\dfrac{\pi}{2}\right)$

Die partikuläre Lösung erhält man hier auch durch zweifache Integration des Störglieds

$$\int\int x^2\cdot\cos(x)\,dx\,dx \to -\cos(x)\cdot x^2 + 6\cdot\cos(x) + 4\cdot x\cdot\sin(x)$$

g) $\dfrac{d^2}{dx^2}y + 2\cdot\left(\dfrac{d}{dx}y\right) + y = \left(4\cdot x^2 + 4\right)\cdot e^{-x}$

$y_p := \text{LinDGLp2}\left(x,2,1,4,0,4,-1,0,\dfrac{\pi}{2}\right) \to \left(\dfrac{1}{3}\cdot x^4 + 2\cdot x^2\right)\cdot\exp(-x)$

$\qquad$ Probe $\qquad \dfrac{d^2}{dx^2}y_p + 2\cdot\left(\dfrac{d}{dx}y_p\right) + y_p \to \left(4\cdot x^2 + 4\right)\cdot\exp(-x)$

Die Programme führen Fallunterscheidungen durch, ob c eine Nullstelle der charakteristischen Gleichung $\lambda^2 + a \cdot \lambda + b = 0$ ist oder nicht. Das Unterprogramm up behandelt den Fall $\beta = 0$, wenn c eine Nullstelle ist. Statt des Programms LinDGLp1 kann auch LinDGLp2 verwendet werden mit den Setzungen $c = 0$, $\beta = 0$ und $\alpha = \pi/2$.

$$
\begin{array}{l|l}
\text{LinDGL}\ (x, a, b) := & d \leftarrow a^2 - 4 \cdot b \\[2mm]
& F \leftarrow e^{\frac{-a}{2} \cdot x} \cdot \left(A \cdot \sin\left(\frac{\sqrt{-d}}{2} \cdot x \right) + B \cdot \cos\left(\frac{\sqrt{-d}}{2} \cdot x \right) \right) \quad \text{if}\ \ d < 0 \\[4mm]
& F \leftarrow e^{\frac{-a}{2} \cdot x} \cdot (A \cdot x + B) \quad \text{if}\ \ d = 0 \\[4mm]
& F \leftarrow A \cdot e^{\left(\frac{-a - \sqrt{d}}{2} \right) \cdot x} + B \cdot e^{\left(\frac{-a + \sqrt{d}}{2} \right) \cdot x} \quad \text{otherwise} \\[4mm]
& F
\end{array}
$$

$$
\begin{array}{l|l}
\text{LinDGLp1}\ (x, a, b, r, p, q) := & \text{return}\ \ \dfrac{1}{12} \cdot r \cdot x^4 + \dfrac{1}{6} \cdot p \cdot x^3 + \dfrac{1}{2} \cdot q \cdot x^2 \quad \text{if}\ \ |a| + |b| = 0 \\[4mm]
& \text{if}\ \ b \neq 0 \\[2mm]
& \qquad w \leftarrow \dfrac{q - 2 \cdot u - a \cdot v}{b},\ v \leftarrow \dfrac{p - 2 \cdot a \cdot u}{b},\ u \leftarrow \dfrac{r}{b} \\[4mm]
& \qquad F \leftarrow u \cdot x^2 + v \cdot x + w \\[2mm]
& \text{otherwise} \\[2mm]
& \qquad w \leftarrow \dfrac{q - 2 \cdot v}{a},\ v \leftarrow \dfrac{p - 6 \cdot u}{2 \cdot a},\ u \leftarrow \dfrac{r}{3 \cdot a} \\[4mm]
& \qquad F \leftarrow u \cdot x^3 + v \cdot x^2 + w \cdot x \\[2mm]
& F
\end{array}
$$

$$
\begin{array}{l|l}
\text{up}\ (x, a, b, r, p, q, c, \alpha, B) \equiv & F \leftarrow \dfrac{r}{12} \cdot x^4 + \dfrac{p}{6} \cdot x^3 + \dfrac{q}{2} \cdot x^2 \quad \text{if}\ \ B = 0 \\[4mm]
& \text{otherwise} \\[2mm]
& \qquad z \leftarrow p \cdot B - 2 \cdot r \\[2mm]
& \qquad u3 \leftarrow \dfrac{r}{3 \cdot B},\ u2 \leftarrow \dfrac{z}{2 \cdot B^2} \\[4mm]
& \qquad u1 \leftarrow \dfrac{-q \cdot B^2 - z}{B^3},\ u0 \leftarrow \dfrac{z - q \cdot B^2}{b^4} \\[4mm]
& \qquad F \leftarrow u3 \cdot x^3 + u2 \cdot x^2 + u1 \cdot x + u0 \\[2mm]
& F \leftarrow F \cdot e^{c \cdot x} \cdot \sin(\alpha)
\end{array}
$$

$$
\begin{aligned}
&\text{LinDGLp2 }(x,a,b,r,p,q,c,\beta,\alpha) := \bigg| N \leftarrow A^2 + (\beta \cdot B)^2, A \leftarrow c^2 - \beta^2 + a \cdot c + b, B \leftarrow 2 \cdot c + a \\
&\qquad\qquad\qquad\qquad\qquad\quad \text{if } N \neq 0 \\
&\qquad\qquad\qquad\qquad\qquad\quad \bigg| C \leftarrow \frac{A}{N}, D \leftarrow \frac{B \cdot \beta}{N} \\
&\qquad\qquad\qquad\qquad\qquad\quad\quad u2 \leftarrow C \cdot r, v2 \leftarrow -D \cdot r \\
&\qquad\qquad\qquad\qquad\qquad\quad\quad K \leftarrow p - 2 \cdot B \cdot u2 + 4 \cdot \beta \cdot v2, L \leftarrow 4 \cdot \beta \cdot u2 + 2 \cdot B \cdot v2 \\
&\qquad\qquad\qquad\qquad\qquad\quad\quad u1 \leftarrow K \cdot C - L \cdot D, v1 \leftarrow -K \cdot D - L \cdot C \\
&\qquad\qquad\qquad\qquad\qquad\quad\quad G \leftarrow q - 2 \cdot u2 - B \cdot u1 + 2 \cdot \beta \cdot v1 \\
&\qquad\qquad\qquad\qquad\qquad\quad\quad H \leftarrow 2 \cdot \beta \cdot u1 + 2 \cdot v2 + B \cdot v1 \\
&\qquad\qquad\qquad\qquad\qquad\quad\quad u0 \leftarrow G \cdot C - H \cdot D, v0 \leftarrow -G \cdot D - H \cdot C \\
&\qquad\qquad\qquad\qquad\qquad\quad \text{otherwise} \\
&\qquad\qquad\qquad\qquad\qquad\quad \bigg| \text{if } \beta = 0 \\
&\qquad\qquad\qquad\qquad\qquad\quad\quad \bigg| F \leftarrow up(x,a,b,r,p,q,c,\alpha,B) \\
&\qquad\qquad\qquad\qquad\qquad\quad\quad\quad \text{break} \\
&\qquad\qquad\qquad\qquad\qquad\quad\quad u2 \leftarrow 0, u1 \leftarrow \frac{-3 \cdot v2}{2 \cdot \beta}, v2 \leftarrow \frac{-r}{6 \cdot \beta} \\
&\qquad\qquad\qquad\qquad\qquad\quad\quad u0 \leftarrow \frac{-v1}{\beta}, v1 \leftarrow \frac{p + 2 \cdot \beta \cdot v2}{-4 \cdot \beta}, v0 \leftarrow \frac{q - 2 \cdot u1}{-2 \cdot \beta} \\
&\qquad\qquad\qquad\qquad\qquad\quad F \leftarrow \left(u2 \cdot x^2 + u1 \cdot x + u0\right) \cdot \sin(\beta \cdot x + \alpha) \\
&\qquad\qquad\qquad\qquad\qquad\quad F \leftarrow e^{c \cdot x}\left[F + \left(v2 \cdot x^2 + v1 \cdot x + v0\right) \cdot \cos(\beta \cdot x + \alpha)\right] \\
&\qquad\qquad\qquad\qquad\qquad\quad F \leftarrow x \cdot F \text{ if } N = 0 \\
&\qquad\qquad\qquad\qquad\qquad\quad F
\end{aligned}
$$

11.3.3 Eine Programmbibliothek

Die Beispielprogramme und weitere Programme sind in einer Datei PROGRAMMBIBLIOTHEK.MCD zu einer „Programmbibliothek" zusammengefasst, so dass sie nach Bedarf in anderen Arbeitsblättern (z. B. mittels <u>Verweis</u> auf diese Datei) benutzt werden können. Die Programme sind teilweise leicht modifiziert, u. a. für die Lauffähigkeit generell mit ORIGIN = 1. Jede definierte Funktion wird in der Datei kurz erläutert (Name, Argumente, Verwendung, Voraussetzung und Ergebnis). Die Programme selbst sind in Regionen verborgen. Sie können durch Anklicken und <u>Region/Erweitern</u> eingesehen und gegebenenfalls auch kopiert werden. Im Abschnitt **11.4** wird mehrfach auf diese Datei und einige Programme Bezug genommen.

Die Programme (und andere häufig benutzte eigene Formeln) können statt in einer Datei auch im Informationszentrum von Mathcad als <u>persönliche QuickSheets</u> abgelegt werden!

11.4 OLE-Techniken

11.4.1 Einfügen, Verknüpfen und Einbetten

11.4.1.1 Vorbemerkungen

Die für Windows entwickelten Programmpakete (z. B. das MS-Office) aber auch viele weitere unter Windows laufenden Anwendungsprogramme (z. B. Mathcad) ermöglichen das Einfügen, Verknüpfen und Einbetten von Objekten aus einem Quelldokument in ein Zieldokument, wobei die Dokumente aus verschiedenen Anwendungsprogrammen stammen können. Diese Technik des OLE (Object Linking and Embedding) erweitert die Möglichkeiten in Mathcad beträchtlich. So kann z. B. eine mit Excel (= „Server"-Programm) erzeugte Tabelle in ein Dokument von Mathcad (= „Client"-Programm) eingebettet und hier mit dem Server-Programm bearbeitet werden. Durch Verknüpfung der Tabelle mit dem Quelldokument werden in der Quelle erzeugte Änderungen der Tabelle auch im Zieldokument wirksam. Die Wahl, welches Programm Client bzw. Server ist, hängt von den Zielstellungen des Anwenders ab. So können wirkungsvoll Mathcad-Objekte (Variable, Formeln, Grafiken) „interaktiv" in ein Word-Dokument eingefügt werden. In den folgenden Beispielen ist jedoch das Zieldokument stets ein Mathcad-Arbeitsblatt. In vielen Fällen ist auch die Quelle ein Mathcad-Dokument.

Weiterhin vereinbaren wir (zur Vereinfachung der Pfadangabe), dass alle in den Beispielen benutzten Dokumente unter C:\OLEDOKUMENTE abgelegt sind. Der Ordner OLEDOKUMENTE ist ein Unterordner von KAPITEL_11 aus der Arbeitsblattsammlung.

Da Mathcad den Dezimalpunkt verwendet, sind die Windows-Einstellungen zu überprüfen: Systemsteuerung/Ländereinstellung/Zahlen (Dezimaltrennzeichen: Punkt , Zifferngruppierung: ohne). Damit sind alle Windows-Applikationen zahlkompatibel mit Mathcad.

11.4.1.2 Einfügen und Verknüpfen mittels Zwischenablage

Die einfachste Form des Einfügens und Verknüpfens von Objekten erfolgt über die Zwischenablage, die unter Zubehör/Zwischenablage eingesehen werden kann. Einige grundlegende Möglichkeiten sind in der Datei OLE_ZWISCHENABLAGE.MCD vorgeführt.

> 1. Grafik einfügen aus der Mathcad-Quelldatei
>
> Quelldatei *OLE_Polygon1.mcd*
>
>   Grafik markieren (einschließlich Text "Bild")
>
>   Bearbeiten/Kopieren in die Zwischenablage
>   *Kann dort unter Zubehör/Zwischenablage eingesehen werden*
>
> Zieldatei *OLE_Zwischenablage.mcd*   Bearbeiten/Inhalt einfügen...

a) als <u>Grafik</u> Metadatei
   (Bitmap benötigte einen wesentlich höheren Speicherplatz)

   Die Grafik ist ein Bildobjekt ohne Mathcadbezug!
   Einfaches Anklicken: Größe und Position ändern.
   Doppeltes Anklicken: Rahmen, Hervorhebung.

c) als <u>Mathcaddokument mit Verknüpfung</u>   !   "Link einfügen"

   Objekt mit Mathcadbezug!
   Doppelklick: Öffnet die übernommene Quelldatei im Serverprogramm Mathcad.
   Diese kann jetzt bearbeitet werden.

Bild

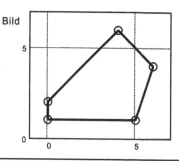

2. <u>Tabelle einfügen aus der Exel-Quelldatei</u>

   Quelldatei   *OLE_Tabelle.xls:*   Tabelle <u>markieren</u> (einschließlich Kopfzeile)
                                           <u>Bearbeiten/Kopieren</u>   (in die Zwischenablage)

   Zieldatei   *OLE_Zwischenablage.mcd:*   Bearbeiten/Inhalt einfügen...

a) als <u>Excel-Tabelle</u>   (Serverobjekt)

Datenpunkte eines Polygons							
x-Wert	2	4	6.5	5	4	1	2	2
y-Wert	0	0	4	8	8	4.5	3	0

   Mit Doppelklick als Excelobjekt bearbeitbar.

   Insbesonder kann dann ein markiertes Datenfeld aus Excel kopiert
   und einer Mathcadvariablen zugeordnet werden!

   Pol := ▪   *kopiertes Feld einfügen* $Pol := \begin{pmatrix} 2 & 4 & 6.5 & 5 & 4 & 1 & 2 & 2 \\ 0 & 0 & 4 & 8 & 8 & 4.5 & 3 & 0 \end{pmatrix}$

b) als <u>ExcelTabelle</u> mit <u>Verknüpfung</u> .

   Änderungen direkt in der Quelldatei werden in der Zieldatei wirksam!

Hinweis: Mit <u>Bearbeiten/Verknüpfungen...</u>   können die bestehenden Verknüpfungen der
         Zieldatei eingesehen und bearbeitet werden!

11.4.1.3 Objekte einfügen

Vom Mathcad-Arbeitsblatt aus können Objekte anderer Anwendungsprogramme (Applikationen) auch direkt mit dem Menüpunkt Einfügen/Objekt... eingefügt oder erzeugt werden, ohne die Zwischenablage zu benutzen. Das Menü listet alle OLE-unterstützten vorhandenen Objekttypen auf. Es bestehen die Möglichkeiten einerseits Dateien einzubetten und zu verknüpfen, anderseits neue Objekte mit der gewählten Applikation zu erzeugen, die dann Bestandteil des Mathcad-Arbeitsblattes sind. Diese können (nach Doppelklick) mit der erzeugenden Applikation bearbeitet werden. In der Datei OLE_OBJEKTE.MCD sind entsprechende Beispiele aufgeführt.

1. Vorhandene Dateien von der Zieldatei aus einfügen, verknüpfen

....

2. Beispiel Einfügen der Quelldatei Programmbibliothek.mcd

Einfügen/Objekt/Aus Datei erstellen/Durchsuchen...
C:\oledokumente\Programmbibliothek.mcd   öffnen, **verknüpfen**, als Symbol

Programmbibliothek

Die Programme können durch Doppelklick in der Datei eingesehen und nach Bedarf in das Zieldokument kopiert werde.

Sie sind erst dann verwendbar!
Siehe aber "Verweis"!

2. Objekte mit Anwendungsprogrammen erzeugen und einfügen

1. Beispiel Mit dem Formeleditors eine Formel erstellen

Einfügen/Objekt/ Neu erstellen/...   Microsoft Formeleditor 3.0

$$\iint\limits_{(A)} f(x;y)\, dA = \int\limits_{\varphi=\varphi 1}^{\varphi 2} \int\limits_{r=r1}^{r2} f(r\cdot\cos\varphi, r\cdot\sin\varphi)\cdot r\, dr\, d\varphi$$

Formel-Objekt.
Durch Doppelklick bearbeitbar.
Keine Mathcadformel!

.....

3. Beispiel Mit Excel eine Datentabelle und Grafik erstellen

Einfügen/Objekt/ Neu erstellen/...   Microsoft Excel-Tabelle

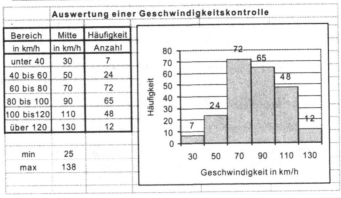

Im 3. Beispiel wurden im geöffneten Exceldokument die Tabelle und Grafik erzeugt. Das fertige Excelobjekt ist Bestandteil des Mathcadarbeitsblattes und kann mit Doppelklick bearbeitet werden. In der hier nicht dargestellten Datei GESCHW_KONTROLLE.MCD ist eine umfassende statistische Auswertung der Tabelle durchgeführt, wobei weitere OLE-Techniken verwendet werden, (u. a. Verweis auf die Programmbibliothek, einfügen einer Excelkomponente mit Eingabebereich und Grafik). Die Datei enthält viele Editierungshinweise.

Häufig bietet sich das Einfügen von Grafikobjekten z. B. für Prinzipskizzen an. Hierfür eignen sich oft schon einfache Zeichenprogramme aus Word und Windows. Für professionelle Anwender sind die mit den Mathcadpaketen angebotenen Grafikprogramme Visio, SmartSketch oder Axum gedacht.

Die Datei OLE_MAPLE.MCD gibt ein Beispiel für die Möglichkeit, auch Objekte von nicht im Menü Einfügen/Objekte... aufgelisteten unter Windows laufenden Programmen zu erzeugen. Dieses Beispiel ist auch insofern interessant, weil es die Fähigkeiten von Maple, einem stark mathematisch orientierten Computeralgebrasystems, für Mathcad nutzbar macht. Hier wird z. B. eine partielle Differentialgleichung mit Maple gelöst. Vorausgesetzt wird die Existenz eines Maple-Arbeitsblattes (hier MAPLE_LEER.MWS), das aufgerufen werden kann.

Lösen einer partiellen DGL in Maple von Mathcad aus

Beispiel: $\quad a\,\dfrac{\partial^2}{\partial x^2}u(x,t) - \dfrac{\partial}{\partial t}u(x,t) = 0$

Voraussetzungen Das Programm Maple (für Windows) ist installiert.
    Im Menü Einfügen/Objekt... ist kein Maple-Objekttyp vorhanden.
Im Ordner c.\oledokumente ist ein leeres Maple-Dokument angelegt   *maple-leer.mws*

Arbeitsschritte   Einfügen/Objekt... aus Datei erstellen, Durchsuchen...

    c:\oledokumente\maple_leer.mws   als Symbol o.k.

Maple V Release 5
Worksheet File

Maplesymbol öffen und Lösungen ermitteln.
Ergebnisse kopieren und als Bild(!) einfügen.

$$u(x,t) = \_C3\,e^{(a\,\_c_1\,t)}\ \_C1\,\cosh\!\left(\sqrt{\_c_1}\,x\right) + \_C3\,e^{(a\,\_c_1\,t)}\ \_C2\,\sinh\!\left(\sqrt{\_c_1}\,x\right)$$

Weitere Bearbeitung in Mathcad nur durch "Abschreiben" möglich!

Das Einfügen von Objekten mittels Zwischenablage bzw. Einfügemenü ermöglicht aber <u>nicht</u> den <u>dynamischen</u> Austausch von Daten zwischen den Mathcad- und Applikationsobjekten. Die Einfügungen stehen gewissermaßen unabhängig neben den Mathcadberechnungen. Jedoch können Datenfelder aus den Applikationsobjekten kopiert und einer Mathcadvariablen zugeordnet werden, so dass sie im Mathcadarbeitsblatt verfügbar sind.

11.4.1.4 Verweise und Hyperlinks

Durch den Verweis auf eine Mathcaddatei wird deren Inhalt dynamisch in das Arbeitsblatt eingebunden. Dies erfolgt mit dem Menüpunkt Einfügen/Verweis.... Ab der Verweisstelle im Arbeitsblatt
sind alle Zuweisungen, Formeln, Funktionen, Programme aus jener Datei aktuell verwendbar. Die
Objekte liegen wie in einer versteckten Region vor und können auch durch Doppelklick eingesehen werden. Sich häufig wiederholende Rechenschritte, Formelapparate und Programme sind nur
einmal in einer Datei anzulegen und können dann nach Bedarf durch Verweise rationell genutzt
werden. In der Datei OLE_VERWEIS.MCD wird dieses effektive Mittel am Verweis auf die Programmbibliothek beschrieben.

Beispiel Verweis auf die Datei *Programmbibliothek.mcd.*

   Einfügen/Verweis...   Durchsuchen
                         c.\oledokumrnente\Programmbibliothek.mcd
                         öffnen, o.k.

Verweis   [→]   Übersicht:C:\oledokumente\Programmbibliothek.mcd

   Alle Programme stehen zur Verfügung.   *Durch Doppelklick einsehbar.*

---

1. Polarkoordinaten   PolarP$(3,4) = (5 \quad 53.13)$ KartP$(5,53) = (3.01 \quad 3.99)$

2. Lösung einer DGL $\dfrac{d^2}{dx^2}y + a \cdot \left(\dfrac{d}{dx}y\right) + b \cdot y = r \cdot x^2 + p \cdot x + q$

                         $a := 1 \quad b := 1 \quad r := 1 \quad p := -2 \quad q := 0$

Lösung der homogenen DGL

$f(x,A,B) := \text{LinDGL}(x,a,b) \rightarrow \exp\left(\dfrac{-1}{2} \cdot x\right)\left(A \cdot \sin\left(\dfrac{1}{2}\sqrt{3} \cdot x\right) + B \cdot \cos\left(\dfrac{1}{2}\sqrt{3} \cdot x\right)\right)$

Partikuläre Lösung $f_p(x) := \text{LinDGLp1}(x,a,b,r,p,q) \rightarrow x^2 - 4 \cdot x + 2$

3. Fläche zwischen den Schnittpunkten; Berechnen und Schraffieren.

$f1(x) := x^3 - 3 \cdot x^2 + 4 \qquad f2(x) := x + 1 \quad d(x) := f1(x) - f2(x)$

suchnull$(d,-2,5,2000)^T = (-1 \quad 1 \quad 3)$ $S := \text{schraffur}(f1,f2,-1,3,1.5)$

$A := \displaystyle\int_{-1}^{3} |d(x)| \, dx$

$A = 8$

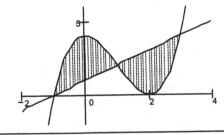

In der Datei OLE_VERWEIS.MCD wird mit dem Hyperlink eine weitere Form des Hinweises auf andere Dokumente erläutert, wie sie aus dem Internet bekannt ist. Mit Einfügen/Hyperlink ... können von markierten Objekten aus (Textstellen, Formeln, Grafiken,...) Links zu anderen OLE-Dokumenten hergestellt werden. Durch Doppelklick auf das markierte Objekt wird mit dem entsprechenden Serverprogramm das Dokument geöffnet. Eine dynamische Verknüpfung liegt aber nicht vor.

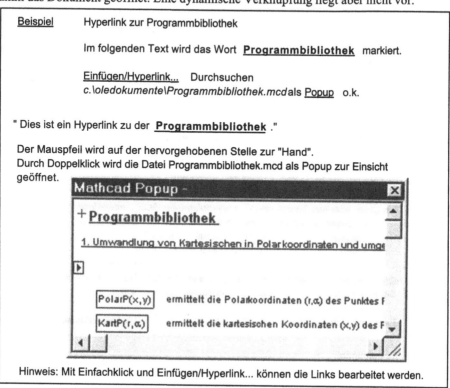

Beispiel   Hyperlink zur Programmbibliothek

Im folgenden Text wird das Wort **Programmbibliothek** markiert.

Einfügen/Hyperlink...   Durchsuchen
c.\oledokumente\Programmbibliothek.mcd als Popup   o.k.

" Dies ist ein Hyperlink zu der **Programmbibliothek** ."

Der Mauspfeil wird auf der hervorgehobenen Stelle zur "Hand".
Durch Doppelklick wird die Datei Programmbibliothek.mcd als Popup zur Einsicht geöffnet.

Hinweis: Mit Einfachklick und Einfügen/Hyperlink... können die Links bearbeitet werden.

11.4.1.5 Komponenten einfügen

Schon in dem Abschnitt **4.1.6.2** wurde bei der Herstellung von Datenfeldern (in der Datei FELDER.MCD) der Menüpunkt Einfügen/Komponenten... verwendet. Das vielseitige OLE-Objekt Komponenten erweitert den Gestaltungsbereich eines Mathcad-Arbeitsblattes wesentlich. Es ermöglicht die dynamische Verknüpfung von OLE-Objekten mit Mathcadvariablen, so dass ohne Schwierigkeit auch mit Objekten anderer Applikationen auf dem Mathcadarbeitsblatt gearbeitet werden kann.

Eine Komponente hat folgende Form

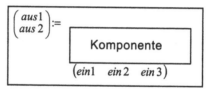

$$\begin{pmatrix} aus1 \\ aus2 \end{pmatrix} := \boxed{\text{Komponente}}$$
$$(ein1 \quad ein2 \quad ein3)$$

Die Einbindung und Nutzung einer Komponente erfolgt generell mit den Schritten

1. Einfügen der Komponente,

2. Festlegung von Ein- und Ausgabevariablen, (die auf dem Arbeitsblatt erzeugt oder genutzte werden),

3. Gestaltung der Komponenten nach komponententypischen Vorgaben,

4. Dynamischer Datenaustausch nach Fertigstellung der Komponenten.

Änderungen der Eingabewerte werden in der Komponente bearbeitet und das Ergebnis den Ausgabevariablen zugewiesen.

Komponenten sind u. a. Eingabetabellen, implementierte Applikationen (Excel, Matlab, Axum, SmartSketch, ...) und Skriptobjekte. Das Lesen und Schreiben von Daten mit dem Komponentenmenü wird in **11.4.2** behandelt.

In OLE_KOMPONENTEN2.MCD wird eine Excel-Komponente aus einer Datei eingefügt

---

Ablesen von Werten aus einer Excel-Komponente

Beispiel zur reinen Demonstration des Vorgehens

Einfügen/Komponente/Excel...
Aus Datei erstellen Durchsuchen   *c:\oledokumente\OLE_Tabelle3.xls*
         Eingaben 2 Startfeld Input0 = Zelle A1, Input1 = Zelle C1
         Ausgaben 1 Ausgabebereich Output0 = Zelle F1
Fertig stellen Platzhalter mit Mathcadvariablen ausfüllen

....

OLE_Tabelle3.xls enthält einen Auszug aus DIN 4227 Teil 1 Tabelle 9:
Beton auf Schub   3.3 Zulässige Schubspannungen in N/mm

Beanspruchung/Bauteil   A := "T in Mittelfl."   Festigkeitsklasse   B := "B35"

Komponente

$C :=$

T in Mittelfl.			4.2
	Festigkeitsklasse des Betons		
Beanspruchung/Bauteil	B25	B35	B45	B55
Q in Balken	5.5	7.0	8.0	9.0
Q in Platten	3.2	4.2	4.8	5.2
T in Vollquerschn.	5.5	7.0	8.0	9.0
T in Mittelfl.	3.2	4.2	4.8	5.2
Q+T in Mittelfl.	5.5	7.0	8.0	9.0
Q+T in Vollqerschn.	5.5	7.0	8.0	9.0

(A B)

Zulässige Schubspannung $\tau := C \cdot N \cdot mm^{-2}$ $\tau = 4.2\, N \cdot mm^{-2}$

Die Komponente wird durch Doppelklick geöffnet und kann bearbeitet werden. Mit der rechten Maustaste wird die Variablenzuordnung eingesehen, diese kann ggf. geändert werden.

Die Tabelle kann als Excel-Symbol einge-fügt werden.

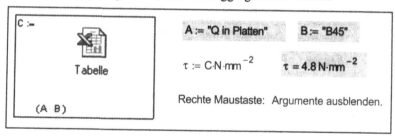

Ein einfaches Beispiel einer SmartSketch-Zeichnung einschließlich der Schritte ihrer Erstellung ist in der (hier nicht dargestellten) Datei OLE_KOMPONENTEN1.MCD aufgeführt. Änderungen der Eingangswerte beeinflussen die Form und Maße der Zeichnung und die Ausgabewerte. Eine ver-sierte Anwendung dieser Komponente benötigt Fertigkeiten mit diesem Grafikprogramm.

11.4.2 Datendateien

11.4.2.1 Lesen und Schreiben von Datendateien

Im Abschnitt **4.1.6.2** und der Datei FELDER.MCD wurde auf die Möglichkeit der Darstellung großer oder strukturierter Datenfelder als Tabellen eingegangen. Große Datenmengen können jedoch auch in externen Dateien abgelegt oder erzeugt werden. Diese Datendateien müssen bestimmte Formate besitzen. Dazu gehören ASCII-Dateien mit folgenden Formaten:

1. Durch Tabulator oder Leerzeichen getrennte Daten in Textdateien mit den Erweiterungen *.DAT bzw. *.TXT, die auch von jedem ASCII-Editor erzeugt werden können. Mit der Enter-Taste wird jeweils eine neue Datenzeile erzeugt.

2. Durch Komma getrennte Daten in Textdateien mit der Erweiterung *.CSV. Es ist darauf zu achten, dass in Mathcad der Dezimalpunkt in der Fließkommadarstellung benutzt wird.

3. Formatierte Dateien, die den strukturierten Datenfeldern (Matrizen) entsprechen. Diese haben die Erweiterung *.prn und werden in der Regel von Mathcadfunktionen erzeugt.

Weiterhin können Datenfelder aus anderen Applikationen importiert und auch in diese Applikatio-nen eingefügt werden. Dazu gehören z. B. Excel-Tabellen (*.XLS). Der Vorteil, die von Mathcad unabhängig erzeugten Datendateien in Mathcad zu nutzen, liegt auf der Hand.

Zu den Verfahren des Datentransfers gehört mit gewissen Einschränkungen natürlich die Methode Kopieren/Einfügen. Dabei können die Daten aber ungewollt als Zeichenkette aufgefasst werden. Der geeignete Weg erfolgt über den sehr variablen Menüpunkt Einfügen/Komponente... mit Datei-en lesen/schreiben.... Die erzeugten bzw. eingefügten Dateien werden als Komponenten aufge-fasst, d. h. die Datenfelder werden mit Mathcad-Variablen (für Einzelwerte, Vektoren, Matrizen) aus- oder eingabeseitig verknüpft.

In der Datei OLE_DATENDATEIEN.MCD sind die Vorgehensweisen mit Datendateien an Beispielen ausführlich dargestellt. Die Datendateien PRIMTAB.DAT, OLE_VEKTOR.TXT, OLE_TABELLE.XLS, und OLE_MATRIX.PRN bzw. OLE_MATRIX2.PRN befinden sich zur Vereinfachung der Pfadangabe ebenfalls im Ordner OLEDOKUMENTE.. Mit einem Texteditor-Programm sind die Dateien einseh- und bearbeitbar. Die folgenden Dateiauszüge zeigen Beispiele der Arbeit mit Datendateien.

Einfügen der Datendatei mittels "Dateien lesen"

Beispiel 1   Primzahldatei einfügen.

Einfügen/Komponente...
Dateien lesen aus einer Datei   Dateiformat   Textdateien
Datei suchen...   *c.\oledokumente\primtab.dat*   öffnen
Name dem Platzhalter zuweisen

Primzahlen :—
            C:\..\Primtab.dat

Rechte Maustaste auf dem Symbol:
Eigenschaften...
Spalten- und Zeilenbereiche festlegen

z. B. Zeile 1 .. 2 Spalte 1 .. Ende

$$\text{Primzahlen} = \begin{pmatrix} 2 & 3 & 5 & 7 & 11 & 13 & 17 & 19 & 23 & 29 & 31 & 37 & 41 & 43 & 47 & 53 \\ 59 & 61 & 67 & 71 & 73 & 79 & 83 & 89 & 97 & 101 & 103 & 107 & 109 & 113 & 0 & 0 \end{pmatrix}$$

Achtung die ungenügend strukturierte Datendatei hat nicht in jeder Zeile die gleiche Elementezahl! Das Datenfeld "Primzahlen" wird als Matrix mit Nullen aufgefüllt.

Beispiel2   Exceldaten einfügen (Polygonpunkte)

Einfügen/Komponente...
Dateien lesen aus einer Datei   Dateiformat: Excel
Datei suchen...   *c.\oledokumente\OLE_tabelle.xls*   öffnen
Name dem Platzhalter zuweisen

Polygon :—
            C:\..\OLE_Tabelle.xls

Rechte Maustaste auf dem Symbol:
Eigenschaften...
Zeile 5 .. 6 Spalte 4 ... 8

Aufbau der Datei Tabelle.xls muß bekannt sein.

$$\text{Polygon} = \begin{pmatrix} 2 & 4 & 6.5 & 5 & 4 & 1 & 2 & 2 \\ 0 & 0 & 4 & 8 & 8 & 4.5 & 3 & 0 \end{pmatrix}$$

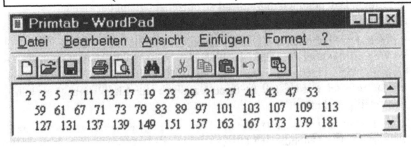

Primtab - WordPad

Datei Bearbeiten Ansicht Einfügen Format ?

2 3 5 7 11 13 17 19 23 29 31 37 41 43 47 53
59 61 67 71 73 79 83 89 97 101 103 107 109 113
127 131 137 139 149 151 157 163 167 173 179 181

In der Datendatei PRIMTAB.DAT (Auschnitt s. o.) ist die Anzahl der Daten je Zeile nicht gleich, so dass das Matrixformat der Variablen Primzahl automatisch durch Auffüllen mit Nullen erzeugt wird. Ein einspaltiger Datensatz in einer Datendatei entspricht einem Vektor in Mathcad, ein einzeiliger Datensatz einer einzeiligen Matrix.

---

3. Anlegen von Datendateien mittels "Dateien schreiben"

Beispiel3   "Tab -getrennter" Text *.txt

$$VektorV := \begin{pmatrix} 0.5 & -12.34894 & 6.89 & 0 & 0.004 & 34 & \pi & 3.14159265 \end{pmatrix}^T .$$

Einfügen/Komponente...
Dateien schreiben in eine Datei   Dateiformat: Tab-getrennter Text
Datei festlegen...   *c.\oledokumente\OLE_Vektor.txt (Erweiterung mitschreiben)*
fertigstellen
Name ("VektorV") dem Platzhalter zuweisen
Eventuell
Rechte Maustaste: Ausgabevariable hinzufügen (Rückgabe1)

Rückgabe1 :–

C:\...\OLE_Vektor.txt

VektorV

$$Rückgabe1 = \begin{pmatrix} 0.5 \\ -12.3489 \\ 6.89 \\ 0 \\ 0.004 \\ 34 \\ 3.1416 \\ 3.1416 \end{pmatrix}$$

Ergebnisformat 4 Stellen

Beispiel4   "Formatierter" Text *.prn

$$MatrixM := \begin{pmatrix} 0.5 & -12.34894 & 6.89 & 0 \\ 0.004 & 34 & \pi & 3.14159265 \end{pmatrix}$$

Einfügen/Komponente...
Dateien schreiben in eine Datei   Dateiformat: Formatierter Text
Datei festlegen...   *c.\oledokumente\OLE_Matrix.prn (Erweiterung mitschreiben)*
fertigstellen
Name (MatrixM) dem Platzhalter zuweisen

Rechte Maustaste: Ausgabevariable hinzufügen (Rückgabe2)

Rückgabe2 :–

C:\...\OLE_Matrix.prn

MatrixM

$$Rückgabe2 = \begin{pmatrix} 0.5 & -12.3489 & 6.89 & 0 \\ 0.004 & 34 & 3.1416 & 3.1416 \end{pmatrix}$$

11.4.2.2 Mathcadfunktionen für strukturierte Dateien

Die Mathcad-Version 2000 enthält noch für den Dateizugriff die Funktionen PRNLESEN, PRNSCHREIBEN, PRNANFÜGEN, mit denen strukturierte Datendateien (*.PRN) unkompliziert gelesen oder erzeugt werden. Im Menüpunkt Rechnen/Optionen... kann außerdem mit den Vorgaben PRNPRECISION, PRNCOLWIDTH die Datei formatiert werden.

---

4. Funktionen zum "Dateizugriff" auf strukturierte Dateien

Beispiel5   Schreiben, Lesen, Anfügen

Festlegung der PRN-Einstellungen mit dem Menü Rechnen/Optionen...
(z. B. Ziffernzahl PRNPRECISION = 8
            Spaltenbreite PRNCOLWIDTH = 10 in der Datendatei)

a) Matrix in eine Datendatei schreiben

   PRNSCHREIBEN ("c:\oledokumente\OLE_Matrix2") := MatrixM
   Anführungsstriche für die Pfadangabe nicht vergessen!

b) Matrix gleicher Spaltenzahl an eine vorhandene Datei anfügen

   PRNANFÜGEN ("c:\oledokumente\OLE_Matrix2") := $\begin{pmatrix} 1 & 2.2 & -8.6 & \sqrt{2.25} \end{pmatrix}$

c) Datei lesen

   M := PRNLESEN ("c:\oledokumente\OLE_Matrix2.prn")   Erweiterung .prn
                                                                                                      mitschreiben.

   $$M = \begin{pmatrix} 0.5 & -12.3489 & 6.89 & 0 \\ 0.0004 & 34 & 3.1416 & 3.1416 \\ 1 & 2.2 & -8.6 & 1.5 \end{pmatrix}$$

"Zurückstellen" der Datei

PRNSCHREIBEN ("c:\oledokumente\OLE_Matrix2") := MatrixM

PRNLESEN ("c:\oledokumente\OLE_Matrix2.prn") = $\begin{pmatrix} 0.5 & -12.3489 & 6.89 & 0 \\ 0.004 & 34 & 3.1416 & 3.1416 \end{pmatrix}$

d) Zeilenweises Einlesen der Werte vom k-ten bis n-ten Element einer Matrix
   als Datenvektor :

   Hilfsmittel, um aus einer strukturierten Datei fortlaufende Werte zu lesen.
   Verweis auf Programmbibliothek:

   ⇨ Übersicht:C:\oledokumente\Programmbibliothek.mcd

   $\text{Vekt}(M, 4, 9)^T = \begin{pmatrix} 0 & 0.0004 & 34 & 3.1416 & 3.1416 & 1 \end{pmatrix}$

   $\text{Vekt}(\text{Primzahlen}, 15, 20)^T = \begin{pmatrix} 47 & 53 & 59 & 61 & 67 & 71 \end{pmatrix}$

In älteren Mathcad-Versionen (bis Version 6) existierten analoge Funktionen für unstrukturierte Dateien (*.DAT), aus denen u.a. eine beliebiger Abschnitt aus der Elementenfolge einlesbar war. Ersatzweise erfüllt für strukturierte Dateien das Programm Vekt(M,k,n) aus der Programmbibliothek diese Aufgabe.

Abschließend wird der Unterschied der strukturierten Dateien dargestellt, die durch Einfügen über Komponente bzw. mit der Funktion PRNSCHREIBEN erzeugt wurden:

11.4.3 Ausblick

Mit den OLE-Techniken, insbesondere mit der Nutzung von Komponenten, stehen wir an der Schwelle der professionellen Nutzung der Mathcad-Software. Nicht berücksichtigt wurden die ausführlicher zu behandelnden Skriptobjekte, die mit der Skriptingsprache VBSkript erzeugt werden, und außer Excel kaum weitere Applikationen (wie S-Plus, Axum, Matlab, AutoCAD, ...). Auf die Aufrüstung von Mathcad mit speziell entwickelten fachspezifischen Bibliotheken sei nur verwiesen, ebenso wie auf die Tools MathConnex und VisSim, mit denen der Datenfluss komplexer Verknüpfungen verschiedener Applikationen und Mathcadblätter gesteuert werden kann.

Dem Ziel des Buches entsprechend wurde im Wesentlichen der relativ leicht zu handhabende aber vielseitige mathematische Kern des Computeralgebrasystems verwendet für die Darstellung und Nutzung der *Mathematik* mit Mathcad.

Formelanhang

Tabellenüberblick

TABELLE_ FUNKTIONEN

Elementare transzendente Funktionen (Grundkenntnisse)

TABELLE_ KEGELSCHNITTE

Gleichungen , Definitionen/Konstruktionen

TABELLE_ VEKTOREN

Ebene Vektoren, Eigenschaften, Räumliche Vektoren;

Skalar-, Vektor-, Spatprodukt; Polar- und Kugelkoordinaten

TABELLE_KENNWERTE

Flächeninhalt, Statische Momente und Flächenträgheitsmomente;

Integralformeln und Formeln für Polygonflächen

TABELLE_CLAPEYRON

Dreimomentengleichung, Formeln für bestimmte Belastungsglieder

TABELLE_NORMALVERTEILUNG

Eigenschaften, standardisierte Normalverteilung; Tafelwerte

TABELLE_REGRESSION

Linearen Regression/Korrelation, Zufallshöchstwerte; Speziell nichtlineare Ansätze

TABELLE_BIEGELINIE

Zusammenhänge von Streckenlast, Querkraft, Biegemoment und Biegelinie für den

belasteten Einfeldträger

Anmerkung:

Die Tabellen gehören zu den Merk- und Übungsblättern, die in der Mathematikausbildung der Bauingenieurstudenten an der FH Neubrandenburg verwendet werden.

Tabelle_Funktionen

Eigenschaften elementarer transzendenter Funktionen

__Bogenmaß__ x (in rad)
  Winkelmaß α (in Grad)

$$x = \frac{\pi}{180°} \cdot \alpha \qquad \alpha = \frac{180°}{\pi} \cdot x$$

__Winkelfunktionen__   im rechtwinkligen Dreieck

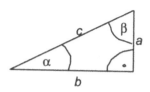

$$\sin\alpha = \frac{a}{c} \quad \cos\alpha = \frac{b}{c} \quad \tan\alpha = \frac{a}{b} \quad \cot\alpha = \frac{b}{a}$$

$$\sin\beta = \cos\alpha \qquad \tan\beta = \cot\alpha$$

für beliebige Winkel   Additionstheoreme

$$\sin^2 x + \cos^2 x = 1$$

$$\sin(x+y) = \sin x \cdot \cos y + \cos x \cdot \sin y$$
$$\cos(x+y) = \cos x \cdot \cos y - \sin x \cdot \sin y$$

$$\tan x = \frac{\sin x}{\cos x}$$

Vorzeichen in den Quadranten

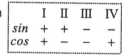

	I	II	III	IV
sin	+	+	–	–
cos	+	–	–	+

$$\cot x = \frac{\cos x}{\sin x} = \frac{1}{\tan x}$$

Periodizität $f(x + 2 \cdot \pi) = f(x)$

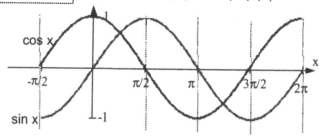

Aus der Grafik liest man z. B. ab: $\sin\dfrac{\pi}{2} = \cos 0 = 1 \qquad \sin\dfrac{\pi}{4} = \cos\dfrac{\pi}{4} \qquad \tan\dfrac{\pi}{4} = 1$

$$\sin(-x) = -\sin x \qquad \cos(-x) = \cos x$$

$$\cos(2\pi - x) = \cos x \qquad \sin\left(\frac{\pi}{2} - x\right) = \cos x \qquad \text{u.s.w.}$$

Arcusfunktionen
Inverse der Winkelfunktionen

$$-1 \leq x \leq +1$$

$$y = \arcsin x \qquad -\frac{\pi}{2} \leq y \leq \frac{\pi}{2}$$

$$y = \arccos x \qquad 0 \leq y \leq \pi$$

$$-\infty < x < +\infty$$

$$y = \arctan x \qquad -\frac{\pi}{2} < y < \frac{\pi}{2}$$

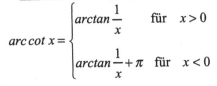

$$\arcsin x = \arctan\left(\frac{x}{\sqrt{1-x^2}}\right)$$

$$\arccos x = \frac{\pi}{2} - \arcsin x$$

$$\operatorname{arc cot} x = \begin{cases} \arctan\dfrac{1}{x} & \text{für} \quad x > 0 \\[2ex] \arctan\dfrac{1}{x} + \pi & \text{für} \quad x < 0 \end{cases}$$

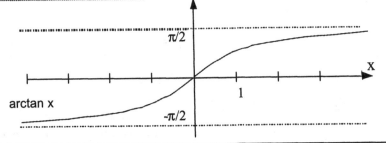

arctan x

Exponential- und Logarihmusfunktion

$$y = e^x \qquad e = 2.71828..$$

inverseFunktion (natürlicher Log.)

$$y = \ln x \qquad x > 0$$

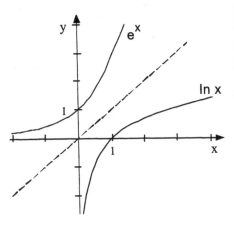

Allgemeine Potenzen und Logarithmus-
funktionen

$$a^x = e^{x \cdot \ln a} \qquad \log_a x = \frac{\ln x}{\ln a} \quad (a > 0)$$

Dekadischer Logarithmus

$$y = \log_{10} x = \lg x \leftrightarrow x = 10^y$$

Rechengesetze

$$\log(x \cdot y) = \log x + \log y$$
$$\log(y^x) = x \cdot \log y$$

$$a^0 = 1 \rightarrow \log_a 1 = 0$$
$$a^1 = a \rightarrow \log_a a = 1$$

Hyperbelfunktionen

$$y = \sinh x = \frac{e^x - e^{-x}}{2}$$

$$y = \cosh x = \frac{e^x + e^{-x}}{2}$$

$$\cosh^2 x - \sinh^2 x = 1$$

$$\tanh x = \frac{\sinh x}{\cosh x}$$

$$\coth x = \frac{\cosh x}{\sinh x} = \frac{1}{\tanh x}$$

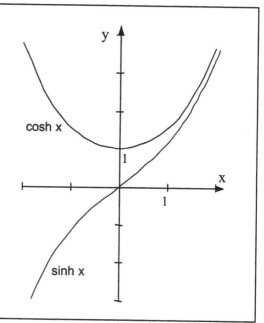

Areafunktionen
Inverse der Hyperbelfunktionen

$$y = ar\,\sinh x \qquad -\infty < x < \infty$$

$$y = ar\,\cosh x \qquad 1 \le x < \infty$$

$$y = ar\,\tanh x \qquad -1 < x < 1$$

$$y = ar\,\coth x \qquad 1 < |x|$$

$$ar\,\sinh x = \ln\left(x + \sqrt{x^2 + 1} \right)$$

$$ar\,\cosh x = \ln\left(x + \sqrt{x^2 - 1} \right)$$

$$ar\,\tanh x = \frac{1}{2} \cdot \ln\left(\frac{1+x}{1-x} \right)$$

$$ar\,\coth x = \frac{1}{2} \cdot \ln\left(\frac{x+1}{x-1} \right)$$

Imaginäre Argumente

$$e^{i \cdot x} = \cos x + i \cdot \sin x$$

Eulersche Formel

$$e^{2\pi \cdot i} = 1$$

$$\sin x = \frac{e^{i \cdot x} - e^{-i \cdot x}}{2 \cdot i} = -i \cdot \sinh(i x)$$

$$\cos x = \frac{e^{i \cdot x} + e^{-i \cdot x}}{2} = \cosh(i x)$$

Tabelle_Kegelschnitte

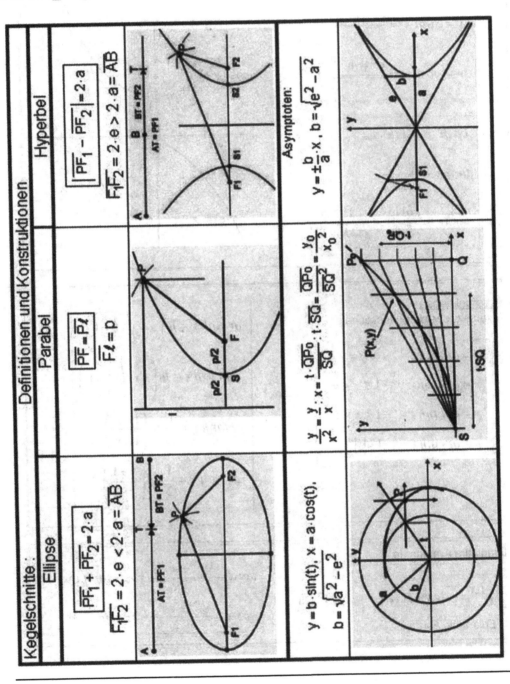

Kegelschnitte : Gleichungen

Koordinatensystem	Kreis	Ellipse	Parabel	Hyperbel
Kartesische Koordinaten	Mittelpunkt M(0,0) Brennpunkt F = M Radius r $$x^2 + y^2 = r^2$$	Mittelpunkt M(0,0) Hauptscheitel S(a,0) Brennpunkte F(e,0) Halbachsen a > b $e^2 = a^2 - b^2$ $$\frac{x^2}{a^2} + \frac{y^2}{b^2} = 1$$	Scheitel S(0,0) Brennpunkt F(p/2, 0) Halbparameter p $$y^2 = 2 \cdot p \cdot x$$	Mittelpunkt M(0,0) Hauptscheitel S(a,0) Brennpunkte F(e,0) Halbachsen a, b $e^2 = a^2 + b^2$ $$\frac{x^2}{a^2} - \frac{y^2}{b^2} = 1$$ Asymptoten : $$y = \pm \frac{b}{a} x$$
Parameterdarstellung $x = x(t)$ $y = y(t)$	$x = r \cdot \cos t$ $y = r \cdot \sin t$ $0 \leq t < 2\pi$	$x = a \cdot \cos t$ $y = b \cdot \sin t$ $0 \leq t < 2\pi$	$x = t^2$ $y = \sqrt{2p} \cdot t$ $-\infty < t < +\infty$	$x = \pm a \cdot \cosh t$ $y = b \cdot \sinh t$ $-\infty < t < +\infty$
Polarkoordinaten Brennpunkt F = O(0,0) (Scheitel links von F) $r = r(\varphi) > 0$	$r = p = konst$ $\varepsilon = 0$	$r = \dfrac{p}{1 - \varepsilon \cdot \cos \varphi}$, $\varepsilon = \dfrac{e}{a}$ $\varepsilon < 1, p = \dfrac{b^2}{a}$	$\varepsilon = 1$	$\cos \varphi < \dfrac{1}{\varepsilon}$ $\varepsilon > 1, p = \dfrac{b^2}{a}$

Tabelle_Vektoren

Ebene und räumliche Vektoren

Bestimmungsstücke

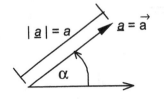

$|\underline{a}| = a$ $a = \vec{a}$

α

Betrag $|\vec{a}| = a$ Richtungswinkel α

Einteilung nach der Anwendung

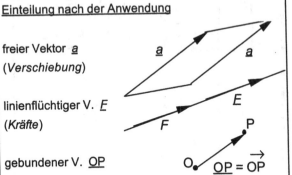

freier Vektor $\underline{a}$
(*Verschiebung*)

linienflüchtiger V. $\underline{F}$
(*Kräfte*)

gebundener V. $\underline{OP}$
(*Ortsvektor*) $\underline{OP} = \vec{OP}$

Spezielle Vektoren

Einheitsvektor $\underline{e}$ $|\underline{e}| = 1$
Nullvektor $\underline{0}$ $|\underline{0}| = 0$
entgegengesetzter V. $-\underline{a}$

$|-\underline{a}| = |\underline{a}|$ $-\underline{a} \downarrow\uparrow \underline{a}$

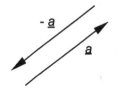

Rechenoperationen

Multiplikation mit einer Zahl
(*Vervielfachung*)

$$t \cdot \vec{a} = \vec{b}$$

$|\underline{b}| = |t| \cdot |\underline{a}|$
$\underline{b} \uparrow\uparrow \underline{a}$ ($t > 0$) $\underline{b} \uparrow\downarrow \underline{a}$ ($t < 0$)

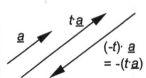

$(-t) \cdot \underline{a}$
$= -(t \cdot \underline{a})$

Addition
(*Vektorparallelogramm*)

$$\vec{a} + \vec{b} = \vec{c}$$

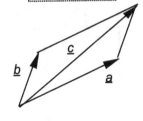

Rechenregeln

Kommutativgesetz $\boxed{\vec{a} + \vec{b} = \vec{b} + \vec{a}}$ Assoziativgesetz $\boxed{\left(\vec{a} + \vec{b}\right) + \vec{c} = \vec{a} + \left(\vec{b} + \vec{c}\right)}$

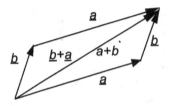

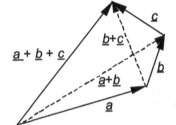

Zerlegung nach orthogonalen Einheitsvektoren $\vec{i}$, $\vec{j}$, $\vec{k}$

Ebene Vektoren

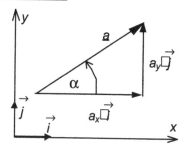

Räumliche Vektoren

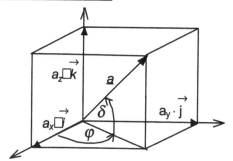

Komponentenzerlegung

$$\vec{a} = a_x \cdot \vec{i} + a_y \cdot \vec{j}$$

Koordinatenvektor

$$\vec{a} = \begin{pmatrix} a_x \\ a_y \end{pmatrix}$$

$$\vec{a} = a_x \cdot \vec{i} + a_y \cdot \vec{j} + a_z \cdot \vec{k}$$

$$\vec{a} = \begin{pmatrix} a_x \\ a_y \\ a_z \end{pmatrix}$$

Darstellung in Polarkoordinaten

$$r = |\vec{a}| = a = \sqrt{a_x^2 + a_y^2}$$

$$a_x = a \cdot \cos\alpha$$
$$a_y = a \cdot \sin\alpha$$

Darstellung in Kugelkoordinaten

$$r = |\vec{a}| = a = \sqrt{a_x^2 + a_y^2 + a_z^2}$$

$$a_x = a \cdot \cos\varphi \cdot \cos\delta$$
$$a_y = a \cdot \sin\varphi \cdot \cos\delta$$
$$a_z = a \cdot \sin\delta$$

Rechenregeln in der Koordinatendarstellung

$$t \cdot \begin{pmatrix} a_x \\ a_y \\ a_z \end{pmatrix} = \begin{pmatrix} t \cdot a_x \\ t \cdot a_y \\ t \cdot a_z \end{pmatrix} \qquad \begin{pmatrix} a_x \\ a_y \\ a_z \end{pmatrix} \pm \begin{pmatrix} b_x \\ b_y \\ b_z \end{pmatrix} = \begin{pmatrix} a_x \pm b_x \\ a_y \pm b_y \\ a_z \pm b_z \end{pmatrix}$$

Vektor- und Punktkoordinaten

$$P_1(x_1, y_1, z_1) \qquad P_2(x_2, y_2, z_2)$$

$$\overrightarrow{P_1 P_2} = \begin{pmatrix} x_2 - x_1 \\ y_2 - y_1 \\ z_2 - z_1 \end{pmatrix}$$

Verallgemeinerung auf n-dimensionale Vektoren

$$\underline{a} = (a_i) = \begin{pmatrix} a_1 \\ a_2 \\ \vdots \\ a_n \end{pmatrix} \qquad t \cdot (a_i) = (t \cdot a_i) \qquad (a_i) \pm (b_i) = (a_i \pm b_i) \qquad |\underline{a}| = \sqrt{a_1^2 + a_2^2 + \cdots + a_n^2}$$

Skalarprodukt

$$\vec{a} \circ \vec{b} := |\vec{a}| \cdot |\vec{b}| \cdot \cos \delta$$

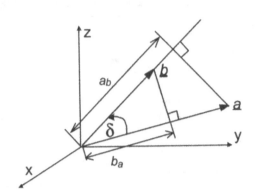

Darstellung mittels Projektionen

$$\vec{a} \circ \vec{b} = a \cdot b_a = b \cdot a_b$$

Koordinatendarstellung

$$\vec{a} \circ \vec{b} = a_x \cdot b_x + a_y \cdot b_y + a_z \cdot b_z$$

Verallgemeinerung auf n-dimensionale Vektoren $\quad \vec{a} = \begin{pmatrix} a_1 & a_2 & \cdots & a_n \end{pmatrix}^T$

$$\vec{a} \circ \vec{b} = \vec{a}^T \cdot \vec{b} = a_1 \cdot b_1 + a_2 \cdot b_2 + \cdots + a_n \cdot b_n \qquad \text{„Zeile" x „Spalte"}$$

Norm (Betrag) des Vektors $\quad |\vec{a}| = \sqrt{\vec{a}^T \cdot \vec{a}} = \sqrt{a_1^2 + a_2^2 + \cdots + a_n^2}$

Vektorprodukt

Richtung des Vektorprodukts

$$\vec{a} \times \vec{b} \perp \vec{a} \qquad \vec{a} \times \vec{b} \perp \vec{b}$$

$\vec{a}, \ \vec{b}, \ \vec{a} \times \vec{b} \quad$ *Rechtssystem*

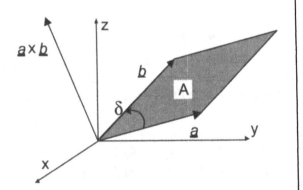

Komponentenzerlegung

$$\vec{a} \times \vec{b} = \begin{vmatrix} \vec{i} & a_x & b_x \\ \vec{j} & a_y & b_y \\ \vec{k} & a_z & b_z \end{vmatrix}$$

Flächeninhalt des Parallelogramms

$$A = |\vec{a} \times \vec{b}| = |\vec{a}| \cdot |\vec{b}| \cdot \sin \delta \qquad 0 \le \delta \le \pi$$

$$\vec{a} \times \vec{b} = (a_y \cdot b_z - a_z \cdot b_y) \cdot \vec{i} + (a_z \cdot b_x - a_x \cdot b_z) \cdot \vec{j} + (a_x \cdot b_y - a_y \cdot b_x) \cdot \vec{k}$$

Spatprodukt

$$\left[\vec{a}\ \vec{b}\ \vec{c}\right] = \left(\vec{a}\times\vec{b}\right)\circ\vec{c}$$

$$\left(\vec{a}\times\vec{b}\right)\circ\vec{c} = \vec{a}\circ\left(\vec{b}\times\vec{c}\right)$$

$$\left[\vec{a}\ \vec{b}\ \vec{c}\right] := \begin{vmatrix} a_x & b_x & c_x \\ a_y & b_y & c_y \\ a_z & b_z & c_z \end{vmatrix}$$

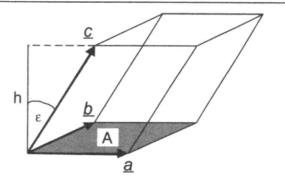

Spatvolumen

$$V = A\cdot h = \left|\vec{a}\times\vec{b}\right|\cdot\left|\vec{c}\right|\cdot\cos\varepsilon = \left|\left(\vec{a}\times\vec{b}\right)\circ\vec{c}\right|$$

Eigenschaften von Skalar-, Vektor- und Spatprodukt	
Skalarprodukt $\vec{a}\circ\vec{b} = \vec{b}\circ\vec{a}$ $\vec{a}\circ(\vec{b}+\vec{c}) = \vec{a}\circ\vec{b} + \vec{a}\circ\vec{c}$ $\lambda\cdot(\vec{a}\circ\vec{b}) = (\lambda\cdot\vec{a})\circ\vec{b}$	orthogonale Vektoren $\vec{a}\ \underline{/}\ \vec{b}\ \Rightarrow\ \vec{a}\circ\vec{b} = 0$ Einheitsvektoren $\vec{i}\circ\vec{j} = \vec{i}\circ\vec{k} = \vec{j}\circ\vec{k} = 0$ $\vec{i}\circ\vec{i} = \vec{j}\circ\vec{j} = \vec{k}\circ\vec{k} = 1$
Vektorprodukt $\vec{a}\times\vec{b} = -\vec{b}\times\vec{a}$ $\vec{a}\times(\vec{b}+\vec{c}) = \vec{a}\times\vec{b} + \vec{a}\times\vec{c}$ $\lambda\cdot(\vec{a}\times\vec{b}) = (\lambda\cdot\vec{a})\times\vec{b}$	parallele Vektoren $\vec{a}\ //\ \vec{b}\ \Rightarrow\ \vec{a}\times\vec{b} = \vec{0}$ Einheitsvektoren $\vec{i}\times\vec{j} = \vec{k}\quad \vec{j}\times\vec{k} = \vec{i}\quad \vec{k}\times\vec{i} = \vec{j}$ $\vec{i}\times\vec{i} = \vec{j}\times\vec{j} = \vec{k}\times\vec{k} = \vec{0}$
Spatprodukt $\left[\vec{a}\ \vec{b}\ \vec{c}\right] = \left[\vec{b}\ \vec{c}\ \vec{a}\right] = -\left[\vec{b}\ \vec{a}\ \vec{c}\right]$ $\left[\vec{a}\ \vec{b}\ (\vec{c}+\vec{d})\right] = \left[\vec{a}\ \vec{b}\ \vec{c}\right] + \left[\vec{a}\ \vec{b}\ \vec{d}\right]$ $\lambda\cdot\left[\vec{a}\ \vec{b}\ \vec{c}\right] = \left[(\lambda\cdot\vec{a})\vec{b}\ \vec{c}\right]$	$\vec{a},\vec{b},\vec{c}$ in einer Ebene(komplanar) $\Rightarrow\ \left[\vec{a}\ \vec{b}\ \vec{c}\right] = 0$ speziell $\left[\vec{a}\ \vec{a}\ \vec{c}\right] = 0$
Entwicklungssatz $\quad \vec{a}\times(\vec{b}\times\vec{c}) = (\vec{a}\circ\vec{c})\cdot\vec{b} - (\vec{a}\circ\vec{b})\cdot\vec{c}$ $\left|\vec{a}\times\vec{b}\right|^2 + \left|\vec{a}\circ\vec{b}\right|^2 = \left|\vec{a}\right|^2\cdot\left|\vec{b}\right|^2$ *Schwarzsche Ungleichung* $\left|\vec{a}\circ\vec{b}\right|^2 \leq \left|\vec{a}\right|^2\cdot\left|\vec{b}\right|^2$ gilt auch für n-dimensionale Vektoren.	

Tabelle_Kennwerte

Flächenkennwerte	Fläche unter der Kurve $y = f(x)$
Schwerpunktkoordinaten $$x_S = \frac{S_y}{A}, \quad y_S = \frac{S_x}{A}$$	
Flächeninhalt	$$A = \int dA = \int_a^b \int_0^{f(x)} dy\, dx = \int_a^b f(x)\, dx$$
Statische Momente bzgl. der Koordinatenachsen	$$S_y = \int x\, dA = \int_a^b \int_0^{f(x)} x \cdot dy\, dx = \int_a^b x \cdot f(x)\, dx$$ $$S_x = \int y\, dA = \int_a^b \int_0^{f(x)} y \cdot dy\, dx = \frac{1}{2} \cdot \int_a^b (f(x))^2\, dx$$
Flächenträgheitsmomente bzgl. der Koordinatenachsen	$$I_y = \int x^2\, dA = \int_a^b \int_0^{f(x)} x^2 \cdot dy\, dx = \int_a^b x^2 \cdot f(x)\, dx$$ $$I_x = \int y^2\, dA = \int_a^b \int_0^{f(x)} y^2 \cdot dy\, dx = \frac{1}{3} \cdot \int_a^b (f(x))^3\, dx$$ $$I_{xy} = \int x \cdot y\, dA = \int_a^b \int_0^{f(x)} x \cdot y\, dy\, dx = \frac{1}{2} \cdot \int_a^b x \cdot (f(x))^2\, dx$$
bzgl. der Schwerpunktachsen	$S_{ys} = S_{xs} = 0$ Schwerpunkteigenschaft

Polygonal berandete Fläche (n-Eck)	Flächensystem
 P_{i+1} P_i $P_{n+1} = P_1$ schraffierte Fläche links !	 m Flächen
$$A = \frac{1}{2} \cdot \sum_{i=1}^{n} \left(x_i \cdot y_{i+1} - x_{i+1} \cdot y_i \right)$$	$$A = \sum_{k=1}^{m} A_k$$
$$S_y = \frac{1}{6} \cdot \sum_{i=1}^{n} \left(x_i \cdot y_{i+1} - x_{i+1} \cdot y_i \right) \cdot \left(x_i + x_{i+1} \right)$$ $$S_x = \frac{1}{6} \cdot \sum_{i=1}^{n} \left(x_i \cdot y_{i+1} - x_{i+1} \cdot y_i \right) \cdot \left(y_i + y_{i+1} \right)$$	$$S_y = \sum_{k=1}^{m} S_{yk} = \sum_{k} x_{sk} \cdot A_k$$ $$S_x = \sum_{k=1}^{m} S_{xk} = \sum_{k} y_{sk} \cdot A_k$$
$$I_y = \frac{1}{12} \cdot \sum_{i=1}^{n} \left(x_i \cdot y_{i+1} - x_{i+1} \cdot y_i \right) \cdot \left(x_i^2 + x_i \cdot x_{i+1} + x_{i+1}^2 \right)$$ $$I_x = \frac{1}{12} \cdot \sum_{i=1}^{n} \left(x_i \cdot y_{i+1} - x_{i+1} \cdot y_i \right) \cdot \left(y_i^2 + y_i \cdot y_{i+1} + y_{i+1}^2 \right)$$ $$I_{xy} = \frac{1}{24} \cdot \sum_{i=1}^{n} \left(x_i \cdot y_{i+1} - x_{i+1} \cdot y_i \right) \times$$ $$\times \left(2 \cdot x_i \cdot y_i + x_i \cdot y_{i+1} + x_{i+1} \cdot y_i + 2 \cdot x_{i+1} \cdot y_{i+1} \right)$$	$$I_y = \sum_{k=1}^{m} I_{yk}$$ $$I_x = \sum_{k=1}^{m} I_{xk}$$ $$I_{xy} = \sum_{k=1}^{m} I_{xyk}$$ I_k mittels Steiner !
$I_{ys} = I_y - x_S^2 \cdot A, \ I_{xs} = I_x - y_S^2 \cdot A$ Satz v. Steiner	(x_{sk}, y_{sk}) Teilschwerpunkte

Tabelle_Clapeyron

Durchlaufträger
Ermittlung der Stützenmomente nach CLAPEYRON

Vorgaben: n+1 gelenkige Lager (Stützen)   (i = 0 ...n),

n Felder der Längen ℓ_i mit gleicher Biegesteife EI,

Belastungen je Feld

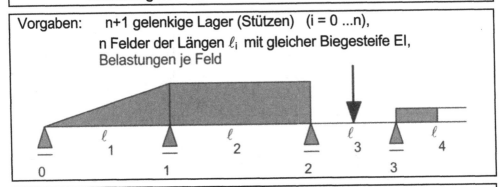

Dreimomentengleichung

M_{li} M_{mi} M_{re}

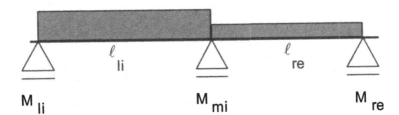

$$M_{li} \cdot \ell_{li} + 2 \cdot M_{mi} \cdot (\ell_{li} + \ell_{re}) + M_{re} \cdot \ell_{re} = -R_{li} \cdot \ell_{li} - L_{re} \cdot \ell_{re}$$

$$M_0 = M_n = 0$$

Aufstellen und Lösen des Gleichungssystems:
1. Aufstellen der Dreimomentengleichungen für mi = 1 ... (n -1)
2. Darstellen als Matrizengleichung $\underline{A} \cdot \underline{M} = \underline{B}$
    - $\underline{A}$ ist eine "Bandmatrix" mit n-1 Zeilen und Spalten,
    - $\underline{B}$ ist der Vektor mit den Belastungsgliedern,
    - $\underline{M}$ ist der Vektor der gesuchten Momente $M_1, ... , M_{n-1}$
3. Lösen der Matrizengleichung $\underline{M} = \underline{A}^{-1} \cdot \underline{B}$

Einige linke (L) und rechte (R) Belastungsglieder eines Feldes
Für mehrere Belastungsfälle in einem Feld addieren sich die Glieder

Belastungsfall	Belastungsglieder
Mittige Einzellast	$L = R = \dfrac{3}{8} \cdot F \cdot \ell$
Außermittige Einzellast	$L = \dfrac{a \cdot b}{\ell^2} \cdot (\ell + b) \cdot F$ $R = \dfrac{a \cdot b}{\ell^2} \cdot (\ell + a) \cdot F$
Streckenlast	$L = R = \dfrac{1}{4} \cdot q \cdot \ell^2$
Trapezlast	$L = \dfrac{8 \cdot qa + 7 \cdot qb}{60} \cdot \ell2$ $R = \dfrac{7 \cdot qa + 8 \cdot qb}{60} \cdot \ell2$

Weiter Lastfälle in den bautechnischen Tafeln. Siehe auch Abschnitt **5.2.1**!

Tabelle_Normalverteilung

<u>Normalverteilung</u> $N(\mu, \sigma^2)$

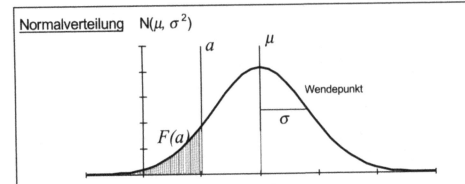

Mittelwert, Erwartungswert μ Streuung, Varianz σ

Intervallwahrscheinlichkeit $P(x < a) = F(a)$

Standardintervalle	$\mu \pm \sigma$	$\mu \pm 2 \cdot \sigma$	$\mu \pm 3 \cdot \sigma$
Anteile in %	68.3	95.5	99.7

<u>Standardisierte Normalverteilung</u> $N(0,1)$

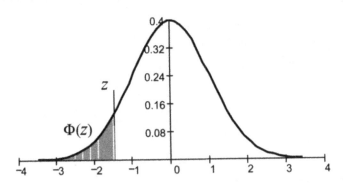

Wahrscheinlichkeitsdichte und -verteilung

$$\varphi(z) = \frac{1}{\sqrt{2 \cdot \pi}} \cdot e^{-\frac{1}{2}z^2} \qquad \Phi(z) = \int_{-\infty}^{z} \varphi(\varsigma)d\varsigma$$

$$z = \frac{a - \mu}{\sigma} \qquad P(x < a) = \Phi(z) \qquad \Phi(-z) = 1 - \Phi(z)$$

z	Φ(z)	z	Φ(z)	z	Φ(z)	z	Φ(z)	z	Φ(z)
0.00	0.5000	0.50	0.6915	1.00	0.8413	1.50	0.9332	2.00	0.9772
0.02	0.5080	0.52	0.6985	1.02	0.8461	1.52	0.9357	2.05	0.9798
0.04	0.5160	0.54	0.7054	1.04	0.8508	1.54	0.9382	2.10	0.9821
0.06	0.5239	0.56	0.7123	1.06	0.8554	1.56	0.9406	2.15	0.9842
0.08	0.5319	0.58	0.7190	1.08	0.8599	1.58	0.9429	2.20	0.9861
0.10	0.5398	0.60	0.7257	1.10	0.8643	1.60	0.9452	2.25	0.9878
0.12	0.5478	0.62	0.7324	1.12	0.8686	1.62	0.9474	2.30	0.9893
0.14	0.5557	0.64	0.7389	1.14	0.8729	1.64	0.9495	2.35	0.9906
0.16	0.5636	0.66	0.7454	1.16	0.8770	1.66	0.9515	2.40	0.9918
0.18	0.5714	0.68	0.7517	1.18	0.8810	1.68	0.9535	2.45	0.9929
0.20	0.5793	0.70	0.7580	1.20	0.8849	1.70	0.9554	2.50	0.9938
0.22	0.5871	0.72	0.7642	1.22	0.8888	1.72	0.9573	2.55	0.9946
0.24	0.5948	0.74	0.7704	1.24	0.8925	1.74	0.9591	2.60	0.9953
0.26	0.6026	0.76	0.7764	1.26	0.8962	1.76	0.9608	2.65	0.9960
0.28	0.6103	0.78	0.7823	1.28	0.8997	1.78	0.9625	2.70	0.9965
0.30	0.6179	0.80	0.7881	1.30	0.9032	1.80	0.9641	2.75	0.9970
0.32	0.6255	0.82	0.7939	1.32	0.9066	1.82	0.9656	2.80	0.9974
0.34	0.6331	0.84	0.7995	1.34	0.9099	1.84	0.9671	2.85	0.9978
0.36	0.6406	0.86	0.8051	1.36	0.9131	1.86	0.9686	2.90	0.9981
0.38	0.6480	0.88	0.8106	1.38	0.9162	1.88	0.9699	2.95	0.9984
0.40	0.6554	0.90	0.8159	1.40	0.9192	1.90	0.9713	3.0	0.9987
0.42	0.6628	0.92	0.8212	1.42	0.9222	1.92	0.9726	3.2	0.9993
0.44	0.6700	0.94	0.8264	1.44	0.9251	1.94	0.9738	3.4	0.9997
0.46	0.6772	0.96	0.8315	1.46	0.9279	1.96	0.9750	3.6	0.9998
0.48	0.6844	0.98	0.8365	1.48	0.9306	1.98	0.9761	3.8	0.9999

Quantilwert

$$z_\alpha = \Phi^{-1}(\alpha) \qquad P(z < z_\alpha) = \alpha \qquad z_{1-\alpha} = -z_\alpha \qquad x_\alpha = \mu + \sigma \cdot z_\alpha$$

Spezielle Werte

α	0.01	0.025	0.05	0.1	0.5
z_α	−2.326	−1.960	−1.645	−1.282	0

Beispiel: $\mu = 2$, $\sigma = 0.5$ $P(x < 1.4) = \Phi\left(\dfrac{1.4 - 2}{0.5}\right) = \Phi(-1.4) = 1 - \Phi(1.4) = 1 - 0.8849 \approx 11.5\%$

$$x_{12\%} = 2 + 0.5 \cdot z_{0.12} = 2 - 0.5 \cdot z_{0.88} \approx 2 - 0.5 \cdot 1.18 = 1.41$$

Tabelle_Regression

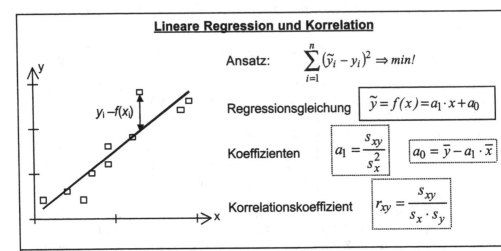

Lineare Regression und Korrelation

Ansatz: $\displaystyle\sum_{i=1}^{n}(\tilde{y}_i - y_i)^2 \Rightarrow min!$

Regressionsgleichung $\boxed{\tilde{y} = f(x) = a_1 \cdot x + a_0}$

Koeffizienten $\boxed{a_1 = \dfrac{s_{xy}}{s_x^2}}$ $\boxed{a_0 = \bar{y} - a_1 \cdot \bar{x}}$

Korrelationskoeffizient $\boxed{r_{xy} = \dfrac{s_{xy}}{s_x \cdot s_y}}$

$y_i - f(x_i)$

Statistische Maßzahlen $[\, n$ Punkte $(x_i, y_i)\,]$

Mittelwerte
$$\bar{x} = \frac{1}{n} \cdot \sum_i x_i \qquad \bar{y} = \frac{1}{n} \cdot \sum_i y_i$$

Streuungen (Varianzen)
$$s_x^2 = \frac{1}{n-1} \cdot \sum_i (x_i - \bar{x})^2 = \frac{1}{n-1} \cdot \left(\sum x_i^2 - n \cdot \bar{x}^2\right)$$

$$s_y^2 = \frac{1}{n-1} \cdot \sum_i (y_i - \bar{y})^2 = \frac{1}{n-1} \cdot \left(\sum y_i^2 - n \cdot \bar{y}^2\right)$$

Kovarianz
$$s_{xy} = \frac{1}{n-1} \cdot \sum_i (x_i - \bar{x}) \cdot (y_i - \bar{y}) = \frac{1}{n-1} \cdot \left(\sum x_i \cdot y_i - n \cdot \bar{x} \cdot \bar{y}\right)$$

Test: Vergleich von r_{xy} mit dem Zufallshöchstwert $r(n,\alpha)$.

Für $|r_{xy}| < r(n,\alpha)$ ist ein linearer Zusammenhang statistisch nicht gesichert.

Für $|r_{xy}| \geq r(n,\alpha)$ kann ein linearer Zusammenhang angenommen werden.

Die Annahme erfolgt mit einer Irrtumswahrscheinlichkeit α.

Tabelle	n	4	5	6	7	8	9	10	11	12	14	16	18	20	22
$\alpha = 5\%$.	$r(n,\alpha)$	0.95	0.88	0.81	0.75	0.71	0.67	0.63	0.60	0.58	0.53	0.50	0.47	0.44	0.42
	n	24	26	28	30	40	50	75	100	150	200	300	400	500	900
	$r(n,\alpha)$	0.40	0.39	0.37	0.36	0.31	0.28	0.23	0.20	0.16	0.14	0.11	0.10	0.09	0.06

Linearisierung nichtlinearer Anpassungskurven

Durch Koordinatentransformationen können einige nichtlineare Anpassungskurven linearisiert werden. Auf die transformierte Gleichung ist die Regressionsrechnung anwendbar.

Nichtlinearer Ansatz $y = f(x)$	Linearisierung $Y = B \cdot X + A$
Exponentialfunktion $\quad y = a \cdot e^{b \cdot x} + c$ $a = 0.24$ $b = 2$ $c = 0$ 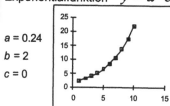	c vorgeben: $\quad ln(y-c) = ln(a) + b \cdot x$ $Y := ln(y-c) \quad X := x$ $b = B \quad a = e^{A}$ c unbekannt: *Mathcadfunktion* $\mathrm{expanp}\big(\underline{x},\,\underline{y}\big) = \big(a \quad b \quad c\big)^{T}$
Potenzfunktion $\quad y = a \cdot x^{b} + c$ $a = 0.5$ $b = -0.4$ $c = -0.1$ 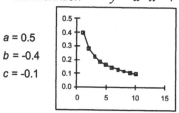	c vorgeben: $\quad ln(y-c) = ln(a) + b \cdot ln(x)$ $Y := ln(y-c) \quad X := ln(x)$ $b = B \quad a = e^{A}$ c unbekannt: *Mathcadfunktion* $\mathrm{potanp}\big(\underline{x},\underline{y}\big) = \big(a \quad b \quad c\big)^{T}$
Logarithmusfunktion $\quad y = a \cdot ln(x+b) + c$ $a = 2$ $b = 1$ $c = 0$ 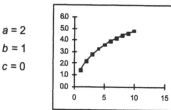	c vorgeben: $\quad e^{y-c} = e^{a} \cdot (x+b)$ $Y := e^{y-c} \quad X := x$ $b = B \cdot A^{-1} \quad a = ln(A)$ c unbekannt: *Mathcadfunktion* $\mathrm{loganp}\big(\underline{x},\underline{y}\big) = \big(a \quad b \quad c\big)^{T}$
Hyperbelfunktion $\quad y = b + \dfrac{a}{x+c}$ $a = 6$ $b = -7$ $c = 0.5$	c vorgeben: $\quad y = a \cdot \dfrac{1}{x+c} + b$ $Y := y \quad X := \dfrac{1}{x+c}$ $b = B \cdot A^{-1} \quad a = ln(A)$ Mathcadfunktion ex. nicht.

Hinweis: Die Mathcadfunktionen optimieren die Anpassung des <u>nichtlinearen</u> Ansatzes. Das Ergebnis unterscheidet sich von dem der linearisierten Ansätze (i. Allg.. aber unwesentlich).

Tabelle_Biegelinie

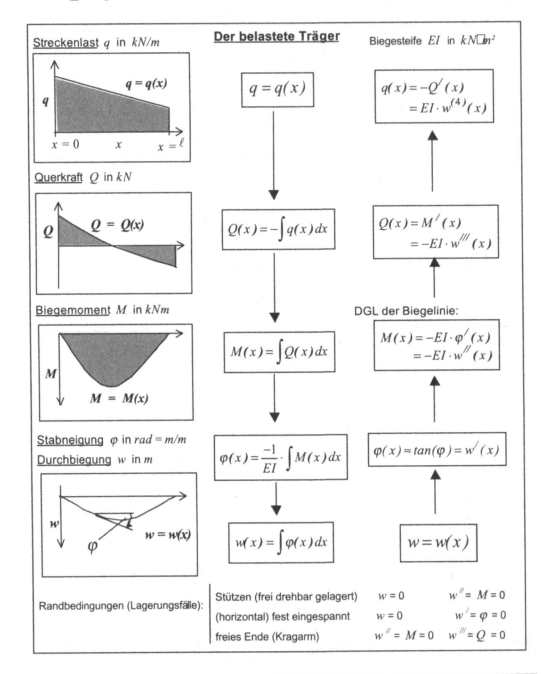

Literaturverzeichnis

[0]   ---: "Mathcad, Benutzerhandbuch Mathcad 2000 Professional";   MathSoft,Inc. 1999

[1]   ARNDT, J. / HAENEL, CHR. :
       "Pi, Algorithmen, Computer, Arithmetik";   Springer-Verlag 1998

[2]   BECKER J. u.a. :
       "Numerische Mathematik für Ingenieure";   B.G.Teubner, Stuttgart 1985

[3]   BENKER, H. :
       "Mathematik mit Math-CAD";   Springer-Verlag 1999

[4]   BOYCE, W.E. / DIPRIMA, R.C. :
       "Gewöhnliche Differentialgleichungen – Einführung , Aufgaben, Lösungen";
       Spektrum-Verlag, Heidelberg/Berlin/Oxford 1995

[5]   BOCHMANN, F. :
       "Statik im Bauwesen"; Bd 1-3 Verlag Bauwesen, Berlin 2001

[6a]   COLLATZ, L. :
       "Differentialgleichungen";   Teubner-Studienbücher, Stuttgart 1990

[6b]   COLLATZ, L. :
       "Eigenwertaufgaben mit technischen Anwendungen";
       Akademische Verlagsgesellschaft Geest & Portig , Leipzig 1963

[7]   DANKERT / DANKERT :
       "Technische Mechanik – computerunterstützt";   Teubner-Verlag, Stuttgart 1994

[8]   DEMAILLY, J. P. :
       "Gewöhnliche DGln. –Theoretische und numerische Aspekte";
       Verlag Friedr. Vieweg & Sohn, Braunschweig/Wiesbaden 1994

[9]   DIETRICH, G. / STAHL, H. :
       "Matrizen und Determinanten und ihre Anwendungen in Technik und Ökonomie";
       Fachbuch-Verlag, Leipzig 1977

[10]   FAIRES, J. DOUGLAS / BURDEN, RICHARD L. :
       "Numerische Methoden – Näherungsverfahren und ihre praktische Anwendung";
       Spektrum Akademischer Verlag , Heidelberg/Berlin/Oxford 1994

[11]   FORSTER, O. :
       "Algorithmische Zahlentheorie";
       Verlag Friedr.Vieweg & Sohn, Braunschweig/Wiesbaden 1996

[12]   GOEHRING, H. :
       "Elementare Methoden zur Lösung von DGL-Problemen";
       WTB, Akademie-Verlag, Berlin 1967

[13]   GROBSTICH, P./ STREY, G. :
       "Mathematik-Kurs für Bauingenieure, Übungsaufgaben und Lösungen
       mit einem Anhang: Mathcad-Übungsblätter";   Shaker-Verlag, Aachen 2002

[14]   HERRMANN, D. :
       "Algorithmen Arbeitsbuch";   Addison-Wesley, Bonn 1992

[15] HORT, W. / THOMA, A. :
      "Die Differentialgleichungen der Technik und Physik";
      J.-Ambrosius-Barth-Verlag, Leipzig 1954

[16] KAMKE, E. :
      "Differentialgleichungen, Lösungsmethoden und Lösungen", Band I;
      B.G. Teubner, Stuttgart 1983

[17] LUDWIG, R. :
      "Methoden der Fehler- und Ausgleichsrechnung";
      Deutscher Verlag der Wissenschaften Berlin 1996 (Lizenz von Vieweg & Sohn)

[18a] MATHIAK, F. U. :
      "Technische Mechanik I und II";
      Fachhochschule Neubrandenburg, Bauingenieur- u. Vermessungswesen 2000/1998

[18b] MATHIAK, F. U.:
      "Schwingungen im Bauwesen";
      Fachhochschule Neubrandenburg, Bauingenieur- und Vermessungswesen 2001

[19] NATKE, H.G. :
      "Baudynamik" ; Teubner-Verlag, Stuttgart 1989

[20] NIEMEYER H. / WERMUTH E. :
      "Lineare Algebra, Analytische und numerische Behandlung";
      Rechnerorientierte Ingenieurmathematik, Vieweg Braunschweig/Wiesbaden 1987

[21] PAPULA, L. :
      "Mathematik für Ingenieure und Naturwissenschaften"; Bd 1-3
      Vieweg-Verlag, Braunschweig/Wiesbaden 2000/1999

[22] PETERSEN, CHR. :
      "Statik und Stabilität der Baukonstruktionen";
      Verlag Friedr. Vieweg und Sohn , Braunschweig / Wiesbaden, 1982

[23] RIEDRICH T./VETTERS K. :
      "Grundkurs Mathematik für Bauingenieure" (Teubner Studienbücher Bauwesen)
      Teubner Stuttgart/Leipzig 1999

[24] ROOS H.-G./SCHWETLICK H. :
      "Numerische Mathematik"; B. G. Teubner Stuttgart/Leipzig 1999

[25] SALAS, S .L./ HILLE E.:
      "Calculus – Einführung in die Differential- und Integralrechnung";
      Spektrum Akademischer Verlag , Heidelberg/Berlin/Oxford 1994

[26] STEPANOW, W. W. :
      "Lehrbuch der Differentialgleichungen"; Deutscher Verlag der Wiss., Berlin 1963

[27] STORM, R. :
      "Wahrscheinlichkeitsrechnung, mathematische Statistik und statistische
      Qualitätskontrolle"; Fachbuchverlag Leipzig/Köln 1995

[28a] SZABO, I. :
      "Einführung in die Technische Mechanik"; Springer-Verlag 1992

[28b] SZABO, I. :
      "Geschichte der mechanischen Prinzipien"; Birkhäuser-Verlag, Basel 1996

[29]   SCHÄFER, W./GEORGI K. :
        "Mathematik-Vorkurs, Übungs- und Arbeitsbuch für Studienanfänger";
        Teubner, Stuttgart 2002
[30]   LEHN, J./WEGMANN, H. :
        "Einführung in die Statistik", (Teubner Studienbücher Mathematik);
        Teubner, Stuttgart 1992
[31]   ZURMÜHL, R./ FALK, S. :
        "Matrizen und ihre Anwendungen"; Band1/ Band2
        Springer-Verlag, Berlin/Heidelberg/NewYork/Tokyo 1992/1986

Zeitschriftenartikel und Spezialliteratur

[Z1]   FALK, S. :
        "Die Berechnung des beliebig gestützten Durchlaufträgers nach dem
        Reduktionsverfahren"; .Ing.Arch. 24 (1956), S. 216ff
[Z2]   GROBSTICH, P. :
        "Das Aufspaltungsverfahren zur Lösung von Eigenwertproblemen gewöhnlicher
        Differentialgleichungen";
        Wissenschaftliche Zeitschrift der Uni Rostock,
        Mathematisch-Naturwissenschaftliche Reihe Heft 8, 1974
[Z3]   STOLLE, H. W. :
        "Obere Schranken für die Biegeeigenfrequenzen von Schiffskörpern";
        Wissenschaftliche Zeitschrift der Uni Rostock,
        Wissenschaftlich-Technische Reihe Schiffbauforschung Heft 2, 1964
[Z4]   REIMER, J. :
        "Stabilitätsuntersuchung an Kragträgern mit großen Stegöffnungen";
        Diplomarbeit, FH Neubrandenburg, Bauingenieurwesen und Vermessungswesen 2001.
[Z5]   MATHIAK, F. U.:
        "Die auf vier Eckstützen gelagerte Rechteckplatte unter konstanter Flächenlast";
        FH Neubrandenburg, Bauingenieur- und Vermessungswesen (Vorabdruck)

[Z6]   --- ; "Solving the Quintic" (Poster); Wolfram Research 1994

[S1]   KUHNERT, F. :
        "Pseudoinverse Matrizen und die Methode der Regularisierung";
        Teubner Verlagsgesellschaft, Leipzig 1976
[S2]   DANKERT ,J. :
        Numerische Methoden der Mechanik; Fachbuchverlag Leipzig 1977
[S3]   WLASSOW, W.S. :
        "Dünnwandige elastische Stäbe", Bd 2; Verlag für Bauwesen, Berlin 1965
[S4]   HERZ/SCHLICHTER/SIEGNER :
        "Angewandte Statistik für Verkehrs- und Regionalplaner"; (Werner Ingenieurtexte)
        Werner-Verlag, Düsseldorf 1992

[S5]   GIRKMANN, K. :
        "Flächentragwerke"; Springer-Verlag, Wien/NewYork 1986

[S6]   KLEIN, F. :
        "Vorlesungen über das Ikosaeder"; Birkhäuser Basel, Teubner Stuttgart/Leipzig 1993

Formelsammlungen/Tabellen

[F1]   PAPULA, L. :
        "Mathematische Formelsammlung für Ingenieure und Naturwissenschaften";
        Vieweg-Verlag, Braunschweig/Wiesbaden 1998

[F2]   RADE, L. / WESTERGREN, B. :
        "Springers Mathematische Formeln"; Springer-Verlag 1997

[F3]   VETTERS, K. :
        "Formeln und Fakten"; B.G.Teubner, Stuttgart/Leipzig 1996

[F4]   ZEIDLER, E. (Hrg.) :
        "Teubner-Taschenbuch der Mathematik"; B.G.Teubner Stuttgart/Leipzig 1996

[F5]   SCHNEIDER, K.-J. :
        "Bautabellen"; .Werner-Verlag, Düsseldorf 2002

[F6]   WENDEHORST , R. :
        "Bautechnische Zahlentafeln"; B.G.Teubner Stuttgart/Leipzig 1998

[F7]   ENGELN-MÜLLGES, G. / REUTTER, F. :
        "Formelsammlung zur numerischen Mathematik";
        BI-Wissenschaftsverlag, Mannheim/Wien/Zürich 1991

[F8]   MÜLLER, NEUMANN, STORM :
        "Tafeln der mathematischen Statistik"; C. Hanser Verlag 1979
        bzw. Fachbuchverlag, Leipzig 1979

Stichwortverzeichnis

Teubner Lehrbücher: einfach clever

Gottfried C.O. Lohmeyer

Baustatik Teil 1

Grundlagen

8., überarb. u. akt. Aufl. 2002.
XIV, 288 S., mit 367 Abb. u. 42 Tab.,
130 Beisp. u. 116 Übungsaufg.
Br. € 29,90
ISBN 3-519-25025-X

Gottfried C.O. Lohmeyer

Baustatik Teil 2

Bemessung und
Festigkeitslehre

9. durchges. Aufl. 2002. XXVI, 381 S.,
mit 266 Abb. u. 92 Tab., 145 Beisp.
u. 48 Übungsaufg. Br. € 29,90
ISBN 3-519-35026-2

Gottfried C.O. Lohmeyer

Praktische Bauphysik

Eine Einführung mit
Berechnungsbeispielen

4., vollst. überarb. Aufl. 2001. XIV, 705 S.
mit 293 Abb., 300 Tab. u. 323 Beisp.
Geb. € 49,00
ISBN 3-519-35013-0

Gottfried C.O. Lohmeyer,
Heinz Bergmann,
Karsten Ebeling

Stahlbetonbau

Bemessung - Konstruktion -
Ausführung

6., neubearb. u. erw. Aufl. 2004.
XVIII, ca. 500 S. mit 448 Abb., 194 Tab.
u. zahlr. Beisp. Geb. ca. € 39,00
ISBN 3-519-45012-7

Stand Januar 2004
Änderungen vorbehalten.
Erhältlich im Buchhandel
oder beim Verlag.

B. G. Teubner Verlag
Abraham-Lincoln-Straße 46
65189 Wiesbaden
Fax 0611.7878-400
www.teubner.de

Teubner Lehrbücher: einfach clever

Wendehorst, R.

Bautechnische Zahlentafeln

Herausgegeben von Otto W. Wetzell in Verbindung mit dem DIN Deutsches Institut für Normung e. V.
30., aktual. u. erw. Aufl. 2002. 1348 S. mit 1.600 Abb. u. Tafeln, sowie 160 Beisp., Geb. mit CD-ROM € 49,90*
ISBN 3-519-45002-X

Hoffmann, Manfred (Hrsg.)

Zahlentafeln für den Baubetrieb

6., vollst. aktual. Aufl. 2002. 889 S. mit 637 Abb. u. 62 Beisp. Geb. ca. € 59,90
ISBN 3-519-55220-5

Neumann, D./Weinbrenner, U.

Frick/Knöll Baukonstruktionslehre 1

33., vollst. überarb. Aufl. 2002. 789 S. mit 758 Abb., 109 Tab. u. 16 Beisp. Geb. € 52,90
ISBN 3-519-45250-2

Neumann D./Weinbrenner U.
Hestermann U. / Rongen L.

Frick/Knöll Baukonstruktionslehre 2

32., vollst. überarb. und aktual. Aufl. 2004. X, 760 S. mit 956 Abb., 96 Tab. u. 24 Beisp. Geb. € 49,90
ISBN 3-519-45251-0

Stand Januar 2004
Änderungen vorbehalten.
Erhältlich im Buchhandel
oder beim Verlag.

B. G. Teubner Verlag
Abraham-Lincoln-Straße 46
65189 Wiesbaden
Fax 0611.7878-400
www.teubner.de